H. Walther
Anwendungen der Graphentheorie

H. Walther

Anwendungen der Graphentheorie

Mit 102 Abbildungen

Friedr. Vieweg & Sohn Braunschweig/Wiesbaden

CIP-Kurztitelaufnahme der Deutschen Bibliothek

Walther, Hansjoachim
Anwendungen der Graphentheorie. – 1. Aufl. – Braunschweig: Vieweg, 1979

ISBN 3-528-08418-9

1979

Lizenzausgabe für Friedr. Vieweg & Sohn Verlagsgesellschaft mbH,
Braunschweig, mit Genehmigung des VEB Deutscher Verlag der Wissenschaften,
Berlin/DDR
Printed in the German Democratic Republic
ISBN 3 528 08418 9

Vorwort

Das vorgelegte Buch setzt die von Professor Horst Sachs geschriebenen Bücher „Einführung in die Theorie der endlichen Graphen" I (1970), II (1972) fort und rundet sie durch seinen Anwendungscharakter ab. Es wendet sich an Studierende aller Fachrichtungen, die sich mit mathematischen Methoden der Operationsforschung beschäftigen, aber auch an Absolventen und Praktiker, um ihnen ein Handwerkszeug zu vermitteln, das ihnen bei der Modellierung und Lösung von Organisations- und Optimierungsproblemen mit vornehmlich kombinatorischer Komponente helfen wird.

Anwendung der Graphentheorie hat zwei Aspekte: Sie ist einerseits angewandte Graphentheorie, wobei im Vordergrund die numerische Ermittlung charakteristischer Größen eines vorgegebenen Graphen steht (z. B. die Frage, wie man in einem Graphen eine minimale Bogenmenge finden kann, nach deren Entfernung der Graph kreisfrei ist; vgl. Kap. 9); sie ist andererseits Anwendung von Sätzen und Algorithmen der Graphentheorie in anderen Wissensgebieten (bei der Festlegung einer optimalen Berechnungsfolge in einem Algorithmus spielen z. B. Schleifen eine entscheidende Rolle, und man fragt, wie viele Rückkehrbögen zerschnitten werden müssen, um die Abarbeitung schleifenfrei zu realisieren; vgl. ebenfalls Kap. 9). Beide Aspekte sind voneinander nicht zu trennen und finden im Buch ihren Niederschlag.

In der kurz gehaltenen Einleitung werden die notwendigsten Begriffe der Graphentheorie zusammengestellt, die dann ständig verwendet werden. Begriffe, die nur in einem Kapitel benötigt werden, werden dort definiert. Kapitel 1 legt die Grundlage für alle Kapitel, in denen wir es mit Stromproblemen zu tun haben; alle anderen Kapitel sind im wesentlichen unabhängig voneinander lesbar.

Auf der Grundlage bekannter Sätze der Graphen- und Netzwerktheorie, auf die außer im ersten Kapitel nicht näher eingegangen wird, werden Sätze formuliert und bewiesen, welche zu praktikablen Algorithmen führen. Diese Algorithmen werden ausführlich dargestellt und an Beispielen erläutert. Auf die Auswahl der Beispiele wurde großer Wert gelegt; sie sind keineswegs simpel, sondern wurden nach Möglichkeit so groß gewählt, daß alle Schwierigkeiten, aber auch alle Feinheiten des Algorithmus deutlich werden. Die angegebenen Algorithmen sind so gehalten, daß sie zwar einer rechentechnischen Realisierung unmittelbar zugänglich sind, jedoch mußte davon Abstand genommen werden, die Algorithmen für den in der Praxis Tätigen weiter aufzubereiten, da der Lehrbuchcharakter gewahrt bleiben sollte.

In einigen Kapiteln (Kap. 5 und 10) werden die Grenzen gegenwärtiger Anwendungsforschung gestreift, im allgemeinen werden aber in der Literatur mehr oder weniger verstreute Verfahren vorgestellt, die einen Einblick in die Vielfalt der Anwendungsgebiete gibt.

Einen breiten Raum in der Darstellung nehmen die Strom- und Spannungsprobleme, Versorgungs- und Transportprobleme sowie Planaritätsuntersuchungen ein, wobei sich ein unmittelbarer Anschluß an Teil II der eingangs erwähnten „Einführung in die Theorie der endlichen Graphen" ergibt, der sich ausschließlich der Theorie planarer Graphen widmet. Andere Probleme, wie etwa die Signalflußgraphen oder Codierungsgraphen, konnten nur gestreift werden. Verzichtet wurde auf die Anwendung der Theorie der Graphenspektren in der Quantenchemie; der interessierte Leser sei auf die ebenfalls im VEB Deutscher Verlag der Wissenschaften erscheinende Monographie „Spectra of Graphs" von D. Cvetković, M. Doob und H. Sachs verwiesen.

Der vorwiegend an den numerischen Verfahren interessierte Leser kann die Beweise der Sätze zunächst übergehen und sich sofort den Algorithmen und Beispielen zuwenden. Für den mehr mathematisch interessierten Leser bietet eine Fülle von Übungsaufgaben die Möglichkeit, seine Fähigkeiten ständig zu überprüfen.

Die zahlreichen Abbildungen erleichtern nicht nur das Verständnis, sondern heben gerade die Vorzüge der anschaulichen Darstellungsmöglichkeit von Graphen- und Netzwerkproblemen hervor. Der Leser soll dadurch befähigt werden, sowohl Standardprobleme und -verfahren kennenzulernen als auch den kombinatorischen Kern vieler anderer Probleme zu erkennen und sie mittels graphen- und netzwerktheoretischer Betrachtungsweisen einer Behandlung zugänglich zu machen.

Mein besonderer Dank gebührt Herrn Professor Horst Sachs für seine wertvollen Hinweise bei der Erarbeitung des Manuskripts. Ferner danke ich den folgenden Kollegen für ihre Mitarbeit: Dipl.-Math. Georg Ehnert, Dr. rer. nat. Hans-Joachim Finck, Dipl.-Math. Erhard Hexel, Prof. Dr. Heinz-Joachim Presia, Dr. rer. nat. Elisabeth Rademacher, Dipl.-Math. Karl-Heinz Schwolow, Dipl.-Math. Peter Türk, Dr. rer. nat. Waltraud Voss. Auch möchte ich Herrn Professor Manfred Schoch aus Freiberg für seine Hilfe bei der Erarbeitung von Kapitel 6 meinen Dank aussprechen. Bedanken möchte ich mich ferner beim Verlag und vor allem bei Frau Brigitte Mai und Herrn Wolfgang Arnold für ihren Rat bei der Fertigstellung des Manuskripts sowie bei der Druckerei für den sorgfältigen Satz. Herzlich verbunden bin ich den Herren Dipl.-Math. Georg Ehnert, Dr. Hans-Joachim Finck and cand. math. Jochen Harant für ihre Hilfe beim Lesen der Korrekturen.

Allen voran aber habe ich meiner lieben Frau Ute zu danken, die bei der Anfertigung der Zeichnungen sowie beim Schreiben der einzelnen Kapitel unschätzbare Dienste leistete. Ohne ihre verständnisvolle Unterstützung wäre das Buch gewiß nie erschienen.

Ilmenau, November 1978 Hansjoachim Walther

Inhalt

0. Einleitung

Bei vielen Problemen, die uns in verschiedenen Bereichen des Lebens begegnen, stoßen wir direkt oder indirekt auf Graphen. Wer hätte sich nicht als Schüler abgeplagt, das „Haus des Nicolaus“ (vgl. Abb. 0.1) in einem Zug zu zeichnen oder das Problem der drei Häuser und drei Werke (vgl. Abb. 0.2) zu lösen, bei welchem

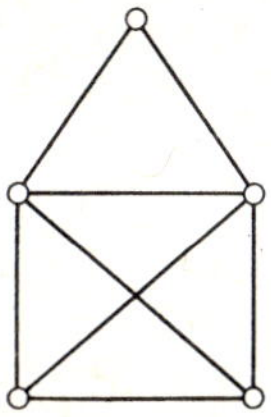

Abb. 0.1

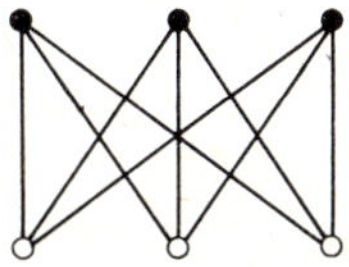

Abb. 0.2

gefordert ist, jedes Haus mit jedem Werk durch Wege ohne Überschneidungen zu verbinden? Wenn auch weniger offensichtlich, lassen sich manche Aufgaben als Probleme der Graphentheorie formulieren, so etwa die folgende:

Eine Gruppe von sieben Schachspielern will unter sich den besten Blitzschachspieler ermitteln. Jeder hat gegen jeden anderen eine Partie (etwa zweimal fünf Minuten) zu spielen. Wie ist das Turnier zu organisieren, damit in sieben Runden jeder gegen jeden genau einmal gespielt hat?

Durch Zuordnen eines geeigneten Graphen führen wir das Problem in folgendes über: Jedem Spieler ordnen wir einen Knotenpunkt zu, verbinden jeden Knotenpunkt mit jedem anderen durch eine Kante und versuchen nun, den entstandenen Graphen (das ist ein vollständiger Graph mit sieben Knotenpunkten) so in sieben Teile zu zerlegen, daß in jedem Teil genau drei Kanten und sechs Knotenpunkte liegen (in der Sprache der Graphentheorie versuchen wir, den Graphen in sieben matchings zu zerlegen).

Den Schachspielern zur Ehre ist zu sagen, daß sie dieses Problem für beliebig viele Spieler längst gelöst haben, sogar darüber hinaus derart, daß im Fall einer ungeraden Anzahl von Spielern jeder genau so oft weiß wie schwarz hat und im Fall einer geraden Anzahl von Spielern die eine Hälfte der Spieler einmal mehr weiß als schwarz und die andere Hälfte einmal weniger weiß als schwarz hat.

Wir wollen nun einige Begriffe definieren, die wir des öfteren benötigen:

Unter einem Graphen $G = G(\mathfrak{X}, \mathfrak{U})$ verstehen wir eine Menge $\mathfrak{U}$ von *Kanten* (oder *Bögen*), eine Menge $\mathfrak{X}$ von *Knotenpunkten* sowie eine *Inzidenzfunktion* f, die jeder der Kanten $u \in \mathfrak{U}$ ein geordnetes oder ungeordnetes Paar (X, Y) von Knotenpunkten X und Y aus $\mathfrak{X}$ zuordnet. X und Y heißen die *Endpunkte* der Kante u;

falls $X = Y$ ist, heißt u eine *Schlinge*. Wird jeder der Kanten ein geordnetes Paar von Knotenpunkten zugeordnet, so heißt der Graph *gerichtet* oder *orientiert*, andernfalls *ungerichtet*. Im Fall eines gerichteten Graphen heißt X *Startpunkt* und Y *Zielpunkt* des Bogens u, falls $f(u) = (X, Y)$ ist.

Gerichtete Graphen werden wir wie in Abb. 0.3 darstellen, ungerichtete in der Art des Graphen in Abb. 0.4. Mit Graphen, die teils gerichtet und teils ungerichtet sind, werden wir uns nicht befassen. Die Elemente aus $\mathfrak{X}$ und $\mathfrak{U}$ werden wir oft aus der Menge der natürlichen Zahlen wählen, wie etwa in Abb. 0.5.

Falls mehrere Kanten eines ungerichteten Graphen gleiche Endpunkte haben (etwa die drei Kanten der Abb. 0.4 mit den Endpunkten T und Y), sprechen wir von einer *Mehrfachkante* (im Beispiel also von einer *Dreifachkante*). Bögen mit

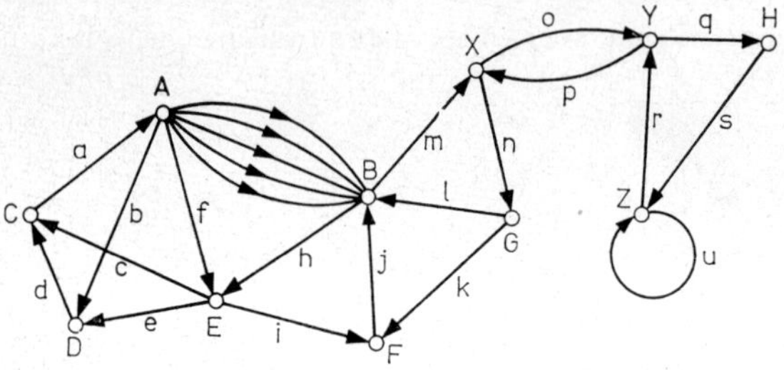

Abb. 0.3

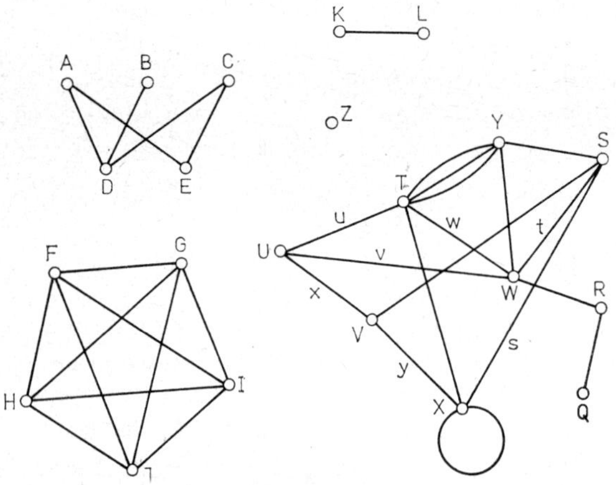

Abb. 0.4

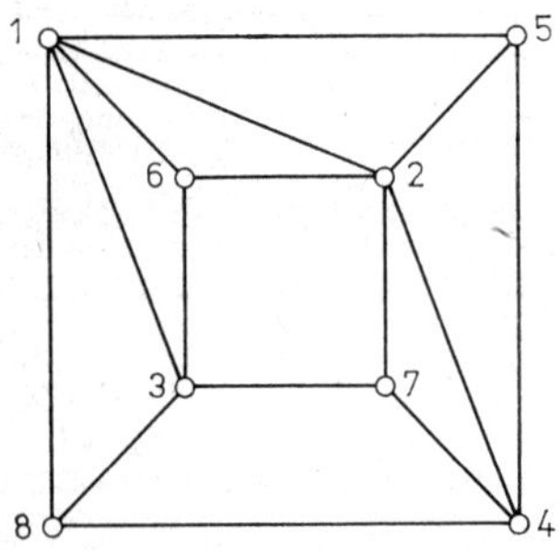

Abb. 0.5

gleichem Start- und gleichem Zielpunkt in einem gerichteten Graphen heißen entsprechend *Mehrfachbögen* (so bilden in Abb. 0.3 die Bögen mit dem Startpunkt A und dem Zielpunkt B einen *Fünffachbogen*, die beiden Bögen mit den Endpunkten X bzw. Y jedoch keinen Doppelbogen, da die Bögen verschieden orientiert sind).

Es seien $u_1, u_2, \ldots, u_r$ Kanten eines ungerichteten Graphen G, wobei für jeden Index i ($i = 2, 3, \ldots, r-1$) die Kante u_i einen ihrer Endpunkte mit u_{i-1} und den anderen mit u_{i+1} gemein hat. Dann nennen wir $W = (u_1, u_2, \ldots, u_r)$ eine *Kantenfolge* von G. So bilden u, v, w, u, x, y in Abb. 0.4 eine Kantenfolge. Eine Kantenfolge ist ein *Kantenzug*, wenn keine Kante mehr als einmal auftritt, z. B. (w, u, v, t). Tritt in einem Kantenzug kein Knotenpunkt mehr als einmal auf, so nennen wir ihn einen *Weg*, z. B. (t, w, u, x). Ist ein Kantenzug geschlossen, ohne daß ein Knotenpunkt mehr als einmal auftritt, so nennen wir ihn einen *Kreis*, in Abb. 0.4 beispielsweise (t, w, u, x, y, s).

Ein Graph G heißt *zusammenhängend*, falls es zu je zwei Knotenpunkten von G einen diese Punkte verbindenden Weg gibt. Die Graphen in Abb. 0.1., 0.2 und 0.5 sind zusammenhängend, der in Abb. 0.4 ist es nicht, er besitzt vielmehr fünf Komponenten. Eine *Komponente* ist ein maximaler zusammenhängender Teilgraph eines Graphen.

Zwei Knotenpunkte X, Y heißen *benachbart* oder *adjazent*, falls es eine Kante u mit $f(u) = (X, Y)$ gibt; X und Y nennt man *inzident mit* u. Ein Knotenpunkt, der mit keiner Kante inzidiert, heißt *isoliert*, wie etwa der Knotenpunkt Z in Abb. 0.4. Die Anzahl der mit einem Knotenpunkt X inzidenten Kanten heißt *Valenz* $v(X)$ von X. In Abb. 0.4 gilt $v(S) = 4$; ferner setzen wir $v(X) = 5$ (die Inzidenz mit einer Schlinge soll also einen Valenzzuwachs von 2 erbringen).

Wir stellen noch einige Begriffe für gerichtete Graphen zusammen (auf Einzelheiten werden wir im ersten Kapitel eingehen):

Eine Folge $u_1, u_2, \ldots, u_r$ von Bögen bildet eine *elementare Kette* (kurz auch nur: *Kette*), falls sie bei Vernachlässigung der Bogenorientierungen in einen Weg des entstehenden ungerichteten Graphen übergeht. Sind alle Bögen im Sinne der Durchlaufung einer Kette orientiert, so ist die Kette eine *Bahn* (oder auch ein *Weg*). In Abb. 0.3 bilden etwa a, d, e, h, m eine Kette (jedoch keine Bahn), die die Knotenpunkte A und X verbindet, und p, n, l, h, c eine Bahn, die die Knotenpunkte Y und C verbindet.

Einen gerichteten Graphen nennen wir *zusammenhängend*, falls es zu jedem Paar von Knotenpunkten eine diese Knotenpunkte verbindende Kette gibt (wenn der durch Vernachlässigung aller Orientierungen entstehende ungerichtete Graph zusammenhängend ist). Wir nennen ihn *stark zusammenhängend*, falls es zu jedem Knotenpunktpaar eine diese beiden Punkte verbindende Bahn gibt.

Der Graph von Abb. 0.3 ist stark zusammenhängend, der von Abb. 0.6 ist nur zusammenhängend.

Deutet man etwa die Knotenpunkte als Zustände einer Markoffschen Kette und zieht einen Bogen von X nach Y, falls man mit positiver Wahrscheinlichkeit vom Zustand X in den Zustand Y gelangen kann, so heißt es für den entstehenden

Graphen, stark zusammenhängend zu sein, daß die Zustände der Markoffschen Kette eine Klasse wesentlicher Zustände bilden.

Wir werden uns ausschließlich mit endlichen Graphen befassen, also Graphen, bei denen sowohl die Knotenpunktanzahl als auch die Kanten- oder Bogenanzahl endlich ist.

Zum Schluß wollen wir noch zwei Begriffe klären: Wir werden des öfteren die Begriffe *maximal* und *Maximum* (entsprechend *minimal* und *Minimum*) verwenden. Diese Begriffe sind deutlich zu unterscheiden. Maximal verwenden wir stets im Sinne von relativ maximal und Maximum im Sinne von absolut maximal. Wir erläutern das an einem für die späteren Darlegungen typischen Beispiel:

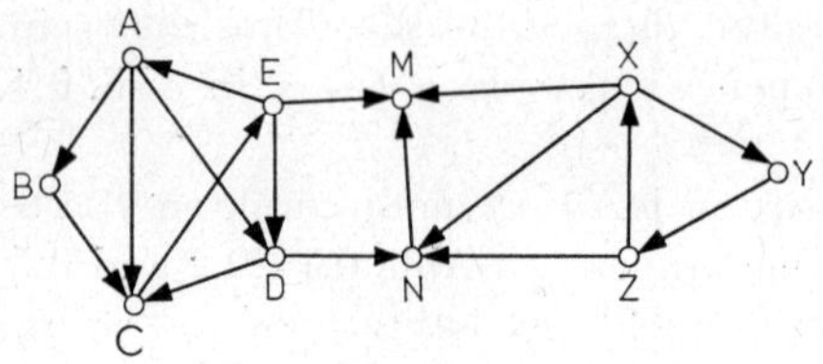

Abb. 0.6

Wir betrachten den Graphen G der Abb. 0.6. Die Knotenpunkte X, Y, Z spannen einen maximalen stark zusammenhängenden Teilgraphen G' auf, denn es gibt keinen G' umfassenden „größeren" stark zusammenhängenden Teilgraphen von G. Der Graph G' ist aber bezüglich des starken Zusammenhangs kein Maximumteilgraph, denn der von den Knotenpunkten A, B, C, D, E aufgespannte Teilgraph ist ebenfalls stark zusammenhängend und enthält fünf Knotenpunkte.

Wir betrachten noch ein Beispiel (vgl. Abb. 0.5): Wir suchen nach Knotenpunktmengen, die *alle Kreise repräsentieren*, d. h. nach einer solchen Knotenpunktmenge $\mathfrak{Y}$, daß aus jedem der Kreise wenigstens ein Knotenpunkt in $\mathfrak{Y}$ liegt.

Offenbar repräsentiert $\{5, 6, 7, 8\}$ alle Kreise; diese Menge ist sogar minimal, denn keine echte Teilmenge reicht aus, um *alle* Kreise zu repräsentieren. Hingegen bildet $\{2, 3, 5\}$ oder $\{2, 3, 4\}$ eine Minimum-repräsentierende Menge. Denken wir uns aber eine *Wichtung* (*Knotenbewertung*) $w(X)$ eines jeden Knotenpunktes X gegeben, etwa in der Form $w(X) = v(X)$, wird also jedem Knotenpunkt als Gewicht seine Valenz zugeordnet, so ergeben sich für die obigen Minimalmengen derartige Gewichte, daß $\{5, 6, 7, 8\}$ mit einem Gesamtgewicht von 12 zu einer Minimummenge wird (wie auch $\{2, 3, 5\}$).

Derartige Wichtungen oder Bewertungen von Knotenpunkten (etwa durch *Potentiale*) oder von Kanten oder Bögen (durch *Ströme, Spannungen, Längen, Kapazitäten, Kosten* usw.) werden uns im Verlauf der Darlegungen ständig begegnen, und gerade durch die Bewertungen der Elemente eines Graphen verlassen wir die *harte Graphentheorie*, wie G. A. Dirac sie nannte, und kommen zur *Netzwerktheorie* oder zur *Anwendung der Graphentheorie*.

1. Ströme und Spannungen auf Netzwerken

1.1. Grundbegriffe

Für den Aufbau einer Theorie der Ströme und Spannungen sind die Begriffe Zyklus und Cozyklus von fundamentaler Bedeutung, weshalb wir sie an die Spitze unserer Betrachtungen stellen wollen.

Es sei $\boldsymbol{G}(\mathfrak{X}, \mathfrak{U})$ ein gerichteter Graph mit den m Bögen $u_1, \ldots, u_m$. Ein *Zyklus* μ ist eine zyklisch geordnete Menge paarweise verschiedener Bögen $u_{i_1}, \ldots, u_{i_k}$ von $\boldsymbol{G}$ mit der Eigenschaft, daß einer der Endpunkte des Bogens u_{i_j} mit einem der Endpunkte von $u_{i_{j-1}}$ und der andere Endpunkt von u_{i_j} mit einem der Endpunkte von $u_{i_{j+1}}$ zusammenfällt; dabei ist j modulo k zu reduzieren (Abb. 1.1). Die Menge

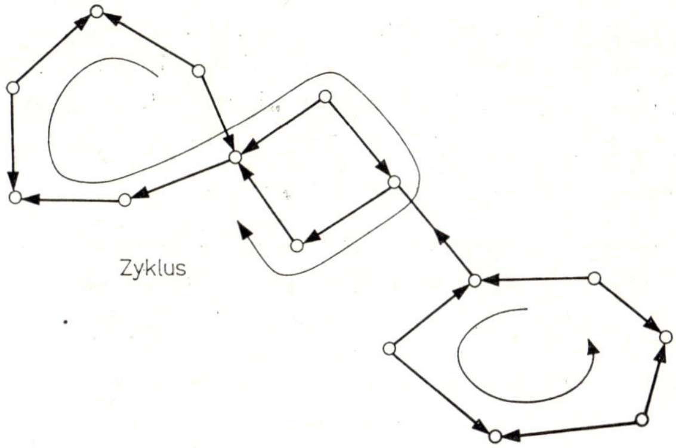

Abb. 1.1

der Bögen des Zyklus μ (ohne Berücksichtigung der Ordnung) bezeichnen wir mit μ^*:

$$\mu^* = \{u_{i_1}, \ldots, u_{i_k}\} .$$

Durch die zyklische Ordnung der Bögen ist dem Zyklus μ ein Durchlaufungssinn aufgeprägt, durch den μ^* in zwei Klassen μ^+ und μ^- zerlegt wird. μ^+ bzw. μ^- enthält genau diejenigen Bögen von μ^*, die im Sinne bzw. im Gegensinne der Durchlaufung von μ gerichtet sind. Wir haben also die Beziehung

$$\mu^* = \mu^+ \cup \mu^- .$$

Es seien $\boldsymbol{\mu}^+$ und $\boldsymbol{\mu}^-$ die charakteristischen Vektoren von μ^+ bzw. μ^-; wir ordnen dem Zyklus μ den Vektor

$$\boldsymbol{\mu} = \boldsymbol{\mu}^+ - \boldsymbol{\mu}^-$$

zu, so daß also, wenn

$$\boldsymbol{\mu} = (\mu_1, \mu_2, \ldots, \mu_m)$$

gesetzt wird, gilt:

$$\mu_i = \begin{cases} 1, & \text{falls } u_i \text{ dem Zyklus } \mu \text{ angehört und im Sinne seiner Durchlaufung gerichtet ist,} \\ -1, & \text{falls } u_i \text{ dem Zyklus } \mu \text{ angehört und im Gegensinne seiner Durchlaufung gerichtet ist,} \\ 0, & \text{falls } u_i \text{ dem Zyklus } \mu \text{ nicht angehört.} \end{cases}$$

Durch Umkehrung seines Durchlaufungssinnes geht ein Zyklus μ in einen Zyklus $\tilde{\mu}$ über; offenbar gilt für die zugehörigen Vektoren

$$\tilde{\boldsymbol{\mu}}^+ = \boldsymbol{\mu}^-, \quad \tilde{\boldsymbol{\mu}}^- = \boldsymbol{\mu}^+, \quad \tilde{\boldsymbol{\mu}} = -\boldsymbol{\mu}; \tag{1}$$

man schreibt deshalb auch

$$\tilde{\mu} = -\mu .$$

Die Menge der Endknotenpunkte der Bögen eines Zyklus μ heißt *Knotenpunktmenge von μ.*

Ein Zyklus μ heißt *Elementarzyklus,* falls bei einer Durchlaufung jeder seiner Knotenpunkte nur einmal angetroffen wird; ein Zyklus μ heißt *minimal,* wenn die Menge μ^* seiner Bögen keine echte Untermenge enthält, deren Bögen selbst zu einem Zyklus angeordnet werden können. Unmittelbar klar ist der folgende Satz (Aufgabe!).

Satz 1.1. *Ein Zyklus ist genau dann minimal, wenn er elementar ist.*

Falls sich zu einem gegebenen Zyklus μ paarweise bogenfremde Zyklen $\mu^1, \ldots, \mu^q$ mit $q \geqq 1$ derart finden lassen, daß die zugehörigen Vektoren die Gleichung

$$\boldsymbol{\mu} = \boldsymbol{\mu}^1 + \boldsymbol{\mu}^2 + \cdots + \boldsymbol{\mu}^q$$

erfüllen, so sagt man, daß sich μ in die Zyklen $\mu^1, \mu^2, \ldots, \mu^q$ zerlegen läßt.

Es gilt weiterhin:

Satz 1.2. *Jeder Zyklus μ kann in elementare Zyklen zerlegt werden.*

Beweis. Man folge einer Durchlaufung von μ und spalte, sobald man zum ersten Mal einen bereits durchlaufenen Knotenpunkt erreicht, einen Elementarzyklus μ^1

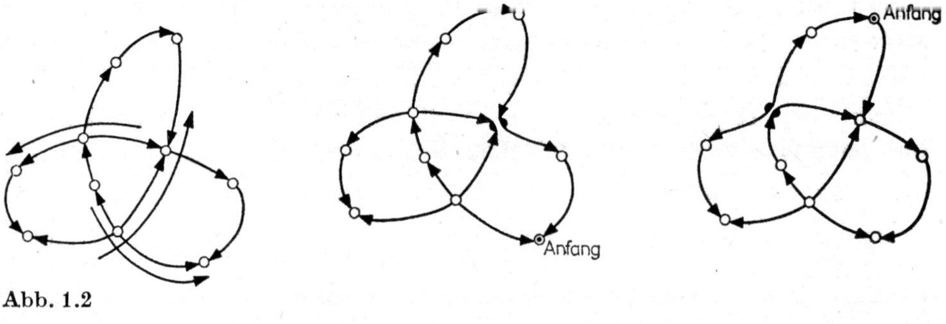

Abb. 1.2

ab; ist μ nicht identisch mit μ^1, so setze man die Durchlaufung fort und spalte in entsprechender Weise einen Elementarzyklus μ^2 ab, usw., bis alle Bögen von μ durchlaufen sind (Abb. 1.2).

Bemerkung. Die Abb. 1.2 zeigt, daß die Zerlegung in Elementarzyklen im allgemeinen nicht eindeutig ist.

Unter einem *konform gerichteten Zyklus* μ (kurz: *k-Zyklus*) verstehen wir einen Zyklus, dessen sämtliche Bögen im Sinne der Orientierung von μ gerichtet sind (vgl. Abb. 1.3). Es gilt also $\mu_i \neq -1$ für alle i. Einen konform gerichteten Elementarzyklus nennen wir *Elementarkreis* (oder auch kurz: *Kreis* (vgl. Abb. 1.3)).

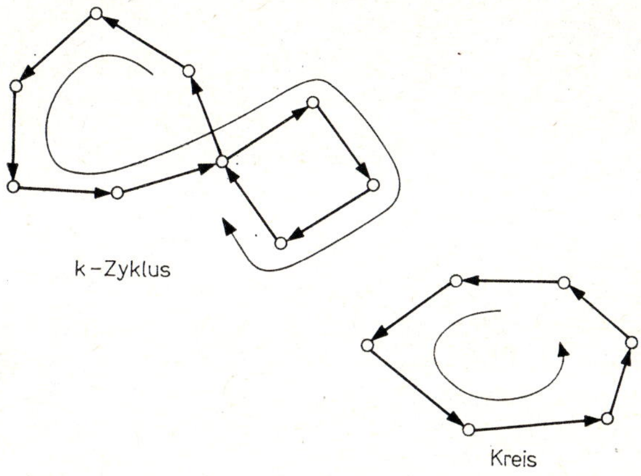

Abb. 1.3

Zum Begriff des Cozyklus gelangen wir auf folgende Weise: Die Menge $\mathfrak{X}$ der Knotenpunkte von $G(\mathfrak{X}, \mathfrak{U})$ sei in zwei nichtleere Klassen $\mathfrak{A}$, $\mathfrak{B}$ zerlegt, so daß also

$$\mathfrak{A} \cup \mathfrak{B} = \mathfrak{X}, \quad \mathfrak{A} \cap \mathfrak{B} = \emptyset, \quad \mathfrak{A} \neq \emptyset, \quad \mathfrak{B} \neq \emptyset$$

gilt; es sei ferner ω^* die Menge derjenigen Bögen, deren einer Endpunkt in $\mathfrak{A}$ und deren anderer Endpunkt in $\mathfrak{B}$ liegt (wir setzen $\omega^* \neq \emptyset$ voraus). Indem wir die Klassen $\mathfrak{A}$, $\mathfrak{B} = \mathfrak{X} - \mathfrak{A}$ als geordnetes Paar auffassen, legen wir eine Orientierung σ („von $\mathfrak{A}$ nach $\mathfrak{B}$") fest. Wir bezeichnen die Menge ω^* zusammen mit dieser Orientierung σ als den von $\mathfrak{A}$ erzeugten *Cozyklus* $\omega = \omega(\mathfrak{A})$ (vgl. Abb. 1.4).

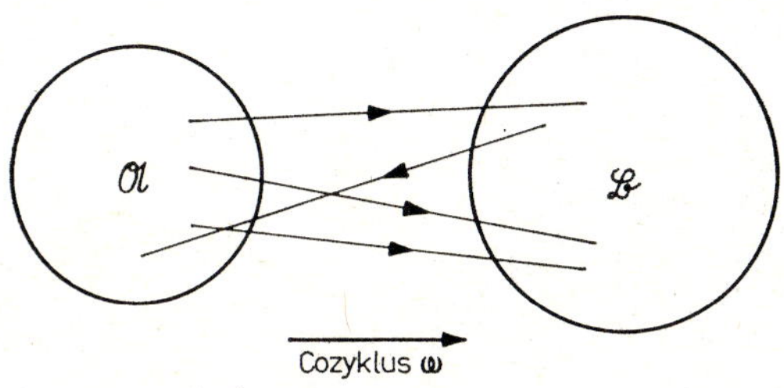

Abb. 1.4

Durch die Orientierung σ des Cozyklus ω wird die Bogenmenge ω^* in zwei Klassen ω^+ und ω^- zerlegt, wobei ω^+ bzw. ω^- genau diejenigen Bögen von ω^* enthält, die im Sinne bzw. im Gegensinne der Orientierung σ gerichtet sind. Entsprechend den Beziehungen bei Zyklen ergibt sich

$$\omega^* = \omega^+ \cup \omega^- .$$

Es seien $\boldsymbol{\omega}^+$ und $\boldsymbol{\omega}^-$ die charakteristischen Vektoren von ω^+ bzw. ω^-. Wir ordnen dem Cozyklus ω den Vektor

$$\boldsymbol{\omega} = \boldsymbol{\omega}^+ - \boldsymbol{\omega}^-$$

zu, so daß also, wenn wir $\boldsymbol{\omega} = (\omega_1, \ldots, \omega_m)$ setzen, für die Komponenten

$$\omega_i = \begin{cases} 1, & \text{falls } u_i \text{ dem Cozyklus } \omega \text{ angehört und im Sinne seiner Orientierung gerichtet ist,} \\ -1, & \text{falls } u_i \text{ dem Cozyklus } \omega \text{ angehört und im Gegensinne seiner Orientierung gerichtet ist,} \\ 0, & \text{falls } u_i \text{ dem Cozyklus } \omega \text{ nicht angehört,} \end{cases}$$

gilt.

Durch Umkehrung seiner Orientierung geht ein Cozyklus $\omega = \omega(\mathfrak{A})$ offenbar in den von $\mathfrak{B} = \mathfrak{X} - \mathfrak{A}$ erzeugten Cozyklus $\tilde{\omega}$ über, und es gilt analog zu den Gleichungen (1) für Zyklen

$$\tilde{\boldsymbol{\omega}}^+ = \boldsymbol{\omega}^-, \quad \tilde{\boldsymbol{\omega}}^- = \boldsymbol{\omega}^+, \quad \tilde{\boldsymbol{\omega}} = -\boldsymbol{\omega}; \tag{2}$$

man schreibt deshalb auch

$$\tilde{\omega} = -\omega$$

oder

$$\omega(\mathfrak{B}) = \omega(\mathfrak{X} - \mathfrak{A}) = -\omega(\mathfrak{A}) .$$

Enthält die Menge $\mathfrak{A}$ nur einen einzigen Knotenpunkt X, so schreiben wir anstelle von $\omega(\{X\})$ einfach $\omega(X)$.

Eine anschauliche Vorstellung von der Struktur der Cozyklen gewinnt man auf folgende Weise (vgl. Abb. 1.5):

Es sei $\omega = \omega(\mathfrak{A})$ ein Cozyklus des Graphen $\boldsymbol{G}$, und $\hat{\boldsymbol{G}}$ sei derjenige Graph, der aus $\boldsymbol{G}$ durch Löschen der Bögen von ω hervorgeht. $\hat{\boldsymbol{G}}$ ist offenbar die Vereinigung

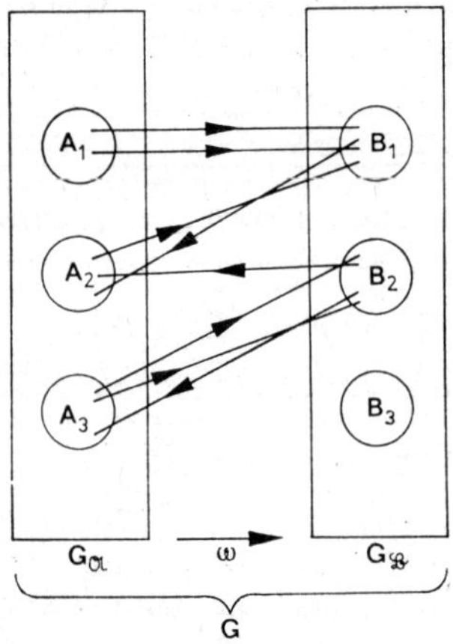

Abb. 1.5

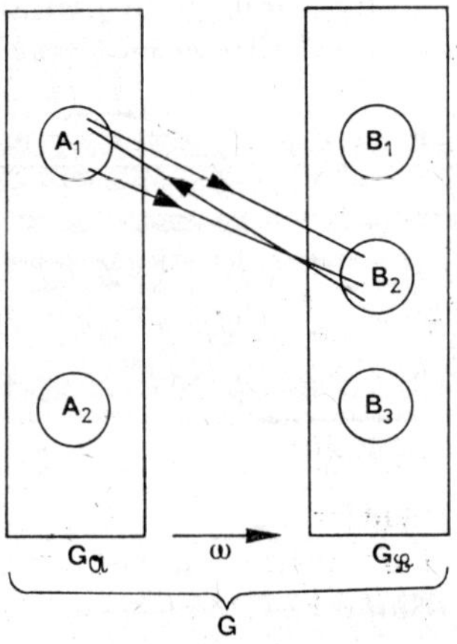

Abb. 1.6

der beiden (disjunkten) Graphen $G_{\mathfrak{A}}$ und $G_{\mathfrak{B}}$, die in G von $\mathfrak{A}$ bzw. $\mathfrak{B}=\mathfrak{X}-\mathfrak{A}$ erzeugt (aufgespannt) werden. Es habe $G_{\mathfrak{A}}$ die Komponenten $A_1, A_2, \ldots, A_s$ und $G_{\mathfrak{B}}$ die Komponenten $B_1, B_2, \ldots, B_t$. Es sei

$$A_i=(\mathfrak{A}_i, \mathfrak{U}_i) \quad \text{und} \quad B_j=(\mathfrak{B}_j, \mathfrak{B}_j) \quad (i=1, \ldots, s;\ j=1, \ldots, t),$$

so daß also

$$\mathfrak{A}=\bigcup_{i=1}^{s} \mathfrak{A}_i, \quad \mathfrak{B}=\bigcup_{j=1}^{t} \mathfrak{B}_j, \quad \mathfrak{U}=\bigcup_{i=1}^{s} \mathfrak{U}_i \cup \bigcup_{j=1}^{t} \mathfrak{B}_j \cup \omega^*$$

gilt.

Man nennt einen Cozyklus ω *elementar*, wenn seine sämtlichen Bögen ein und dieselbe Komponente A_i von $G_{\mathfrak{A}}$ mit ein und derselben Komponente B_j von $G_{\mathfrak{B}}$ verbinden (vgl. Abb. 1.6). Man kann das auch wie folgt ausdrücken: Der Cozyklus ω heißt genau dann *elementar*, wenn die Anzahl $p(G)$ der Komponenten von G durch Löschen der Bögen von ω um genau 1 vergrößert wird, also

$$p(G-\omega)=p(G)+1 .$$

Ein Cozyklus ω heißt *minimal*, falls die Menge ω^* seiner Bögen keine echte Untermenge enthält, deren Bögen ebenfalls einen Cozyklus bilden.

Wir wollen einen dem Satz 1.1 entsprechenden Satz für Cozyklen beweisen.

Satz 1.3. *Ein Cozyklus ist genau dann minimal, wenn er elementar ist.*

Beweis. Es sei ω ein elementarer Cozyklus. Wir wollen zeigen, daß dann ω minimal ist.

O. B. d. A. dürfen wir annehmen, daß jeder Bogen von ω einen Knotenpunkt von A_1 mit einem Knotenpunkt von B_1 verbindet. Offenbar genügt es, den von $\mathfrak{X}_1=\mathfrak{A}_1\cup\mathfrak{B}_1$ in G erzeugten Untergraphen G_1 zu betrachten und ω als Cozyklus ω_1 von G_1 aufzufassen. Der Cozyklus ω_1 wird in G_1 von der Knotenpunktmenge $\mathfrak{A}_1$ erzeugt. Ist dann $\omega_1'=\omega_1'(\mathfrak{A}_1')$ irgendein anderer Cozyklus von G_1, so geht er entweder aus ω_1 durch Umkehrung der Orientierung hervor (dann ist $\omega_1'^*$ nicht echt in ω_1^* enthalten), oder es gibt ein Paar $X\in\mathfrak{A}_1'$ und $Y\in\mathfrak{B}_1'=\mathfrak{X}_1-\mathfrak{A}_1'$ von Knotenpunkten, die beide zu $\mathfrak{A}_1$ oder beide zu $\mathfrak{B}_1$ gehören. Wir dürfen annehmen, daß X und Y beide in $\mathfrak{A}_1$ liegen. Da A_1 zusammenhängend ist, gibt es in A_1 eine X und Y verbindende Bogenkette: Kein Bogen dieser Kette gehört zu ω_1, aber mindestens einer ihrer Bögen gehört zu ω_1' (wegen $X\in\mathfrak{A}_1'$ und $Y\in\mathfrak{B}_1'$). Daraus folgt, daß $\omega_1'^*$ nicht in ω_1^* enthalten ist, woraus sich die Behauptung ergibt.

Es sei umgekehrt ω ein nichtelementarer Cozyklus. Wir zeigen, daß dann ω nicht minimal ist.

Da ω nicht elementar ist, gibt es entweder in $G_{\mathfrak{A}}$ zwei Komponenten A_{i_1}, A_{i_2} oder in $G_{\mathfrak{B}}$ deren zwei, etwa B_{j_1}, B_{j_2}, welche Endpunkte von zu ω gehörigen Bögen enthalten. Wir dürfen annehmen, daß das etwa für B_1 und B_2 zutrifft (vgl. Abb. 1.5). Offenbar bilden dann die Bögen von ω^*, deren einer Endpunkt in B_2 liegt, der andere aber nicht, einen Cozyklus (denn nach Entfernen dieser Bögen wird B_2 eine neue Komponente, die in G nicht vorhanden war). Dann aber war ω nicht minimal. Damit ist Satz 1.3 bewiesen.

Als nächstes zeigen wir:

Satz 1.4. *Jeder Cozyklus ω kann in elementare Cozyklen zerlegt werden.*

Wir wollen entsprechend der Zerlegung eines Zyklus unter der *Zerlegung eines Cozyklus ω in Cozyklen $\omega^1, \ldots, \omega^q$* eine Zerlegung der Bogenmenge ω^* verstehen, deren jede einzelne, ω^{i*}, ein Cozyklus ist.

Beweis. Wir haben zu zeigen, daß es paarweise bogenfremde elementare Cozyklen $\omega^1, \ldots, \omega^q$ gibt, so daß für die ihnen zugeordneten Vektoren die Gleichung

$$\boldsymbol{\omega} = \boldsymbol{\omega}^1 + \boldsymbol{\omega}^2 + \cdots + \boldsymbol{\omega}^q$$

gilt.

Offenbar ist

$$\boldsymbol{\omega} = \boldsymbol{\omega}(\mathfrak{A}) = \boldsymbol{\omega}(\mathfrak{A}_1) + \boldsymbol{\omega}(\mathfrak{A}_2) + \cdots + \boldsymbol{\omega}(\mathfrak{A}_s),$$

wobei die Cozykeln $\omega(\mathfrak{A}_i)$ paarweise bogenfremd sind (Abb. 1.5). Es genügt daher zu zeigen, daß jeder der speziellen Cozyklen $\omega(\mathfrak{A}_i)$ in paarweise bogenfremde elementare Cozykeln zerlegt werden kann. Wir führen diesen Nachweis für $\omega(\mathfrak{A}_1)$:

Es sei $\mathfrak{A}' = \mathfrak{A}_1$, $\mathfrak{B}' = \mathfrak{X} - \mathfrak{A}_1$; dann zerfällt der Graph $\boldsymbol{G} - \omega(\mathfrak{A}_1)$ in Komponenten $\boldsymbol{B}_k' = (\mathfrak{B}_k', \mathfrak{B}_k')$ mit $k = 1, \ldots, r$ $(r \geqq 1)$, wobei wir annehmen dürfen, daß die Numerierung so vorgenommen ist, daß genau die Komponenten $\boldsymbol{B}_1', \boldsymbol{B}_2', \ldots, \boldsymbol{B}_l'$ $(1 \leqq l \leqq r)$ in $\boldsymbol{G}$ je durch mindestens einen Bogen mit $\boldsymbol{A}_1$ verbunden sind (Abb. 1.7). Dann sind die von den $\mathfrak{B}_\nu'$ $(\nu = 1, \ldots, l)$ erzeugten Cozyklen sämtlich elementar

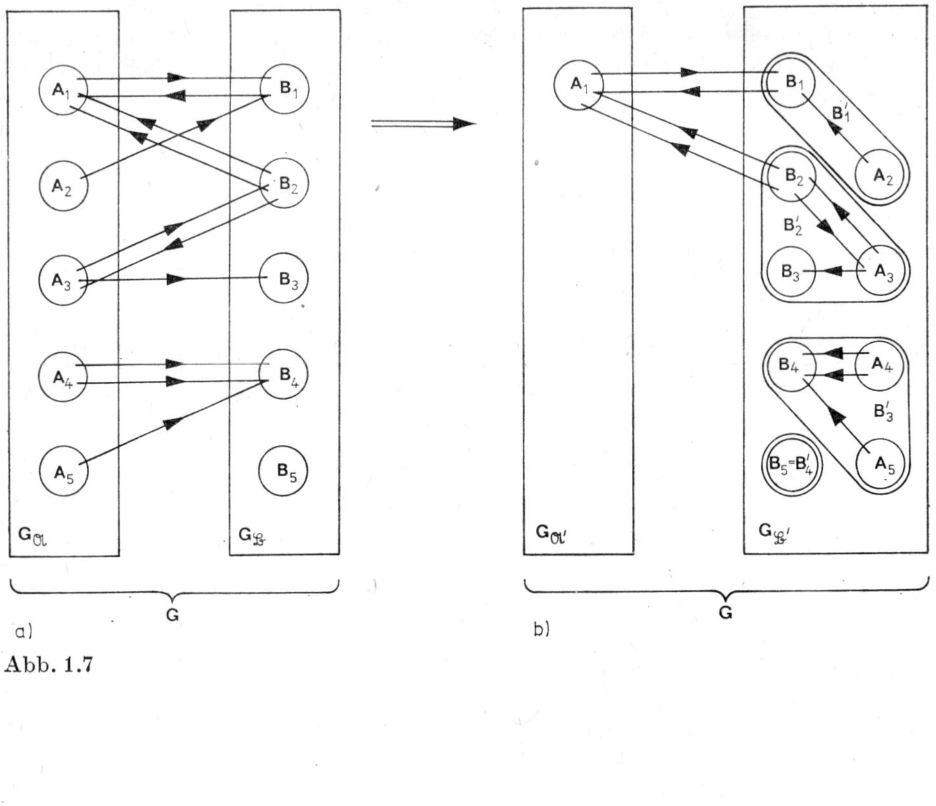

Abb. 1.7

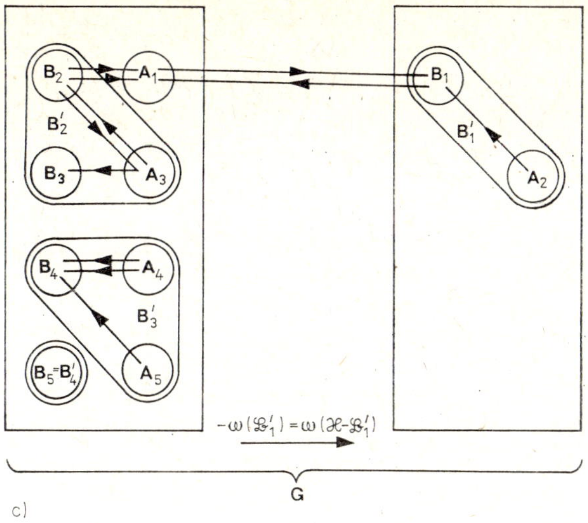

Abb. 1.7

und paarweise bogenfremd. Darüber hinaus gilt

$$\boldsymbol{\omega}(\mathfrak{A}_1) = -\boldsymbol{\omega}(\mathfrak{B}_1') - \boldsymbol{\omega}(\mathfrak{B}_2') - \ldots - \boldsymbol{\omega}(\mathfrak{B}_l') .$$

Das bedeutet, daß $\omega(\mathfrak{A}_1)$ in die paarweise bogenfremden elementaren Cozyklen $-\omega(\mathfrak{B}_\nu') = \omega(\mathfrak{X} - \mathfrak{B}_\nu')$ mit $\nu = 1, \ldots, l$ zerlegt ist.

Damit ist Satz 1.4 bewiesen.

Der Leser wird die „Dualität", die zwischen den Begriffen Zyklus und Cozyklus besteht (auf die ja auch die Bezeichnungsweise hinweist), bemerkt haben. Es handelt sich hierbei um eine wesentliche Erscheinung, und die Entsprechungen lassen sich, wie wir sehen werden, noch sehr viel weiter fortsetzen (insbesondere kann die aus der Elektrotechnik bekannte „Dualität" zwischen Strom und Spannung darauf gegründet werden). Dennoch handelt es sich nicht um Dualität im eigentlichen Sinne, d. h. in dem Sinne, daß der ganzen Theorie ein in sich duales Axiomensystem zugrunde gelegt werden könnte. Wäre das der Fall, so könnte man auch die Beweise dualisieren, und es wäre nicht einzusehen, warum die Beweise der Sätze 1.3 und 1.4 über Cozyklen mehr Mühe bereiteten als die Beweise der entsprechenden Sätze 1.1 und 1.2 über Zyklen. Beschränkt man sich jedoch auf die Betrachtung ebener Graphen (vgl. S. 36), so liegt tatsächlich Dualität im eigentlichen Sinne vor. Im allgemeinen Fall kann man nur von einer „partiellen Dualität" sprechen. Eine tiefergehende Beschäftigung mit den hier aufgeworfenen Fragen führt in die *Theorie der Matroide*, die von H. Whitney [19] begründet und insbesondere von W. T. Tutte [15–17] wesentlich weiterentwickelt wurde. Der interessierte Leser sei auf das Buch [18] von W. T. Tutte und die grundlegende Arbeit [11] von G. J. Minty verwiesen.

Wir benötigen für die weiteren Untersuchungen noch einige Begriffe.

Definition. Ein *konform gerichteter Cozyklus* ω (kurz: *k-Cozyklus*) ist ein Cozyklus, dessen sämtliche Kanten im Sinne der Orientierung von ω gerichtet sind.

Für die Komponenten ω_i eines k-Cozyklus gilt also $\omega_i \neq -1$.

Definitionen. Ein elementarer k-Cozyklus ist ein *Cokreis*. Ein *Gerüst* (*Cogerüst*) eines zusammenhängenden Graphen ist ein Teilgraph ohne Zyklen (bzw. Cozyklen) mit der Eigenschaft, daß nach Hinzufügen eines beliebigen weiteren Bogens ein Zyklus (bzw. Cozyklus) entsteht.

Zunächst wollen wir ein wichtiges Lemma formulieren und beweisen.

Lemma von MINTY (*Lemma der farbigen Bögen*). *Die Bögen eines Graphen* $\mathbf{G}$ *seien beliebig, aber fest von 1 bis m numeriert. Der Bogen 1 sei schwarz gefärbt, die Bögen 2, 3, ..., m seien beliebig je mit einer der Farben schwarz, grün, rot versehen. Dann gilt genau eine der beiden Aussagen:*

a) *Durch den Bogen 1 geht ein schwarz-roter Elementarzyklus, wobei alle schwarzen Bögen im Sinne des Zyklus gerichtet sind.*[1])

b) *Durch den Bogen 1 geht ein schwarz-grüner elementarer Cozyklus, wobei alle schwarzen Bögen im Sinne des Cozyklus gerichtet sind.*[1])

Beweis. Der Bogen $1 = (X, Y)$ sei von X nach Y gerichtet. Wir führen eine Markierung der Knotenpunkte nach folgender Vorschrift durch:

(i) Wir markieren Y.

(ii) Wir markieren einen Knotenpunkt Z, falls es entweder

- einen schwarzen Bogen (U, Z) mit markiertem U gibt oder
- einen roten Bogen (U, Z) mit markiertem U gibt oder
- einen roten Bogen (Z, U) mit markiertem U gibt.

Wegen der Endlichkeit des Graphen bricht der Markierungsprozeß ab, wobei die folgenden beiden Möglichkeiten eintreten können:

Erste Alternative: X wird markiert. Dann liegt der Bogen 1 gemäß Markierungsvorschrift in einem schwarz-roten Zyklus, wobei alle schwarzen Bögen im Sinne des Zyklus gerichtet sind. Nach Satz 1.2 zerfällt dieser Zyklus in Elementarzyklen. Unter diesen gibt es dann offenbar einen Elementarzyklus μ, der den Bedingungen a) genügt. Angenommen, es gäbe durch 1 einen Elementarcozyklus ω gemäß b), dann trennt ω den Knotenpunkt X von Y, d. h., aus jeder Bogenfolge zwischen X und Y liegt mindestens ein Bogen in ω. Also liegt noch ein weiterer Bogen von μ in ω. Das ist dann aber entweder ein roter oder ein im Sinne von ω dem Bogen 1 entgegengesetzt gerichteter Bogen. Das aber widerspricht unserer Annahme. Falls es also einen Elementarzyklus gemäß a) durch 1 gibt, gibt es keinen elementaren Cozyklus gemäß b) durch 1.

Zweite Alternative: X wird nicht markiert. Es sei $\mathfrak{A}$ die Menge der markierten und $\mathfrak{B}$ die Menge der nichtmarkierten Knotenpunkte des Graphen. Die zwischen $\mathfrak{A}$ und $\mathfrak{B}$ verlaufenden Bögen bilden einen Cozyklus ω, dem der Bogen 1 angehört. Gemäß der Markierungsvorschrift enthält ω keinen roten Bogen und einen schwarzen nur dann, wenn er von $\mathfrak{B}$ nach $\mathfrak{A}$ gerichtet ist. Damit haben wir aber einen Cozyklus gemäß b) gefunden. Unter Ausnutzung von Satz 1.4 gibt es dann auch einen elementaren Cozyklus gemäß b). Angenommen, es gäbe einen Elementarzyklus μ gemäß a). Entsprechend den Überlegungen bei der ersten Alternative führt man diese Annahme auf einen Widerspruch. Damit ist das Lemma bewiesen.

---

[1]) Schwarz-rot bzw. schwarz-grün bedeutet auch, daß rot bzw. grün nicht auftreten müssen.

Folgerung. *Es sei u ein beliebiger Bogen eines Graphen* $\boldsymbol{G}$. *Dann gehört u einem Kreis oder einem Cokreis an, niemals aber beiden zugleich.*

Um das einzusehen, färbe man alle Bögen von $\boldsymbol{G}$ schwarz und wende das Lemma von Minty an.

Wir wenden uns nun der oben erwähnten „partiellen Dualität" zu. Es gilt der folgende Satz.

Satz 1.5. *Es seien* $\boldsymbol{G}$ *ein zusammenhängender Graph,* $\boldsymbol{V}$ *und* $\boldsymbol{W}$ *ein beliebiges Gerüst bzw. Cogerüst von* $\boldsymbol{G}$. *Dann bilden die Bögen von* $\boldsymbol{G}$, *die nicht zu* $\boldsymbol{V}$ *bzw.* $\boldsymbol{W}$ *gehören, ein Cogerüst bzw. Gerüst von* $\boldsymbol{G}$.

Beweis. Es sei $\boldsymbol{V}=(\mathfrak{X}, \mathfrak{B})$ ein Gerüst von $\boldsymbol{G}=(\mathfrak{X}, \mathfrak{U})$. Angenommen, der Graph $\boldsymbol{G}'=(\mathfrak{X}, \mathfrak{U}-\mathfrak{B})$ besitzt einen Cozyklus $\omega(\mathfrak{A})$ von $\boldsymbol{G}$. Von den Bögen aus $\omega(\mathfrak{A})$ liegt, da es eine Bogenkette in $\boldsymbol{V}$ von $\mathfrak{A}$ nach $\mathfrak{X}-\mathfrak{A}$ gibt, mindestens einer in $\mathfrak{B}$. Das aber widerspricht der Definition eines Cozyklus in $\boldsymbol{G}'$. Nimmt man aber einen beliebigen Bogen von $\mathfrak{B}$ zu $\boldsymbol{G}'$ hinzu, so zerfällt $\boldsymbol{V}$; der entstehende Graph enthält also einen Cozyklus von $\boldsymbol{G}$.

Es sei umgekehrt $\boldsymbol{W}$ ein Cogerüst von $\boldsymbol{G}$, etwa $\boldsymbol{W}=(\mathfrak{X}, \mathfrak{W})$. $\boldsymbol{W}$ enthält also keinen Cozyklus, jedoch nach Hinzufügen eines beliebigen weiteren Bogens entsteht ein solcher. Wir betrachten die Bogenmenge $\mathfrak{B}^*=\mathfrak{U}-\mathfrak{W}$, wählen einen beliebigen Bogen in $\mathfrak{B}^*$ und bezeichnen ihn mit 1. Nun färben wir die Bögen von $\boldsymbol{G}$ wie folgt: 1 erhält die Farbe schwarz, die verbleibenden Bögen von $\mathfrak{B}^*$ erhalten die Farbe rot; die Bögen von $\mathfrak{W}$ erhalten die Farbe grün.

Da $\boldsymbol{W}$ ein Cogerüst ist, enthält $\mathfrak{W}\cup\{1\}$ einen Cozyklus durch 1, der nach der Färbungsvorschrift schwarz-grün ist. Nach dem Lemma von Minty geht dann aber durch den Bogen 1 kein schwarz-roter Zyklus, also enthält $\mathfrak{B}^*$ keinen Zyklus durch den Bogen 1. Wegen der Willkür der Wahl des Bogens 1 gibt es aber in $\mathfrak{B}^*$ überhaupt keinen Zyklus.

Es bleibt nun zu zeigen, daß bei Hinzufügen eines beliebigen Bogens zu $\mathfrak{B}^*$ ein Zyklus entsteht.

Es sei 1 ein beliebiger Bogen, der nicht in $\mathfrak{B}^*$ liegt, also $1\in\mathfrak{W}$. Wir färben den Graphen wie folgt: 1 erhält die Farbe schwarz, die Bögen aus $\mathfrak{B}^*$ erhalten die Farbe rot, die Bögen aus $\mathfrak{W}-\{1\}$ erhalten die Farbe grün.

Da $\boldsymbol{W}$ ein Cogerüst ist, ist keine Teilmenge von $\mathfrak{W}$ ein Cozyklus, also besitzt $\boldsymbol{G}$ keinen grün-schwarzen Cozyklus durch den Bogen 1. Nach dem Lemma von Minty gibt es dann in $\boldsymbol{G}$ einen schwarz-roten Zyklus, der gemäß Färbungsvorschrift aus Bögen von $\mathfrak{B}^*\cup\{1\}$ gebildet wird. Da die Wahl des Bogens 1 willkürlich war, ist alles gezeigt.

Damit ist Satz 1.5 bewiesen.

Wir kommen nun zu einem in der Theorie der Ströme und Spannungen wesentlichen Begriff.

Definition. Die Zyklen $\mu^1, \mu^2, \ldots, \mu^p$ (bzw. die Cozyklen $\omega^1, \omega^2, \ldots, \omega^p$) heißen *unabhängig,* wenn die Systeme der zugehörigen Vektoren $\boldsymbol{\mu}^1, \boldsymbol{\mu}^2, \ldots, \boldsymbol{\mu}^p$ (bzw. $\boldsymbol{\omega}^1, \boldsymbol{\omega}^2, \ldots, \boldsymbol{\omega}^p$) linear unabhängig sind.

Wir können die Reihe der Sätze fortsetzen, die die „partielle Dualität" erhärten.

Satz 1.6. *Es sei* G *ein zusammenhängender Graph mit* m *Bögen und* n *Knotenpunkten. Dann gilt:*

a) *Es existieren* $m-n+1$, *aber nicht mehr unabhängige Elementarzyklen.*

b) *Es existieren* $n-1$, *aber nicht mehr unabhängige elementare Cozyklen.*

Beweis. Ein beliebiges Gerüst $\boldsymbol{V}$ von G enthält offenbar $n-1$ Bögen. Wählen wir einen der verbleibenden $m-(n-1)$ Bögen beliebig aus und fügen ihn zu $\boldsymbol{V}$ hinzu, so entsteht genau ein Elementarzyklus, den wir uns im Sinne des hinzugefügten Bogens orientiert denken. Auf diese Weise kann man genau $m-n+1$ Elementarzyklen erzeugen, die offenbar unabhängig sind, da jeder der diesen Zyklen zugeordneten Vektoren in einer Komponente eine Eins besitzt, in der alle anderen Vektoren eine Null haben.

Nun zeigen wir, daß es $n-1$ unabhängige elementare Cozyklen gibt. Wir betrachten dazu ein beliebiges Cogerüst $\boldsymbol{W}$. Nach Definition enthält $\boldsymbol{W}$ keinen Cozyklus. Nimmt man jedoch noch irgendeinen Bogen hinzu, so entsteht ein Cozyklus, der offenbar elementar ist. Nun gibt es nach Satz 1.5 jedoch genau $n-1$ Bögen, die nicht in $\boldsymbol{W}$ liegen. Daß diese $n-1$ Cozyklen unabhängig sind, ist leicht einzusehen, da die den elementaren Cozyklen zugeordneten Vektoren ebenfalls die Eigenschaft haben, daß jeder dieser Vektoren in einer Komponente eine Eins besitzt, in der alle anderen eine Null haben.

Abschließend zeigen wir noch, daß für einen beliebigen Zyklus μ und einen beliebigen Cozyklus ω die Beziehung

$$\langle \boldsymbol{\mu}, \boldsymbol{\omega} \rangle = 0$$

gilt, daß also das Skalarprodukt der ihnen zugeordneten Vektoren gleich Null ist, was aber (da die Summe der Dimensionen der beiden durch die Zyklen bzw. Cozyklen aufgespannten Unterräume höchstens gleich m sein kann) nichts anderes bedeutet, als daß es weder mehr als $m-n+1$ unabhängige Elementarzyklen (und damit Zyklen) noch mehr als $n-1$ unabhängige elementare Cozyklen geben kann.

Wir betrachten das Skalarprodukt

$$\langle \boldsymbol{\mu}, \boldsymbol{\omega} \rangle = \mu_1\omega_1 + \mu_2\omega_2 + \ldots + \mu_m\omega_m ,$$

wobei nur diejenigen Komponenten von Interesse sind, bei denen die ihnen entsprechenden Bögen sowohl in μ als auch in ω liegen, da in den anderen Fällen mindestens einer der beiden Faktoren μ_j, ω_j gleich Null ist. Ferner betrachten wir zwei in μ aufeinanderfolgende Bögen k, l, die auch in ω liegen. Es können die folgenden vier Fälle eintreten:

$$
\begin{array}{llllll}
1. & \omega_k = 1 & \Rightarrow \mu_k = 1 & \text{oder} & \mu_k = -1 \\
 & \omega_l = 1 & \mu_l = -1 & & \mu_l = 1 \\
2. & \omega_k = 1 & \Rightarrow \mu_k = 1 & \text{oder} & \mu_k = -1 \\
 & \omega_l = -1 & \mu_l = 1 & & \mu_l = -1 \\
3. & \omega_k = -1 & \Rightarrow \mu_k = 1 & \text{oder} & \mu_k = -1 \\
 & \omega_l = 1 & \mu_l = 1 & & \mu_l = -1 \\
4. & \omega_k = -1 & \Rightarrow \mu_k = 1 & \text{oder} & \mu_k = -1 \\
 & \omega_l = -1 & \mu_l = -1 & & \mu_l = 1
\end{array}
$$

In jedem der vier Fälle gilt

$$\omega_k \mu_k + \omega_l \mu_l = 0 \ .$$

Da die Anzahl der in μ und ω liegenden Bögen gewiß gerade ist, können wir die Gesamtheit dieser Bögen in Paare von in μ aufeinanderfolgenden Bögen einteilen. Für jedes Paar ist der Anteil am Skalarprodukt Null, also auch das gesamte Skalarprodukt, wie behauptet wurde.

Mit unseren obigen Bemerkungen ist der Satz 1.6 bewiesen.

Wir erhalten als Folgerung, daß die während des Beweises konstruierten elementaren Zyklen und Cozyklen eine Basis des entsprechenden Vektorraumes bilden.

Mit entsprechenden Überlegungen kann man auch den folgenden Satz beweisen.

Satz 1.6′. *Hat der Graph **G** genau p Komponenten, so gilt:*

a) *Es existieren $m - n + p$, aber nicht mehr unabhängige Elementarzyklen.*

b) *Es existieren $n - p$, aber nicht mehr unabhängige elementare Cozyklen.*

Im Fall von Landkarten kann man eine Zyklenbasis in einfacher Form angeben. Wir denken uns einen in die Ebene ohne Überkreuzung der Bögen eingezeichneten Graphen G, von dem wir voraussetzen wollen, daß er nach Entfernen eines beliebigen Knotenpunktes noch zusammenhängend ist (eine exakte Einführung des Begriffs der Landkarte kann der Leser bei Sachs [12] nachlesen).

Es gilt dann der folgende Satz, den wir ohne Beweis angeben:

Satz 1.7. *Die Konturen der endlichen Gebiete einer Landkarte bilden ein System unabhängiger Zyklen, insbesondere sogar eine Zyklenbasis.*

Wir wollen den Satz anhand eines Beispiels erläutern (vgl. Abb. 1.8). Für die Planarität selbst ist die Orientierung der Bögen natürlich ohne Belang. Schreiben wir die Vektoren $\boldsymbol{\mu}^i$ zeilenweise, so ergibt sich für unser Beispiel:

Bogen	1	2	3	4	5	6	7	8	9	10	11	12
$\boldsymbol{\mu}^1$	1	−1	1	0	0	0	1	1	0	0	0	0
$\boldsymbol{\mu}^2$	0	0	0	0	0	0	0	−1	1	1	0	0
$\boldsymbol{\mu}^3$	0	0	0	0	0	1	0	0	0	−1	1	−1
$\boldsymbol{\mu}^4$	0	0	0	0	1	1	1	0	0	0	0	0
$\boldsymbol{\mu}^5$	0	0	1	−1	−1	0	0	0	0	0	1	0

Betrachten wir etwa den Zyklus μ, den wir in Abb. 1.8 doppelt gezeichnet haben, so ergibt sich

$$\boldsymbol{\mu} = \boldsymbol{\mu}^1 - \boldsymbol{\mu}^5 - \boldsymbol{\mu}^4 \ .$$

Wir wenden uns nun dem wichtigen Begriff des stark zusammenhängenden Graphen zu.

Definition. Eine Bogenfolge

$$(X_{i_1}, X_{i_2}), (X_{i_2}, X_{i_3}), \ldots, (X_{i_k}, X_{i_{k+1}})$$

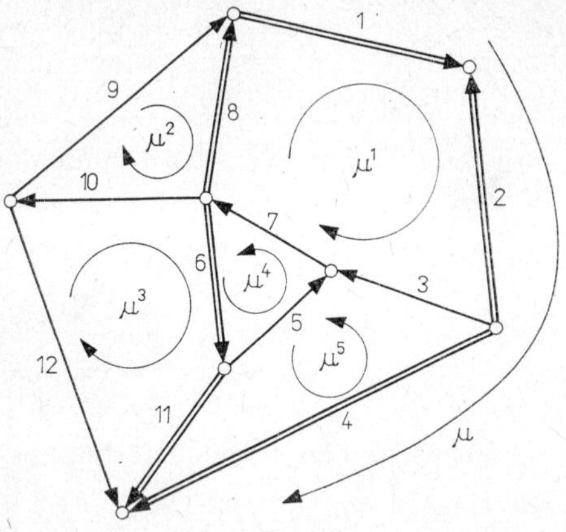

Abb. 1.8

mit $X_{i_r} \neq X_{i_s}$ für $i_r \neq i_s$ (mit paarweise verschiedenen i_j) heißt *Bahn* von X_{i_1} nach $X_{i_{k+1}}$. Ein Graph $\boldsymbol{G}$ heißt *stark zusammenhängend*, falls es zwischen zwei beliebigen verschiedenen Knotenpunkten X und Y eine Bahn von X nach Y gibt.

Abb. 1.9 zeigt einen stark zusammenhängenden Graphen sowie eine Bahn (doppelt gezeichnet) von X nach Y.

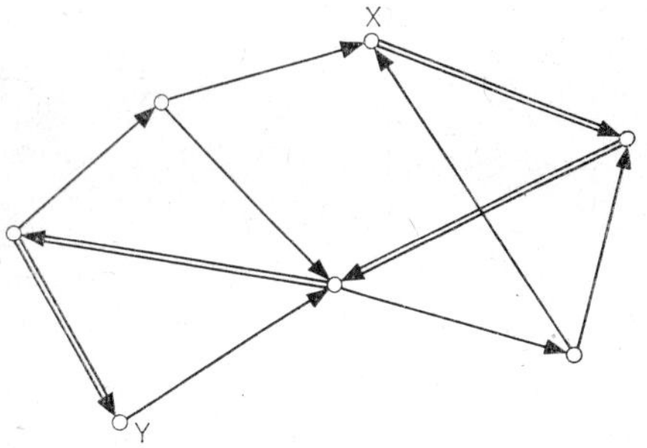

Abb. 1.9

Satz 1.8. *Es sei $\boldsymbol{G}$ ein zusammenhängender Graph mit mindestens einem Bogen.*

a) *Die folgenden Aussagen sind gleichwertig:*
   (1) *Durch jeden Bogen von $\boldsymbol{G}$ geht ein Kreis,*
   (2) *durch keinen Bogen von $\boldsymbol{G}$ geht ein Cokreis,*
   (3) *$\boldsymbol{G}$ ist stark zusammenhängend.*

b) *Die folgenden Aussagen sind gleichwertig:*
   (1') *Durch jeden Bogen von $\boldsymbol{G}$ geht ein Cokreis,*
   (2') *durch keinen Bogen von $\boldsymbol{G}$ geht ein Kreis.*

Beweis. a) Wir zeigen: Aus (1) folgt (2). Angenommen, der Bogen (X, Y) liege in einem Cokreis. Färben wir alle Bögen schwarz und wenden das Lemma von Minty an, so erkennen wir, daß durch (X, Y) kein Kreis geht, im Widerspruch zu (1).

Entsprechend läßt sich beweisen, daß aus (2) die Aussage (1) folgt (Aufgabe!).

Wir zeigen nun: Aus (3) folgt (1). Angenommen, durch (X, Y) gehe kein Kreis. Dann gibt es keine Bahn von Y nach X, im Widerspruch zu (3).

Aus (1) folgt (3): Angenommen, es gäbe keine Bahn von X nach Y. Wir betrachten die Menge $\mathfrak{A}$ der Knotenpunkte, die von X aus auf Bahnen erreichbar sind. Offenbar sind dann alle Bögen von $\omega(\mathfrak{A})$ nach $\mathfrak{A}$ gerichtet. Da $\boldsymbol{G}$ zusammenhängend ist, gilt $\omega(\mathfrak{A}) \neq \emptyset$; dann kann aber durch keinen der Bögen von $\omega(\mathfrak{A})$ ein Kreis gehen, im Widerspruch zu (1).

b) Aus (1') folgt (2'): Angenommen, der Bogen (X, Y) liege in einem Kreis. Dann färben wir alle Bögen schwarz, wenden das Lemma von MINTY an und erkennen, daß im Widerspruch zu (1') der Bogen (X, Y) in keinem Cokreis liegt.

Ganz entsprechend folgt (1') aus (2'). Damit ist Satz 1.8 bewiesen.

Wir wollen darauf hinweisen, daß es zum Begriff „stark zusammenhängend" im Sinne oben beschriebener „partieller Dualität" keinen (vernünftigen) dualen Begriff gibt.

Ein in den Anwendungen öfter auftretendes Problem ist das, zu entscheiden, ob ein vorgegebener Graph stark zusammenhängend ist oder nicht. Der folgende einfache Algorithmus gestattet es, eine solche Entscheidung zu fällen.

Algorithmus 1.1 (zur Entscheidung, ob ein Graph stark zusammenhängend ist).

Wir wählen einen beliebigen Knotenpunkt Z in $\boldsymbol{G}$ aus und geben ihm die beiden Markierungen „+" und „−". Nun markieren wir einen Knotenpunkt X mit „+", falls es einen Bogen (Y, X) mit +-markiertem Y gibt, und wir markieren einen Knotenpunkt U mit „−", falls es einen Bogen (U, Y) mit −-markiertem Y gibt.

Man sieht leicht, daß $\boldsymbol{G}$ genau dann stark zusammenhängend ist, wenn am Ende unseres Markierungsprozesses jeder Knotenpunkt sowohl +-markiert als auch −-markiert ist. Werden bei diesem Markierungsprozeß nicht alle Knotenpunkte mit beiden Marken versehen, so bilden diejenigen Knotenpunkte mit beiden Marken die Z enthaltende stark zusammenhängende Komponente von $\boldsymbol{G}$.

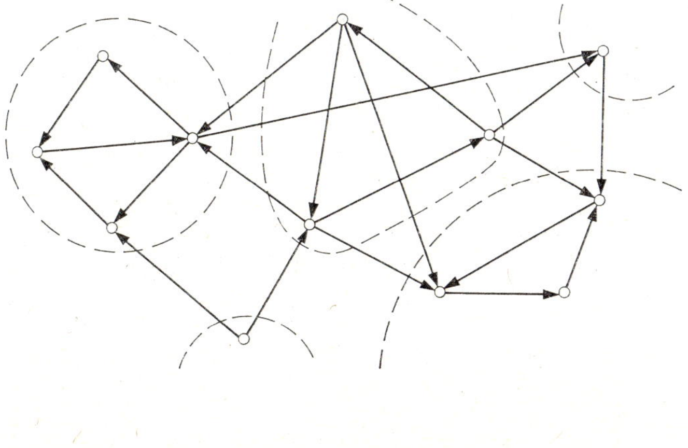

Abb. 1.10

Wählt man nacheinander jeden Knotenpunkt von $\boldsymbol{G}$ als Markierungsbeginn Z, so zerfällt der Graph in stark zusammenhängende Komponenten. In einer solchen Äquivalenzklasse kann natürlich gegebenenfalls auch nur ein Knotenpunkt liegen.

Zum Verständnis dieser Äquivalenzrelation betrachte man das Beispiel aus Abb. 1.10.

Bevor wir den nächsten Algorithmus kennenlernen, stellen wir dem Leser die folgende Aufgabe.

Aufgabe 1. Es sei $\boldsymbol{G}$ ein Graph (mit mindestens einem Bogen), der keinen Kreis enthält. Dann besitzt $\boldsymbol{G}$ mindestens eine Quelle (einen Knotenpunkt, in den kein Bogen einläuft) und mindestens eine Senke (einen Knotenpunkt, aus dem kein Bogen ausläuft).

Algorithmus 1.2 (zur Entscheidung, ob ein Graph kreisfrei ist).

Falls in $\boldsymbol{G}$ eine Quelle existiert, löschen wir diese und alle mit ihr inzidenten (auslaufenden) Bögen. Gibt es im Restgraphen eine Quelle, so löschen wir diese und alle mit ihr inzidenten Bögen, usw.

Falls der Algorithmus abbricht, wenn kein Knotenpunkt mehr vorhanden ist, ist der Graph kreisfrei; denn enthielte er trotzdem einen Kreis, so hätte man im Verlauf des Algorithmus einen Knotenpunkt dieses Kreises gelöscht, der aber kein Quellpunkt war, da ja in ihn sowohl Bögen (einer des Kreises) einliefen als auch mindestens einer (des Kreises) auslief.

Endet der Algorithmus, bevor alle Knotenpunkte gelöscht sind, so gehen wir von einem beliebigen Knotenpunkt X_1 im Restgraphen $\boldsymbol{G}'$ aus, laufen einen beliebigen in X_1 einlaufenden Bogen rückwärts und gelangen zu einem Knotenpunkt X_2, in den ebenfalls mindestens ein Bogen einläuft, den wir rückwärts laufen, etwa nach X_3, usw. Wegen der Endlichkeit des Graphen $\boldsymbol{G}$ (und damit $\boldsymbol{G}'$) treffen wir schließlich auf einen Knotenpunkt, den wir auf unserem Rückwärtslauf schon erreicht hatten (nicht notwendig X_1). Dann haben wir aber einen Kreis gefunden.

Wir kommen nun zu einer Aussage über die Basen der Räume der Zyklen und Cozyklen.

Satz 1.9. *Es sei $\boldsymbol{G}$ ein zusammenhängender Graph mit m Bögen und n Knotenpunkten.*

a) *Ist $\boldsymbol{G}$ stark zusammenhängend, so gibt es in $\boldsymbol{G}$ $m-n+1$ unabhängige Kreise, d. h., der Vektorraum der Zyklen besitzt eine Kreisbasis.*

b) *Besitzt $\boldsymbol{G}$ keinen Kreis, so gibt es in $\boldsymbol{G}$ $n-1$ unabhängige Cokreise, d. h., der Raum der Cozyklen besitzt eine Cokreisbasis.*

Beweis. Wir zeigen zunächst a), und zwar zeigen wir, daß sich ein beliebiger Zyklus als Summe von Kreisen darstellen läßt. Zunächst gilt der folgende

Hilfssatz. *Jede geschlossene Folge gleichsinnig gerichteter Bögen* (auch mit Wiederholung von Bögen) *läßt sich in Kreise zerlegen.*

Der Beweis des Hilfssatzes ist leicht mittels Induktion nach der Bogenanzahl zu führen, indem man die geschlossene Bogenfolge so lange durchläuft, bis man erstmalig einen Knotenpunkt zum zweiten Mal erreicht. Dann hat man einen Kreis durchlaufen, den man abspalten kann, der Rest zerfällt in Komponenten, von denen jede die Voraussetzung des Hilfssatzes erfüllt.

Die Beweisidee von a) ist die folgende: Wir zerlegen einen Zyklus μ in zwei Bogenmengen. Die eine besteht aus allen Bögen, die in Richtung von μ orientiert sind, die andere vervollständigen wir (wegen des starken Zusammenhangs ist das möglich) zu Kreisen. Alle Bogenmengen, die hinzugenommen wurden, zusammen mit den Bögen von μ, die in Richtung von μ orientiert sind, bilden dann ebenfalls Kreise (sie genügen den Voraussetzungen des Hilfssatzes): Gemäß Satz 1.2 dürfen wir uns auf die Zerlegung von Elementarzyklen beschränken. Wir zerlegen μ vgl. Abb. 1.11) in maximale Bahnen; dabei bezeichnen wir die Knotenpunkte

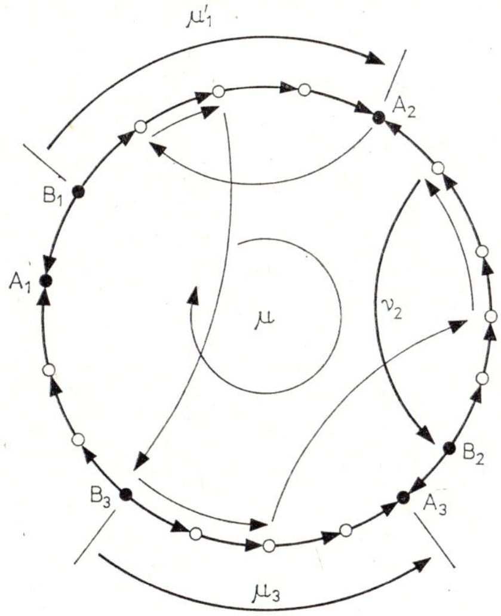

Abb. 1.11

derart, daß die Bahnen in Richtung von μ zwischen B_i und A_{i+1} verlaufen (wobei wir modulo s rechnen, wenn s maximale Bahnen in μ-Richtung verlaufen; dann laufen auch s maximale Bahnen entgegen der μ-Richtung) und entgegen μ von B_i nach A_i. Die Bahn auf μ, die B_i mit A_{i+1} verbindet, bezeichnen wir mit μ'_i (sie liegt also in Richtung von μ); die Bahn auf μ, die B_i mit A_i verbindet, bezeichnen wir mit μ_i. Die (wegen des starken Zusammenhangs des Graphen existierende) Bahn, die A_i mit B_i verbindet, bezeichnen wir mit ν_i. Eine geschlossene gleichsinnig gerichtete Folge von Bögen wollen wir (nur während des Beweises) ein *k-Zykloid* nennen (in Anlehnung an „konform gerichteter Zyklus", in dem aber Bögen mehrfach auftreten dürfen).

Wir betrachten zunächst das k-Zykloid λ, das wie folgt entsteht (vgl. Abb. 1.11):

$$\lambda = \mu'_1 \cup \nu_2 \cup \mu'_2 \cup \nu_3 \cup \ldots \cup \mu'_n \cup \nu_1 .$$

Wir laufen also längs μ, sofern die Bögen gleichorientiert zu μ sind, lassen die Teile des Elementarzyklus μ, auf denen die Bögen entgegengesetzt zu μ orientiert sind, aus und laufen stattdessen auf den Bahnen von A_i nach B_i, die ja wegen des starken Zusammenhangs existieren. Nun haben wir zu viel durchlaufen, nämlich die ν_i, aber auch zu wenig, nämlich die μ_i. Es bilden aber gerade die

$$\lambda_i = \mu_i \cup \nu_i$$

k-Zykloide, und da die Bögen von μ_i im Gegensinn von μ durchlaufen werden, erhalten wir unter Verwendung der Vektorschreibweise für Bogenmengen (charakteristische Funktion)

$$\boldsymbol{\mu} = \boldsymbol{\lambda} - \sum_{i=1}^{n} \boldsymbol{\lambda}_i .$$

Da, wie wir im Hilfssatz sahen, k-Zykloide in Kreise zerlegt werden können, haben wir die Behauptung a) bewiesen.

Wir beweisen nun b). Da $\boldsymbol{G}$ keinen Kreis besitzt, kann man eine vollständige Ordnung der Knotenpunkte wie folgt angeben: Wir wählen eine beliebige Quelle in $\boldsymbol{G}$ und bezeichnen sie mit A_1. Nun entfernen wir A_1 und alle mit A_1 inzidenten (d. h. auslaufenden) Bögen und bezeichnen mit A_2 eine Quelle des Restgraphen, usw. Die Menge der Bögen, die $\mathfrak{A} = \{A_1, \ldots, A_i\}$ von $\mathfrak{B} = \{A_{i+1}, \ldots, A_n\}$ trennt, bildet offenbar einen Cokreis, da alle Bögen von $\mathfrak{A}$ nach $\mathfrak{B}$ verlaufen. Die Unabhängigkeit dieser $n-1$ Cokreise ist gesichert (da dann in jedem ein Bogen liegt, der in keinem anderen liegt), sofern im Verlauf des Abbaus nicht isolierte Knotenpunkte auftreten. Sollte im Verlauf des Abbaus die Situation eintreten, daß nach Entfernen etwa von A_i ein isolierter Knotenpunkt X auftritt (d. h., daß nach Entfernen von A_{i-1} in X nur ein Bogen (A_i, X) einläuft), so wählen wir diesen als Cokreis. Der Zusammenhang von $\boldsymbol{G}$ sichert auf diese Weise, daß man $n-1$ unabhängige Cokreise findet (Aufgabe!).

Damit ist der Satz 1.9 bewiesen.

Folgerung aus a). *Ein cokreisloser Graph $\boldsymbol{G}$ mit p Komponenten besitzt $m-n+p$ unabhängige Kreise.*

Folgerung aus b). *Ein kreisloser Graph $\boldsymbol{G}$ mit p Komponenten besitzt eine Cozyklenbasis, die aus $n-p$ Cokreisen besteht.*

Nun können wir noch eine interessante Folgerung aus dem Lemma von Minty ziehen.

Satz 1.10 (Camion).

a) *Es sei $\boldsymbol{G}$ ein Graph, in dem jeder Zyklus ebenso viele Komponenten $+1$ wie -1 besitzt. Dann zerfällt die Bogenmenge von $\boldsymbol{G}$ in paarweise disjunkte Cokreise.*

b) *Es sei $\boldsymbol{G}$ ein Graph, in dem jeder Cozyklus ebenso viele Komponenten $+1$ wie -1 besitzt. Dann zerfällt die Bogenmenge in paarweise disjunkte Kreise.*

Beweis. a) Wir denken uns nacheinander die Bögen disjunkter Cokreise $\omega_1, \ldots, \omega_r$ aus $\boldsymbol{G}$ entfernt. Der entstehende Graph $\boldsymbol{G}'$ möge keinen Cokreis mehr enthalten. Besitzt $\boldsymbol{G}'$ keinen Bogen mehr, so ist der Beweis erbracht. Wir dürfen also annehmen, daß es in G' mindestens noch einen Bogen gibt. Wir färben alle zu G' gehörigen Bögen schwarz und geben irgendeinem von ihnen die Nummer 1. Die Bögen aus $\omega_1^* \cup \omega_2^* \cup \ldots \cup \omega_r^*$ färben wir rot. Da keine grünen Bögen vorhanden sind und G' keinen Cokreis enthält, gibt es nach dem Lemma von MINTY in G einen schwarz-roten Zyklus μ durch 1, wobei alle schwarzen Bögen konform gerichtet sind. Wir betrachten einen beliebigen roten Bogen u von μ. Da u in einem der Cokreise $\omega_1, \omega_2, \ldots, \omega_r$ liegt, etwa in ω_1, gibt es einen in μ liegenden roten Bogen v, der bezüglich ω_1 mit u gleichgerichtet, jedoch bezüglich μ entgegengesetzt gerichtet ist. Es gibt also in μ gleich viele rote Bögen, die in Richtung von μ orientiert sind, wie rote Bögen, die zu μ entgegengesetzt gerichtet sind. Die den roten Bögen von μ entsprechenden Komponenten haben somit gleich viele Komponenten $+1$ wie -1; die schwarzen Bögen von μ haben jedoch alle $+1$ oder alle -1. Da die Menge der schwarzen Bögen von μ nicht leer ist, gibt es einen Zyklus μ in G mit ungleich vielen Komponenten $+1$ wie -1, im Widerspruch zur Voraussetzung des Satzes 1.10a). Die Behauptung b) beweise der Leser selbst.

Als Folgerung erhalten wir:

Satz 1.11. *Ein k-Zyklus, der alle Bögen eines Graphen G enthält, existiert genau dann, wenn G zusammenhängend ist und jeder Cozyklus ebenso viele Komponenten $+1$ wie -1 enthält.*

Beweis. Es existiere ein k-Zyklus, der alle Bögen enthält (eine solche Bogenfolge nennt man auch *Eulerlinie*). G ist offenbar zusammenhängend. Wir wählen einen beliebigen Cozyklus ω. Die Anzahl der Bögen von ω ist offenbar gerade und wird zur Hälfte in Richtung des k-Zyklus und zur Hälfte in Gegenrichtung durchlaufen. Es habe umgekehrt jeder Cozyklus von G die gleiche Anzahl positiver wie negativer Komponenten. Nach dem Satz von CAMION zerfällt die Bogenmenge in disjunkte Kreise, die man, da G zusammenhängend ist, zu einem k-Zyklus zusammensetzen kann, so daß alle Bögen in gleicher Richtung durchlaufen werden. Damit ist der Satz bewiesen.

Zum Schluß dieses Abschnitts noch einige Bemerkungen:

1. Denken wir uns den Graphen ungerichtet, so erhalten wir als äquivalente Bedingung für die Existenz einer (nunmehr ungerichteten) Eulerlinie: G ist zusammenhängend, und jeder *Schnitt* (er entspricht dem Cozyklus im gerichteten Fall) hat eine gerade Anzahl von Kanten. Es reicht aus zu fordern, daß die Schnitte, die von den Knotenpunkten erzeugt werden, gerade Kantenanzahl besitzen. Das bedeutet aber, daß die Valenz eines jeden Knotenpunktes gerade sein muß.

2. Die „partiell duale" Aussage erhalten wir in der Form: Ein Schnitt, der alle Kanten von G enthält, existiert genau dann, wenn jeder Kreis (genauer: jede geschlossene Kantenfolge) gerade Länge besitzt, also eine gerade Anzahl von Kanten enthält. Das ist der bekannten Aussage äquivalent, daß ein Schnitt, der alle Kanten von G enthält, genau dann existiert, wenn G paar ist (G heißt *paar*, falls sich die Knotenpunkte von G derart in zwei große Klassen einteilen lassen, daß Knotenpunkte einer Klasse nicht adjazent sind).

3. Der Leser konstruiere ein Beispiel, das beweist: Es gibt Graphen, in denen jeder Zyklus die gleiche Anzahl positiver wie negativer Komponenten enthält, in dem jedoch kein Cokreis existiert, der alle Bögen enthält.

1.2. Eigenschaften von Strömen und Spannungen

Definitionen. Wir denken uns die Bögen eines Graphen von 1 bis m numeriert. Unter einer *Bogenfunktion* $\psi(u)$ verstehen wir einen Vektor des m-dimensionalen Vektorraumes R^m mit im allgemeinen reellen Komponenten. Für viele Probleme wird es sich zeigen, daß Ganzzahligkeit der Komponenten angenommen werden darf. Prinzipiell dürfen die Komponenten auch komplex sein, doch für die häufigsten Anwendungsfälle dürfen wir reelle Komponenten $\psi_i = \psi(u_i)$ des Vektors $\boldsymbol{\psi}$ voraussetzen. Liegt ein Bogen $u = (X, Y)$ vor, so schreiben wir auch für die Komponente $\boldsymbol{\psi}((u))$ einfach $\psi(u) = \psi(X, Y)$. Eine Bogenfunktion φ heißt *Strom*, falls für jeden Knotenpunkt X die Beziehung

$$\sum_{u \in \omega^+(X)} \varphi(u) - \sum_{u \in \omega^-(X)} \varphi(u) = 0$$

gilt. Die i-te Komponente des Vektors $\boldsymbol{\varphi}$ heißt *Fluß* durch den Bogen i oder auch Fluß durch den Bogen u_i, falls die natürlichen Zahlen für andere Zwecke verwendet werden und Verwechslungen auftreten könnten.

In der Definition des Stromes steckt offenbar die bekannte *Kirchhoffsche Knotenregel* für elektrische Netzwerke; in anderer Schreibweise erhalten wir:

Eine Bogenfunktion φ ist genau dann ein Strom, falls für einen beliebigen Knotenpunkt $X \in \mathfrak{X}$ eines Graphen $\boldsymbol{G} = (\mathfrak{X}, \mathfrak{U})$ das Skalarprodukt gleich Null ist:

$$\langle \boldsymbol{\omega}(X), \boldsymbol{\varphi} \rangle = 0;$$

mit anderen Worten:

$$\sum_{i=1}^{m} \omega_i \varphi_i = 0 \quad \text{mit} \quad \boldsymbol{\omega}(X) = (\omega_1, \ldots, \omega_m) .$$

Der Leser beweise als Aufgabe den

Satz 1.12. *Für eine beliebige Teilmenge $\mathfrak{A}$ der Knotenmenge $\mathfrak{X}$ eines Graphen $\boldsymbol{G}$ und für einen beliebigen auf $\boldsymbol{G}$ definierten Strom φ gilt* $\langle \boldsymbol{\omega}(\mathfrak{A}), \boldsymbol{\varphi} \rangle = 0$, d. h.

$$\sum_{u \in \omega^+(\mathfrak{A})} \varphi(u) - \sum_{u \in \omega^-(\mathfrak{A})} \varphi(u) = 0 \quad \text{für alle} \quad \mathfrak{A} \subseteq \mathfrak{X} .$$

Definition. Wenn für eine Bogenfunktion ϑ die Beziehung

$$\sum_{u \in \mu^+} \vartheta(u) - \sum_{u \in \mu^-} \vartheta(u) = 0$$

für einen beliebigen Elementarzyklus μ gilt, so nennen wir ϑ eine *Spannung* auf dem Graphen $\boldsymbol{G}$. Der Wert $\vartheta_i = \vartheta(u_i)$ der i-ten Komponente von $\boldsymbol{\vartheta}$ heißt *Teilspannung auf* u_i.

In der Definition der Spannung steckt offenbar der *Kirchhoffsche Maschensatz* für elektrische Netzwerke. Man sieht unmittelbar, daß eine Bogenfunktion ϑ genau dann eine Spannung ist, falls

$$\langle \boldsymbol{\mu}, \boldsymbol{\vartheta} \rangle = 0 \quad \text{bzw.} \quad \sum_{i=1}^{m} \mu_i \vartheta_i = 0$$

ist.

Definition. Eine Funktion, die jedem Knotenpunkt eines Graphen eine (im allgemeinen reelle) Zahl zuordnet, nennen wir *Knotenfunktion* oder *Potential.*

Eigentlich ist es nicht die Art des Mathematikers, für einen bereits eingeführten Begriff (Knotenfunktion) noch einen weiteren (Potential) einzuführen, jedoch ist (wie auch der nächste Satz zeigen wird) die enge Verknüpfung von Spannung und Potential, wie wir sie aus der Elektrotechnik kennen, auch von uns nicht zu ignorieren.

Satz 1.13.

a) *Es sei t ein auf einem beliebigen Graphen $\boldsymbol{G}$ definiertes Potential. Dann ist die Bogenfunktion d, die jedem Bogen $u = (P, Q)$ die Potentialdifferenz $d(u) = d(P, Q) = t(Q) - t(P)$ zuordnet, eine Spannung.*

b) *Es sei $\boldsymbol{G}$ ein zusammenhängender Graph und ϑ eine beliebige auf $\boldsymbol{G}$ definierte Spannung. Dann existiert ein bis auf eine additive Konstante bestimmtes Potential t derart, daß die aus t gewonnene Potentialdifferenz mit ϑ übereinstimmt, so daß also $\vartheta(u) = t(Q) - t(P)$ für jeden Bogen $u = (P, Q)$ gilt.* •

Beweis.

a) Wir haben nur zu zeigen, daß d mit $d(P, Q) = t(Q) - t(P)$ eine Spannung ist: Wir betrachten einen beliebigen Elementarzyklus μ, wobei $P_1, \ldots, P_k, P_{k+1} = P_1$ die Knotenpunkte auf μ seien, wie sie in der Durchlaufung von μ nacheinander angetroffen werden. Wir wählen zwei aufeinanderfolgende Knotenpunkte P_i, P_{i+1} aus. Falls es in μ den Bogen (P_i, P_{i+1}) gibt, gilt

$$\mu(P_i, P_{i+1}) = 1 \quad \text{und} \quad d(P_i, P_{i+1}) = t(P_{i+1}) - t(P_i)\,,$$

also

$$\mu(P_i, P_{i+1}) \cdot d(P_i, P_{i+1}) = t(P_{i+1}) - t(P_i)\,.$$

Falls jedoch in μ der Bogen (P_{i+1}, P_i) liegt, ist

$$\mu(P_{i+1}, P_i) = -1 \quad \text{und} \quad d(P_{i+1}, P_i) = -t(P_{i+1}) + t(P_i)\,.$$

Auch in diesem Fall erhalten wir

$$\mu(P_{i+1}, P_i) \cdot d(P_{i+1}, P_i) = t(P_{i+1}) - t(P_i)\,.$$

Bilden wir das Skalarprodukt, so erhalten wir

$$\langle \boldsymbol{\mu}, \boldsymbol{d} \rangle = \sum_{i=1}^{k} \mu_i \cdot d_i = t(P_2) - t(P_1) + t(P_3) - t(P_2) + - \ldots - + t(P_1) - t(P_k) = 0\,,$$

also ist d eine Spannung.

b) Wir definieren wie folgt eine Knotenfunktion: Es sei $P \in \mathfrak{X}$ ein beliebiger, fest gewählter Knotenpunkt. Wir setzen $t(P) = t_0$. Es sei $t(U)$ bereits bestimmt, und es existiere der Bogen (U, V) mit noch nicht bestimmtem $t(V)$. Dann setzen wir

$t(V)=t(U)+\vartheta(U, V)$. Ist aber $t(U)$ bereits bekannt, existiert der Bogen (V, U) und ist $t(V)$ noch nicht bestimmt, so setzen wir $t(V)=t(U)-\vartheta(V, U)$. Wir zeigen, daß auf diese Weise eine Knotenfunktion erklärt ist, mit anderen Worten: Bei Vorgabe von $t(P)=t_0$ sind die $t(X)$ eindeutig bestimmt, also unabhängig von der Reihenfolge der Bestimmung der $t(X)$.

Angenommen, man könnte einem Knotenpunkt Q (bei verschiedener Reihenfolge der Knotenbewertung) zwei verschiedene Werte (etwa $t(Q)$ und $t'(Q)$) zuordnen. Dann gibt es also zwei verschiedene (Bewertungs-)Wege

$$\mathfrak{W}_1=(P=P_0, P_1, \ldots, P_{q-1}, P_q=Q)$$

und

$$\mathfrak{W}_2=(P=Q_0, Q_1, \ldots, Q_{s-1}, Q_s=Q)\,.$$

Es seien $P_{i_1}, P_{i_2}, \ldots, P_{i_r}$ die Knotenpunkte, die auf $\mathfrak{W}_1$ und $\mathfrak{W}_2$ liegen, und zwar in der Reihenfolge, wie sie auf $\mathfrak{W}_1$ angetroffen werden. Gewiß ist $t(P_{i_1})=t'(P_{i_1})$ und $t(P_{i_r})\neq t'(P_{i_r})$. Wir wählen k derart, daß $t(P_{i_j})=t'(P_{i_j})$ für $j\leqq k$ ist und $t(P_{i_{k+1}})\neq t'(P_{i_{k+1}})$ gilt. Die auf $\mathfrak{W}_1$ zwischen P_{i_k} und $P_{i_{k+1}}$ liegenden Bögen bilden zusammen mit gewissen Bögen aus $\mathfrak{W}_2$ einen Elementarzyklus, längs dessen der Spannungsabfall ungleich Null ist, im Widerspruch zur Voraussetzung.

Damit haben wir Satz 1.13 bewiesen.

Man sieht unmittelbar die

Folgerung. *Die Gesamtheit der Spannungen auf einem Graphen* $\mathbf{G}$ *mit* n *Knotenpunkten und* p *Komponenten hängt von genau* $n-p$ *Parametern ab.*

Wir kommen nun zu einigen wesentlichen Eigenschaften von Strömen und Spannungen.

Satz 1.14.

a) *Jede Linearkombination von Strömen ist ebenfalls ein Strom. Die Ströme bilden also einen Unterraum* $\boldsymbol{\Phi}$ *des* R^m.

b) *Jede Linearkombination von Spannungen ist ebenfalls eine Spannung. Die Spannungen bilden also einen Unterraum* $\boldsymbol{\Theta}$ *des* R^m.

Beweis. a) Wir haben zu zeigen: Falls für einen beliebigen Knotenpunkt X die Beziehung $\langle\boldsymbol{\omega}(X), \boldsymbol{\varphi}^i\rangle=0$ gilt, ist für beliebige Zahlen c_i auch $\langle\boldsymbol{\omega}(X), \sum \boldsymbol{\varphi}^i c_i\rangle=0$. Das ist aber wegen der Linearität des Skalarproduktes klar, denn es ist

$$\langle\boldsymbol{\omega}(X), \sum \boldsymbol{\varphi}^i c_i\rangle=\sum c_i\langle\boldsymbol{\omega}(X), \boldsymbol{\varphi}^i\rangle=\sum c_i\cdot 0=0\,.$$

Der Beweis von b) verläuft analog zu dem von a).

Wir kommen nun zu einem Satz, der in dieser Form doch etwas überraschend sein mag.

Satz 1.15.

a) *Jeder Zyklus ist ein Strom.*

b) *Jeder Cozyklus ist eine Spannung.*

Dieser Satz ist wie folgt zu verstehen: Einem Zyklus (Cozyklus) hatten wir eine Bogenfunktion (seine charakteristische Funktion) zugeordnet. Diese Bogenfunktion erfüllt die Bedingungen einer Strom(bzw. Spannungs-)funktion.

Beweis. a) Zunächst zeigen wir, daß ein Elementarzyklus auch ein Strom ist: Im Beweis zu Satz 1.6 hatten wir gesehen, daß für einen beliebigen Zyklus μ und einen beliebigen Cozyklus ω eines Graphen die Beziehung $\langle \boldsymbol{\mu}, \boldsymbol{\omega} \rangle = 0$ gilt. Insbesondere gilt sie auch für die speziellen Cozyklen $\omega(X)$ mit $X \in \mathfrak{X}$. Nach Definition eines Stromes ist damit μ ein Strom.

Haben wir einen beliebigen Zyklus gegeben, so zerlegen wir ihn in Elementarzyklen; jeder dieser Zyklen ist ein Strom, also auch wegen des Satzes 1.14 der Zyklus selbst.

In entsprechender Weise zeige der Leser die Behauptung b).

Damit ist Satz 1.15 bewiesen.

Wir haben also gesehen, daß der Raum der Zyklen im Raum der Ströme enthalten ist (Unterraum ist) und daß der Raum der Cozyklen Unterraum des Raumes der Spannungen ist. Alle diese Räume sind Unterräume des R^m (wenn wir uns in der Menge der Graphen mit m Bögen bewegen). Wir hatten im ersten Abschnitt ebenfalls gesehen, daß die Räume der Zyklen und Cozyklen zueinander orthogonal sind.

Damit können wir den Hauptsatz über Ströme und Spannungen formulieren.

Satz 1.16. *Der Raum* $\boldsymbol{\Phi}$ *der Ströme ist identisch mit dem von den Elementarzyklen erzeugten Raum* $\mathbf{M}$. *Der Raum* $\boldsymbol{\Theta}$ *der Spannungen ist identisch mit dem Raum* $\boldsymbol{\Omega}$, *der von den elementaren Cozyklen erzeugt wird.*

Beweis. Wir hatten in den letzten Bemerkungen schon gesagt, daß der Raum der Ströme den der Elementarzyklen umfaßt; wir werden sehen, daß dies auch umgekehrt gilt. Es sei φ ein beliebiger Strom, es gilt also $\langle \boldsymbol{\omega}(X), \boldsymbol{\varphi} \rangle = 0$ für jeden elementaren Cozyklus $\omega(X)$. Das heißt aber, daß φ im orthogonalen Komplement von $\boldsymbol{\Omega}$ liegt; also liegt φ in $\mathbf{M}$, was zu zeigen war, denn $\boldsymbol{\Omega}$ und $\mathbf{M}$ sind orthogonale Komplemente in R^m.

Ganz entsprechend zeigt man den zweiten Teil des Satzes.

Bemerkung. $\boldsymbol{\Phi}$ *und* $\boldsymbol{\Theta}$ *sind also orthogonale Komplemente in* R^m.

Wir betrachten nun ein beliebiges Gerüst (maximaler zyklenfreier Untergraph) $\boldsymbol{H}$ eines zusammenhängenden Graphen $\boldsymbol{G}$ mit den Gerüstbögen $v_1, \ldots, v_{n-1}$ und den verbleibenden Bögen $u_1, \ldots, u_{m-n+1}$, die bekanntlich (Satz 1.5) ein Cogerüst bilden. Jedem Bogen u_i des Cogerüstes entspricht zusammen mit $\boldsymbol{H}$ genau ein Elementarzyklus μ_i. Die μ_i sind (vgl. den Beweis von Satz 1.6) unabhängig. Es gilt der folgende Satz.

Satz 1.17. *Unter den genannten Voraussetzungen gilt: Ein beliebiger Strom* φ *kann auf genau eine Weise aus den* μ_i *linear kombiniert werden, und zwar ist*

$$\boldsymbol{\varphi} = \varphi(u_1)\, \boldsymbol{\mu}_1 + \ldots + \varphi(u_z)\, \boldsymbol{\mu}_z ,$$

wobei $z = m - n + 1$ *gesetzt wurde.*

Beweis. Zunächst erinnere man sich, daß die Orientierung des Elementarzyklus μ_i so gewählt wurde, daß die Orientierung von u_i mit der von μ_i übereinstimmt.

Falls es überhaupt eine derartige (im Satz angegebene) Darstellung eines Stromes gibt, so ist sie sicher eindeutig, da ja auf der dem Bogen u_i entsprechenden Komponente nur μ_i einen von Null verschiedenen Wert hat. Auf den Bögen des Cogerüstes wird also φ gewiß dargestellt; es bleibt zu zeigen, daß auch auf den Bögen v_j des Gerüstes $\boldsymbol{H}$ der Strom φ gemäß der Aussage des Satzes dargestellt wird.

Dazu bilden wir einen neuen Strom

$$\boldsymbol{\varphi}' = \boldsymbol{\varphi} - \varphi(u_1)\,\boldsymbol{\mu}_1 - \cdots - \varphi(u_z)\,\boldsymbol{\mu}_z\,.$$

Auf den Cogerüstbögen gilt, wie schon bemerkt, $\boldsymbol{\varphi}' = 0$. Wir wählen nun einen beliebigen Knotenpunkt X, der im Gerüst nur mit einem Bogen inzidiert (von dieser Sorte gibt es mindestens zwei! (*Aufgaben*). Da auf allen anderen mit X inzidenten Bögen (das sind also Cogerüstbögen) $\boldsymbol{\varphi}' = 0$ ist, muß wegen der Strombedingung auch $\varphi'(v) = 0$ sein für den mit X inzidenten Gerüstbogen v. Diese Überlegungen setzen wir fort (Induktion!) und erhalten das Verschwinden von $\boldsymbol{\varphi}'$ auch für die Gerüstbögen.

Damit ist Satz 1.17 bewiesen.

Aus diesem Satz ergeben sich Folgerungen, die wir dem Leser als Aufgaben empfehlen.

Aufgabe 2. Ein Strom auf einem Graphen ist bereits dann bestimmt, wenn die Flüsse auf den Bögen eines Cogerüstes bekannt sind.

Aufgabe 3. Die elementaren Zyklen $\mu_1, \ldots, \mu_z$ $(z = m - n + 1)$ bilden eine Basis des Vektorraumes $\boldsymbol{\Phi}$ aller Ströme; es ist folglich $\boldsymbol{\Phi} = \mathbf{M}$ und damit $\dim \boldsymbol{\Phi} = z$.

Man nennt $z = m - n + 1$ die zyklomatische Zahl des zusammenhängenden Graphen $\boldsymbol{G}$.

Einen zum letzten Satz „dualen" Satz können wir ebenfalls formulieren, doch zunächst einige Reminiszenzen:

Es seien $\boldsymbol{G}$ ein zusammenhängender Graph, $\boldsymbol{H}$ ein beliebiges Gerüst von $\boldsymbol{G}$ und $v_1, \ldots, v_{n-1}$ die Bögen von $\boldsymbol{H}$. Bekanntlich definiert jeder Bogen v_j von $\boldsymbol{H}$ eindeutig einen elementaren Cozyklus ω_j. Damit erhalten wir $n-1$ unabhängige elementare Cozyklen $\omega_1, \ldots, \omega_{n-1}$.

Satz 1.18. *Es sei ϑ eine Spannung auf einem zusammenhängenden Graphen $\boldsymbol{G}$. Dann läßt sich ϑ aus den $c = n - 1$ unabhängigen elementaren Cozyklen $\omega_1, \ldots, \omega_c$ auf genau eine Weise linear kombinieren, und es gilt*

$$\boldsymbol{\vartheta} = \vartheta(v_1)\,\boldsymbol{\omega}_1 + \cdots + \vartheta(v_c)\,\boldsymbol{\omega}_c\,.$$

Beweis. Zunächst erinnere man sich daran, daß die Orientierung des Cozyklus ω_j mit der des Bogens v_j übereinstimmt.

Ist ϑ überhaupt in der im Satz angegebenen Form darstellbar, so ist diese Darstellung gewiß eindeutig, denn die dem Bogen v_j entsprechende Komponente ist nur in $\boldsymbol{\omega}_j$ gleich 1, in allen anderen $\boldsymbol{\omega}_i$ jedoch 0. Die Teilspannungen $\vartheta(v_j)$ auf den Bögen v_j des Gerüstes $\boldsymbol{H}$ werden in der im Satz angegebenen Form dargestellt. Es bleibt zu zeigen, daß die Darstellung auch für die verbleibenden Bögen zutrifft:

Wir betrachten die Spannung ϑ' mit

$$\boldsymbol{\vartheta}' = \boldsymbol{\vartheta} - \vartheta(v_1)\, \boldsymbol{\omega}_1 - \cdots - \vartheta(v_c)\, \boldsymbol{\omega}_c \,.$$

Es ist gewiß $\vartheta'(v_j) = 0$ für alle Gerüstbögen v_j.

Nun definieren wir auf den Knotenpunkten von $\boldsymbol{G}$ ein Potential t' wie folgt: Einem beliebigen, fest vorgegebenen Knotenpunkt P_1 geben wir das Potential $t'(P_1) = 0$ (oder auch a, wobei a beliebig reell ist). Den anderen Knotenpunkten geben wir die Potentialwerte gemäß der Vorschrift in Satz 1.13b), wobei die Bewertungswege längs des Gerüstes $\boldsymbol{H}$ gewählt werden. Offenbar (da auf allen Gerüstbögen die Spannung gleich null ist) bekommen alle Knotenpunkte den Potentialwert Null (bzw. a) und damit wird der Spannungswert auf einem beliebigen Bogen (als Differenz der Potentialwerte der mit diesem Bogen inzidenten Knotenpunkte) gleich null; also ist tatsächlich $\boldsymbol{\vartheta}' = 0$, was zu zeigen war.

Damit ist Satz 1.18 bewiesen.

Ebenso wie aus Satz 1.17 lassen sich einige Folgerungen ziehen, die wir dem Leser als Aufgaben empfehlen.

Aufgabe 4. Eine Spannung $\boldsymbol{\vartheta}$ auf einem zusammenhängenden Graphen ist eindeutig bestimmt, wenn die Teilspannungen auf den Bögen eines Gerüstes bekannt sind.

Aufgabe 5. Die elementaren Cozyklen $\boldsymbol{\omega}_1, \ldots, \boldsymbol{\omega}_c$ bilden eine Basis im Raum $\boldsymbol{\Theta}$ aller Spannungen, und es gilt folglich $\boldsymbol{\Theta} = \boldsymbol{\Omega}$ und damit $\dim \boldsymbol{\Theta} = c = n - 1$.

Eine weitere Folgerung ist der uns bereits bekannte Sachverhalt, daß jeder Strom zu jeder Spannung orthogonal ist und daß der Raum $\boldsymbol{\Phi}$ aller Ströme und der Raum $\boldsymbol{\Theta}$ aller Spannungen orthogonal zueinander und bezüglich des R^m komplementär sind. Die Zahl $c = n - 1 = \dim \boldsymbol{\Theta}$ heißt *cozyklomatische Zahl* von $\boldsymbol{G}$.

Aufgabe 6. Wie groß sind die Werte für die zyklomatische und für die cozyklomatische Zahl im Fall eines Graphen mit p Komponenten?

Wir fassen die Resultate, die wir bisher gewonnen haben, zusammen:

- *Die Vektorräume $\boldsymbol{\Phi}$ und $\boldsymbol{\Theta}$ sind zueinander orthogonale und komplementäre Unterräume des Raumes R^m aller Bogenfunktionen.*
- *Das Skalarprodukt eines beliebigen Stromes und einer beliebigen Spannung ist Null.*
- *Eine Bogenfunktion ist genau dann ein Strom (eine Spannung), falls sie auf allen Spannungen (Strömen) senkrecht steht.*
- *Eine beliebige Bogenfunktion ist eindeutige Summe einer gewissen Spannung und eines gewissen Stromes (die Komponenten ergeben sich gerade als orthogonale Projektionen in die Räume $\boldsymbol{\Phi}$ und $\boldsymbol{\Theta}$).*

Zum Abschluß dieses Abschnittes wollen wir noch einige Aussagen über *planare Graphen* machen, also über Graphen, die sich ohne Kantenüberschneidung in die Ebene einbetten lassen.

Zunächst erinnern wir uns an Satz 1.7, der besagte, daß die Konturen der endlichen Gebiete eines planaren Graphen eine Zyklenbasis und damit (mit den Erkenntnissen dieses Abschnittes) eine Basis für den Raum $\boldsymbol{\Phi}$ aller Ströme bilden.

Damit erhalten wir die bekannte *Eulersche Polyederformel* für zusammenhängende planare Graphen:

Die Anzahl aller Gebiete eines planaren Graphen $\boldsymbol{G}$ *sei* f; *dann ist die Anzahl der Konturen endlicher Gebiete gleich* $f-1$, *und diese Zahl ist gleich der Dimension des Raumes aller Ströme, also gleich der zyklomatischen Zahl* $z=m-n+1$, *also ist* $n-m+f=2$.

Dieser Sachverhalt kann natürlich auch direkt mittels vollständiger Induktion bewiesen werden (vgl. Sachs [12]).

Aufgabe 7. Man zeige, daß es in einem planaren Graphen ohne Schlingen und ohne Mehrfachkanten Knotenpunkte einer Valenz ≤ 5 gibt.

Es sei $\boldsymbol{G}$ ein ebener Graph (d. h. ein planarer Graph, der in die Ebene eingebettet ist). Wir ordnen dem Graphen $\boldsymbol{G}$ wie folgt einen anderen ebenen Graphen $\boldsymbol{G}'=\boldsymbol{DG}$ („dualer Graph") zu: Jedem (elementaren) Randzyklus μ von $\boldsymbol{G}$ (den wir uns für jedes endliche Gebiet mathematisch positiv orientiert denken) ordnen wir einen Knotenpunkt M von $\boldsymbol{DG}$ zu. Wir verbinden zwei Knotenpunkte M_1, M_2 in $\boldsymbol{DG}$ genau dann, wenn die ihnen in $\boldsymbol{G}$ entsprechenden Elementarzyklen μ_1, μ_2 einen gemeinsamen Randbogen (P_1, P_2) besitzen, und zwar ziehen wir in $\boldsymbol{DG}$ die Kante (M_1, M_2) ein, wenn (P_1, P_2) in Richtung des Zyklus μ_1 liegt, andernfalls ziehen wir die Kante (M_2, M_1) ein (vgl. Abb. 1.12). Der Leser überzeugt sich un-

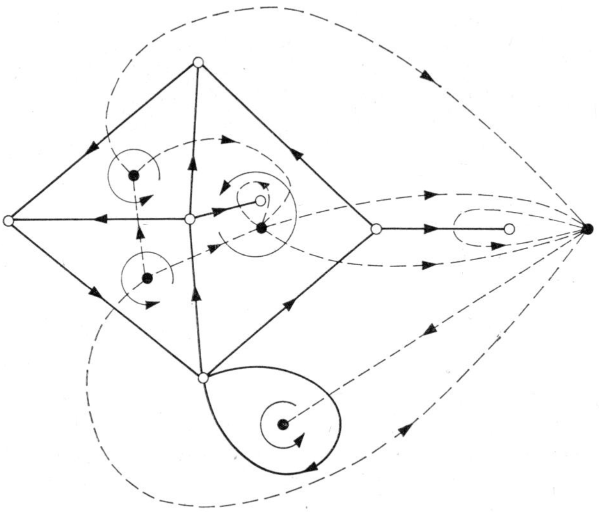

Abb.1.12

schwer davon, daß $\boldsymbol{DDG}=(\boldsymbol{G}')'$ ein planarer Graph ist, der aus $\boldsymbol{G}$ dadurch hervorgeht, daß man in $\boldsymbol{G}$ alle Bögen umkehrt.

Hat ein Graph $\boldsymbol{G}$ eine Schlinge, die eine Elementarfläche begrenzt, so hat $\boldsymbol{DG}$ einen dieser Schlinge entsprechenden Knotenpunkt der Valenz 1; grenzt ein Land an sich selbst, so inzidiert in $\boldsymbol{DG}$ der diesem Land entsprechende Knotenpunkt mit einer Schlinge (ist also zu sich selbst adjazent), usw.

Satz 1.19. *Einem elementaren Zyklus (Kreis, elementaren Cozyklus, Cokreis) entspricht in* $\boldsymbol{DG}$ *ein elementarer Cozyklus (bzw. Cokreis bzw. elementarer Zyklus bzw. Kreis).*

Beweis. Wir beweisen nur eine der Behauptungen, die anderen Beweise verlaufen analog: Es sei $\boldsymbol{\mu}^* = \{u_1, u_2, \ldots, u_r\}$ ein beliebiger Elementarzyklus von $\boldsymbol{G}$ und $\mathfrak{H}'$ die Menge der Knotenpunkte von $\boldsymbol{DG}$, die im Inneren von μ liegen (d. h. exakter: wir suchen die Menge der Elementarzyklen von $\boldsymbol{G}$, die ein Gebiet berandeN und im Inneren von μ liegen).

Wir betrachten den Cozyklus $\omega(\mathfrak{H}')$. Der Untergraph von $\boldsymbol{DG}$, der von $\mathfrak{H}'$ aufgespannt wird, ist zusammenhängend, da man aus einem beliebigen Gebiet innerhalb von μ zu jedem anderen Gebiet im Inneren von μ gelangen kann, ohne μ zu überschreiten. Dasselbe gilt aber für die Knotenpunkte von $\boldsymbol{DG}$, die nicht zu $\mathfrak{H}'$ gehören. Also ist $\omega(\mathfrak{H}')$ ein elementarer Cozyklus.

Aufgabe 8. Man beweise die restlichen drei Behauptungen von Satz 1.19.

Folgerung. *Die zyklomatische Zahl von* $\boldsymbol{G}$ *ist gleich der cozyklomatischen Zahl von* $\boldsymbol{DG}$ *und umgekehrt; denn es entsprechen Zyklus in* $\boldsymbol{G}$ *und Cozyklus in* $\boldsymbol{DG}$ *einander eindeutig* (Aufgabe!), *insbesondere also auch maximale Mengen unabhängiger Zyklen bzw. Cozyklen.*

Einem Gerüst von $\boldsymbol{G}$ *entspricht genau ein Cogerüst in* $\boldsymbol{DG}$ *und umgekehrt.*

Den Beweis der letzten Aussage empfehlen wir ebenfalls als Aufgabe.

1.3. Das Problem des Maximalstromes

1.3.1. Problemstellung

In diesem Abschnitt wollen wir uns mit folgendem Problem befassen: Vorgegeben sei ein gerichteter bogenbewerteter Graph $\boldsymbol{G}(\mathfrak{X}, \mathfrak{U})$. Die Bogenbewertungen $c(u) \geqq 0$ mit $u \in \mathfrak{U}$ nennen wir *Kapazitäten* der Bögen. In $\boldsymbol{G}$ seien zwei Knotenpunkte Q und S (*Quelle* bzw. *Senke*) ausgezeichnet, wobei wir voraussetzen wollen, daß ein Bogen (S, Q) nicht in $\mathfrak{U}$ existiert. Gesucht ist nun eine Bogenfunktion $\varphi(u)$, die

1. mit den Kapazitäten verträglich ist, für die also $0 \leqq \varphi(u) \leqq c(u)$ für alle $u \in \mathfrak{U}$ gilt,

2. in jedem Knotenpunkt P mit eventueller Ausnahme von Q und S die *Kirchhoffsche Strombedingung* erfüllt:

$$\sum_{u \in \omega^+(P)} \varphi(u) = \sum_{u \in \omega^-(P)} \varphi(u) \quad \text{für alle} \quad P \in \mathfrak{X} \setminus \{Q, S\},$$

3. unter allen die Bedingungen 1 und 2 erfüllenden Bogenfunktionen die *Ergiebigkeit* von Q maximiert:

$$\sum_{u \in \omega^+(Q)} \varphi(u) - \sum_{u \in \omega^-(Q)} \varphi(u) \to \text{Max!}$$

Die Bedingung $c(u) \geqq 0$ für alle $u \in \mathfrak{U}$ sichert die Existenz eines Stromes, der den Bedingungen 1 und 2 genügt, nämlich $\varphi(u) = 0$ für alle $u \in \mathfrak{U}$. Einen Strom, der den Bedingungen 1 und 2 genügt, nennen wir in Anlehnung an die Bezeichnungen der Optimierungstheorie *zulässig*.

Da mit eventueller Ausnahme von Q und S in jedem Knotenpunkt die Kirchhoffsche Knotenbedingung erfüllt ist, können wir unter allen Strömen $\{\varphi(u)\}$, die die Ergiebigkeit von Q maximieren, einen solchen – etwa $\{\varphi_0(u)\}$ – finden, daß $\varphi_0(u) = 0$ für jeden Bogen u gilt, in Q einläuft, und für jeden Bogen u, der aus S ausläuft. O.B.d.A. dürfen wir also annehmen, daß in Q kein Bogen einläuft (mit anderen Worten: wir dürfen derartige Bögen weglassen, ohne daß sich eine Maximalstromverteilung ändert) und daß aus S kein Bogen ausläuft.

Um unser Optimierungsproblem einfacher formulieren zu können und damit in jedem Knotenpunkt die Knotenbedingung erfüllt ist, führen wir einen Hilfsbogen $u_0 = (S, Q)$ mit $c(u_0) = \infty$ ein und befassen uns im weiteren mit folgender Aufgabe:

Gegeben sei ein gerichteter Graph $\boldsymbol{G}(\mathfrak{X}, \mathfrak{U})$ mit Bogenbewertungen $c(u) \geqq 0$ für alle $u \in \mathfrak{U}$. In $\boldsymbol{G}$ seien zwei Knotenpunkte Q, S ausgezeichnet sowie ein Bogen $u_0 = (S, Q)$ mit $c(u_0) = \infty$ (u_0 heißt *Rückkehrbogen*); ferner sei

$$\omega^-(Q) = \omega^+(S) = \{u_0\}$$

(derartige Graphen werden wir auch *Netze* nennen). Gesucht ist eine Bogenfunktion (ein Strom) $\varphi(u)$, für die gilt:

1. $0 \leqq \varphi(u) \leqq c(u)$ für alle $u \in \mathfrak{U}$,
2. $\sum\limits_{u \in \omega^+(P)} \varphi(u) = \sum\limits_{u \in \omega^-(P)} \varphi(u)$ für alle $P \in \mathfrak{X}$,
3. $\varphi(u_0)$ ist maximal.

Sollten aus der Aufgabenstellung heraus mehrere Quellpunkte Q_i $(i = 1, \ldots, r)$ oder mehrere Senkpunkte S_j $(j = 1, \ldots, s)$ gegeben sein, wobei unter Beachtung der Kapazitätsbeschränkungen die Summe der aus den Q_i nach den S_j fließenden Strommengen maximiert werden soll, so kann man durch Einfügen zweier Hilfspunkte Q_h und S_h sowie Einfügen der Bögen $u_0 = (S_h, Q_h)$, (Q_h, Q_i) $(i = 1, \ldots, r)$ und (S_j, S_h) $(j = 1, \ldots, s)$ mit einer Kapazität von jeweils ∞ die Aufgabe auf die oben formulierte zurückführen.

Bevor wir an die Lösung der Aufgabe gehen, wollen wir die Problematik mittels eines einfachen Beispiels erläutern (vgl. Abb. 1.13).

Die Zahlen an den Bögen seien die Kapazitäten der Bögen (die Bedeutung der doppelt gezeichneten Bögen wird im nächsten Abschnitt erläutert). Man sieht,

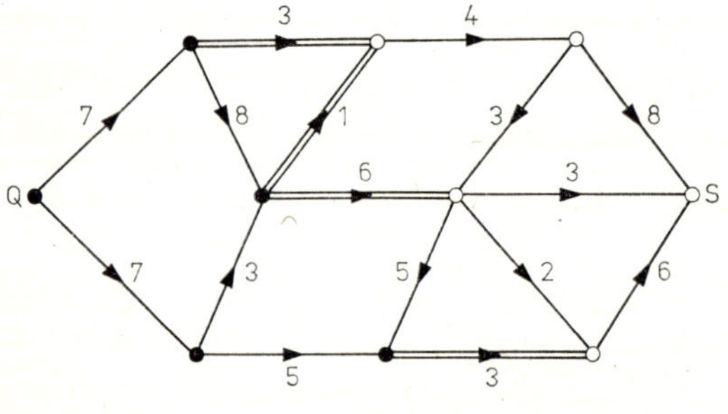

Abb. 1.13

daß ein Maximalstrom höchstens den Wert 14 haben kann, da mehr gar nicht aus der Quelle fließen kann. Ferner überzeugt man sich unschwer davon, daß die Summe der Kapazitäten eines beliebigen *Schnittes* (einer Bogenmenge, nach deren Entfernung kein gerichteter Weg – keine Bahn – mehr von Q nach S existiert) eine obere Schranke für die Stärke des Maximalstromes ist.

Der im nächsten Abschnitt zu beweisende Satz von Ford und Fulkerson wird dann zeigen, daß die Maximalstromstärke gleich der Schnittkapazität (d. h. der Summe der Kapazitäten der Bögen eines Schnittes) eines Minimalschnittes ist.

In 1.3.3. untersuchen wir das folgende Problem: Gegeben sei ein gerichteter Graph $\boldsymbol{G}(\mathfrak{X}, \mathfrak{U})$, wobei jedem Bogen u_i zwei Zahlen $b(u_i)=b_i$ und $c(u_i)=c_i$ mit $-\infty \leqq b_i \leqq c_i \leqq \infty$ zugeordnet seien. In $\boldsymbol{G}$ seien ferner zwei Knotenpunkte Q und S und ein Bogen $u_0=(S, Q)$ ausgezeichnet, wobei $b(u_0)=b_0=-\infty$ und $c(u_0)=c_0=\infty$ sowie $\omega^-(Q)=\omega^+(S)=\{u_0\}$ sei.

Gesucht ist eine Bogenfunktion (ein Strom) $\varphi(u_i)=\varphi_i$, für die

1. $b_i \leqq \varphi(u_i) \leqq c_i$ für alle $u_i \in \mathfrak{U}$,
2. $\sum_{u \in \omega^+(P)} \varphi(u) = \sum_{u \in \omega^-(P)} \varphi(u)$ für alle $P \in \mathfrak{X}$,
3. $\varphi(u_0)=\varphi_0$ maximal ist.

Im Fall $b_i=0$ $(i=0, \ldots, m)$ geht das Problem offenbar in das „klassische“ Problem von Ford und Fulkerson über.

In 1.3.4. werden wir uns mit dem Problem befassen, wie man in einem ungerichteten (durch Kapazitäten) kantenbewerteten Graphen für alle Paare von Knotenpunkten P_i und P_j gleichzeitig die maximal von P_i nach P_j transportierbaren Strommengen errechnen kann. Es wird der von Gomory und Hu zur Lösung dieses Problems gefundene Algorithmus angegeben.

1.3.2. Der Satz von Ford und Fulkerson

Es sei $\boldsymbol{G}(\mathfrak{X}, \mathfrak{U})$ ein Netz, also ein gerichteter Graph, in dem jedem Bogen u_i eine Bogenbewertung $c(u_i) \geqq 0$ zugeordnet ist, genannt die *Kapazität* von u_i. Ferner mögen zwei ausgezeichnete Knotenpunkte Q, S in $\mathfrak{X}$ existieren sowie ein ausgezeichneter Bogen $u_0=(S, Q) \in \mathfrak{U}$ mit $c(u_0)=\infty$, wobei u_0 der einzige in Q einlaufende und einzige aus S auslaufende Bogen sei, also $\omega^+(S)=\omega^-(Q)=\{u_0\}$.

Definition. Eine Bogenmenge $\mathfrak{S} \subseteqq \mathfrak{U}$ heißt *Schnitt von* $\boldsymbol{G}$, falls man die Knotenpunkte von $\boldsymbol{G}$ derart in zwei disjunkte Klassen $\mathfrak{V}$ und $\mathfrak{W}$ einteilen kann, daß $Q \in \mathfrak{V}$, $S \in \mathfrak{W}$ ist und $\mathfrak{S}$ aus allen Bögen $u=(A, B)$ mit $A \in \mathfrak{V}$ und $B \in \mathfrak{W}$ besteht.

Mit anderen Worten: Ein *Schnitt* ist eine solche Bogenmenge, daß nach deren Entfernung in dem Graphen keine Bahn (kein gerichteter Weg) mehr von Q nach S existiert, oder auch: Es ist $\mathfrak{S}=\omega^+(\mathfrak{A})$ für eine beliebige Q enthaltende Knotenmenge $\mathfrak{A}$. In der Theorie der Netzwerke, insbesondere bei Transport- und Stromproblemen pflegt man den Begriff des Schnittes zu gebrauchen.

Definition. Unter der *Kapazität* $c(\mathfrak{S})$ *eines Schnittes* $\mathfrak{S}=(\mathfrak{V}/\mathfrak{W})$ versteht man die Summe der Kapazitäten aller Bögen von $\mathfrak{S}$, d. h.

$$c(\mathfrak{S})=c(\mathfrak{V}/\mathfrak{W})=\sum_{\substack{A\in\mathfrak{V}\\ B\in\mathfrak{W}}} c(A, B),$$

wenn mit $c(A, B)$ die Kapazität des Bogens (A, B) bezeichnet wird. (Falls $\mathfrak{S}=\emptyset$, so $c(\mathfrak{S})=0$.)

Die in Abb. 1.13 doppelt eingezeichneten Bögen bilden einen Schnitt $\mathfrak{S}=(\mathfrak{V}/\mathfrak{W})$, wobei zu $\mathfrak{V}$ alle voll gezeichneten Knotenpunkte gehören und zu $\mathfrak{W}$ die nicht voll gezeichneten. Die Kapazität dieses Schnittes ist offenbar gleich 13.

Spezielle Schnitte bilden in einem Netz die Bogenmengen $\omega^+(Q)$ und $\omega^-(S)$.

Bevor wir den Satz von Ford und Fulkerson formulieren, wollen wir einige Hilfssätze bereitstellen.

Hilfssatz 1. *Es sei* φ *ein Strom auf einem Netz* $\boldsymbol{G}(\mathfrak{X}, \mathfrak{U})$ *mit* $\varphi(u_0)=\varphi(S, Q)=\varphi_0$. *Ist* $\mathfrak{S}=(\mathfrak{V}/\mathfrak{W})$ *ein beliebiger Schnitt von* $\boldsymbol{G}$, *dann gilt*

$$\sum_{u\in\omega^+(\mathfrak{V})} \varphi(u)=\sum_{\substack{u\in\omega^-(\mathfrak{V})\\ u\neq u_0}} \varphi(u)+\varphi_0 .$$

Der Beweis ist unmittelbar klar; weil in jedem Knotenpunkt die Strombedingung erfüllt ist, ist die Summe der Flüsse, die von Knotenpunkten aus $\mathfrak{V}$ zu solchen aus $\mathfrak{W}$ fließen, gleich der Summe der Flüsse aus Knotenpunkten von $\mathfrak{W}$ zu Knotenpunkten aus $\mathfrak{V}$.

Hilfssatz 2. *Es sei* φ *ein zulässiger Strom in einem Netz* $\boldsymbol{G}(\mathfrak{X}, \mathfrak{U})$ *der Stärke* φ_0 (d. h. $\varphi(u_0)=\varphi_0$). *Dann gilt für die Kapazität* $c(\mathfrak{V}/\mathfrak{W})$ *eines Schnittes* $\mathfrak{S}=(\mathfrak{V}/\mathfrak{W})$ *die Beziehung* $\varphi_0\leqq c(\mathfrak{V}/\mathfrak{W})$.

Diese Aussage ist unmittelbar klar, da ja die Strommenge, die von Knotenpunkten aus $\mathfrak{V}$ mit $Q\in\mathfrak{V}$ zu solchen aus $\mathfrak{W}$ mit $S\in\mathfrak{W}$ transportiert werden kann, die Kapazität eines beliebigen Schnittes nicht übertreffen kann.

Hilfssatz 3. *Gilt für einen speziellen Schnitt* $\mathfrak{S}_0=(\mathfrak{V}_0/\mathfrak{W}_0)$ *und einen Strom* φ *die Gleichheit* $\varphi_0=c(\mathfrak{V}_0/\mathfrak{W}_0)$, *so ist* φ_0 *maximaler Strom.*

Wegen Hilfssatz 2 ist die Aussage dieses Hilfssatzes klar.

Definition. Ein Schnitt $\mathfrak{S}_0=(\mathfrak{V}_0/\mathfrak{W}_0)$, für den $c(\mathfrak{S}_0)\leqq c(\mathfrak{S})$ bei beliebigem Schnitt $\mathfrak{S}$ gilt, heißt *Minimalschnitt.*

Interpretiert man die Aussagen der Hilfssätze 2 und 3 physikalisch, so erhält man das einleuchtende Resultat, daß durch ein Rohrleitungssystem nicht mehr transportiert werden kann, als seine dünnste Stelle hindurchläßt.

Hilfssatz 4. *Es sei* $\boldsymbol{G}(\mathfrak{X}, \mathfrak{U})$ *ein Netz und* $\mathfrak{S}$ *ein Schnitt endlicher Kapazität, also* $c(\mathfrak{S})<\infty$. *Dann existiert auf* $\boldsymbol{G}$ *ein Maximalstrom* φ_0 *(d. h. für einen beliebigen zulässigen Strom* φ *gilt* $\varphi(u_0)\leqq\varphi_0(u_0)$).

Beweis. Da $\boldsymbol{G}$ endlich ist, gibt es nur endlich viele Schnitte. Da die Existenz eines endlichen Schnittes (d. h. eines Schnittes endlicher Kapazität) vorausgesetzt ist, gibt es auch einen Minimalschnitt $\mathfrak{S}_0=(\mathfrak{V}_0/\mathfrak{W}_0)$. Daß es auf $\boldsymbol{G}$ auch einen Strom

φ_0 gibt, der der Bedingung

$$\varphi_0(u_0) = c(\mathfrak{V}_0/\mathfrak{W}_0)$$

genügt, werden wir im Zusammenhang mit dem Algorithmus von Ford und Fulkerson beweisen.

Die Existenz eines Maximalstromes kann man auch direkt mit Hilfe der Theorie der linearen Optimierung beweisen, da sich das Stromproblem auch als lineares Programm schreiben läßt und die Ströme wegen der Existenz eines endlichen Schnittes ebenfalls endlich sind.

Die Lösung unseres Problems mittels der in der Optimierungstheorie entwickelten Algorithmen (z. B. *Simplexmethode*) wäre aber nicht zweckmäßig, da die spezielle Struktur der Aufgabe nicht in der Weise berücksichtigt werden kann, wie es bei dem nunmehr folgenden Algorithmus möglich ist.

Wir wollen im weiteren alle Kapazitäten als ganzzahlig oder ∞ voraussetzen, eine nicht wesentliche Einschränkung für praktische Belange, insbesondere wenn man an die Verwendung von Digitalrechnern denkt.

Algorithmus von Ford und Fulkerson

Vorgegeben sei ein zulässiger Strom φ_1 auf $\boldsymbol{G}$ (z. B. ist $\varphi_1 = 0$ zulässig), also $0 \leqq \varphi_1(u) \leqq c(u)$ für alle $u \in \mathfrak{U}$. Da die Kapazitäten ganzzahlig sind, dürfen wir auch die Bogenströme als ganzzahlig annehmen.

1. *Markierungsschritt*

(i) Wir markieren die Quelle Q.

(ii) Es sei der Knotenpunkt P_k markiert, und es existiere ein Bogen (P_k, P_j) mit $\varphi_1(P_k, P_j) < c(P_k, P_j)$: Dann markieren wir auch P_j.

(iii) Es sei P_k markiert, und es existiere ein Bogen (P_j, P_k) mit $\varphi_1(P_j, P_k) > 0$. Dann markieren wir auch P_j.

2. *Verbesserungsschritt*

Falls beim Markierungsschritt die Senke S markiert wird, kann der Strom verbessert werden (d. h. so verändert werden, daß auf dem Rückkehrbogen u_0 mehr Strom als $\varphi_1(u_0)$ fließt). Diese Verbesserung erfolgt längs einer Markierungskette von Q nach S um mindestens den Wert 1. Es sei $\boldsymbol{K} = (Q = P_0, P_1, \ldots, P_r = S)$ eine Markierungskette (vgl. die doppelt gezeichneten Bögen in Abb. 1.14).

(i′) Wird (P_i, P_{i+1}) in $\boldsymbol{K}$ im Sinne seiner Orientierung durchlaufen, also P_{i+1} gemäß (ii) markiert, so setzen wir

$$\varphi_2(P_i, P_{i+1}) = \varphi_1(P_i, P_{i+1}) + 1 .$$

(ii′) Wird (P_i, P_{i+1}) in $\boldsymbol{K}$ entgegengesetzt seiner Orientierung durchlaufen, also P_{i+1} gemäß (iii) markiert, so setzen wir

$$\varphi_2(P_i, P_{i+1}) = \varphi_1(P_i, P_{i+1}) - 1 .$$

(iii′) Wir setzen $\varphi_2(u_0) = \varphi_1(u_0) + 1$.

(iv′) Für die Bögen u, die nicht auf $\boldsymbol{K}$ liegen, setzen wir $\varphi_2(u) = \varphi_1(u)$.

Man überzeugt sich leicht davon, daß die Strombedingung (Knotenregel) in jedem Knotenpunkt erfüllt bleibt.

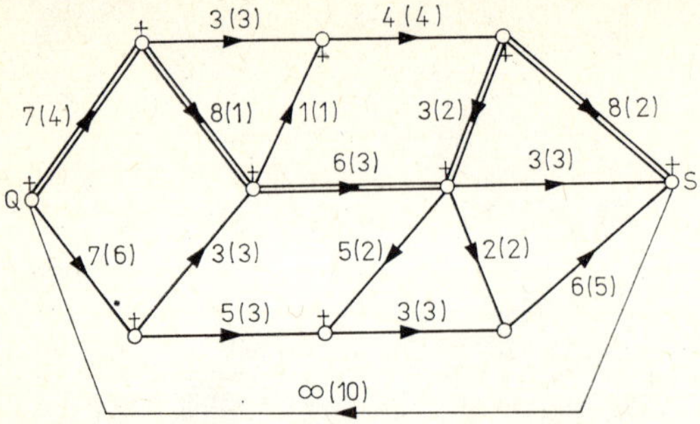

Abb. 1.14

Es gebe nun in Abb. 1.14 die erste Zahl an einem Bogen dessen Kapazität an, die Zahl in der Klammer einen zulässigen Strom φ_1. Als Marken an den Knotenpunkten haben wir kleine Kreuze angebracht, und zwar steht das Kreuz oben, wenn eine Markierung gemäß (ii) erfolgte, und unten, falls die Markierung gemäß (ii) nicht möglich war, aber gemäß (iii).

Man sieht, daß gemäß der angegebenen Markierungskette (doppelt gezeichnete Bögen!) der Strom auf u_0 erhöht werden kann; wie das Beispiel zeigt, kann er sogar um den Wert 2 verbessert werden.

Aufgabe 9. Man überlege sich, um wieviel der Strom längs einer Markierungskette mindestens erhöht werden kann.

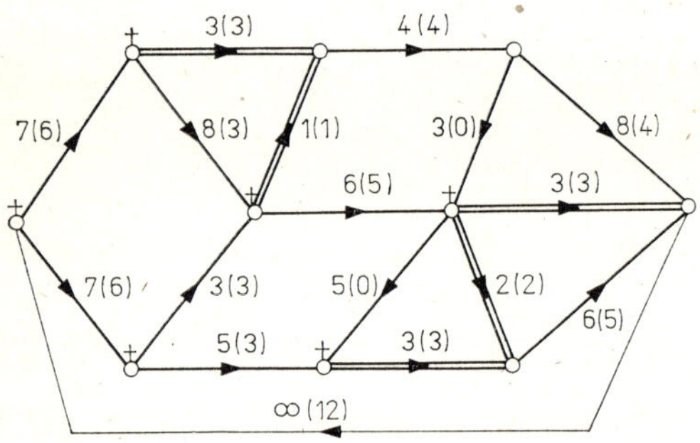

Abb. 1.15

In Abb. 1.15 ist die letzte mögliche Verbesserung ausgeführt und auch die neue Markierung angegeben. Die dabei in Abb. 1.15 doppelt gezeichneten Bögen haben die Eigenschaft, daß

- der Anfangspunkt eines solchen Bogens markiert ist,
- der Endpunkt eines solchen Bogens nicht markiert ist,
- $\varphi(u)=c(u)$ für einen solchen Bogen gilt.

Man sieht auch, daß diese Bögen gerade einen Schnitt bilden (was wir für den allgemeinen Fall noch beweisen werden) und daß dieser Schnitt wegen $\varphi(u)=c(u)$ für jeden Schnittbogen einen Minimalschnitt bildet. Das bedeutet aber, daß wir einen Maximalstrom gefunden haben.

Wir betrachten die Grenzbögen, also alle diejenigen Bögen, deren einer Endpunkt markiert ist und deren anderer nicht. Es sei $\mathfrak{V}$ die Menge der markierten und $\mathfrak{W}$

die Menge der nichtmarkierten Knotenpunkte. Offensichtlich gilt dann $Q \in \mathfrak{V}$ und $S \in \mathfrak{W}$.

a) Für einen Bogen $u=(A, B)$ mit $A \in \mathfrak{V}$ und $B \in \mathfrak{W}$ gilt $\varphi(u)=c(u)$, denn andernfalls wäre B gemäß (ii) markiert worden, also $B \in \mathfrak{V}$,

b) Für einen Bogen $u=(A, B)$ mit $A \in \mathfrak{W}$ und $B \in \mathfrak{V}$ gilt $\varphi(u)=0$, da andernfalls A gemäß (iii) markiert worden wäre.

Wir zeigen nun, daß die Menge $\mathfrak{S}$ aller Bögen $u=(A, B)$ mit markiertem A und nichtmarkiertem B einen Schnitt bildet.

Zunächst ist klar, daß die Einteilung der Knotenpunkte in zwei Klassen (von denen $\mathfrak{V}$ alle markierten und $\mathfrak{W}$ alle nichtmarkierten Knotenpunkte enthält) tatsächlich eine Zerlegung ist (dabei liegt die Quelle Q in $\mathfrak{V}$ und die Senke S in $\mathfrak{W}$). Die andere Eigenschaft eines Schnittes ist aber unmittelbar aus der Markierungsvorschrift klar.

Wegen der Gültigkeit des Kirchhoffschen Knotensatzes ist der Strom $\varphi(u_0)$ gleich der Schnittkapazität von $\mathfrak{S}$. Wegen Hilfssatz 3 ist der so gefundene Strom maximal.

Wir können nunmehr die gefundenen Resultate zusammenfassen, wobei wir im Fall nichtganzzahliger Kapazitäten etwa auf das Lehrbuch von SACHS [12] verweisen:

Hauptsatz 1.20. *Besitzt das Netz $G(\mathfrak{X}, \mathfrak{U})$ einen Schnitt endlicher Kapazität, so ist die maximale Stromstärke $\varphi_0(u_0)$ aller mit den Kapazitäten des Netzes verträglichen Ströme gleich der Minimalschnittkapazität* (minimal unter allen Schnitten); *besitzt das Netz keinen Schnitt endlicher Kapazität, so gibt es mit den Kapazitäten des Netzes verträgliche Ströme beliebiger Stärke.*

Mittels des Algorithmus von FORD und FULKERSON lassen sich dabei im Fall der Existenz eines endlichen Schnittes sowohl ein maximaler Strom als auch ein Schnitt minimaler Kapazität finden.

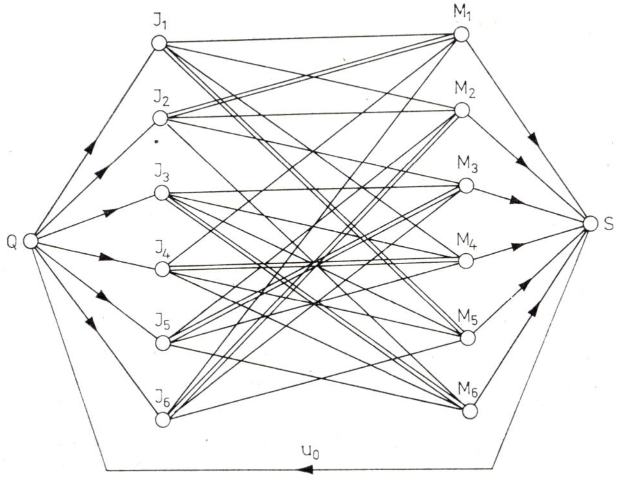

Abb. 1.16

Abschließend geben wir noch ein Beispiel aus der Unterhaltungsmathematik für die Anwendung des soeben dargelegten Hauptsatzes an:

In einer Gruppe von n Jungen und n Mädchen sei jeder Junge mit genau m Mädchen und jedes Mädchen mit genau m Jungen bekannt. Ist es möglich, daß in m Tanzrunden jeder Junge genau einmal mit jeder seiner Bekannten und jedes Mädchen genau einmal mit jedem seiner Bekannten getanzt hat?

Wir konstruieren wie folgt einen Graphen $\boldsymbol{G}(\mathfrak{X}, \mathfrak{U})$ (vgl. dazu Abb. 1.16): $\mathfrak{X}$ besteht aus zwei Klassen

$$\mathfrak{M} = \{M_1, \ldots, M_n\}, \quad \mathfrak{J} = \{J_1, \ldots, J_n\}.$$

Ein Bogen u hat die Gestalt $u = (J_i, M_j)$, wobei ein solcher Bogen u eingezeichnet wird, falls der Junge J_i das Mädchen M_j kennt. Ferner werden zwei Hilfspunkte Q und S sowie alle Bögen der Form (Q, J_i) und (M_j, S) $(i, j = 1, \ldots, n)$ und der Rückkehrbogen (S, Q) eingefügt. Die Bögen (Q, J_i) und (M_j, S) erhalten die Kapazitäten 1, alle anderen Bögen die Kapazität ∞. Offenbar hat dann ein Minimalschnitt die Kapazität n (in unserem Beispiel ist das 6) und enthält entweder alle von Q ausgehenden oder alle in S einlaufenden Bögen. Wegen der Ganzzahligkeit der Kapazitäten kann man einen solchen Maximalstrom der Stärke $\varphi(u_0) = n$ mittels des oben angegebenen Algorithmus finden, daß außer auf dem Rückkehrbogen u_0 nur Ströme der Stärke 0 oder 1 fließen.

Die Bögen (J_i, M_j) mit $\varphi(J_i, M_j) = 1$ repräsentieren gerade eine gesuchte Tanzrunde (in der Sprache der Graphentheorie bilden diese Bögen einen *Faktor ersten Grades*). Die weiteren Tanzrunden findet man, indem man die Bögen, die die erste Tanzrunde bilden, entfernt, den Algorithmus erneut anwendet, usw.

Der Leser, der sich intensiver mit der Problematik der Existenz von Faktoren in Graphen zu befassen wünscht, wende sich an das Lehrbuch von Sachs [12].

1.3.3. Verallgemeinerter Satz von Ford und Fulkerson

In diesem Abschnitt untersuchen wir die folgende Fragestellung:

Gegeben sei ein schlichter[1]) Graph $\boldsymbol{G}(\mathfrak{X}, \mathfrak{U})$, wobei jedem Bogen u_i $(i = 1, \ldots, m)$ zwei Zahlen $b(u_i) = b_i$ und $c(u_i) = c_i$ mit $-\infty \leqq b_i \leqq c_i \leqq \infty$ zugeordnet seien. Ferner seien in $\boldsymbol{G}$ zwei Knotenpunkte Q, S und ein Bogen $(S, Q) = u_0$ ausgezeichnet mit $b_0 = -\infty$, $c_0 = \infty$; dabei gelte $\omega^-(Q) = \omega^+(S) = \{u_0\}$.
Gesucht wird eine Bogenfunktion φ (ein Strom), für die

1. $b_i \leqq \varphi_i \leqq c_i \quad (i = 1, \ldots, m)$,
2. $\sum\limits_{u \in \omega^+(P)} \varphi(u) = \sum\limits_{u \in \omega^-(P)} \varphi(u)$ für alle $P \in \mathfrak{X}$,
3. $\varphi(u_0) = \varphi_0$ maximal ist.

Zunächst folgen noch einige Bemerkungen:

a) Die wichtigste praktische Anwendung bleibt der Fall $b_i = 0$ für jedes i und $c_i \geqq 0$. Dann liegt das in 1.3.2. behandelte Problem vor. In dem Fall hat man stets die Möglichkeit, einen zulässigen Anfangsstrom $\varphi \equiv 0$ anzugeben.

---

[1]) Ein Graph oder Netz heißt *schlicht*, falls weder Schlingen noch Mehrfachbögen auftreten.

b) Für das soeben formulierte Problem ist somit die Frage der Existenz eines zulässigen Anfangsstromes bereits von großer Bedeutung. Wir wollen hier eine notwendige und hinreichende Bedingung für die Existenz eines Stromes angeben, der mit den Kapazitätsbeschränkungen verträglich ist.

Satz 1.21. *Gegeben seien Zahlen* b_i, c_i *mit* $-\infty \leqq b_i \leqq c_i \leqq \infty$ $(i=1, 2, \ldots, m)$. *Dann und nur dann existiert ein Strom* $\varphi = \{\varphi_1, \ldots, \varphi_m\}$ *mit* $b_i \leqq \varphi_i \leqq c_i$ *für jedes* i, *wenn für jeden elementaren Cozyklus* ω *die Beziehungen*

$$\sum_{u_i \in \omega^-} c_i \geqq \sum_{u_i \in \omega^+} b_i \quad \text{und} \quad \sum_{u_i \in \omega^+} c_i \geqq \sum_{u_i \in \omega^-} b_i$$

gelten.

Die Notwendigkeit dieser Bedingungen macht sich der Leser unschwer selbst klar, wenn er bedenkt, daß die b_i Mindestforderungen an die Flüsse stellen, die durch den Bogen u_i fließen sollen, wohingegen die c_i Höchstforderungen an die Flüsse stellen.

Wir beweisen nun die Hinlänglichkeit der Bedingungen und führen den Beweis mittels vollständiger Induktion über die Knotenpunktanzahl:

Für einen Graphen mit $n=1$ Knotenpunkten ist die Bedingung (mangels Cozyklen) leicht zu erfüllen, denn es können höchstens Schlingen auftreten. Auf diesen können wir aber irgendwelche Ströme fließen lassen, sofern sie mit den Schranken verträglich sind.

Der Satz sei für alle Graphen mit n $(n=1, 2, \ldots, N-1; N \geqq 2)$ Knotenpunkten bewiesen.

Es sei $\boldsymbol{G}$ ein beliebiger Graph mit N Knotenpunkten. Enthält $\boldsymbol{G}$ keinen Cozyklus (also höchstens Schlingen), so ist die Angabe eines zulässigen Stromes einfach (siehe den Fall $n=1$). Es sei nun ω ein beliebiger Cozyklus von $\boldsymbol{G}$. Wir betrachten einen beliebigen Bogen $u_j = (P, R) \in \omega$. Entfernen wir u_j aus $\boldsymbol{G}$ und identifizieren P und R, so entsteht ein Graph $\boldsymbol{G}^+$ mit $N-1$ Knotenpunkten. In $\boldsymbol{G}^+$ existiert nach Induktionsvoraussetzung ein zulässiger Strom φ^+ mit $b_i \leqq \varphi_i^+ \leqq c_i$ für jeden Bogen $u_i \neq u_j$ von $\boldsymbol{G}$.

Im Abschnitt über Cozyklen hatten wir einem Cozyklus $\omega(P)$ einen Vektor mit m Komponenten $\omega_i(P)$ gemäß

$$\omega_i(P) = \begin{cases} 0, & \text{falls } u_i \text{ nicht mit } P \text{ inzidiert,} \\ 1, & \text{falls } u_i \text{ von } P \text{ wegführt,} \\ -1, & \text{falls } u_i \text{ nach } P \text{ führt,} \end{cases}$$

zugeordnet. Setzen wir nun

$$\varphi_i'' = \varphi_i^+ \quad \text{für} \quad i \neq j,$$
$$\varphi_j'' = -\sum_{i \neq j} \omega_i(P)\, \varphi_i^+ \; \left(= \sum_{k \neq j} \omega_k(R)\, \varphi_k^+\right),$$

so erhalten wir einen Strom φ'', für den jedoch nicht unbedingt $b_j \leqq \varphi_j'' \leqq c_j$ gilt.

Wir definieren gewisse Intervalle $\boldsymbol{J}$: Jedem Bogen u_i ordnen wir das Intervall $\boldsymbol{J}^i := [b_i, c_i]$ zu. Jedem Cozyklus ω ordnen wir ein Intervall $\boldsymbol{J}_\omega$ mit

$$\boldsymbol{J}_\omega := \left[\sum_{u_i \in \omega^+} b_i - \sum_{u_i \in \omega^-} c_i\,, \quad \sum_{u_i \in \omega^+} c_i - \sum_{u_i \in \omega^-} b_i\right]$$

zu.

Jedem den Bogen u_j enthaltenden Cozyklus ω ordnen wir ein Intervall $\boldsymbol{J}^j_\omega$ zu mit

$$\boldsymbol{J}^j_\omega := \begin{cases} [\sum\limits_{u_i\in\omega^-} b_i - \sum\limits_{\substack{u_i\in\omega^+\\ i\neq j}} c_i, \ \sum\limits_{u_i\in\omega^-} c_i - \sum\limits_{\substack{u_i\in\omega^+\\ i\neq j}} b_i], & \text{falls } u_j\in\omega^+, \\ [\sum\limits_{u_i\in\omega^+} b_i - \sum\limits_{\substack{u_i\in\omega^-\\ i\neq j}} c_i, \ \sum\limits_{u_i\in\omega^+} c_i - \sum\limits_{\substack{u_i\in\omega^-\\ i\neq j}} b_i], & \text{falls } u_j\in\omega^-. \end{cases}$$

Zunächst zeigen wir, daß es sich tatsächlich um Intervalle handelt, und darüber hinaus, daß $\varphi_j'' \in \boldsymbol{J}^j_\omega$ für jeden u_j enthaltenden Cozyklus ω gilt.

Für $\boldsymbol{J}^i$ und $\boldsymbol{J}_\omega$ ist nichts zu zeigen, denn das steckt unmittelbar in den Voraussetzungen.

Wir zeigen also, daß $\boldsymbol{J}^j_\omega$ ein Intervall ist, für das $\varphi_j'' \in \boldsymbol{J}^j_\omega$ gilt. Unter Beachtung der Definition von φ^+ und φ'' unterscheiden wir zwei Fälle:

1. $u_j \in \omega^+$: Dann ist

$$\sum_{u_i\in\omega^-} b_i - \sum_{\substack{u_i\in\omega^+\\ i\neq j}} c_i \leqq \sum_{u_i\in\omega^-} \varphi_i'' - \sum_{u_i\in\omega^+} \varphi_i'' + \varphi_j'' = \varphi_j'' \leqq \sum_{u_i\in\omega^-} c_i - \sum_{\substack{u_i\in\omega^+\\ i\neq j}} b_i .$$

2. $u_j \in \omega^-$: Dann ist

$$\sum_{u_i\in\omega^+} b_i - \sum_{\substack{u_i\in\omega^-\\ i\neq j}} c_i \leqq \sum_{u_i\in\omega^+} \varphi_i'' - \sum_{u_i\in\omega^-} \varphi_i'' + \varphi_j'' = \varphi_j'' \leqq \sum_{u_i\in\omega^+} c_i - \sum_{\substack{u_i\in\omega^-\\ i\neq j}} b_i .$$

Da für einen beliebigen u_j enthaltenden Cozyklus ω gilt, daß φ_j'' zu $\boldsymbol{J}^j_\omega$ gehört, haben wir gleichzeitig bewiesen, daß

$$\bigcap_{\substack{\omega\\ u_j\in\omega}} \boldsymbol{J}^j_\omega \neq \emptyset$$

gilt.

Nun zeigen wir, daß $\boldsymbol{J}^j_\omega \cap \boldsymbol{J}^j \neq \emptyset$ gilt. Bezeichnen wir den Anfangspunkt des Intervalls $\boldsymbol{J}^j_\omega$ mit γ^j_ω und den Endpunkt mit δ^j_ω, also $\boldsymbol{J}^j_\omega = [\gamma^j_\omega, \delta^j_\omega]$, so erhalten wir bei Unterscheidung von zwei Fällen:

1. $u_j \in \omega^+$: Die Bedingungen unseres Satzes liefern

$$\sum_{u_i\in\omega^-} b_i - \sum_{u_i\in\omega^+} c_i \leqq 0 ,$$

also

$$\gamma_\omega = \sum_{u_i\in\omega^-} b_i - \sum_{\substack{u_i\in\omega^+\\ i\neq j}} c_i \leqq c_j$$

sowie wegen

$$\sum_{u_i\in\omega^+} b_i - \sum_{u_i\in\omega^-} c_i \leqq 0$$

die Beziehung

$$\delta^j_\omega = \sum_{u_i\in\omega^-} c_i - \sum_{\substack{u_i\in\omega^+\\ i\neq j}} b_i \geqq b_j .$$

Aus der gegenseitigen Lage von γ^j_ω, δ^j_ω, b_j, c_j folgt aber unmittelbar die Behauptung

$$\boldsymbol{J}^j_\omega \cap \boldsymbol{J}^j \neq \emptyset .$$

Ganz analog kann der Fall

2. $u_j \in \omega^-$

behandelt werden, womit die Behauptung bewiesen ist.

Damit haben wir gezeigt, daß die Intervalle $\boldsymbol{J}^j$ und $\boldsymbol{J}^j_\omega$, wobei ω alle u_j enthaltenden Cozyklen durchläuft, einen nichtleeren Durchschnitt haben; es gibt also eine Zahl y_j, die in jedem der Intervalle $\boldsymbol{J}^j$, $\boldsymbol{J}^j_\omega$ $(u_j \in \omega)$ liegt.

Nun definieren wir neue Intervalle:

$$\hat{\boldsymbol{J}}^i := [\hat{b}_i, \hat{c}_i] = [b_i, c_i] = \boldsymbol{J}^i \quad \text{für} \quad i \neq j\,,$$
$$\hat{\boldsymbol{J}}^j := [y_j, y_j] = [\hat{b}_j, \hat{c}_j]$$

und zeigen, daß mit den neuen Intervallenden $\hat{b}_i$, $\hat{c}_i$ ebenfalls die Bedingungen des Satzes erfüllt sind:

1. $u_j \in \omega^+$: Da $\hat{b}_j = \hat{c}_j = y_j \in \boldsymbol{J}^j_\omega$ gilt, ergibt sich

$$\sum_{u_i \in \omega^-} \hat{b}_i - \sum_{\substack{u_i \in \omega^+ \\ i \neq j}} \hat{c}_i = \sum_{u_i \in \omega^-} b_i - \sum_{\substack{u_i \in \omega^+ \\ i \neq j}} c_i \leqq \hat{b}_j = \hat{c}_j$$
$$\leqq \sum_{u_i \in \omega^-} c_i - \sum_{\substack{u_i \in \omega^+ \\ i \neq j}} b_i = \sum_{u_i \in \omega^-} \hat{c}_i - \sum_{\substack{u_i \in \omega^+ \\ i \neq j}} \hat{b}_i\,;$$

folglich gilt

$$\sum_{u_i \in \omega^-} \hat{b}_i - \sum_{u_i \in \omega^+} \hat{c}_i \leqq 0 \leqq \sum_{u_i \in \omega^-} \hat{c}_i - \sum_{u_i \in \omega^+} \hat{b}_i\,.$$

In entsprechender Weise kann

2. $u_j \in \omega^-$ behandelt werden und liefert

$$\sum_{u_i \in \omega^+} \hat{b}_i - \sum_{u_i \in \omega^-} \hat{c}_i \leqq 0 \leqq \sum_{u_i \in \omega^+} \hat{c}_i - \sum_{u_i \in \omega^-} \hat{b}_i\,.$$

In beiden Fällen erfüllen also die $\hat{b}_i$, $\hat{c}_i$ die Voraussetzungen des Satzes.

Somit ist es uns gelungen, eines der vorgegebenen Intervalle $[b_j, c_j]$ auf einen Punkt zusammenzuziehen, ohne dabei die Voraussetzungen des Satzes zu verletzen. Dieses Zusammenziehen führen wir nun nacheinander für jeden Bogen durch, ohne dabei die Voraussetzungen des Satzes zu verletzen. Ist uns das gelungen, so steht anstelle der vorausgesetzten Bedingung gerade die Strombeziehung da (die Komponenten dieses Stromes sind genau die errechneten y_j). Also haben wir dann auch für einen Graphen mit N Knotenpunkten einen Strom ermittelt, was zu zeigen war.

Damit ist der Existenzsatz für einen Strom vollständig bewiesen.[1])

Als Folgerungen aus dem soeben bewiesenen Existenzsatz löse der Leser die folgenden Aufgaben:

Aufgabe 10. Ein Strom φ mit $\varphi_i \geqq b_i$ für jeden Bogen u_i existiert genau dann, wenn für jeden Cokreis ω die Bedingung $\sum\limits_{u_i \in \omega} b_i \leqq 0$ erfüllt ist.

---

1) Eine Verallgemeinerung von Satz 1.21 sowie eine Vereinfachung des Beweises erscheint in einer Arbeit von L. Hempel und D. Würbach in der Zeitschrift Mathematische Operationsforschung und Statistik, Series „Optimization".

Aufgabe 11. Ein Strom φ mit $\varphi_i \leqq c_i$ existiert genau dann, wenn für jeden Cokreis ω die Beziehung $\sum_{u_i \in \omega} c_i \geqq 0$ erfüllt ist.

Wir werden auch jetzt nur den wichtigsten Fall betrachten, daß nämlich die b_i und c_i und damit auch die Stromstärken φ_i ganzzahlig sind. Wir wollen auch die Schlichtheit des Netzes voraussetzen, obwohl der Beweis bei gewisser Modifikation auch ohne diese Einschränkung geführt werden kann.

Den zu schildernden Sachverhalt und den sich anschließenden Algorithmus wollen wir anhand eines kleinen Beispiels erläutern (vgl. Abb. 1.17). Von den

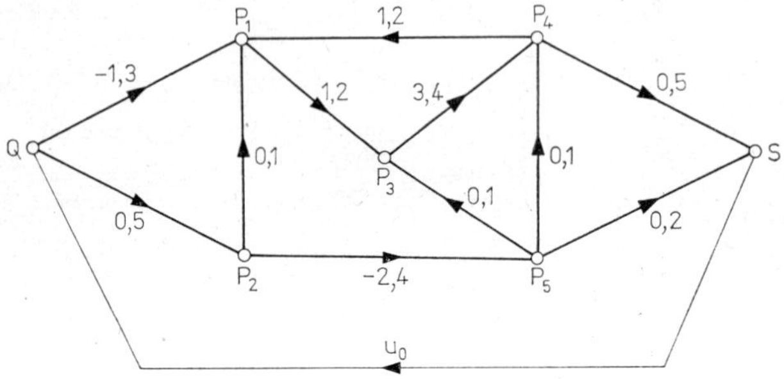

Abb. 1.17

Zahlenpaaren an den Bögen u_i bezeichne die erste Zahl den Wert von b_i und die zweite den von c_i. Einen zulässigen Strom kann man leicht finden (Aufgabe!), d. h., die oben angegebenen notwendigen und hinreichenden Bedingungen sind erfüllt, obgleich das Nachprüfen derselben im allgemeinen große Schwierigkeiten bereitet.

Den zur Lösung der Aufgabe angekündigten Algorithmus zerlegen wir in zwei Teile:

1. **Algorithmus** zur Auffindung eines zulässigen Stromes

Aus dem Graphen $\boldsymbol{G}(\mathfrak{X}, \mathfrak{U})$ mit den Kapazitätsbeschränkungen b_i und c_i gehen wir zu einem Graphen $\boldsymbol{G}'(\mathfrak{X}', \mathfrak{U}')$ über, wobei für die Kapazitätsbeschränkungen in $\boldsymbol{G}'$ die Bedingungen $b_i' = 0$ und $c_i \geqq 0$ gelten werden:

Alle Knotenpunkte und alle Bögen, die in $\boldsymbol{G}$ liegen, liegen ebenfalls in $\boldsymbol{G}'$, und für diese Bögen $u_i' = u_i$ setzen wir

$$b_i' = b(u_i') = 0 \quad \text{und} \quad c_i' = c(u_i') = c_i - b_i \,.$$

Nun fügen wir in $\boldsymbol{G}'$ noch zwei ausgezeichnete Knotenpunkte Q' und S' und noch ausgezeichnete Bögen gemäß folgender Vorschrift hinzu (vgl. Abb. 1.17 und 1.18):

a) Ist $u_i = (P_k, P_l)$ ein Bogen von $\boldsymbol{G}$ mit $b_i \geqq 0$, so werden zwei Bögen (Q', P_l) und (P_k, S') mit den Kapazitätsbeschränkungen

$$c'(Q', P_l) = c'(P_k, S') = b_i$$

eingefügt (wobei im Fall $b_i = 0$ das Einfügen dieser Bögen auch unterbleiben kann, da auf solchen Bögen ohnehin kein Strom fließen kann).

b) Es sei $u_i = (P_k, P_l)$ ein Bogen von $\boldsymbol{G}$ mit $b_i < 0$. Es werden ebenfalls zwei neue Bögen (Q', P_k) und (P_l, S') eingefügt mit den Kapazitätsbeschränkungen

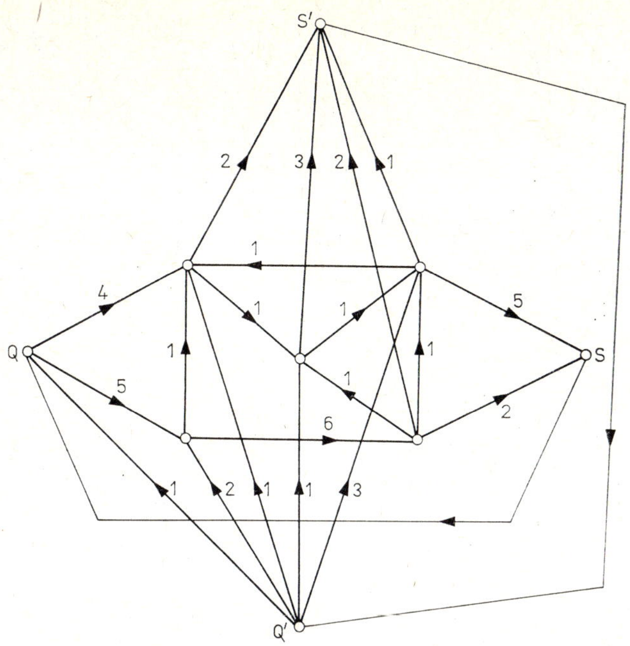

Abb. 1.18

$c'(Q', P_k) = c'(P_l, S') = -b_i$. Dieses Einfügen von Bögen führen wir für alle Bögen u_i von $\boldsymbol{G}$ mit Ausnahme des Rückkehrbogens $u_0 = (S, Q)$ durch.

In dem neuen Graphen können Doppelbögen auftreten. So entstehen etwa zwei Bögen von P_1 nach S', da der Bogen (P_1, P_3) einen Bogen der Form (P_1, S') mit $c'(P_1, S') = 1$ beisteuert (Fall a)) und auch der Bogen (Q, P_1) einen Bogen (P_1, S') mit ebenfalls $c'(P_1, S') = 1$ erbringt. Derartige Mehrfachbögen kann man einsparen, indem man nur einen Bogen einfügt und ihm als Kapazität die Summe aller Kapazitäten der Bögen zuteilt, die bei der Konstruktion von $\boldsymbol{G}'$ eigentlich entstehen. Das Resultat der Bildung von $\boldsymbol{G}'$ haben wir in Abb. 1.18 angegeben, wobei wir noch den ausgezeichneten Rückkehrbogen (S', Q') mit einer Kapazität ∞ eingefügt haben. Die Zahl an einem Bogen gibt die neue Kapazität an.

In dem neuen Graphen $\boldsymbol{G}'$ haben wir einen solchen Strom φ' zu suchen, daß die von Q' auslaufenden (und damit auch die in S' einlaufenden Bögen) gesättigt sind. Wir werden nämlich einen Satz beweisen, der aus der Kenntnis eines Maximalstromes in $\boldsymbol{G}'$ die Existenz eines zulässigen Stromes in $\boldsymbol{G}$ sichert.

Satz 1.22. *Jedem mit den Kapazitätsintervallen $[b(u), c(u)]$ in $\boldsymbol{G}$ verträglichen Strom φ entspricht in $\boldsymbol{G}'$ ein mit den Kapazitätsintervallen $[0, c'(u')]$ verträglicher Strom φ', der die Ausgangsbögen (P, S') sättigt, und umgekehrt. Dabei gilt*

$$\varphi_i = \varphi_i' + b_i \quad (i = 1, \ldots, m)\,,$$
$$\varphi(u_0) = \varphi'(u_0)\,.$$

Beweis. Es sei φ' ein Strom in $\boldsymbol{G}'$, der alle von Q' auslaufenden Bögen (und damit alle in S' einlaufenden) sättigt. Wir zeigen, daß man aus φ' einen zulässigen

Strom φ in $\boldsymbol{G}$ gewinnen kann: Es sei P ein beliebiger Knotenpunkt von $\boldsymbol{G}$ (vgl. Abb. 1.19). Mit P können vier verschiedene Typen von Bögen inzidieren:

1. $u_1 = (X, P)$ mit $b_1 > 0$,
2. $u_2 = (Y, P)$ mit $b_2 < 0$,
3. $u_3 = (P, Z)$ mit $b_3 < 0$,
4. $u_4 = (P, U)$ mit $b_4 > 0$.

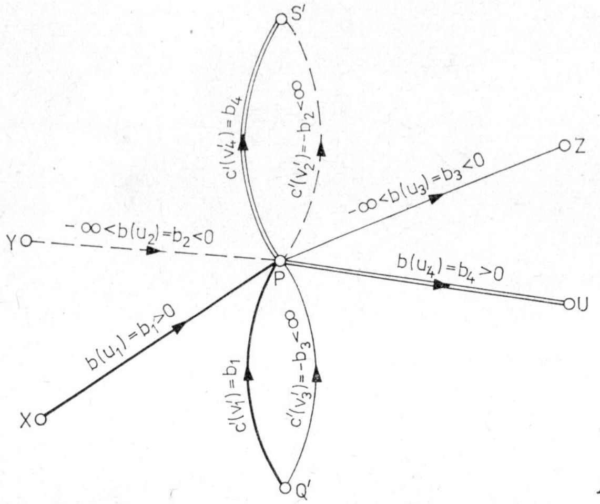

Abb. 1.19

Gemäß der Bildungsvorschrift für $\boldsymbol{G}'$ existieren Bögen v_i', und zwar (obiger Reihenfolge entsprechend)

1. $v_1' = (Q', P)$ mit $c'(v_1') = b_1$,
2. $v_2' = (P, S')$ mit $c'(v_2') = -b_2$,
3. $v_3' = (Q', P)$ mit $c'(v_3') = -b_3$,
4. $v_4' = (P, S')$ mit $c'(v_4') = b_4$.

Man kann nun leicht sehen, daß ein alle von Q' ausgehenden Bögen und alle in S' einlaufenden Bögen sättigender Strom φ' einen zulässigen Strom φ auf $\boldsymbol{G}$ induziert:

1. Der Fluß $\varphi_1 = \varphi(u_1)$ auf u_1 muß in $\boldsymbol{G}$ der Bedingung $b_1 \leqq \varphi_1 \leqq c_1$ genügen mit Fließrichtung P; in $\boldsymbol{G}'$ fließt bei Vorhandensein eines die von Q' auslaufenden Bögen sättigenden Stromes φ' von Q' nach P gerade die Flußmenge $\varphi'(v_1') = b_1$. Verringert man also auf v_1' den Fluß um den Wert b_1, so kann man ihn auf u_1 um b_1 erhöhen (damit ist er in diesem Bogen zulässig für den Ausgangsgraphen $\boldsymbol{G}$), und der Bogen v_1' ist flußfrei und kann weggelassen werden.

Ganz entsprechend überlegt man sich die verbleibenden drei Fälle.

Diese Überlegungen, für jeden Knotenpunkt durchgeführt, liefern einen zulässigen Strom φ auf $\boldsymbol{G}$, wobei $\varphi(u_i) = \varphi'(u_i) + b_i$ für jeden Bogen u_i in $\boldsymbol{G}$ gilt.

Wir zeigen nun, daß für den Rückkehrbogen u_0 die Beziehung $\varphi(u_0) = \varphi'(u_0)$ gilt.

Wir betrachten etwa (vgl. Abb. 1.20) den Knotenpunkt S. Zu einem Bogen u_2 mit $b(u_2) = b_2 < 0$ wurde in $\boldsymbol{G}'$ ein Bogen v_2' mit $c'(v_2') = -b_2$ eingezogen, für den

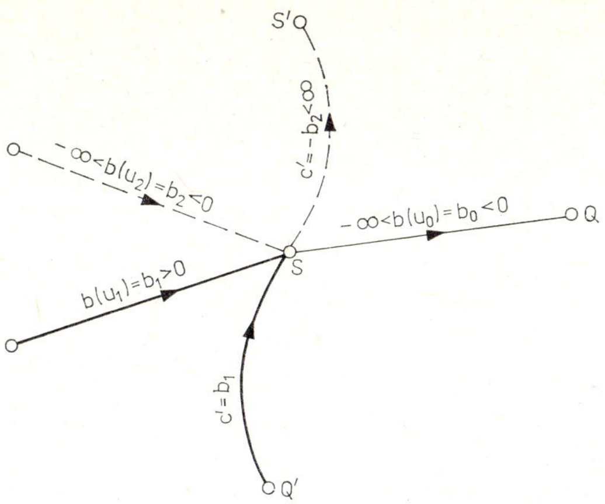

Abb. 1.20

nach Voraussetzung $\varphi'(v_2') = -b_2$ gilt. Verringert man auf v_2' den Fluß um den Betrag $-b_2$ und verringert man ihn auf dem Bogen u_2 ebenfalls um diesen Betrag, so bleibt in S die Strombedingung erfüllt, auf dem Hilfsbogen v_2' fließt nichts mehr (er kann also weggelassen werden), und auf dem Bogen u_2 erfüllt der so entstandene Fluß $\varphi(u_2)$ die geforderten Bedingungen $b_2 \leqq \varphi(u_2) \leqq c_2$.

Ganz entsprechend erhöhen wir auf einem nach S führenden Bogen u_1 mit $b(u_1) = b_1 > 0$ den Fluß um den Betrag b_1 und senken ihn auf dem in $\boldsymbol{G}'$ von Q' nach S führenden Bogen v_1' um den Betrag b_1. Dieser Bogen wird damit flußfrei, während der Fluß auf u_1 gerade den Kapazitätsbeschränkungen genügt. Auf dem Rückkehrbogen $u_0 = (S, Q)$ ändert sich der Fluß nicht, da wir für diesen ausdrücklich die Einführung von Hilfsbögen unterlassen haben. Damit ist aber bewiesen, daß $\varphi(u_0) = \varphi'(u_0)$ gilt.

Wir kommen nun zum zweiten Teil des Beweises von Satz 1.22.

Es sei φ ein zulässiger Strom auf $\boldsymbol{G}$. Wir zeigen, daß der gemäß unserer Kon-

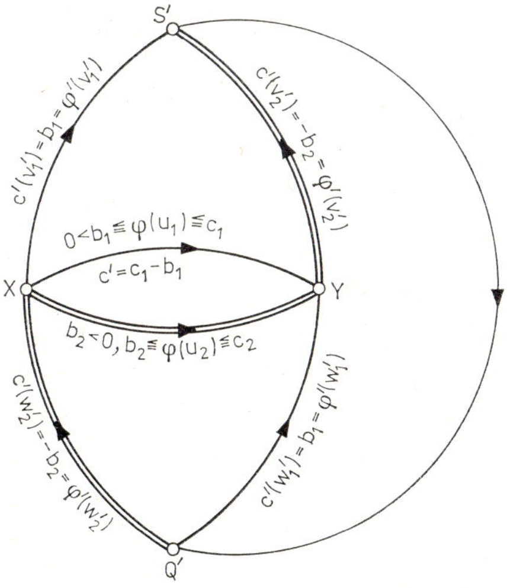

Abb. 1.21

struktionsvorschrift gebildete Graph G' so beschaffen ist, daß man auf ihm einen Strom φ' finden kann, der die von Q' auslaufenden (und in S' einlaufenden) Bögen sättigt: Es sei $u_1=(X, Y)\neq u_0$ ein beliebiger Bogen von G mit $b_1>0$. Zu diesem Bogen werden in G' zusätzlich zwei Bögen (vgl. Abb. 1.21) $w_1'=(Q', Y)$ und $v_1'=$ $=(X, S')$ eingeführt, denen die Kapazität $c'(w_1')=c'(v_1')=b_1$ zugeordnet wird. Verringern wir auf u_1 den Fluß $\varphi(u_1)$ um den Betrag b_1 (bei gleichzeitiger Verkleinerung der Kapazitätsschranken b_1 und c_1 um je den Betrag b_1), so hat der Bogen u_1 in G' die Kapazitätsschranken 0 und c_1-b_1, und der Fluß $\varphi'(u_1)$ liegt innerhalb dieser Schranken. Damit nun aber in den Knotenpunkten X und Y die Strombedingung erhalten bleibt, leiten wir von X aus über den Bogen v_1' Strom vom Betrag b_1 nach S' und von Q' über w_1' nach Y Strom der Stärke b_1. Dadurch sind diese beiden Bögen aber gesättigt. Eine analoge Überlegung für einen Bogen $u_2=(X, Y)$ mit $b_2<0$ führe der Leser selbst.

Da wir zu dem Rückkehrbogen u_0 keine neuen Bögen eingeführt haben, erhalten wir mit ähnlichen Überlegungen wie an der entsprechenden Stelle des ersten Teiles des Beweises die Beziehung $\varphi'(u_0)=\varphi(u_0)$.

Damit ist Satz 1.22 vollständig bewiesen.

Für unser Problem ergibt sich somit zum Auffinden eines zulässigen Stromes in G die folgende Aufgabe:

(i) Man konstruiere G' aus G und bilde die Kapazitätsbeschränkungen c_i'.

(ii) Man suche einen Maximalstrom in G', d. h. einen Strom, für den der Wert auf dem Bogen (S', Q') maximal wird.

(iii) Falls alle von Q' ausgehenden Bögen gesättigt sind, so finden wir für den Graphen G, gemäß

$$\varphi(u)=\varphi'(u)+b(u)$$

für jeden Bogen $u\neq u_0=(S, Q)$ und $\varphi(u_0)=\varphi'(u_0)$, einen zulässigen Strom.

(iv) Falls ein Maximalstrom in G' nicht alle von Q' ausgehenden Bögen sättigt, so gibt es in G keinen zulässigen Strom.

Wir kommen nun (sofern wir einen zulässigen Strom in G gefunden haben) zur Konstruktion eines Maximalstromes in G.

2. **Algorithmus** zur Bestimmung eines Maximalstromes in G

(i) Wir markieren in G die Quelle Q.

(ii) Falls P_j markiert ist und P_k nicht, so wird P_k markiert, sofern ein Bogen (P_j, P_k) mit $\varphi(P_j, P_k)<c(P_j, P_k)$ existiert.

(iii) Falls P_j markiert ist und P_k nicht, so markieren wir P_k, sofern ein Bogen (P_k, P_j) mit $\varphi(P_k, P_j)>b(P_k, P_j)$ existiert.

Gelingt es bei dieser Operation, die Senke S zu markieren, so können wir den Strom auf dem Rückkehrbogen (entsprechend dem in 1.3.2. behandelten Algorithmus von Ford und Fulkerson) um wenigstens 1 erhöhen (bei wiederum vorausgesetzter Ganzzahligkeit der Kapazitätsbeschränkungen). Ist S nicht markierbar, so ist der auf dem Rückkehrbogen (S, Q) fließende Strom maximal.

Es sei $\mathfrak{S}$ die Menge der nach Abbruch der Markierungsvorschrift markierten Knotenpunkte (also $Q \in \mathfrak{S}$, $S \notin \mathfrak{S}$). Für einen Bogen $u \in \omega^+(\mathfrak{S})$ gilt dann $\varphi(u) = c(u)$, und für einen Bogen $v \in \omega^-(\mathfrak{S})$ gilt $\varphi(u) = b(v)$. Somit ergibt sich, daß die Strommenge von Q nach S (oder auch auf dem Rückkehrbogen (S, Q)) nicht mehr erhöht werden kann, denn auf den Bögen aus $\omega^+(\mathfrak{S})$ kann nicht mehr Strom fließen, da die oberen Kapazitätsbeschränkungen erreicht sind.

Für den so erhaltenen Maximalstrom $\varphi_0 = \varphi(u_0)$ errechnet sich

$$\varphi_0 = \sum_{u_i \in \omega^+(\mathfrak{S})} \varphi(u_i) - \sum_{u_i \in \omega^-(\mathfrak{S})} \varphi(u_i) = \sum_{u_i \in \omega^+(\mathfrak{S})} c_i - \sum_{u_i \in \omega^-(\mathfrak{S})} b_i \,.$$

Als Ergebnis erhalten wir den verallgemeinerten Satz von Ford und Fulkerson:

Satz 1.23. *Existiert in einem Graphen* $\boldsymbol{G}$ *mit Kapazitätsschranken* b_i, c_i *für die Bögen* u_i *ein Strom* φ, *also*

$$b_i \leqq \varphi(u_i) \leqq c_i \quad (i = 1, \ldots, m)\,,$$

so hat der Maximalstrom φ_0 *auf dem Rückkehrbogen* $u_0 = (S, Q)$ *den Wert*

$$\varphi_0 = \min \{ \sum_{u_i \in \omega^+(\mathfrak{S})} c_i - \sum_{u_i \in \omega^-(\mathfrak{S})} b_i \}\,,$$

wobei das Minimum über alle Knotenmengen $\mathfrak{S}$ *gebildet wird, für die* $Q \in \mathfrak{S}$, $S \notin \mathfrak{S}$ *gilt.*

Für das am Anfang dieses Abschnitts angegebene Beispiel ergibt sich somit als Lösung der Wert 5 für den Maximalstrom (vgl. Abb. 1.22).

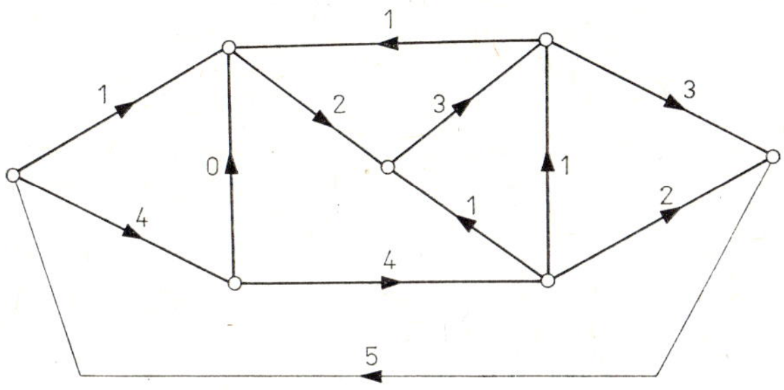

Abb. 1.22

1.3.4. Das Multiterminal-Problem

In diesem Abschnitt beschränken wir uns auf ungerichtete Graphen oder auch (was nicht wesentlich davon abweicht) auf *symmetrische* Graphen; das sind solche Graphen, in denen ein Bogen (X, Y) genau dann existiert, falls (Y, X) existiert. Schlingen wollen wir nicht zulassen, ebenfalls keine Parallelbögen. Jedem Bogen (P_i, P_j) sei eine Kapazität $c(P_i, P_j) = c_{ij} = c_{ji}$ zugeordnet. Wir wollen uns wieder nur auf ganzzahlige und endliche Werte der c_{ij} beschränken. Je nach Bedarf werden wir den soeben eingeführten gerichteten symmetrischen Graphen $\boldsymbol{G}$ betrachten oder den aus $\boldsymbol{G}$ dadurch entstehenden ungerichteten Graphen $\boldsymbol{G}'$, daß wir die beiden Bögen (P_i, P_j) und (P_j, P_i) durch die (ungerichtete) Kante (P_i, P_j) mit einer Kapazität c_{ij} ersetzen.

Wir wollen nun untersuchen, wieviel Strom durch den Graphen geschickt werden kann, und zwar von einem beliebig gewählten Knotenpunkt P_k zu einem beliebigen anderen P_j. Diese maximale Strommenge bezeichnen wir mit f_{kj}, wobei durch die Symmetrie des Graphen klar ist, daß $f_{ij}=f_{ji}$ für beliebige Knotenpunkte P_i, P_j gilt. Wir wollen noch $f_{ii}=\infty$ für jeden Knotenpunkt P_i voraussetzen.

Ziel dieses Abschnitts ist es, diese f_{ij} durch einen geeigneten Algorithmus (der von R. E. Gomory und T. C. Hu gefunden wurde) für jedes Knotenpaar auf einmal zu gewinnen. Zu Beginn sei aber noch bemerkt, daß im allgemeinen keineswegs die Mengen f_{ij} und f_{kl} gleichzeitig transportiert werden können.

Einen einfachen Zusammenhang zwischen den f_{ij} liefert der folgende Satz.

Satz 1.24. *Eine Menge* $\mathfrak{F}=\{f_{ij}: f_{ij}=f_{ji},\ i, j=1, \ldots, n\}$ *kann genau dann als die Menge der maximalen Stromstärken eines gewissen Netzes* $\boldsymbol{G}$ *aufgefaßt werden, wenn*

$$f_{ik} \geqq \min (f_{ij}, f_{jk}) \quad \text{für alle} \quad i, j, k \tag{1}$$

gilt.

Beweis.

1. *Notwendigkeit.* Wegen des Satzes von Ford und Fulkerson existiert in $\boldsymbol{G}$ ein Schnitt $\mathfrak{S}=(\mathfrak{V}/\mathfrak{W})$ mit $P_i \in \mathfrak{V}$, $P_k \in \mathfrak{W}$ und $f_{ik}=c(\mathfrak{V}/\mathfrak{W})$, also ein P_i von P_k trennender Schnitt minimaler Kapazität. Es sei P_j ein beliebiger dritter Knotenpunkt von $\boldsymbol{G}$; dann gibt es zwei Möglichkeiten:

a) $P_j \in \mathfrak{V}$: Da $P_k \in \mathfrak{W}$ ist, erweist sich $\mathfrak{S}=(\mathfrak{V}/\mathfrak{W})$ auch als Schnitt, der P_j von P_k trennt, also gilt

$$f_{jk} \leqq c(\mathfrak{V}/\mathfrak{W})=f_{ik}\,.$$

b) $P_j \in \mathfrak{W}$: Da $P_i \in \mathfrak{V}$ gilt, trennt $\mathfrak{S}$ auch die Knotenpunkte P_i von P_j, also

$$f_{ij} \leqq c(\mathfrak{V}/\mathfrak{W})=f_{ik}\,.$$

Einer der beiden Fälle a) oder b) tritt auf, also gilt die Ungleichung (1).

2. *Hinlänglichkeit.* Wir betrachten eine Menge von $\binom{n}{2}$ Zahlen f_{ij} (wir hatten $f_{ii}=\infty$ und $f_{ij}=f_{ji}$ für alle i, j angenommen), die der Ungleichung (1) genügen. Es sei $\boldsymbol{G}$ ein symmetrischer, vollständiger (d. h. zu zwei beliebigen verschiedenen Knotenpunkten P_i, P_j existieren sowohl der Bogen (P_i, P_j) als auch der Bogen (P_j, P_i)) Graph mit den n Knotenpunkten $P_1, \ldots, P_n$. Wir ordnen jedem der Bögen (P_i, P_j) eine Bewertung f_{ij} zu und nennen f_{ij} die Länge des ihm zugeordneten Bogens. In $\boldsymbol{G}$ suchen wir ein Gerüst $\boldsymbol{M}$, in dem die Summe der Längen der Bögen (oder, ungerichtet aufgefaßt, der Kanten) von $\boldsymbol{M}$ maximal ist.

Es sei $u_{is}=(P_i, P_s)$ eine Kante von $\boldsymbol{G}$, die nicht in $\boldsymbol{M}$ liegt. Dann gibt es in $\boldsymbol{M}$ einen eindeutigen Weg $\boldsymbol{W}=(u_{ij}, u_{jk}, \ldots, u_{rs})$ von P_i nach P_s. Wir behaupten, es gilt

$$f_{is} \leqq \min (f_{ij}, f_{jk}, \ldots, f_{rs})\,.$$

Angenommen, es gäbe eine Kante u_{pq} auf $\boldsymbol{W}$, deren Länge kleiner als die von u_{is} wäre. Entfernen wir aus $\boldsymbol{M}$ die Kante u_{pq} und fügen u_{is} hinzu, so entsteht ein Gerüst $\boldsymbol{M}'$ von $\boldsymbol{G}$ größerer Länge als $\boldsymbol{M}$, im Widerspruch zur Maximalität von $\boldsymbol{M}$.

Andererseits sieht man unschwer (vollständige Induktion!), daß Satz 1.24 erweitert werden kann, daß nämlich die Bedingung (1) äquivalent der Bedingung

$$f_{is} \geqq \min (f_{ij}, f_{jk}, \ldots, f_{rs}) \tag{2}$$

ist. Aus den letzten beiden Ungleichungen ergibt sich aber

$$f_{is} = \min (f_{ij}, f_{jk}, \ldots, f_{rs}), \tag{3}$$

wobei $(u_{ij}, u_{jk}, \ldots, u_{rs})$ der durch das Maximalgerüst eindeutig festgelegte Weg zwischen P_i und P_s ist.

Das Minimalgerüst $\boldsymbol{M}$ von $\boldsymbol{G}$ mit den Kapazitäten $c_{ij} = f_{ij}$ für alle $(i, j) \in \boldsymbol{M}$ ist auf Grund von (3) ein Graph mit der Eigenschaft (1).

Bemerkungen.

1. Es seien P_i, P_j, P_k drei beliebige Knotenpunkte von $\boldsymbol{G}$. Dann sind wenigstens zwei der drei maximalen Stromstärken f_{ij}, f_{jk}, f_{ki} gleich, was unmittelbar aus (3) folgt.

2. Von den $\binom{n}{2}$ maximalen Stromstärken f_{ij} sind höchstens $n-1$ voneinander verschieden, was ebenfalls unmittelbar aus (3) folgt; nur dann nämlich gibt es $n-1$ voneinander verschiedene Werte der f_{ij}, wenn die Längen der Kanten eines maximalen Gerüstes $\boldsymbol{M}$ paarweise voneinander verschieden sind.

Wir kommen nun zu dem von Gomory und Hu gefundenen Algorithmus zum gleichzeitigen Auffinden aller f_{ij}, wobei wir bedenken wollen, daß es genügt, ein Gerüst maximaler Länge zu konstruieren, da die gefundene Formel (3) die Möglichkeit liefert, die restlichen maximalen Stromstärken zu errechnen.

Algorithmus von Gomory und Hu

Zunächst klären wir den Begriff *Verdichtung einer Knotenpunktmenge*. Es sei $\mathfrak{A} \subseteqq \mathfrak{X}$ eine Teilmenge der Knotenpunktmenge $\mathfrak{X}$ eines ungerichteten Graphen $\boldsymbol{G}$. Wir ersetzen $\mathfrak{A}$ durch einen Knotenpunkt A, wobei die neu einzuführenden Kanten gemäß Abb. 1.23 eingezogen werden; sind also in $\boldsymbol{G}$ z. B. die Knotenpunkte

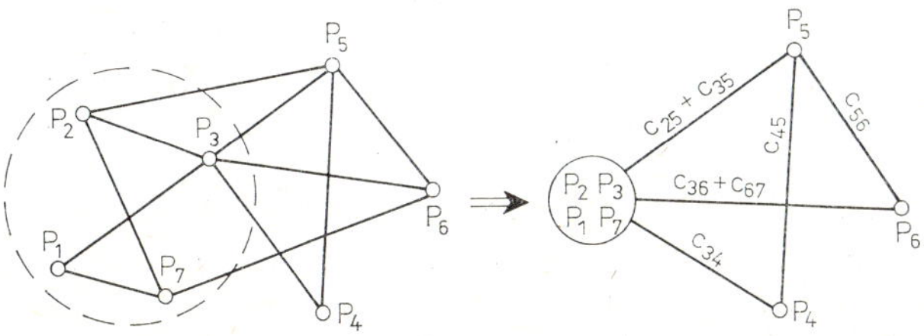

Abb. 1.23

$A_1, \ldots, A_r$ von $\mathfrak{A}$ mit einem Knotenpunkt $B \notin \mathfrak{A}$ verbunden, so ersetzen wir im Verdichtungsgraphen $\boldsymbol{G}^+$ die Kanten (A_i, B), $i = 1, \ldots, r$, durch eine Kante (A, B) mit der Kapazität $\sum_{i=1}^{r} c(A_i, B)$. Die Kapazitäten der Kanten, von denen kein Endpunkt in $\mathfrak{A}$ liegt, bleiben ungeändert.

(i) Wir wählen zwei beliebige Knotenpunkte P_i, P_j in $\boldsymbol{G}$ und bestimmen mittels des Algorithmus von FORD und FULKERSON einen Maximalstrom zwischen diesen beiden Knotenpunkten der Stärke f_{ij}. Der Algorithmus liefert einen Minimalschnitt $\mathfrak{S}_1 = (\mathfrak{V}_1/\mathfrak{W}_1)$ mit $P_i \in \mathfrak{V}_1$ und $P_j \in \mathfrak{W}_1$, wobei $f_{ij} = c(\mathfrak{V}_1/\mathfrak{W}_1)$ gilt. Wir setzen zur Abkürzung $c_1 = c(\mathfrak{S}_1)$ und stellen das Resultat in Abb. 1.24a dar.

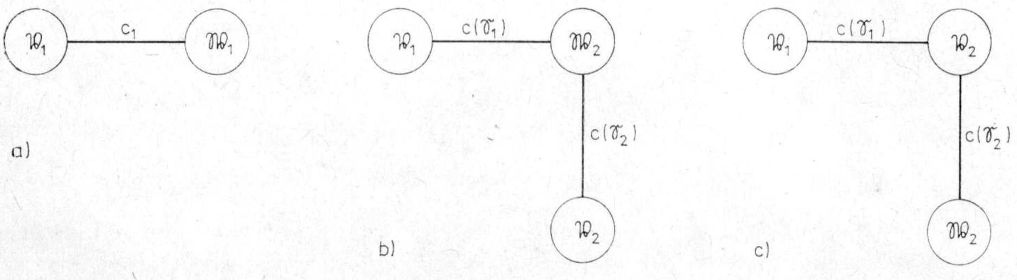

Abb. 1.24

(ii) Enthält eine der beiden Klassen $\mathfrak{V}_1$, $\mathfrak{W}_1$ mehr als einen Knotenpunkt (diese sei etwa $\mathfrak{W}_1$), so bestimmt man ebenfalls mittels des Algorithmus von FORD und FULKERSON zwischen zwei beliebigen Knotenpunkten P_k und P_l von $\mathfrak{W}_1$ einen Maximalstrom, der wiederum einen Minimalschnitt $\mathfrak{S}_2 = (\mathfrak{V}_2/\mathfrak{W}_2)$ induziert (dabei lassen wir $\mathfrak{V}_1$ verdichtet). Wir stellen diesen Vorgang in Abb. 1.24b dar. Dabei zerlegen wir $\mathfrak{W}_1$ in zwei Klassen und verbinden diese durch eine Kante mit der Bewertung $c_2 = c(\mathfrak{S}_2)$. Es wird der „Knoten" $\mathfrak{W}_2$ mit dem „Knoten" $\mathfrak{V}_1$ verbunden, falls in $\boldsymbol{G}$ der Schnitt $\mathfrak{S}_2$ die Mengen $\mathfrak{V}_2$ und $\mathfrak{V}_1$ trennt, wir verbinden jedoch $\mathfrak{V}_2$ und $\mathfrak{V}_1$, falls $\mathfrak{S}_2$ die Mengen $\mathfrak{W}_2$ und $\mathfrak{V}_1$ voneinander trennt.

(iii) Nun suchen wir unter den drei Knotenklassen $\mathfrak{V}_1$, $\mathfrak{W}_1$, $\mathfrak{V}_2$ eine solche, die mehr als einen Knotenpunkt enthält (gibt es keine solche, so sind wir fertig). Diese Klasse wird gemäß (ii) zerlegt; das Verfahren wird fortgesetzt, solange es noch Knotenklassen mit mehr als einem Element gibt.

Wir betrachten ein Beispiel (vgl. Abb. 1.25). Die Zahlen an den Kanten bedeuten die ihnen zugeordneten Kapazitäten; wir suchen die maximalen Stromstärken zwischen je zwei Knotenpunkten dieses Netzes. Es gibt sechs Knotenpunkte im Netz $\boldsymbol{G}$, folglich sind fünf Kanten des Gerüstes „maximaler Längen" zu bestimmen, also fünf Maximalstromprobleme zu lösen.

1. Wir wählen willkürlich zwei Knotenpunkte aus, etwa P_2 und P_3, und bestimmen einen Maximalstrom zwischen ihnen sowie einen Schnitt minimaler Kapazität, der diese beiden Knotenpunkte voneinander trennt. Wir erhalten als Maximalstromwert $f_{23} = 14$. In einem so kleinen Beispiel kann man dies mittels Probieren sehen, im allgemeinen muß jedoch der Algorithmus von FORD und FULKERSON angewendet werden; dabei ist jede Kante u durch zwei entgegengesetzt orientierte Bögen gleicher Kapazität wie u zu ersetzen, zwei Hilfspunkte Q und S sind einzuführen, wobei ein Bogen von Q nach P_2, ein weiterer von P_3 nach S und ein dritter von S nach Q führt, diesen drei Bögen ist eine Kapazität von ∞ zuzuordnen und

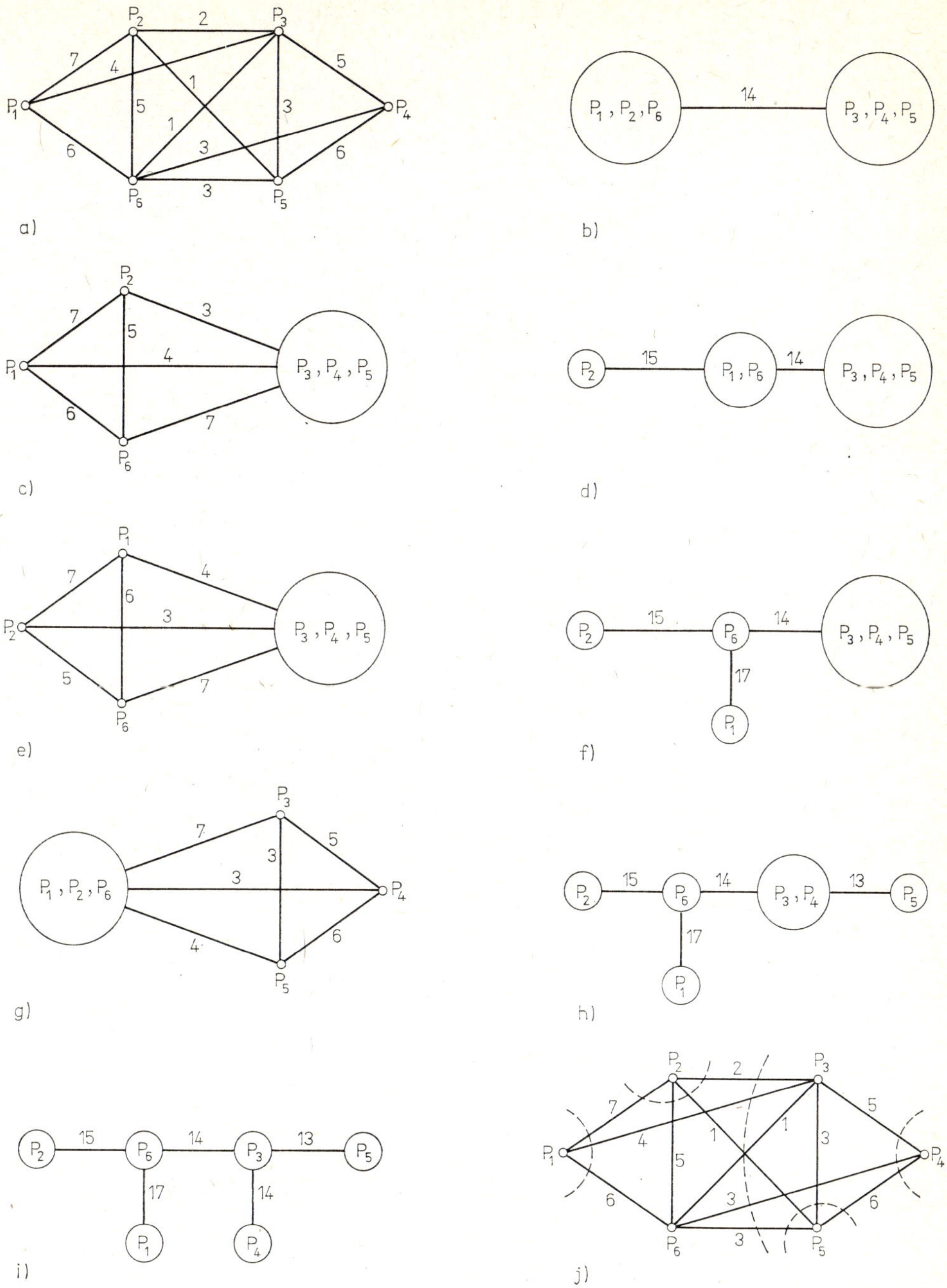

Abb. 1.25

der Strom auf dem Bogen (S, Q) zu maximieren. Ein Schnitt minimaler Kapazität trennt die Knotenpunkte P_1, P_2, P_6 von P_3, P_4, P_5 (vgl. Abb. 1.25b).

2. Wir zerlegen z. B. $\mathfrak{W}_1=\{P_1, P_2, P_6\}$ weiter, dabei verdichten wir $\mathfrak{V}_1=\{P_3, P_4, P_5\}$ zu einem Knotenpunkt (Abb. 1.25c). Suchen wir nun einen Maximalstrom zwischen P_1 und P_2, so können wir diesen im Netz der Abb. 1.25c suchen. Wir ermitteln als Maximalstromstärke $f_{12}=15$ und als Minimalschnitt $(\{P_2\}/\{P_1, P_3, P_4, P_5, P_6\})$. Eine Kante mit der Bewertung 15 ziehen wir von $\{P_2\}$ nach $\{P_1, P_6\}$, da P_2 nach Entfernung dieses Minimalschnittes von den restlichen Knotenpunkten getrennt ist (Abb. 1.25d).

3. Nun suchen wir einen Maximalstrom von P_1 nach P_6 usw. (vgl. Abb. 1.25e–j).

Abb. 1.25j zeigt dann noch (gestrichelt) die einzelnen Minimalschnitte, während Abb. 1.25i den Maximalstrombaum zeigt. Sucht man etwa den Maximalstrom von P_2 nach P_4, so hat man in diesem Baum den P_2 mit P_4 verbindenden Weg zu suchen, und man erhält als Maximalstromwert $f_{24}=14$, da die „kürzeste" Kante auf diesem Weg den Wert 14 hat.

Insgesamt erhalten wir für unser Beispiel als Maximalstrommatrix:

$$\begin{array}{c} \\ P_1\\ P_2\\ P_3\\ P_4\\ P_5\\ P_6 \end{array}\begin{array}{c} \begin{array}{cccccc} P_1 & P_2 & P_3 & P_4 & P_5 & P_6 \end{array} \\ \begin{bmatrix} \infty & 15 & 14 & 14 & 13 & 17\\ 15 & \infty & 14 & 14 & 13 & 15\\ 14 & 14 & \infty & 14 & 13 & 14\\ 14 & 14 & 14 & \infty & 13 & 14\\ 13 & 13 & 13 & 13 & \infty & 13\\ 17 & 15 & 14 & 14 & 13 & \infty \end{bmatrix} \end{array}.$$

Weitere Maximalstromprobleme werden wir in Kapitel 3 und 4 behandeln; der interessierte Leser findet auch in den Lehrbüchern von Hu [9], Ghouila-Houri/Berge [7], Busacker/Saaty [1] und Ford/Fulkerson [5] weitere Stromprobleme.

1.4. Das Problem der Maximalspannung

1.4.1. Der Existenzsatz für eine Spannung

Wir wollen uns in diesem Abschnitt mit dem folgenden Problem befassen:

Es sei $G(\mathfrak{X}, \mathfrak{U})$ ein endlicher gerichteter Graph. Jedem Bogen $u_i \in \mathfrak{U}$ sei ein Intervall $[k_i, l_i]$ zugeordnet. Gesucht wird eine Spannung $\vartheta=(\vartheta_1, \ldots, \vartheta_m)$ auf G mit den Beschränkungen

$$k_i \leqq \vartheta_i \leqq l_i \quad (i=1, \ldots, m).$$

Wir wollen zunächst einen Existenzsatz angeben:

Satz 1.25. *Gegeben seien reelle Zahlen* k_i, l_i *mit* $-\infty \leqq k_i \leqq l_i \leqq \infty$ $(i=1, \ldots, m)$. *Eine Spannung* ϑ *mit* $k_i \leqq \vartheta_i \leqq l_i$ *für jedes* i *existiert genau dann, wenn für jeden Elementarzyklus* μ *die Beziehung*

$$\sum_{u_i\in\mu^-} l_i \geqq \sum_{u_i\in\mu^+} k_i, \quad \sum_{u_i\in\mu^+} l_i \geqq \sum_{u_i\in\mu^-} k_i \tag{1}$$

gilt.

Der Beweis dieses Satzes kann analog dem zu Satz 1.21 geführt werden. Dem interessierten Leser wird dies als Aufgabe empfohlen.

Der Leser löse ferner die folgenden Aufgaben, die sich als Folgerungen des Satzes ergeben.

Aufgabe 12. Eine Spannung ϑ mit $\vartheta_i \geqq k_i$ $(i = 1, 2, \ldots, m)$ existiert genau dann, wenn für jeden Kreis μ die Beziehung $\sum_{u_i \in \mu} k_i \leqq 0$ gilt.

Aufgabe 13. Eine Spannung ϑ mit $\vartheta_i \leqq l_i$ existiert genau dann, wenn für jeden Kreis μ die Beziehung $\sum_{u_i \in \mu} l_i \geqq 0$ gilt.

1.4.2. Die Probleme des kürzesten und des längsten Weges als Potentialprobleme

Vorgegeben sei ein gerichteter Graph $\boldsymbol{G}$ mit zwei ausgezeichneten Knotenpunkten Q (Quelle) und S (Senke) und einem ausgezeichneten Bogen $u_0 = (S, Q)$ sowie einer Bogenfunktion d, die jedem Bogen u eine Zahl $d(u) \geqq 0$ zuordnet. Gesucht wird ein Potential t (eine Knotenfunktion $t(X)$) derart, daß für jeden Bogen $u = (X, Y)$ die durch das Potential t induzierte Spannung ϑ der Bedingung

$$\vartheta(u) = t(Y) - t(X) \leqq d(u)$$

genügt, und darüber hinaus wird bei vorgegebenem $t(Q) = 0$ unter allen Potentialen ein solches t gesucht, daß $t(S)$ maximal ist.

Setzen wir $d(u_0) = 0$, so können wir die Aufgabe auch wie folgt formulieren:

Unter allen mit den Bogenbewertungen verträglichen Spannungen ϑ ist eine solche gesucht, für die

$$-\vartheta(u_0) = t(S) - t(Q)$$

maximal ist.

Deuten wir die Bogenbewertungen $d(u)$ als den Abstand des Endpunktes von u vom Anfangspunkt von u, so bedeutet $t(S) - t(Q)$ gerade den kürzesten Abstand (in dem Fall, daß t durch eine den Bogen $-u_0$ maximierende Spannung induziert wird) von Q nach S; denn auf keinem Bogen darf die Spannung die Bogenbewertung (d. h. die Länge) übersteigen, also darf die Spannungssumme auf keinem von Q nach S orientierten Weg die Gesamtlänge dieses Weges übersteigen. Insbesondere ist also die Spannungssumme (d. h. die Potentialdifferenz $t(S) - t(Q)$) auf einem kürzesten Weg nicht größer als die Länge dieses kürzesten Weges.

Es bleibt zu zeigen, daß sich eine solche Spannung angeben läßt, daß deren Summe längs eines kürzesten Weges gleich der Länge des kürzesten Weges ist (daß also längs eines solchen Weges die Spannung gleich der Bogenbewertung ist): Angenommen, für die $-u_0$ maximierende Spannung ϑ und jeden Q mit S verbindenden Weg $\boldsymbol{W}$ gilt

$$t(S) < l(\boldsymbol{W}),$$

wobei $t(S)$ der Potentialwert von S (induziert durch ϑ) und $l(\boldsymbol{W})$ die Länge eines Weges $\boldsymbol{W}$ ist, den wir im weiteren als von minimaler Länge annehmen wollen, also

$$l(\boldsymbol{W}) = \sum_{u \in \boldsymbol{W}} d(u), \quad t(S) = \sum_{u \in \boldsymbol{W}} \vartheta(u),$$

dann findet sich auf jedem Weg von Q nach S (wenigstens) ein Bogen, dessen Spannung ohne Verletzung der Beschränkung d erhöht werden könnte, was aber der Maximalität von ϑ widerspricht.

Ehe wir uns der Lösung des Problems des kürzesten Weges zuwenden, wollen wir noch das Problem der Bestimmung eines längsten Weges zwischen zwei Knotenpunkten als Potentialproblem formulieren. Wir wollen von den zu untersuchenden Graphen voraussetzen, daß diese kreisfrei sind (denn andernfalls könnte man bei hinreichend häufigem Durchlaufen eines solchen Kreises Bogenfolgen beliebiger Länge zwischen zwei Knotenpunkten angeben).

Gegeben sei ein kreisfreier, gerichteter Graph mit zwei ausgezeichneten Knotenpunkten Q und S, einem ausgezeichneten Bogen $u_0=(S,Q)$ und einer Bogenbewertung $d(u)$, die jedem Bogen u eine Zahl $d(u)$ zuordnet, die wir auch *Länge* von u nennen. Gesucht ist eine Spannung ϑ (und damit das ihr bis auf eine additive Konstante eindeutig zugeordnete Potential t; wir setzen $t(Q)=0$), die den folgenden Bedingungen genügt:

a) $\vartheta(u)=t(Y)-t(X)\geqq d(u)$ für jeden Bogen $u=(X, Y)$,

b) $\vartheta(u_0)=t(Q)-t(S)$ ist zu maximieren.

Wieso ist dies das Problem der Bestimmung eines längsten Weges?

Auf jedem Weg (alle Bögen in Richtung desselben orientiert!) von Q nach S wächst das Potential von Knotenpunkt zu Knotenpunkt (vorausgesetzt, die Bogenbewertungen sind alle positiv). Der Potentialzuwachs ist mindestens $d(u)$ für den Bogen u, also ist der Potentialzuwachs $t(S)-t(Q)$ auf einem beliebigen Weg $\boldsymbol{W}$ von Q nach S mindestens $l(\boldsymbol{W})=\sum_{u\in \boldsymbol{W}} d(u)$. Da das für jeden Weg von Q nach S gilt, ist diese Beziehung auch für einen längsten Weg von Q nach S richtig.

Angenommen, es gibt eine Spannung ϑ, so daß für das ϑ zugeordnete Potential t die Beziehung

$$t(S)>\max_{\boldsymbol{W}} l(\boldsymbol{W})$$

gilt, wobei $\boldsymbol{W}$ alle Wege von Q nach S durchläuft. Unter allen solchen Spannungen denken wir uns ϑ derart, daß $t(S)$ minimal ist (wir haben zur Eindeutigkeit der den Spannungen zugeordneten Potentiale generell $t(Q)=0$ vorausgesetzt).[1]) Dann gibt es auf jedem Weg von Q nach S wenigstens einen Bogen $u=(X, Y)$. Wir betrachten die Bogenmenge $\mathfrak{U}^0=\{u\in\mathfrak{U}\colon \vartheta(u)>d(u)\}$. Wie wir sahen, ist $\mathfrak{U}^0\neq\emptyset$. Es sei $u^*\in\mathfrak{U}^0$ derart, daß

$$\min_{u\in\mathfrak{U}^0}(\vartheta(u)-d(u))=\vartheta(u^*)-d(u^*)$$

gilt. Da auf jedem Weg von Q nach S wenigstens ein Bogen aus $\mathfrak{U}^0$ liegt, enthält $\mathfrak{U}^0$ einen Q und S trennenden Schnitt $\mathfrak{B}^0$. Für jeden der Bögen $u=(X, Y)\in\mathfrak{B}^0$ gilt wegen der Wahl von u^*, daß

$$\vartheta(u)-d(u)\geqq\vartheta(u^*)-d(u^*)>0$$

ist. Wir können also für jeden Endpunkt Y eines solchen Bogens $u\in\mathfrak{B}^0$ den Wert $t(Y)$ verringern, womit sich auch $t(S)$ verringert, nämlich um wenigstens den Betrag

[1]) Die Existenz des Minimums ist durch bekannte Sätze z. B. der linearen Optimierung gesichert.

$\vartheta(u^*) - d(u^*)$, was aber der Wahl von ϑ und damit des zugehörigen Potentials widerspricht.

Auf das Problem der Bestimmung eines längsten Weges kommen wir in 1.5. im Zusammenhang mit einer Einführung in die Problematik der *Netzplantechnik* zurück.

Wir kommen nun zu einem Algorithmus zur Bestimmung eines kürzesten Weges oder besser einer kürzesten Bahn in einem Graphen.

1.4.3. Algorithmus zur Bestimmung einer kürzesten Bahn

Wir denken uns in einem gerichteten bogenbewerteten Graphen $\boldsymbol{G}(\mathfrak{X}, \mathfrak{U})$, wobei wir die Bogenbewertung $l(u)$ des Bogens u als Länge von u bezeichnen, zwei Knotenpunkte Q und S ausgezeichnet und wollen eine kürzeste Bahn (sofern vorhanden) von Q nach S sowie deren Länge bestimmen. In Kapitel 3 werden wir auf dieses Problem nochmals zurückkommen und dann für jedes Paar von Knotenpunkten mittels eines Algorithmus die Längen kürzester Bahnen zwischen ihnen bestimmen.

Wir wollen alle Bogenbewertungen als nichtnegativ voraussetzen.

Die Bogenfolge

$$\boldsymbol{B} = \{(Q = A_1, A_2), (A_2, A_3), \ldots, (A_{k-1}, A_k = S)\}$$

bezeichne eine Bahn von Q nach S. Es sei $l(\boldsymbol{B})$ die Länge der A_i mit A_k verbindenden Bahn $\boldsymbol{B}$; dann gilt

$$l(\boldsymbol{B}) = \sum_{i=1}^{k-1} l(A_i, A_{i+1}) .$$

Bezeichnen wir mit $l(A_r)$ die Länge einer kürzesten den Knotenpunkt $Q = A_1$ mit dem Knotenpunkt A_r verbindenden Bahn, so ist

$$l(A_r) = \min_{\boldsymbol{B}} l(\boldsymbol{B}) ,$$

wobei $\boldsymbol{B}$ die Menge aller Bahnen von $Q = A_1$ nach A_r durchläuft.

Algorithmus zur Bestimmung einer kürzesten Bahn

(i) Wir setzen $t(Q) = t(A_1) = 0$.

(ii) Für eine Knotenmenge $\mathfrak{X}_m$, bestehend aus m Knotenpunkten ($m \geqq 1$), sei $t(A_i)$ ($A_i \in \mathfrak{X}_m$) bereits bestimmt. Unter allen Bögen (sofern vorhanden) $u = (X, Y)$ mit $X \in \mathfrak{X}_m$, $Y \notin \mathfrak{X}_m$ wählen wir einen solchen aus, für den $t(X) + l(u)$ minimal ist (falls es mehrere solcher Bögen u gibt, wählen wir irgendeinen). Ist $u' = (X', Y')$ ein solcher Bogen, für den also $t(X') + l(u')$ minimal ist, so setzen wir

$$t(Y') = t(X') + l(u')$$

und

$$\mathfrak{X}_{m+1} = \mathfrak{X}_m \cup \{Y'\} .$$

(iii) Kann keinem Knotenpunkt mehr ein t-Wert zugeordnet werden, so endet der Algorithmus. Ist dem Knotenpunkt A_r ein Wert $t(A_r)$ zugeordnet, so ist $t(A_r)$ die Länge einer kürzesten Bahn von Q nach A_r, also $t(A_r) = l(A_r)$.

Bevor wir den zuletzt genannten Sachverhalt beweisen, vermerken wir noch, daß in jedem Schritt des Algorithmus ein Baum konstruiert wird, der seinen Vorgänger vollständig enthält; es ist sogar ein Wurzelbaum mit der Wurzel Q. Diesen nennen wir auch *Entfernungsbaum* bezüglich Q. In Abb. 1.26 haben wir für

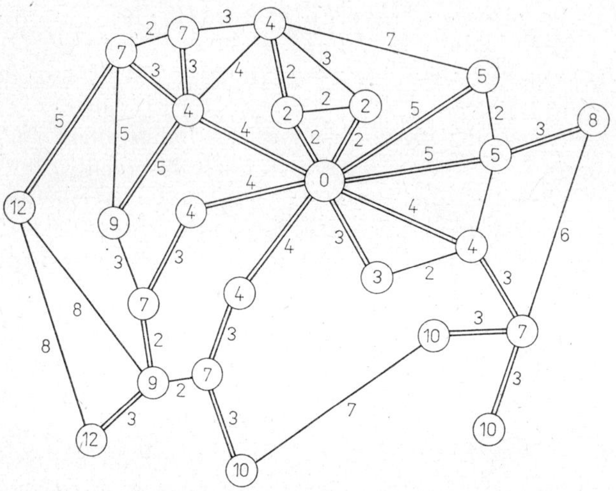

Abb. 1.26

einen ungerichteten Graphen (ersetzen wir jede Kante durch zwei entgegengesetzt orientierte Bögen, so erhalten wir einen gerichteten Graphen, auf den angewandt der Entfernungsbaum entsteht) einen Entfernungsbaum angegeben (es handelt sich dabei um die Entfernung aller Orte des Kreises Ilmenau von Ilmenau selbst). Ferner wurden an den Knotenpunkten die Entfernungen eingetragen.

Wir zeigen nun, daß für einen im Verlauf des Algorithmus mit $t(A_k)$ bewerteten Knotenpunkt A_k tatsächlich $t(A_k) = l(A_k)$ gilt.

Da A_k den Wert $t(A_k)$ erhielt, gibt es eine Bahn von $Q = A_1$ nach A_k.

Die Behauptung ist für die Knotenmenge $\mathfrak{X}_1$ gewiß richtig, denn es ist $\mathfrak{X}_1 = \{A_1\}$, und wir haben $t(A_1) = 0$ gesetzt; der Abstand eines Punktes von sich selbst ist aber gewiß gleich null.

Die Behauptung sei bewiesen für alle Knotenpunkte aus $\mathfrak{X}_m$, also $t(A) = l(A)$ für jeden Knotenpunkt $A \in \mathfrak{X}_m$. Läßt sich kein Knotenpunkt gemäß (ii) mehr finden, so sind wir mit dem Beweis fertig.

Es sei Y ein gemäß (ii) gefundener Knotenpunkt, also $\mathfrak{X}_{m+1} = \mathfrak{X}_m \cup \{Y\}$. Wir nehmen an, es gibt von A_1 nach Y eine Bahn $\boldsymbol{B}$, deren Länge $l(\boldsymbol{B})$ kleiner als $t(Y)$ ist. Es sei Z der erste auf $\boldsymbol{B}$ angetroffene, nicht zu $\mathfrak{X}_m$ gehörige Knotenpunkt (es kann $Z = Y$ sein). Es sei $u = (X', Z) \in \boldsymbol{B}$ (also $X' \in \mathfrak{X}_m$). Wegen der Wahl von Y gemäß (ii) gilt (bei bis zu Ende durchgeführter Wertzuordnung t) $t(Y) \leq t(Z)$. Die Bahn $\boldsymbol{B}$ (die kürzer als $t(Y)$ angenommen wurde) hat also bei Z bereits eine

Länge, die mindestens so groß ist wie $t(Y)$. Da alle Bogenbewertungen (d. h. Längen) als nichtnegativ vorausgesetzt wurden, hat also die Bahn $\boldsymbol{B}$ (bis sie bei Y angelangt ist) mindestens die Länge $t(Y)$, im Widerspruch zur Annahme, daß die Länge von $\boldsymbol{B}$ kleiner als $t(Y)$ ist.

Damit ist die Behauptung bewiesen; der angegebene Algorithmus liefert somit kürzeste Bahnen von $Q = A_1$ zu jedem überhaupt von Q aus erreichbaren Knotenpunkt.

Die Reihenfolge der gemäß dem Algorithmus hinzugenommenen Bögen (und damit die Reihenfolge der hinzugefügten Knotenpunkte) ordnet die Knotenpunkte gemäß ihrem Abstand von Q.

Wir wollen jetzt noch einen zweiten Algorithmus angeben, der es gestattet, in beschränktem Umfang auch negative Längen gewisser Bögen zuzulassen.

Es sei $\boldsymbol{G}$ ein gerichteter bogenbewerteter Graph ohne Kreise negativer Länge, dann liefert der folgende Algorithmus kürzeste Bahnen und deren Längen von einem fest vorgegebenen Startpunkt Q zu allen auf Bahnen erreichbaren Knotenpunkten.

Den Beweis wollen wir nicht führen; der interessierte Leser findet ihn im Lehrbuch von Sachs [12].

Algorithmus

(i′) Man wende den vorhergehenden Algorithmus an, der zu den Knotenbewertungen $t_0(X)$ für alle von Q aus erreichbaren Knotenpunkte X führen möge. Der dabei entstehende Baum (das ist im allgemeinen nicht der Entfernungsbaum!) sei $\boldsymbol{H}_0$.

(ii′) Ein Baum $\boldsymbol{H}_i$ $(i \geqq 0)$ sei bereits konstruiert, und zwar mit den Knotenbewertungen $t_i(X)$. Man wähle unter allen nicht zu $\boldsymbol{H}_i$ gehörigen Bögen des Graphen $\boldsymbol{G}$, dessen beide Endpunkte in $\boldsymbol{H}_i$ liegen, einen solchen $u' = (X', Y')$ (sofern vorhanden), für den

$$t_i(Y') > t_i(X') + l(u')$$

gilt. Darauf lösche man den in $\boldsymbol{H}_i$ nach Y' führenden Bogen und füge den Bogen u' hinzu. Der so entstandene Baum (Beweis!) $\boldsymbol{H}_{i+1}$ erhält die Knotenbewertungen $t_{i+1}(X)$ wie folgt: Man setze

$$t_{i+1}(Y') = t_i(X') + l(u')$$

und vermindere die Bewertungen aller der Knotenpunkte von $\boldsymbol{H}_{i+1}$, die auf Bahnen von Y' aus erreichbar sind (auf Bahnen von $\boldsymbol{H}_{i+1}$), um den Wert

$$t_i(Y') - t_{i+1}(Y') .$$

Alle anderen Knotenbewertungen lasse man ungeändert. Die auf diese Weise erhaltenen Knotenbewertungen bezeichnen wir mit $t_{i+1}(X)$.

(iii′) Existiert kein Bogen u', der den Bedingungen (ii′) genügt, so endet der Algorithmus. Tritt dies nach p Schritten ein, so setzen wir $\boldsymbol{H} = \boldsymbol{H}_p$ und $t(X) = t_p(X)$.

Satz 1.26. *Es sei $\boldsymbol{G}$ ein gerichteter bogenbewerteter Graph ohne Kreise negativer Länge. Der oben angegebene Algorithmus liefert für einen beliebigen von Q aus* *erreichbaren Knotenpunkt X eine kürzeste Q mit X verbindende Bahn* $\boldsymbol{B}(X)$ *der Länge* $t(X)$.

Den Beweis zerlegen wir und empfehlen dem Leser, die einzelnen gestellten Aufgaben zu lösen.

Aufgabe 14. Man zeige, daß die im Verlaufe des Algorithmus konstruierten Graphen Bäume sind.

Aufgabe 15. Für jeden der Bäume $\boldsymbol{H}_i$ gilt:

a) In Q mündet kein Bogen ein.

b) In einen beliebigen Knotenpunkt $X \neq Q$ mündet genau ein Bogen.

c) Zu einem beliebigen Knotenpunkt $X \neq Q$ existiert genau eine Bahn von Q nach X der Länge $t_i(X)$.

Aufgabe 16. Man zeige, daß der Algorithmus nach endlich vielen Schritten abbricht.

Aufgabe 17. Eine beliebige Q und X in $\boldsymbol{G}$ verbindende Bahn hat eine mindestens so große Länge wie die Q und X in $\boldsymbol{H}_p = \boldsymbol{H}$ verbindende Bahn (die die Länge $t(X)$ besitzt).

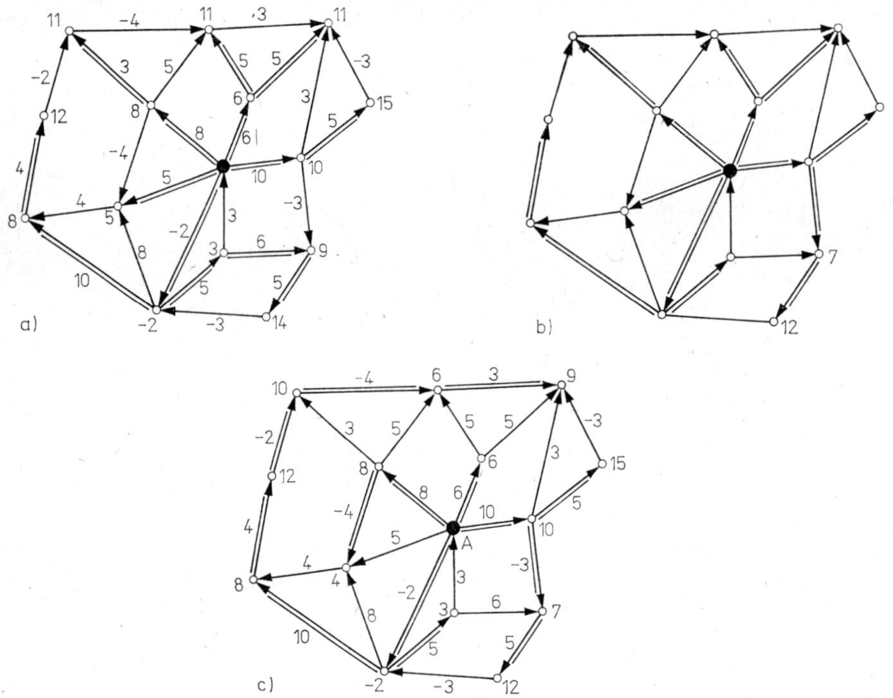

Abb. 1.27

In Abb. 1.27 ist der zweite Algorithmus demonstriert. Abb. 1.27a zeigt (doppelt gezeichnet) den Baum $\boldsymbol{H}_0$ mit den Bewertungen $t_0(X)$, Abb. 1.27b zeigt einen Baum $\boldsymbol{H}_1$ mit den Bewertungen $t_1(X)$. Abb. 1.27c zeigt den $\boldsymbol{H} = \boldsymbol{H}_p$ und die Bewertungen $t(X)$, den Abstandsbaum.

1.5. Die Idee der Netzplantechnik

In diesem Abschnitt wollen wir nur einen ganz kleinen Einblick in die Problematik der Netzplantechnik geben. Wir beschränken uns auf die Beschreibung der *Methode des Kritischen Weges* (***CPM***), also, in der Sprache der Graphentheorie, auf die Bestimmung eines längsten Weges zwischen zwei ausgezeichneten Knotenpunkten in einem gerichteten, bogenbewerteten, kreisfreien Graphen. Auf die Methode ***PERT*** werden wir nicht eingehen, da der graphentheoretische Anteil der Netzplantechnik an der Methode ***CPM*** in ausreichender Weise erkennbar ist; auch Fragen der Ressourcenplanung usw. werden wir nicht behandeln. Der Leser, der sich intensiver mit dieser Problematik zu beschäftigen wünscht, sei auf das Buch von Götzke [8] verwiesen sowie auf [10, 13, 14].

Die Netzplantechnik, die sich u. a. bei der Planung von Produktionsprozessen und Bauvorhaben in so hervorragender Weise bewährt hat, entwickelte sich in den letzten Jahren, insbesondere durch Zuhilfenahme von elektronischen Datenverarbeitungsanlagen, derart stürmisch, daß der Versuch, den gegenwärtigen Stand in einem Lehrbuchabschnitt darzustellen, fehlschlagen müßte.

Man denke sich ein Bauvorhaben. Das Gesamtvorhaben wird in Einzelvorhaben zerlegt, die *Aktivitäten* (oder auch *Vorgänge*) genannt werden. Beginn und Ende von Aktivitäten heißen *Ereignisse*. Jeder Aktivität ordnen wir einen Bogen (gelegentlich auch *Pfeil* genannt) zu, dessen Anfangs- und Endpunkt als Beginn bzw. Ende dieser Aktivität bezeichnet wird. Ein Bogen zeigt also die unmittelbare Abhängigkeit von Ereignissen an. Wir zeichnen zwei Knotenpunkte Q und S aus, den *Beginn* bzw. das *Ende des Bauvorhabens*.

Daß die Erarbeitung eines Netzplanes im allgemeinen eine sehr schwierige Aufgabe ist, soll keineswegs verschwiegen werden, dennoch wollen wir uns mit dieser Aufgabe nicht befassen. Zu beachten sind bei der Erarbeitung eines Netzplanes u. a. die folgenden Gesichtspunkte:

- Welche Aktivitäten sind erforderlich (Auflisten der Aktivitäten)?
- Welche Aktivitäten müssen abgeschlossen sein, bevor eine bestimmte andere Aktivität überhaupt beginnen darf (z. B. wird man beim Bau eines Hauses erst mit den Malerarbeiten beginnen, wenn die Wände gebaut sind [Warum? – Aufgabe!])?
- Welche Aktivitäten können parallel abgearbeitet werden (Unabhängigkeit)?
- Welche Zeitdauer erfordert die Abarbeitung einer Aktivität (diese Zeiten werden die Bogenbewertungen)?

Da insgesamt ein kreisfreier Graph (*Netzplan*) entstehen muß (andernfalls könnten gewisse Aktivitäten weder begonnen noch beendet werden), in dem vom Beginn Q jedes Ereignis und jede Aktivität erreichbar sein muß und auch von jedem Ereignis und von jeder Aktivität aus das Ende S, wird es häufig erforderlich sein, sogenannte *Hilfsaktivitäten* einzuführen, also Bögen, die nur Abhängigkeiten in der Zeitfolge widerspiegeln, selbst aber bei der „Abarbeitung“ keine Zeit erfordern und damit die Bogenbewertung Null erhalten.

Die Kreisfreiheit eines Netzplanes $G(\mathfrak{X}, \mathfrak{U})$ erlaubt es, die Knotenpunkte (Ereignisse) in einer besonders günstigen Weise anzuordnen und zu numerieren:

(i) Q erhält die Nummer 0, und wir setzen $\mathfrak{S}_0 = \{Q\}$.

(ii) Wir entfernen aus G den Knotenpunkt Q und alle mit Q inzidenten Bögen (die wegen der Kreisfreiheit alle den Punkt Q als Anfangspunkt haben).

(iii) Es sei $\mathfrak{S}_1 = \{P_{11}, P_{12}, \ldots, P_{1r_1}\}$ die Menge aller Quellpunkte von $G_1 = G - \mathfrak{S}_0$ (das sind diejenigen Knotenpunkte, in die im Graphen G_1 kein Bogen einläuft). Diese r_1 Knotenpunkte erhalten in beliebiger, aber fester Reihenfolge die Nummern $1, 2, \ldots, r_1$ ($r_1 > 0$ gilt wegen der Kreisfreiheit).

(iv) Wir entfernen in G_1 alle Knotenpunkte von $\mathfrak{S}_1$ und alle mit diesen Knotenpunkten inzidenten Bögen.

(v) Es sei $\mathfrak{S}_2 = \{P_{21}, P_{22}, \ldots, P_{2r_2}\}$ die Menge aller Quellpunkte von $G_2 = G_1 - \mathfrak{S}_1$. Die r_2 Knotenpunkte P_{2i} erhalten in beliebiger fester Reihenfolge die Nummern $r_1+1, r_1+2, \ldots, r_1+r_2$, usw.

Falls G genau n Knotenpunkte besitzt, gibt es eine natürliche Zahl k mit $\mathfrak{S}_k = \{S\}$ sowie $\mathfrak{S}_i = \emptyset$ für $i > k$ und $\mathfrak{S}_i \neq \emptyset$ für $i \leq k$. Ferner gilt

$$n = 1 + r_1 + r_2 + \ldots + r_{k-1} + 1 .$$

Jeder Knotenpunkt von G liegt in genau einer der Klassen $\mathfrak{S}_i$ ($i \in \{0, 1, \ldots, k\}$). Es erweist sich als zweckmäßig, Knotenpunkte derselben Klasse auf einer Vertikalen und die Klassen mit aufsteigendem Index von links nach rechts anzuordnen (vgl. Abb. 1.28).

Wir kommen zunächst zu einem Beispiel: Die folgende Aktivitätenliste sei

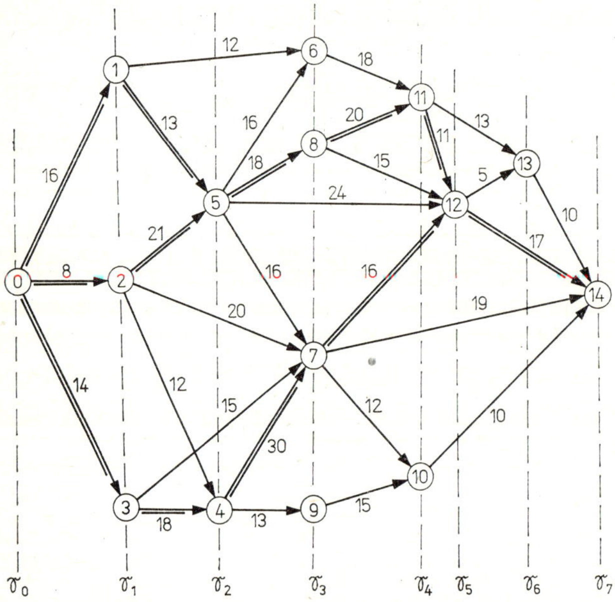

Abb. 1.28

gegeben, wobei $t(X, Y)$ die Dauer der Aktivität (X, Y) angibt, die das Ereignis X mit dem Ereignis Y verknüpft:

$t(A, B) = 16$	$t(L, M) = 15$
$t(A, C) = 8$	$t(L, E) = 18$
$t(A, L) = 14$	$t(B, I) = 12$
$t(H, M) = 16$	$t(B, H) = 13$
$t(H, I) = 16$	$t(I, F) = 18$
$t(H, K) = 18$	$t(M, D) = 16$
$t(H, D) = 24$	$t(M, P) = 19$
$t(C, G) = 21$	$t(M, G) = 12$
$t(C, M) = 20$	$t(N, G) = 15$
$t(C, E) = 12$	$t(K, F) = 20$
$t(E, M) = 30$	$t(K, D) = 15$
$t(E, N) = 13$	$t(F, O) = 13$
$t(O, P) = 10$	$t(D, O) = 5$
$t(G, P) = 10$	$t(D, P) = 17$
$t(F, D) = 11$	

In Abb. 1.28 ist eine mögliche Numerierung angegeben. Die Numerierung hat offenbar die Eigenschaft, daß für eine beliebige Aktivität (i, j) stets $i < j$ gilt. Ordnet man die Knotenklassen $\mathfrak{S}_i$ von links nach rechts, so muß der Endpunkt eines beliebigen Bogens rechts vom Anfangspunkt liegen. Ist das nicht der Fall, so liegt ein Fehler bei der Numerierung vor, oder der Graph ist nicht kreisfrei; im letzteren Fall liegt ein Fehler in der Aktivitätenliste vor.

Man kann einem Netzplan in naheliegender Weise ein Rechteckschema zuordnen. Die Bezeichnung Matrix wäre nicht korrekt, da gewisse Felder nicht belegt werden. Für unser Beispiel ist das in der nachfolgenden Tabelle durchgeführt:

T_f-Spalte		0 A	1 B	2 C	3 L	4 E	5 H	6 I	7 M	8 K	9 N	10 G	11 F	12 D	13 O	14 P
0	$0 = A$		16	8	14											
16	$1 = B$						13	12								
8	$2 = C$					12	21		20							
14	$3 = L$					18			15							
32	$4 = E$								30		13					
29	$5 = H$							16	16	18				24		
	$6 = I$												18			
	$7 = M$											12		16		19
	$8 = K$												20	15		
	$9 = N$											15				
	$10 = G$															10
	$11 = F$													11	13	
	$12 = D$														5	17
	$13 = O$															10
	$14 = P$															
T_s-Zeile												85	67	78	85	95
Puffer								4			25	9			2	

Dabei wird bei Vorhandensein einer Aktivität (i, j) nach Numerierung der Ereignisse in das Feld, das in der i-ten Zeile und in der j-ten Spalte steht, die Dauer $t(i, j)$ von (i, j) eingetragen. Die Kreisfreiheit des Netzplanes drückt sich darin aus, daß unterhalb der Hauptdiagonalen keine Eintragungen erfolgen. Besonders bei Verwendung von Digitalrechnern erweist sich die Darstellung in einem Rechteckschema als günstig.

Die vor uns stehende Aufgabe ist nun die folgende: Unter allen Wegen von Q nach S wird ein solcher größter Länge (wenn man die Zeitbewertungen $t(X, Y)$ als Längen der Bögen (X, Y) deutet) gesucht; denn die Länge eines solchen längsten Weges gibt die kürzestmögliche Dauer des Projektes an.

Um das einzusehen, betrachten wir zwei durch einen Bogen (eine Aktivität) (i, j) verbundene Knotenpunkte (Ereignisse) mit den Nummern i und j $(i<j)$. Bevor das Ereignis j eintreten kann, muß das Ereignis i eingetreten sowie die Zeitdauer $t(i, j)=t_{ij}$, die zur Abarbeitung der Aktivität (i, j) erforderlich ist, verstrichen sein.

Wir betrachten nun einen beliebigen gerichteten Weg $(i_1, i_2, \ldots, i_r)=\boldsymbol{W}$ in $\boldsymbol{G}$. Das Ereignis i_2 kann frühestens um die Zeit $t_{i_1 i_2}$ später als das Ereignis i_1 eintreten, das Ereignis i_3 kann frühestens um die Zeit $t_{i_2 i_3}$ später als das Ereignis i_2 eintreten, also frühestens um die Zeit $t_{i_1 i_2}+t_{i_2 i_3}$ später als i_1, usw.

Man erhält also, daß das Ereignis i_m frühestens um die Zeit

$$t_{i_1 i_2}+t_{i_2 i_3}+\ldots+t_{i_{m-1} i_m}$$

später als das Ereignis i_1 eintreten kann.

Betrachten wir insbesondere einen beliebigen Q mit S verbindenden Weg

$$\boldsymbol{W}=(Q=i_1, i_2, i_3, \ldots, i_{r-1}, i_r=S)\ ,$$

so kann das Endereignis S frühestens um

$$t_{i_1 i_2}+t_{i_2 i_3}+\ldots+t_{i_{r-1} i_r}$$

später als der Beginn (z. B. $t_0=0$) des Projektes eintreten.

Da diese Beziehung für jeden die Quelle Q mit der Senke S verbindenden Weg gilt, erhalten wir insbesondere:

Die Projektdauer kann nicht kürzer sein als ein längster Q und S verbindender Weg.

Es gilt darüber hinaus der folgende Satz, den wir ohne Beweis angeben:

Satz 1.27. *Die Projektdauer ist gleich der Länge eines längsten Q und S verbindenden Weges.*

Wir wenden uns nun der Aufgabe zu, einen längsten Q und S verbindenden Weg zu finden:

Algorithmus

Wir bezeichnen mit $T_f(i)$ den frühestmöglichen Termin und mit $T_s(i)$ den spätestmöglichen Termin für das Eintreten des Ereignisses i (damit jeweils das Projekt in kürzester Zeit realisiert wird).

(i) Wir setzen $T_f(0)=0$, setzen also den Projektbeginn zur Zeit $t=0$ an.

(ii) Es sei j ein Knotenpunkt, für dessen sämtliche Vorgänger $j_1, \ldots, j_s$ (das sind Knotenpunkte, für die es einen Bogen (j_i, j) gibt) die frühestmöglichen Termine $T_f(j_i)$ bereits bestimmt sind. Dann setzen wir

$$T_f(j)=\max_{1\leqq i\leqq s}\,[T_f(j_i)+t(j_i, j)]\,.$$

(iii) Besitzt der Netzplan genau n Knotenpunkte, so ist $T_f\,(n-1)$ gerade die Mindestdauer des Projektes.

Bevor wir nachweisen, daß der angegebene Algorithmus tatsächlich die Lösung der gestellten Aufgabe liefert, wollen wir den Algorithmus auf unser Beispiel anwenden.

Gemäß (i) bekommen wir $T_f(0)=0$.

Für die Knotenpunkte der Klasse $\mathfrak{S}_1$ sind die frühestmöglichen Termine ihrer Vorgängerknotenpunkte (das ist nur Null) bekannt. Es ergibt sich

$$T_f(1)=16,\quad T_f(2)=8,\quad T_f(3)=14\,.$$

Nun können wir die $T_f(i)$ für die Knotenpunkte der Klasse $\mathfrak{S}_2$ bestimmen. Wir erhalten

$$T_f(4)=\max\,(14+18,\ 8+12)=32\,,$$
$$T_f(5)=\max\,(8+21,\ 16+13)=29\,.$$

So lassen sich nacheinander alle $T_f(i)$ berechnen.

Die Werte sind an der „Matrix" auf S. 67 bei den ihnen zugeordneten Knotenpunkten eingetragen; einige Felder haben wir freigelassen, damit der Leser diese ausfüllt.

Wir kommen nun zur Berechnung der spätestmöglichen Termine $T_s(i)$:

(i') Wir setzen für die Senke S

$$T_s\,(n-1)=T_f\,(n-1)\quad \text{(im Beispiel 95).}$$

(ii') Es sei j ein Knotenpunkt, für dessen sämtliche Nachfolger $j_1, \ldots, j_r$ die $T_s(j_i)$ bestimmt seien. Dann setzen wir

$$T_s(j)=\min_{1\leqq i\leqq r}\,(T_s(j_i)-t(j, j_i))\,.$$

Wie bei der Bestimmung der $T_f(i)$ geht man bei der Bestimmung der $T_s(i)$ wie folgt vor: Man bestimmt die $T_s(i)$ in der Reihenfolge $n-1, n-2, \ldots, 1, 0$, also nacheinander für die Klassen $\mathfrak{S}_k, \mathfrak{S}_{k-1}, \ldots, \mathfrak{S}_0$. Unterhalb der „Matrix" sind einige der $T_s(i)$ eingetragen, die verbleibenden kann der Leser zur Übung selbst bestimmen.

Man überzeugt sich leicht davon, daß für jeden Knotenpunkt i die Beziehung

$$T_s(i)-T_f(i)\geqq 0$$

gilt.

Eine in der Netzplantechnik wesentliche Rolle spielen diejenigen Ereignisse und Aktivitäten, die auf einem sogenannten *kritischen Weg* liegen.

Definition. Ein Weg $W = (0 = i_1, i_2, i_3, \ldots, i_r = n-1)$ heißt *kritisch*, falls für jeden Bogen (i_j, i_{j+1}) von W die Beziehung

$$T_f(i_j) = T_s(i_j) \quad \text{für} \quad j = 1, 2, \ldots, r$$

und

$$T_f(i_j) - T_f(i_{j-1}) = t(i_{j-1}, i_j) \quad \text{für} \quad j = 2, \ldots, r$$

gilt. Aktivitäten und Ereignisse, die auf einem kritischen Weg liegen, heißen ebenfalls *kritisch*.

In unserem Beispiel haben wir die drei vorhandenen kritischen Wege durch doppelt gezeichnete Bögen kenntlich gemacht (vgl. Abb. 1.28).

Liegt ein Ereignis i nicht auf einem kritischen Weg, so gilt für dieses Ereignis

$$T_s(i) - T_f(i) = s_i > 0\,,$$

und die s_i heißen *Schlupfzeiten* oder auch *Pufferzeiten*.

In beschränktem Umfang kann über diese Zeiten noch verfügt werden, indem eine nichtkritische Aktivität nicht unmittelbar nach Eintreten des Beginns dieser Aktivität beginnen muß, ohne ein planmäßiges Ende des Gesamtprojektes zu gefährden. In gewissem Umfang spiegeln Pufferzeiten Reserven des Projekts wider. Über solche Pufferzeiten kann im allgemeinen nicht willkürlich verfügt werden; es wurden Differenzierungen dieser Pufferzeiten vorgenommen, die unter den Bezeichnungen *frei verfügbar, bedingt verfügbar, unabhängig* in der Literatur bekannt sind. Auf Einzelheiten kann an dieser Stelle nicht eingegangen werden.

Wir glauben nicht, daß an dieser Stelle ein expliziter Beweis dafür erforderlich ist, daß der oben angegebene Algorithmus tatsächlich in jedem Fall einen längsten Weg von Q nach S liefert (ein solcher Beweis sei dem Leser als Aufgabe empfohlen!).

Will man die $T_f(i)$ mittels der Netzplanmatrix $T = (t_{ij})_{i,j=0,1,\ldots,n-1}$ bestimmen, so gehe man wie folgt vor:

In die erste Zeile der T_f-Spalte trägt man den Wert 0 ein.

Die $T_f(0), T_f(1), \ldots, T_f(i-1)$ seien bestimmt. Diese Werte wurden in der T_f-Spalte in die 1. bzw. 2. bzw. ... bzw. i-te Zeile eingetragen.

$T_f(i)$ erhält man wie folgt: Man suche in der $(i+1)$-ten Spalte (das ist die dem Knotenpunkt i zugeordnete) alle mit einer Zahl $t(i_j, i)$ besetzten Felder; das seien etwa die Felder (i_j, i) mit $j = 1, \ldots, r$. Nun bilde man $\max_{1 \leq j \leq r} (T_f(i_j) + t_{i_j i})$ und trage diesen Wert in die $(i+1)$-te Zeile in der T_f-Spalte als Wert $T_f(i)$ ein.

In ähnlicher Weise lassen sich die T_s-Werte ermitteln: In die letzte Spalte der T_s-Zeile trage man den Wert $T_s(n-1) = T_f(n-1)$ ein (in unserem Beispiel 95). Hat man die $T_s(n-1), T_s(n-2), \ldots, T_s(i+1)$ bestimmt und diese Werte in der T_s-Zeile in die n-te bzw. $(n-1)$-te bzw. ... bzw. $(i+2)$-te Spalte eingetragen, so erhält man $T_s(i)$ wie folgt: Man suche in der $(i+1)$-ten Zeile alle mit einem t_{ii_j} besetzten Felder. Das seien etwa die Felder $(i, i_1), \ldots, (i, i_r)$. Nun bilde man $\min_{1 \leq j \leq r} (T_s(i_j) - t_{ii_j})$ und trage diesen Wert in der T_s-Zeile in die $(i+1)$-te Spalte als Wert $T_s(i)$ ein.

Als Kontrolle muß sich zum Schluß $T_s(0) = 0$ ergeben.

Zum Abschluß noch eine Bemerkung zu den kritischen Aktivitäten: Falls die Aktivität (i, j) kritisch ist und beim Projekt die Zeit t_{ij} für den Ablauf von (i, j) nicht eingehalten werden kann, so kann das Projekt nicht in der kürzestmöglichen Zeit fertiggestellt werden, selbst wenn für alle anderen Aktivitäten die vorgegebenen Zeiten eingehalten werden. Will man die Gesamtdauer des Projekts verringern, so muß man Verkürzungen von Zeiten längs kritischer Wege vornehmen. Dabei können neue kritische Wege entstehen.

1.6. Literatur

[1] Berge, C., und A. Ghouila-Houri: Programme, Spiele, Transportnetze, 2. Aufl., Leipzig 1969 (Übersetzung aus dem Französischen).

[2] Busacker, R. G., and T. L. Saaty: Finite Graphs and Networks, An Introduction with Applications, New York 1965 (deutsch: München/Wien 1968; russ.: Moskau 1974).

[3] Danzig, G. B.: On the shortest route through a network, Management Sci. **6** (1960), 187–190.

[4] Dück, W., und M. Bliefernich: Operationsforschung, Band 3: Mathematische Grundlagen, Methoden und Modelle, Berlin 1973.

[5] Ford, L. R., and D. R. Fulkerson: Maximal flow through a network, Canad. J. Math. **8** (1956), 399–404.

[6] Ford, L. R., and D. R. Fulkerson: Flows in Networks, Princeton, N. J., 1962 (russ.: Moskau 1966).

[7] Ford, L. R., and D. R. Fulkerson: A simple algorithm for finding maximal network flows and an application to the Hitchcock problem, Canad. J. Math. **9** (1957), 210–218.

[8] Götzke, H.: Netzplantechnik – Theorie und Praxis, Berlin 1969.

[9] Hu, T. C.: Integer Programming and Network Flows, Reading, Mass., 1970 (deutsch: München/Wien 1972; russ.: Moskau 1974).

[10] Lewandowski, R.: Zu einer internationalen BIBLIOGRAPHIE der Netzplantechnik, Elektron. Datenverarb. **10** (1968), 78–83, 156–162.

[11] Minty, G. J.: On the axiomatic foundations of the theories of directed linear graphs, electrical networks, and network-programming, J. Math. Mech. **15** (1966), 485–520.

[12] Sachs, H.: Einführung in die Theorie der endlichen Graphen, Teil I, II, Leipzig 1970, 1972.

[13] Schreiter, D., D. Stempell und F. Frotscher: Kritischer Weg und PERT, Berlin 1965.

[14] Suchowizki, S. I., und I. A. Radtschik: Mathematische Methoden der Netzplantechnik, 2. Aufl., Leipzig 1969 (Übersetzung aus dem Russischen).

[15] Tutte, W. T.: Lectures on matroids, J. Res. Nat. Bur. Stand., B, **69** (1965), 1–47.

[16] Tutte, W. T.: A homotopy theorem for matroids I, II, Trans. Amer. Math. Soc. **88** (1958), 144–174.

[17] Tutte, W. T.: Matroids and graphs, Trans. Amer. Math. Soc. **90** (1959), 527–552.

[18] Tutte, W. T.: Introduction to the Theory of Matroids, New York 1971.

[19] Whitney, H.: On the abstract properties of linear independence, Amer. J. Math. **57** (1935), 507–533.

2. Das lineare Transportproblem

2.1. Problemstellung

Das klassische Transportproblem, von F. L. Hitchcock 1941 formuliert, lautet wie folgt:

Gegeben seien m Produzenten $X_1, \ldots, X_m$ einer Ware, wobei X_i in der Lage ist, $a(X_i) = a_i \geqq 0$ zu produzieren, sowie n Verbraucher $Y_1, \ldots, Y_n$ dieser Ware, wobei Y_j den Bedarf $b(Y_j) = b_j \geqq 0$ an dieser Ware hat. Es seien ferner die Kosten $k(X_i, Y_j) = k_{ij}$ dafür bekannt, daß eine Wareneinheit von X_i nach Y_j transportiert wird. Das Problem besteht darin, alle Bedürfnisse $b(y_j)$ so zu befriedigen, daß die gesamten Transportkosten minimal sind.

Bei Vorgabe aller Daten ist dieses Problem mittels der in der Theorie der Optimierung bereitgestellten Mittel lösbar, sofern die Kostenfunktionen k_{ij} „anständig" sind, wie z. B. linear oder konvex.

Wir wollen uns hier auf den Fall beschränken, daß der Transport nur auf gewissen vorgegebenen Wegen erfolgen kann. Ferner denken wir uns zwei Hilfspunkte, *Quelle* Q und *Senke* S, eingeführt, so daß nur ein Produzent und ein Verbraucher formal auftreten; darüber hinaus dürfen weitere Punkte auftreten, die etwa die Rolle eines Verteilers spielen. Daß nur ein Produzent und nur ein Verbraucher auftreten, schränkt die Allgemeinheit nicht wesentlich ein, denn in dem Transportnetz können wir uns neben den Hilfspunkten Q und S noch Kanten (im ungerichteten Fall) bzw. Bögen (im gerichteten Fall) von Q zu den Produzenten X_i mit Kapazitätsbeschränkungen hinzugefügt denken, wobei die Kapazitätsbeschränkungen gleich der im Punkt X_i produzierbaren Menge sind, sowie Bögen von den Verbrauchern Y_j zur Senke S mit Kapazitätsbeschränkungen, die gleich dem Bedarf in Y_j sind.

Das Problem, mit dem wir uns hier also beschäftigen wollen, ist das folgende:

Gegeben sei ein (ungerichteter) Graph $\boldsymbol{G}(\mathfrak{X}, \mathfrak{U})$ mit zwei ausgezeichneten Knotenpunkten Q und S; jeder Kante $u = (A, B)$ aus $\mathfrak{U}$ ist eine *Kapazität* $c(A, B)$ zugeordnet ($c(A, B) = c(B, A)$). Ferner sei jeder Kante (A, B) eine reelle Zahl (im allgemeinen werden wir Ganzzahligkeit voraussetzen) $k(A, B) = k(B, A)$, die *Einheitskosten*, zugeordnet; dabei bedeutet die Zahl $c(A, B)$, daß auf der Kante (A, B), unabhängig davon, ob von A nach B oder von B nach A, höchstens $c(A, B)$ Einheiten der Ware transportiert werden dürfen; die Zahl $k(A, B)$ gibt an, daß der Transport einer Einheit der Ware längs der Kante (A, B), unabhängig davon, in welcher Richtung dieser Transport erfolgt, Kosten in Höhe von $k(A, B)$ verursacht. Geben wir ferner die Menge v vor, die von dieser Ware von Q nach S transportiert werden soll, so suchen wir unter allen Möglichkeiten der Realisierung dieses Transportes (sofern er überhaupt realisiert werden kann) eine solche, für die die Gesamtkosten minimal sind.

Für die Behandlung des vorgelegten Problems denken wir uns die Knotenpunkte des Graphen von 1 bis n numeriert; ferner wollen wir die Schlichtheit des Graphen voraussetzen, also keine Schlingen und keine Mehrfachkanten im Graphen zulassen. Dann können wir die Kanten von $\boldsymbol{G}$ in der Form (i, j) schreiben, wobei i und j natürliche Zahlen zwischen 1 und n sind.

Bezeichnen wir mit x_{ij} die Menge der Ware, die von dem Knotenpunkt i zum Knotenpunkt j längs der Kante (i, j), sofern diese in $\boldsymbol{G}$ existiert, transportiert wird (im allgemeinen wird $x_{ji}=0$ im Fall $x_{ij}>0$ gelten), wobei wir $x_{ii}=0$ für $i=1, 2, \ldots, n$ sowie $x_{ij}=x_{ji}=0$ für $(i, j)\notin \mathfrak{U}$ setzen, so erhält unser Problem das folgende Aussehen:

Gesucht ist ein Strom $\varphi=(x_{ij})$ auf einem Graphen $\boldsymbol{G}$, wobei unter den Nebenbedingungen

$$0 \leqq x_{ij} \leqq c_{ij}, \quad (i, j) \in \mathfrak{U},$$

$$\sum_{i=1}^{n} x_{ij} - \sum_{k=1}^{n} x_{jk} = \begin{cases} -v & \text{für } j=Q, \\ v & \text{für } j=S, \\ 0 & \text{sonst} \end{cases}$$

die Zielfunktion

$$Z = \sum_{(i,j)} k_{ij} x_{ij}$$

minimiert werden soll.

Offenbar ist notwendig und hinreichend für die Existenz dieses Minimums, daß v den maximal möglichen Strom von Q nach S nicht übersteigt.

2.2. Die Lösung nach Busacker und Gowen

Das in 2.1. gestellte Transportproblem wollen wir mittels eines von R. G. Busacker und P. J. Gowen gefundenen Algorithmus lösen. Den Beweis, daß der Algorithmus tatsächlich minimale Transportkosten sichert, werden wir in 2.4. erbringen.

Algorithmus

(i) Wir setzen $x_{ij}=x_{ji}=0$ für jede Kante $(j, i)=(i, j)\in\mathfrak{U}$.

(ii) Wir definieren modifizierte Kosten

$$k'_{ij} = \begin{cases} k_{ij}, & \text{falls } 0 \leqq x_{ij} < c_{ij}, \\ \infty, & \text{falls } x_{ij} = c_{ij}, \\ -k_{ij}, & \text{falls } x_{ji} > 0. \end{cases}$$

(iii) Man finde einen billigsten (=kürzesten) Weg von Q nach S unter Verwendung der modifizierten Kosten k'_{ij}. Dann schicke man durch diese billigste Bahn so viel Strom, bis sie keine billigste mehr ist. Entweder erreicht man, daß die Summe aus dem alten Strom von Q nach S und dem auf der gefundenen billigsten Bahn gleich dem geforderten Strom der Stärke v wird (dann endet der Algorithmus, und wir haben das Problem gelöst). Oder die gefundene billigste Bahn wurde abgesättigt, ohne daß der gewünschte Strom der Stärke v schon erreicht ist, dann gehen wir zurück nach (ii).

Welcher Effekt wird durch die modifizierten Kosten erreicht?

Falls bereits Strom durch die Kante (i, j), und zwar von i nach j fließt und man noch mehr in dieser Richtung durch (i, j) schicken will, so muß man pro Wareneinheit Kosten k_{ij} aufwenden. Falls die Kante (i, j) abgesättigt ist, kann kein Strom mehr in die Richtung geschickt werden, in die der Sättigungsstrom fließt. Man setzt deshalb Kosten unendlich für den weiteren Transport an und verhindert auf diese Weise den weiteren Transport der Ware in dieser Richtung. Falls aber Strom durch (i, j) von j nach i fließt, so wird (wenn etwa diese Durchflußrichtung nicht günstig ist) durch den Ansatz negativer Kosten von i nach j diese Fließrichtung bevorzugt.

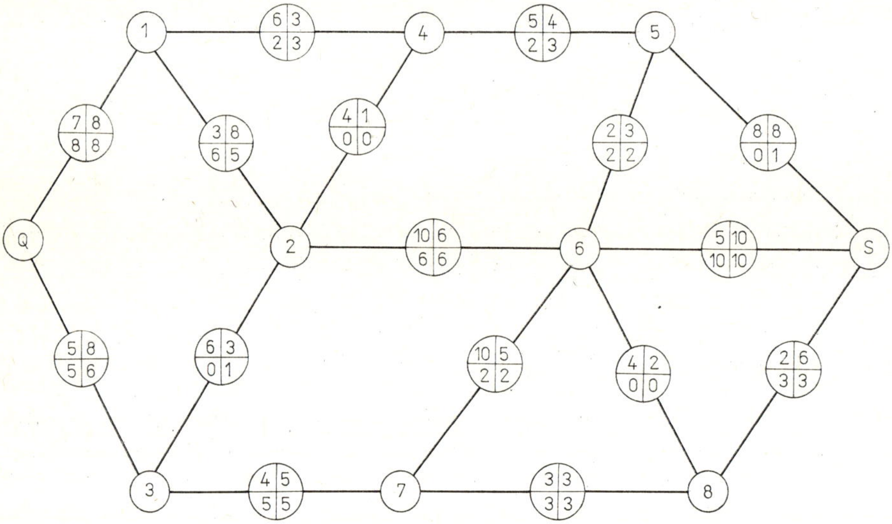

Abb. 2.1

Wir betrachten ein Beispiel: Es sei der Graph der Abb. 2.1 vorgegeben. An den Kanten haben wir für vier Daten Platz eingeräumt. Die Zahl rechts oben gibt die Kapazität der Kante an, die Zahl links oben die Einheitskosten für den Transport längs dieser Kante; der Platz links unten ist als „Operationsfeld" freigehalten, die Zahl rechts unten gibt eine Optimalstromverteilung zu vorgegebenem $v=v_0$ an. In das Feld unten links kann man den stets (im Verlauf des Algorithmus sich ändernden) längs dieser Kante fließenden Strom eintragen, etwa mit Bleistift, und, falls erforderlich, gemäß dem Algorithmus ausradieren und durch eine andere Zahl ersetzen.

Wir haben nacheinander den Algorithmus auf den Graphen von Abb. 2.1 angewandt und erhalten (der Leser kann das leicht nachprüfen) die in der Tabelle angegebene Reihenfolge der billigsten Wege mit den zugehörigen Kosten und den längs dieser Wege transportierbaren Mengen:

	Billigster Weg							Einheits-kosten	Transport-menge
1	Q	3	7	8	S			14	3
2	Q	3	7	6	S			24	2
3	Q	1	2	6	S			25	6
4	Q	1	4	5	6	S		25	2
5	Q	3	2	1	4	5	S	27	1
6	Q	3	2	4	5	S		28	1

Bei dem Weg 5 wird ausgenutzt, daß modifizierte Kosten einen billigeren Weg von Q nach S bringen.

In Abb. 2.1 haben wir in dem Feld an einer Kante unten links die Warenmenge angegeben, die fließen muß, um bei S einen Bedarf 13 mit minimalen Kosten zu realisieren, und rechts unten die Warenmenge, die längs dieser Kante transportiert werden muß, um einen Bedarf von $v_0 = 14$ mit minimalen Kosten zu realisieren. Die Fließrichtung ist an den Kanten nicht angegeben, sie läßt sich auf Grund der Knotenregeln unmittelbar ablesen. Auf der Kante vom Knotenpunkt 1 zum Knotenpunkt 2 fließt im Fall eines Bedarfs von $v_0 = 13$ bei minimalen Kosten mehr als bei einem Bedarf von $v_0 = 14$. Dieser Effekt wird durch die Wirkung der modifizierten Kosten erzielt.

Das Auffinden eines billigsten (d. h. kürzesten) Weges kann in jedem Schritt gemäß dem in Kapitel 1 angegebenen Algorithmus erfolgen.

2.3. Die Lösung nach Klein

Die Vorgehensweise in diesem Algorithmus ist eine zum vorangehenden Algorithmus in gewissem Sinne entgegengesetzte. Kam es bei dem Algorithmus von BUSACKER und GOWEN darauf an, in jedem Schritt den Warenfluß nur um so viel zu erhöhen, daß der Kostenaufwand minimal war, so werden wir jetzt einen beliebigen Strom der vorgeschriebenen Stärke v_0 von Q nach S schicken (sofern das möglich ist), anschließend den Stromfluß umlenken und dabei die Kosten schrittweise verringern, bis wir ebenfalls beim Minimum angelangt sind.

Algorithmus von KLEIN

(i) Man suche einen beliebigen zulässigen (mit den Kapazitäten verträglichen) Strom der vorgeschriebenen Stärke v_0 von Q nach S (das kann etwa mittels des in Kapitel 1 beschriebenen Algorithmus von FORD und FULKERSON erfolgen).

(ii) Man bilde die modifizierten Kosten

$$k'_{ij} = \begin{cases} k_{ij}, & \text{falls} \quad 0 \leq x_{ij} < c_{ij}, \\ \infty, & \text{falls} \quad x_{ij} = c_{ij}, \\ -k_{ij}, & \text{falls} \quad x_{ji} > 0\,. \end{cases}$$

(iii) Mittels der modifizierten Kosten suche man einen Kreis negativer Länge. Falls kein solcher Kreis existiert, ist der Strom optimal (Beweis wird noch erbracht); falls ein negativer Kreis $\boldsymbol{K}$ existiert (d. h. ein Kreis negativer Länge, wenn wir die modifizierten Kosten als Längen auffassen), können die Kosten durch „Umleiten" des Stromes längs dieses Kreises verringert werden. Die Strommenge, die längs eines negativen Kreises umgeleitet werden kann (vgl. Abb. 2.2), kann so vergrößert werden, bis eine Kante von $\boldsymbol{K}$ gesättigt ist, also deren Durchlaßfähigkeit c_{ij} erreicht ist. Dann gehe man wieder nach (ii).

Zur Illustration der Umleitung eines Stromes längs eines Kreises $\boldsymbol{K}$ betrachten wir die Abb. 2.2. Die Kantenbewertungen bedeuten rechts oben die Kapazität, links oben die Einheitskosten, links unten einen Fluß durch die Kante, und zwar

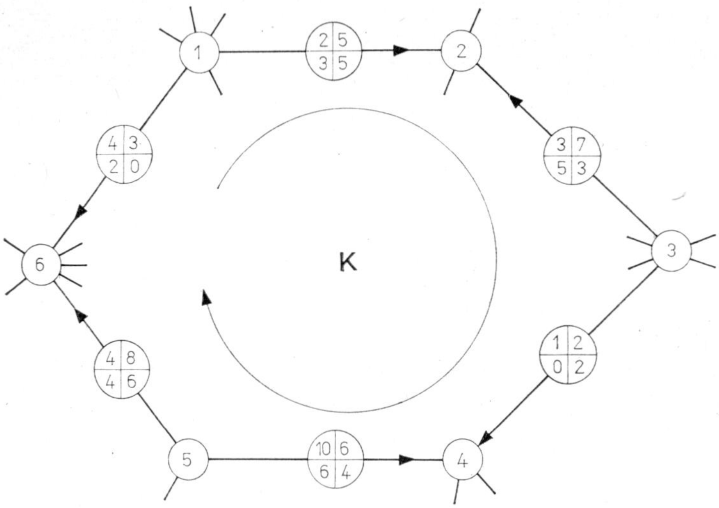

Abb. 2.2

in Richtung des Pfeiles an der Kante, rechts unten den neuen Strom nach „Umleitung" von zwei Wareneinheiten in Richtung $\boldsymbol{K}$. Offenbar ist $\boldsymbol{K}$ ein Kreis negativer Länge, denn die Längen (d. h. Kosten) sind in der Reihenfolge der Kanten (1, 2), (2, 3), . . . , (6, 1) gleich

$$2,\ -3,\ 1,\ -10,\ 4,\ -4\ ,$$

also in der Summe -10. Zwei Einheiten können in Richtung von $\boldsymbol{K}$ geschickt werden, womit sich die Kosten um 20 Einheiten verringern.

Zur Erläuterung des Algorithmus von M. Klein betrachten wir die Abb. 2.3. Die Knotenpunkte haben wir numeriert; die vier Zahlen an den Kanten bedeuten links oben die Einheitskosten, rechts oben die Kantenkapazitäten, links unten eine Stromverteilung, die einen Gesamtfluß von 20 Einheiten von Q nach S bewirkt (man sieht leicht, daß 20 Einheiten sogar einen Maximalstrom bilden), rechts unten haben wir in einigen Fällen Kreuze eingezeichnet; die entsprechenden Kanten gehören (vgl. den Algorithmus von Ford und Fulkerson in Kapitel 1) einem Minimalschnitt an. Wie man sich leicht überzeugt, existieren zwei solche Schnitte:

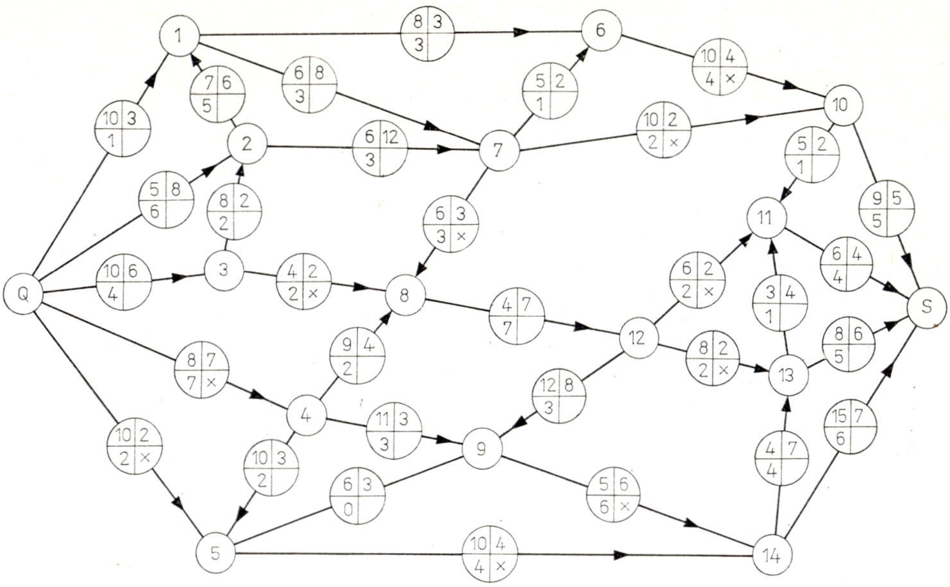

Abb. 2.3

Einer wird aus den Kanten $(Q, 5)$, $(Q, 4)$, $(3, 8)$, $(7, 8)$, $(7, 10)$, $(6, 10)$, der andere aus den Kanten $(5, 14)$, $(9, 14)$, $(12, 13)$, $(12, 11)$, $(7, 10)$, $(6, 10)$ gebildet.

Man überzeuge sich davon, daß Kanten, die einem Schnitt minimaler Kapazität angehören und gesättigt sind, keinem Kreis negativer Länge angehören können. Falls der geforderte Strom v_0 kleiner als der Maximalstrom ist, können Kanten eines Minimalschnittes natürlich Kreisen negativer Länge angehören. Auch gesättigte Kanten, die keinem Minimalschnitt angehören, können in Kreisen negativer Länge liegen.

Wie findet man nun Kreise negativer Länge? Das Verfahren ist im wesentlichen im Algorithmus zur Bestimmung kürzester Bahnen mit negativen Längen beschrieben (vgl. Kapitel 1), wenn wir auch an der Stelle ausdrücklich negative Kreise ausgeschlossen haben. Bei dem dort angegebenen Verfahren zur Bestimmung einer kürzesten Bahn mußten Kreise negativer Länge ausgeschlossen werden, da man andernfalls durch genügend häufiges Durchlaufen eines solchen Kreises die Länge einer „kürzesten“ Bahn nicht bestimmen konnte, da sie jede negative Zahl unterschritten hätte. In unserem Fall kann nicht viel geschehen, da ein Kreis negativer Länge nicht beliebig oft durchlaufen werden kann, weil mit jedem Durchlaufen eine Stromveränderung vorgenommen wird, die Kapazitätsbeschränkungen auf den Kanten jedoch eine beliebige Stromerhöhung nicht zulassen.

Wir suchen also zunächst die Abstände (d. h. billigsten Wege) von Q zu jedem Knotenpunkt. Mit den in Abb. 2.3 angegebenen Werten für Kosten (links oben), Kapazitäten (rechts oben) und Ausgangsstrom (links unten) erhalten wir unter Verwendung der modifizierten Kosten nacheinander folgende Abstände:

Knotennummer	Abstand	Begründung
2	5	Fluß durch Bogen (= 6) ist kleiner als dessen Kapazität (= 8)
1	10	Fluß durch $(Q, 1)$ ist kleiner als Kapazität $c(Q, 1)$
3	10	Fluß $\varphi(Q, 3)$ ist kleiner als $c(Q, 3)$
7	11	$\varphi(2, 7) < c(2, 7)$
6	16	$\varphi(7, 6) < c(7, 6)$

Alle anderen Knotenpunkte erhalten die Abstände ∞, da sie jenseits eines Minimalschnittes liegen. Dann können aber negative Kreise, die Knotenpunkte eines Abstandes kleiner als ∞ enthalten, nicht auch solche mit Abstand ∞ enthalten.

Zunächst werden wir alle Kreise negativer Länge in dem Teil beseitigen, dessen Knotenpunkte endlichen Abstand von Q haben. Wir betrachten dazu den Entfernungsbaum (vgl. Abb. 2.4) und alle Kanten, deren beide Endpunkte zum Ent-

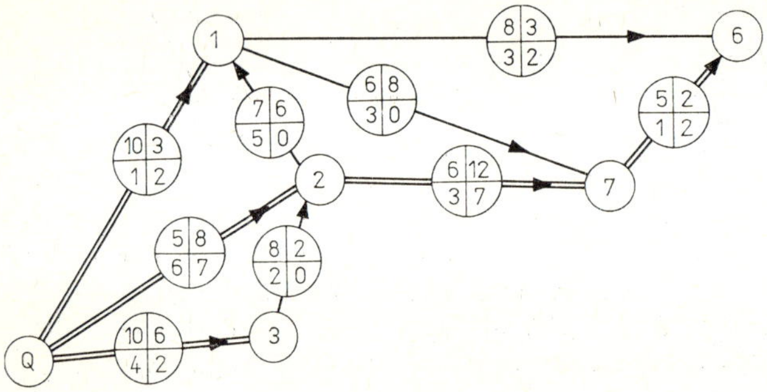

Abb. 2.4

fernungsbaum gehören (mit anderen Worten, wir betrachten den Graphen, der von allen Knotenpunkten aufgespannt wird, die von Q endlichen Abstand haben). Wir betrachten dann eine beliebige Kante, deren beide Endpunkte zum Entfernungsbaum gehören (die Kante selbst aber nicht); zusammen mit ihm entsteht ein Kreis, den wir untersuchen. Wir wählen etwa die Kante (1, 7): Der entstehende Kreis $(Q, 2, 7, 1, Q)$ hat offenbar negative Länge, denn auf der Bahn $(Q, 1, 7)$ wird eine Einheit transportiert mit Kosten $10 + 6 = 16$, obwohl auf der billigeren Bahn $(Q, 2, 7)$, die nur 11 Einheiten kostet, noch Waren transportiert werden könnten. Führt man nacheinander diese „Verbilligungen" durch, so erhält man für den Teilgraphen der Abb. 2.4 einen billigsten Transport, wie er in dem Feld rechts unten angegeben ist.

Schwierigkeiten können unter Umständen beim Auffinden negativer Kreise auftreten, denn ein Entfernungsbaum ist im gesamten Graphen gewiß dann nicht konstruierbar, wenn die zu transportierende Warenmenge gleich einer Minimalschnittkapazität ist. Dann sind ja die Knotenpunkte jenseits dieses Schnittes nicht „erreichbar", haben also die Entfernung ∞ von Q. Dann kann man sich aber leicht wie folgt helfen: Wir betrachten die Menge der Knotenpunkte, die von den Endpunkten der Bögen eines Minimalschnittes aus erreichbar sind, und führen in diesem Graphen ganz entsprechende Überlegungen durch, wobei wir als Knotenbewertungen für diese Endpunkte z. B. den Wert 0 wählen könnten (vgl. Abb. 2.5).

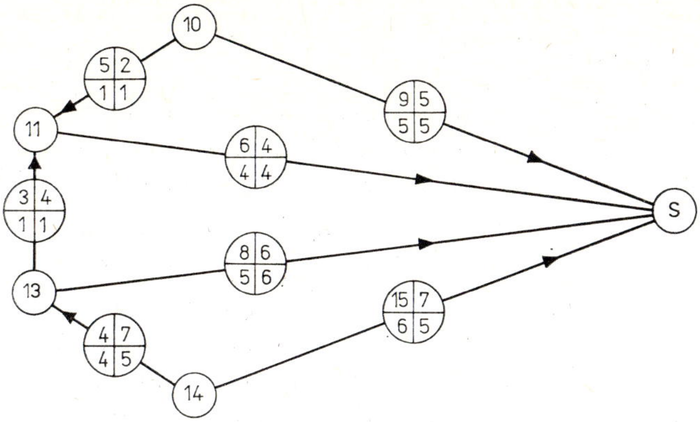

Abb. 2.5

Als Endpunkte von Minimalschnittbögen erhalten also die Knotenpunkte 10, 11, 13, 14 die Abstandsbewertung 0, der Knotenpunkt S erhält die Bewertung 8, da der Bogen (13, S) nicht gesättigt ist und unter allen nicht gesättigten Bögen den kleinsten Kostenzuwachs liefert. Wir erhalten einen Kreis negativer Länge, nämlich z. B. (13, S, 11, 13). Dieser hat unter Verwendung der modifizierten Kosten die Länge -1; wir leiten also Strom um, und zwar eine Einheit anstelle längs der Bahn (13, 11, S) längs des Bogens (13, S). Die Kostenverminderung beträgt 1. Daran anschließend findet sich ein weiterer Kreis negativer Länge, nämlich (14, 13, 11, S, 14) usw.

Die minimale Kosten betragende Stromverteilung ist wiederum im Feld rechts unten angegeben.

Ganz entsprechend müßte man bei der Verringerung der Kosten vorgehen, wenn mehrere Minimalschnitte im Graphen vorhanden sind, deren Kapazitäten gleich der geforderten Warenmenge v_0 wären. Offenbar kann man dann in den einzelnen Graphenteilen (die also jeweils durch Minimalschnitte voneinander getrennt sind) die Kostenminimierung einzeln durchführen. In dem Beispiel von Abb. 2.3 kann in dem Teil des Graphen, der zwischen den beiden Minimalschnitten liegt, keine Verringerung der Kosten mehr erzielt werden (vgl. Abb. 2.6).

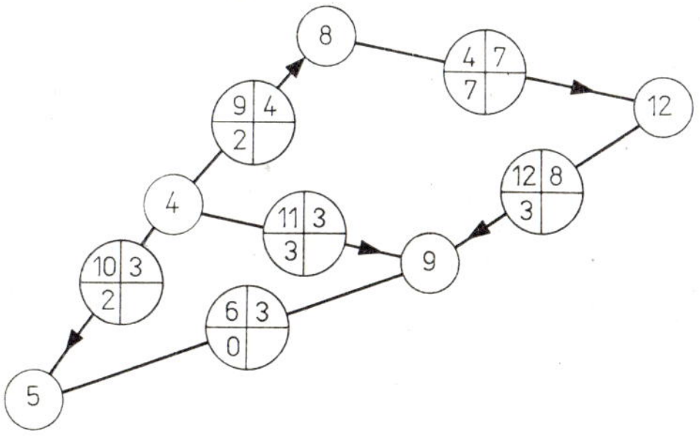

Abb. 2.6

2.4. Minimalitätsbeweis

Wir wollen in diesem Abschnitt zeigen, daß die beiden in den vorangehenden Abschnitten formulierten Algorithmen tatsächlich einen Strom mit minimalen Kosten für den Transport liefern. Dazu beweisen wir den folgenden Satz:

Satz 2.1. *Ein Strom φ der Stärke v ist genau dann optimal, wenn im Graphen $\boldsymbol{G}$ mit den bezüglich φ modifizierten Kosten kein Kreis negativer Länge existiert.*

Beweis. Die Notwendigkeit der Bedingung ist unmittelbar klar. Wir zeigen die Hinlänglichkeit: Es sei φ ein Strom der Stärke v, bezüglich dessen im Graphen $\boldsymbol{G}_\varphi$ kein Kreis negativer Länge existiert. Ferner sei φ^0 ein Strom der Stärke v, der minimale (d. h. optimale) Kosten verursacht. Der mit bezüglich φ^0 modifizierten Kosten versehene Graph $\boldsymbol{G}_{\varphi^0}$ hat ebenfalls (wegen der Optimalität) keinen Kreis negativer Länge. Wegen des Fehlens von Kreisen negativer Länge gilt für eine beliebige Kante (i, j):

$$\left.\begin{array}{llll}\text{falls} & \varphi(i,j)>0, & \text{so} & \varphi(j,i)=0,\\ \text{falls} & \varphi^0(i,j)>0, & \text{so} & \varphi^0(j,i)=0.\end{array}\right\} \tag{1}$$

Wir bilden aus $\boldsymbol{G}$ einen gerichteten Graphen $\boldsymbol{G}'$ wie folgt: Falls in $\boldsymbol{G}$ eine (ungerichtete) Kante $(i, j)=(j, i)$ mit der Kapazität $c_{ij}=c_{ji}$ existiert, bilden wir in $\boldsymbol{G}'$ zwei (gerichtete) Bögen $(i, j)'$ und $(j, i)'$ mit den Kapazitäten $c'(i, j)=c(i, j)$ bzw. $c'(j, i)=c(i, j)$. Wegen der Beziehungen (1) ist der Fluß, der durch $(i, j)'$ und $(j, i)'$ fließt, unabhängig von der Art φ oder φ^0 nicht größer als $c(i, j)$.

Falls für einen Bogen $(i, j)'$ die Beziehung $\varphi(i, j)'>\varphi^0(i, j)'\geqq 0$ gilt, färben wir $(i, j)'$ *rot*; falls aber für einen Bogen $(i, j)'$ die Beziehung $\varphi^0(i, j)'>\varphi(i, j)'\geqq 0$ gilt, färben wir $(i, j)'$ *blau*. Zunächst ist es denkbar, daß z. B. $(i, j)'$ rot und $(j, i)'$ blau ist, wenn nämlich von i nach j Strom vom Typ φ fließt, in der Richtung von j nach i aber Strom vom Typ φ^0. Bögen, für die $\varphi(i, j)'=\varphi^0(i, j)'$ gilt, interessieren uns nicht, wir färben sie also nicht.

Im weiteren denken wir uns φ^0 (unter allen billigsten, d. h. optimalen Strömen) so gewählt, daß die Summe der Anzahlen von roten und blauen Bögen minimal ist. Diese Annahme werden wir nun zum Widerspruch führen.

Angenommen, φ sei nicht optimal; die Kosten beim Transport von v Einheiten gemäß φ seien also höher als die beim Transport von v Einheiten gemäß φ^0. Dann fallen φ und φ^0 nicht zusammen, es existiert also wenigstens ein blauer Bogen $(i_1, i_2)'$ [Aufgabe!]. Wir zeigen den folgenden Hilfssatz.

Hilfssatz 1. *In $\boldsymbol{G}'$ existiert ein elementarer Zyklus μ aus blauen und roten Bögen, wobei die blauen Bögen alle gleichgerichtet mit μ und die roten Bögen alle entgegengesetzt zu μ gerichtet sind.*

Zum Beweis des Hilfssatzes unterscheiden wir drei Fälle (es war ja in der Aufgabe zu zeigen, daß es einen blauen Bogen $(i_1, i_2)'$ gibt):

a) Durch den Knotenpunkt i_2 fließt mehr Strom vom Typ φ^0 als vom Typ φ. Dann gibt es mindestens einen von i_2 ausgehenden Bogen $(i_2, i_3)'$, der mehr Strom vom Typ φ^0 führt als vom Typ φ, also ist dieser Bogen blau.

b) Durch den Knotenpunkt i_2 fließt mehr Strom vom Typ φ als vom Typ φ^0, es fließt also insbesondere mehr Strom φ als φ^0 in i_2 hinein; also gibt es einen Bogen $(i_3, i_2)'$, der mehr Strom φ als φ^0 führt, also rot ist.

c) Durch i_2 fließt die gleiche Menge Strom vom Typ φ wie vom Typ φ^0. Auf dem Bogen $(i_1, i_2)'$ fließt, da er blau ist, mehr Strom φ^0 als φ, also fließt auf den anderen nach i_2 führenden Bögen mehr Strom φ als φ^0. Dann gibt es aber einen Bogen $(i_3, i_2)'$, der mehr Strom φ als φ^0 nach i_2 transportiert, also rot ist.

Es kann natürlich sein, daß in einen Knotenpunkt rote Kanten einlaufen und aus ihm blaue auslaufen, das ist jedoch unwesentlich.

Nun findet man aber unschwer einen im Hilfssatz angegebenen Elementarzyklus μ. Man läuft auf dem blauen Bogen $(i_1, i_2)'$ von i_1 nach i_2, läuft von dort auf einem blauen Bogen $(i_2, i_3)'$ nach i_3 oder auf einem roten Bogen $(i_3, i_2)'$, usw. Erreicht man einen Knotenpunkt zum zweiten Mal, was wegen der Endlichkeit des Graphen geschieht, so hat man einen Elementarzyklus μ, wie behauptet. Es ist unmittelbar klar, daß μ nicht nur aus roten oder nur aus blauen Bögen besteht, da diese einen Kreis in $\boldsymbol{G}_\varphi$ bzw. $\boldsymbol{G}_{\varphi^0}$ bilden, der negative Kosten hätte, was ja in beiden Fällen nicht möglich war.

Hilfssatz 2. *In einem Elementarzyklus μ, wie er gemäß Hilfssatz 1 existiert, gilt: Die Summe der Kosten (pro Wareneinheit) aller blauen Bögen von μ ist gleich der Summe der Kosten (pro Wareneinheit) aller roten Bögen von μ.*

Beweis. Es sei μ ein Elementarzyklus, der nur aus blauen (in Richtung von μ orientierten) und roten (entgegengesetzt zu μ gerichteten) Bögen besteht.

Wir betrachten μ in $\boldsymbol{G}_\varphi$. Die blauen Bögen (da auf ihnen mehr Strom φ^0 als φ fließt) sind in der Lage, noch Strom φ aufzunehmen. Die roten Bögen (da auf ihnen mehr Strom φ als φ^0 fließt) können in Richtung der Orientierung von μ noch Strom φ aufnehmen, da ja φ-Strom entgegengesetzt zu μ fließt. Würden wir also in Richtung μ Strom vom Typ φ zusätzlich schicken, so dürften sich die Kosten nicht verringern, da ja in $\boldsymbol{G}_\varphi$ keine Kreise negativer Längen (d. h. Kosten) existieren; also gilt:

Die Summe der Einheitskosten auf den blauen Bögen von μ ist mindestens so groß wie die Summe der Einheitskosten auf den roten Bögen von μ, denn auf den roten Bögen würden bei Erhöhung von φ längs μ Kosten eingespart, auf den blauen entstehen höhere Kosten.

Ganz entsprechend betrachten wir nun den blau-roten Elementarzyklus $-\mu$ in $\boldsymbol{G}_{\varphi^0}$.

Da auch in $\boldsymbol{G}_{\varphi^0}$ keine Kreise negativer Länge existieren bei Erhöhung des φ_0-Stromes in Richtung $-\mu$, was (wie der Leser sich leicht überlegt) ja möglich wäre, ohne die Kapazitäten zu überschreiten, sich die Kosten also nicht verringern dürfen, erhalten wir:

Die Summe der Einheitskosten auf den roten Bögen von μ ist mindestens so groß wie die Summe der Einheitskosten auf den blauen Bögen von μ.

Damit ist Hilfssatz 2 bewiesen.

Aufgabe 1. In einem Elementarzyklus gemäß Hilfssatz 1 gilt: Ist $(i, j)'$ rot, so ist $(j, i)'$ nicht blau, und ist $(i, j)'$ blau, so ist $(j, i)'$ nicht rot.

Nun beenden wir den Beweis unseres Satzes: Da in einem Elementarzyklus μ gemäß Hilfssatz 1 die roten Bögen ebensoviel Kosten wie die blauen verursachen, darf in $\boldsymbol{G}_{\varphi^0}$ in $-\mu$-Richtung der φ^0-Strom erhöht werden, ohne daß die Kapazitäten überschritten werden (siehe Beweis von Hilfssatz 2) und ohne die Kosten zu verändern, d. h., der so aus φ^0 entstehende Strom $\bar{\varphi}^0$ ist ebenfalls optimal, da es φ^0 nach Voraussetzung war. Nun erhöhen wir φ^0 solange, bis entweder auf einer ursprünglich blauen Kante von μ genau soviel Strom vom Typ φ^0 wie vom Typ $\bar{\varphi}^0$ fließt, denn auf den blauen Bögen verringert sich ja dabei der φ^0-Strom, oder bis ein ursprünglich roter Bogen von μ nicht mehr rot ist, da in Richtung dieses Bogens sich ja der φ^0-Strom erhöht. In jedem Fall verringert sich die Summe der Anzahlen von blauen und roten Bögen, dennoch fließt ein optimaler Strom. Das widerspricht aber der Annahme, daß φ^0 ein optimaler Strom war, für den diese Summe minimal war.

Damit haben wir den Satz bewiesen.

Wir haben auch unmittelbar bewiesen, daß der Algorithmus von Klein tatsächlich einen optimalen Strom liefert.

Wir haben noch zu zeigen, daß auch der Algorithmus von Busacker und Gowen einen optimalen Strom der Stärke v liefert. Dazu beweisen wir, daß in keinem Moment des Algorithmus Kreise negativer Länge entstehen, womit wegen des soeben bewiesenen Satzes alles gezeigt ist. Wir denken uns den Algorithmus schrittweise (d. h. stets unter Erhöhung des Stromes um den Betrag 1) durchgeführt. Im Graphen $\boldsymbol{G}_i$ $(i=1, \ldots, w)$ mit einer Stromstärke i mögen keine Kreise negativer Länge auftreten, aber im Graphen $\boldsymbol{G}_{w+1}$ mit einer Stromstärke $w+1 \leqq v$.

Offenbar liegt in einem Kreis $\boldsymbol{K}$ negativer Länge in $\boldsymbol{G}_{w+1}$ ein Bogen, der im letzten Schritt des Algorithmus zum Transport von Strom benötigt wurde. Wir betrachten diese Strombahn $\boldsymbol{B}$ von Q nach S, die laut Vorschrift eine kostenbilligste in $\boldsymbol{G}_w$ ist, und einen Bogen (i, j) auf $\boldsymbol{B}$, der in einem Kreis $\boldsymbol{K}$ negativer Länge von $\boldsymbol{G}_{w+1}$ liegt. Verändern wir die Bahn $\boldsymbol{B}$ derart, daß wir die in $\boldsymbol{K}$ und $\boldsymbol{B}$ liegenden Bögen entfernen und dafür die in $\boldsymbol{K}$, aber nicht in $\boldsymbol{B}$ liegenden Bögen hinzunehmen, so entsteht eine Bahn $\boldsymbol{B}'$ von $\boldsymbol{G}_{w+1}$, die wegen der Negativität der Kosten von $\boldsymbol{K}$ billiger als $\boldsymbol{B}$ ist, was aber der Wahl von $\boldsymbol{B}$ als billigster Bahn widerspricht.

Damit ist auch bewiesen, daß der von Busacker und Gowen angegebene Algorithmus kostenbilligste Ströme der Stärke v liefert.

2.5. Schlußbemerkungen

In der ursprünglichen Aufgabenstellung hatten wir m Produzenten $X_1, \ldots, X_m$ eines Produktionsausstoßes $a(X_i)$ und n Verbraucher $Y_1, \ldots, Y_n$ eines Bedarfes $b(Y_j)$ betrachtet, während wir in den Algorithmen nur eine Quelle (also nicht

m Stück) und eine Senke (also nicht n Stück) berücksichtigen konnten. Wir hatten zu Beginn bereits vermerkt, daß damit keine wesentliche Einschränkung der Allgemeinheit geschehen ist, denn man muß nur in dem ursprünglichen Graphen noch zwei Hilfspunkte Q und S sowie m Hilfskanten (Q, X_i) und n Hilfskanten (Y_j, S) hinzufügen, wobei für die Hilfskanten als Kostenfunktionen Null und als Kapazitäten $c(Q, X_i) = a(X_i)$ und $c(Y_j, S) = b(Y_j)$ zu wählen sind. Falls ein Strom der Stärke v von den Verbrauchern zu den Erzeugern im Originalgraphen realisiert werden kann, so ist er auch im Ersatzgraphen zu verwirklichen; insbesondere ist er in diesem ein Maximalstrom, da ja im Fall $v = \sum_i a(X_i) = \sum_j b(Y_j)$ die Menge der Kanten (Q, X_i) oder auch die Menge der Kanten (Y_j, S) einen Schnitt minimaler Kapazität bildet. Welcher der beiden Algorithmen günstiger ist, ist schwer zu entscheiden. Bei relativ kleinem v empfiehlt sich der erste der beiden, bei relativ großem v eher der zweite, da ein Maximalstrom mittels des Algorithmus von FORD und FULKERSON relativ leicht gefunden werden kann. Natürlich erfordert die anschließende Iteration (Auffinden von Kreisen negativer Länge) einigen Aufwand.

Der einfache Fall eines Transportproblems, in dem keine Kapazitätsbeschränkungen auf den Bögen vorgeschrieben sind, läßt sich offenbar mit beiden Algorithmen lösen, wobei der zweite Algorithmus eine geringfügige Modifizierung erfahren muß, da ja in einem Graphen ohne Kapazitätsbeschränkungen kein Maximalstrom existiert. Die oben angegebene Einführung von Hilfspunkten und Kanten mit Kapazitätsbeschränkungen auf diesen Hilfskanten läßt dann aber die Anwendung des Algorithmus zu.

In Kapitel 4 werden wir uns dann mit nichtlinearen Transportproblemen befassen.

2.6. Literatur

[1] BUSACKER, R. G., and P. J. GOWEN: A Procedure for Determining a Family of Minimal-Cost Network Flow Patterns, ORO Techn. Report 15, Operations Res. Office, John Hopkins Univ., Baltimore 1961.

[2] BUSACKER, R. G., and T. L. SAATY: Finite Graphs and Networks, An Introduction with Applications, New York 1965 (deutsch: München/Wien 1968; russ.: Moskau 1974).

[3] FORD, L. R., and D. R. FULKERSON: Flows in Networks, Princeton, N. J., 1962 (russ.: Moskau 1966).

[4] HU, T. C.: Integer Programming and Network Flows, Reading, Mass., 1970 (deutsch: München/Wien 1972; russ.: Moskau 1974).

[5] KLEIN, M.: A primal method for minimal cost flows, Management Sci. **14** (1967), 205–220.

3. Der Kaskadealgorithmus

3.1. Problemstellung

In diesem Kapitel wollen wir uns mit einer Aufgabe befassen, die wir bereits in Kapitel 1 erörtert haben. Dort (vgl. 1.4.) hatten wir in einem (gerichteten oder ungerichteten) Graphen mit Kanten- bzw. Bogenbewertungen als Längen nach einem kürzesten Weg zwischen zwei vorgegebenen Knotenpunkten gesucht. Jetzt wollen wir bei Vorgabe einer Bogenbewertung (aufgefaßt als Längen) in einem gerichteten Graphen gleichzeitig die Abstände je zweier Knotenpunkte bestimmen.

Es sei zu einem bogenbewerteten gerichteten Graphen $\boldsymbol{G}(\mathfrak{X}, \mathfrak{U})$ die Bogenlängenmatrix $\boldsymbol{B}(\boldsymbol{G})$ gegeben, also $\boldsymbol{B}=\boldsymbol{B}(\boldsymbol{G})=(b_{ij})_{i,j=1,\ldots,n}$, falls $\boldsymbol{G}$ genau n Knotenpunkte besitzt. Dabei sei

$$b_{ij}=\begin{cases} 0 & \text{für } i=j\,, \\ l_{ij}, & \text{falls es einen Bogen vom Knotenpunkt } i \text{ zum Knotenpunkt } j \\ & \text{der Länge } l_{ij} \text{ gibt}, \\ \infty & \text{sonst.} \end{cases}$$

Unser Ziel ist es, aus $\boldsymbol{B}(\boldsymbol{G})$ die Distanzmatrix $\boldsymbol{D}(\boldsymbol{G})=(d_{ij})$ zu gewinnen, wobei d_{ij} die Länge eines kürzesten Weges (=Bahn) vom Knotenpunkt i zum Knotenpunkt j ist.

3.2. Die Standardmethode

Die in diesem Abschnitt beschriebene Methode, mittels der Bogenlängenmatrix $\boldsymbol{B}(\boldsymbol{G})$ eines gerichteten Graphen $\boldsymbol{G}(\mathfrak{X}, \mathfrak{U})$ die Distanzmatrix $\boldsymbol{D}(\boldsymbol{G})$ zu bestimmen, geht auf M. Hasse [1] zurück.

Die Berechnung von $\boldsymbol{D}(\boldsymbol{G})$ geschieht mit Hilfe der im folgenden beschriebenen Matrixoperation:

Definition. Gegeben seien zwei quadratische (n, n)-Matrizen $\boldsymbol{A}=(a_{ij})$ und $\boldsymbol{B}=(b_{ij})$ mit $a_{ij}, b_{ij}\in R^+\cup\{\infty\}$ (als Matrixelemente sind also alle nichtnegativen reellen Zahlen sowie ∞ zugelassen). Unter dem *$\oplus$-Produkt* $\boldsymbol{A}\oplus\boldsymbol{B}$ verstehen wir eine Matrix $\boldsymbol{C}=(c_{ij})_{i,j=1,\ldots,n}$ mit

$$c_{ij}=\min_{1\leq k\leq n}(a_{ik}+b_{kj});$$

dabei sollen die Rechengesetze

$$r+\infty=\infty+r=\infty, \quad \infty+\infty=\infty$$

für jedes $r\in R^+$ gelten.

Wir erläutern die Multiplikation an einem Beispiel. Gegeben seien die Matrizen

$$\boldsymbol{A}=\begin{bmatrix} 1 & 4 & \infty & 3 \\ \infty & 2 & \infty & 1 \\ 0 & 1 & 0 & 5 \\ 3 & 1 & 2 & \infty \end{bmatrix}, \quad \boldsymbol{B}=\begin{bmatrix} 3 & \infty & \infty & 0 \\ 4 & 2 & \infty & \infty \\ 3 & 5 & 1 & 0 \\ 4 & \infty & \infty & 3 \end{bmatrix}.$$

Man ermittelt etwa

$$c_{11}=\min\,(1+3,\ 4+4, \infty+3,\ 3+4)=4\,.$$

Entsprechend ermittelt man die anderen c_{ij}, und man erhält

$$\boldsymbol{C}=\boldsymbol{A}\oplus\boldsymbol{B}=\begin{bmatrix} 4 & 6 & \infty & 1 \\ 5 & 4 & \infty & 4 \\ 3 & 3 & 1 & 0 \\ 5 & 3 & 3 & 2 \end{bmatrix}.$$

In den folgenden beiden Sätzen geben wir einfache Eigenschaften dieser Matrizenoperation an:

Satz 3.1. *Für das $\oplus$-Produkt von Matrizen gilt das Assoziativgesetz, also*

$$(\boldsymbol{R}\oplus\boldsymbol{S})\oplus\boldsymbol{T}=\boldsymbol{R}\oplus(\boldsymbol{S}\oplus\boldsymbol{T})\,,$$

wobei $\boldsymbol{R}$, $\boldsymbol{S}$, $\boldsymbol{T}$ quadratische (n, n)-Matrizen sind.

Den Beweis dieser Aussage mache sich der Leser selbst klar.

Bemerkung. Das $\oplus$-Produkt von Matrizen ist *nicht kommutativ*, wie das folgende Beispiel sofort zeigt:

$$\boldsymbol{A}=\begin{bmatrix} 2 & 3 & \infty \\ \infty & 1 & 4 \\ 2 & 1 & 5 \end{bmatrix}, \quad \boldsymbol{B}=\begin{bmatrix} 2 & 4 & 3 \\ \infty & 3 & 1 \\ 4 & \infty & 0 \end{bmatrix}.$$

Es ergibt sich

$$\boldsymbol{A}\oplus\boldsymbol{B}=\begin{bmatrix} 4 & 6 & 4 \\ 8 & 4 & 2 \\ 4 & 4 & 2 \end{bmatrix}, \quad \boldsymbol{B}\oplus\boldsymbol{A}=\begin{bmatrix} 4 & 4 & 8 \\ 3 & 2 & 6 \\ 2 & 1 & 5 \end{bmatrix}.$$

Definition. Unter der *k-ten Potenz* $\boldsymbol{A}^k$ einer quadratischen (n, n)-Matrix bezüglich der Multiplikation $\oplus$ verstehen wir

$$\boldsymbol{A}^1=\boldsymbol{A}, \quad \boldsymbol{A}^{k+1}=\boldsymbol{A}^k\oplus\boldsymbol{A}\,.$$

Der Leser überzeuge sich selbst von der Richtigkeit des folgenden Satzes.

Satz 3.2. *Es sei $\boldsymbol{A}$ eine quadratische Matrix, und k und l seien beliebige natürliche Zahlen. Dann gilt*

$$\boldsymbol{A}^{k+l}=\boldsymbol{A}^k\oplus\boldsymbol{A}^l\,.$$

Insbesondere ergibt sich die Beziehung

$$\boldsymbol{A}^k\oplus\boldsymbol{A}^l=\boldsymbol{A}^l\oplus\boldsymbol{A}^k\,.$$

Nun kehren wir zu unserer Aufgabenstellung zurück und beweisen den folgenden Satz.

Satz 3.3. *Gegeben sei der gerichtete Graph* $\boldsymbol{G}$ *mit den Knotenpunkten* $X_1, X_2, \ldots, X_n$ *und der Bogenlängenmatrix* $\boldsymbol{B}$. *Bilden wir* $\boldsymbol{B}^m$ (bezüglich des $\oplus$-Produkts), *so gilt für das Element* b_{ij}^m *der Matrix* $\boldsymbol{B}^m$

$$b_{ij}^m = \begin{cases} \textit{Länge einer kürzesten Bahn} \text{ (eines gerichteten Weges) } \textit{von } X_i \textit{ nach } X_j \\ \textit{mit höchstens } m \textit{ Bögen} \text{ (sofern eine solche Bahn existiert)}, \\ 0 \quad \textit{für} \quad i=j, \\ \infty \quad \textit{sonst} \text{ (also falls keine Bahn von } X_i \text{ nach } X_j \text{ mit höchstens } m \\ \text{Bögen existiert, wobei } i \neq j). \end{cases}$$

Beweis. Wir zeigen die Richtigkeit mittels vollständiger Induktion nach m:

Für $m=1$ haben wir gerade die Definition der Matrix $\boldsymbol{B}=\boldsymbol{B}^1$.

Wir wollen (unter der Annahme, daß der Satz für $m \leqq k$ richtig ist) die Richtigkeit des Satzes für $m=k+1$ beweisen:

Fall 1: $i=j$.

Es ist $b_{ii}^1=0$ (wegen der Definition von $\boldsymbol{B}$) und $b_{ii}^k=0$ (wegen der Induktionsannahme). Wegen der Nichtnegativität aller auftretenden Elemente aller Matrizen ist dann entsprechend der Definition des $\oplus$-Produkts auch $b_{ii}^{k+1}=0$.

Fall 2: $i \neq j$, und es existiert in $\boldsymbol{G}$ keine Bahn einer Bogenanzahl $\leqq k+1$ von X_i nach X_j.

Es ist $b_{ij}^{k+1}=\min (b_{il}^k+b_{lj}^1)$, und man überlegt sich leicht, daß für jedes l wenigstens einer der beiden Summanden b_{il}^k oder b_{lj}^1 unendlich ist.

Fall 3: $i \neq j$, und es existiert in $\boldsymbol{G}$ eine Bahn von X_i nach X_j einer Bogenanzahl $\leqq k+1$.

Unter allen diesen Bahnen wählen wir eine solche Bahn $\boldsymbol{B}^0(X_i, X_j)$, deren Länge minimal ist; es sei

$$\boldsymbol{B}^0(X_i, X_j)=(X_i=X_{i_0}, X_{i_1}, \ldots, X_{i_q}=X_j)\,.$$

Wir erhalten

$$b_{ij}^{k+1}=\min_{1 \leqq l \leqq n} (b_{il}^k+b_{lj}) \leqq b_{ii}^k+b_{ij}=b_{ij}\,, \tag{1}$$

da nach Definition $b_{ii}^k=0$ ist.

Wir unterscheiden zwei weitere Fälle:

Fall 3.1: $q=1$ (d. h., die Bogenanzahl der Bahn $\boldsymbol{B}^0(X_i, X_j)$ ist 1, besteht also nur aus einem Bogen, also aus (X_i, X_j)). Dann gilt für die Länge $l(\boldsymbol{B}^0)$ die Beziehung $l(\boldsymbol{B}^0)=b_{ij}$.

Nach Induktionsvoraussetzung ist b_{il}^k die Länge einer kürzesten Bahn von X_i nach X_l $(l=1, 2, \ldots, n)$ mit höchstens k Bögen; dann ist aber $b_{il}^k+b_{lj}$ die Länge einer Bahn von X_i nach X_j, und da $\boldsymbol{B}^0$ die kürzeste aller solchen Bahnen ist, gilt $b_{ij} \leqq b_{il}^k+b_{lj}$ $(l=1, 2, \ldots, n)$, also auch

$$b_{ij} \leqq \min_{1 \leqq l \leqq n} (b_{il}^k+b_{lj})=b_{ij}^{k+1}\,.$$

Zusammen mit (1) ergibt sich

$$b_{ij} = \min_{1 \leq l \leq n} (b_{il}^k + b_{lj}) = b_{ij}^{k+1},$$

also, wie behauptet, ist b_{ij}^{k+1} gerade die Länge einer kürzesten Bahn von X_i nach X_j mit höchstens $k+1$ Bögen.

Fall 3.2: $q > 1$ (d. h., eine kürzeste Bahn von X_i nach X_j mit höchstens $k+1$ Bögen enthält wenigstens zwei Bögen).

Dann gilt für die kürzeste Bahn $\boldsymbol{B}^0$, daß $X_{i_{q-1}} \neq X_i$ ist. $\boldsymbol{B}^0$ zerfällt dann in zwei Teilbahnen $\boldsymbol{B}^0(X_i, X_{i_{q-1}})$ (das ist eine kürzeste Bahn von X_i nach $X_{i_{q-1}}$ mit höchstens k Bögen) und $\boldsymbol{B}^0(X_{i_{q-1}}, X_j)$ (das ist eine kürzeste Bahn aus einem Bogen der Länge $b_{i_{q-1}j}$). Unter Zuhilfenahme der Induktionsvoraussetzung erhalten wir für die Längen dieser Bahnen

$$l(\boldsymbol{B}^0(X_i, X_j)) = l(\boldsymbol{B}^0(X_i, X_{i_{q-1}})) + l(\boldsymbol{B}^0(X_{i_{q-1}}, X_j)) = b_{ii_{q-1}}^k + b_{i_{q-1}j}.$$

Offensichtlich gilt für jedes $l = 1, \ldots, n$

$$b_{ii_{q-1}}^k + b_{i_{q-1}j} \leq b_{il}^k + b_{lj},$$

also auch

$$b_{ii_{q-1}}^k + b_{i_{q-1}j} \leq \min_{1 \leq l \leq n} (b_{il}^k + b_{lj}) = b_{ij}^{k+1}.$$

Da bei der Minimumbildung auf der rechten Seite auch der Index $l = i_{q-1}$ berücksichtigt wurde, gilt aber auch

$$\min_{1 \leq l \leq n} (b_{il}^k + b_{lj}) \leq b_{ii_{q-1}}^k + b_{i_{q-1}j};$$

also gilt die Gleichheit

$$b_{ij}^{k+1} = b_{ii_{q-1}}^k + b_{i_{q-1}j}.$$

Die rechte Seite der Gleichheit war aber gerade die Länge einer kürzesten Bahn von X_i nach X_j unter Verwendung von höchstens $k+1$ Bögen.

Damit sind alle Fälle abgehandelt, und der Satz 3.3 ist bewiesen.

Folgerung. *Da es in einem Graphen mit n Knotenpunkten keine Bahnen gibt, die mehr als $n-1$ Bögen enthalten, gilt*

$$\boldsymbol{B}^n(\boldsymbol{G}) = \boldsymbol{B}^{n-1}(\boldsymbol{G}) = \boldsymbol{D}(\boldsymbol{G}).$$

Damit haben wir eine prinzipielle Möglichkeit gefunden, die Distanzmatrix eines Graphen zu ermitteln.

Man sieht auch leicht die Richtigkeit des folgenden Satzes ein:

Satz 3.4. *Es sei $\boldsymbol{G}$ ein gerichteter Graph mit n Knotenpunkten. Falls es eine natürliche Zahl k derart gibt, daß $\boldsymbol{B}^{k+1}(\boldsymbol{G}) = \boldsymbol{B}^k(\boldsymbol{G})$ gilt, ist*

$$\boldsymbol{D}(\boldsymbol{G}) = \boldsymbol{B}^k(\boldsymbol{G}).$$

Nun wollen wir mittels dieser Standardmethode die Distanzmatrix eines Beispielgraphen berechnen (vgl. Abb. 3.1):

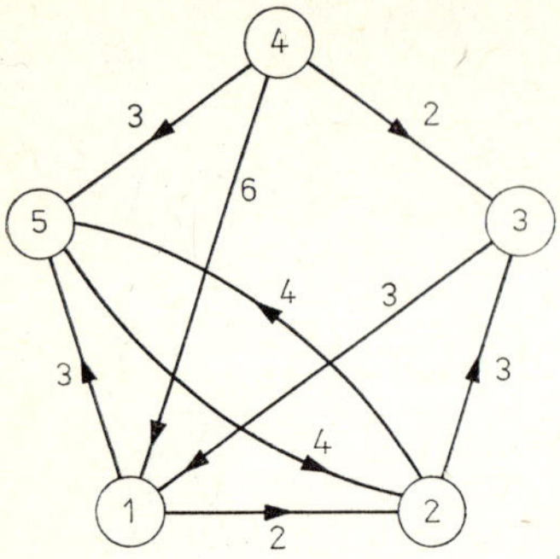

Abb. 3.1

$$B(G)=\begin{bmatrix} 0 & 2 & \infty & \infty & 3 \\ \infty & 0 & 3 & \infty & 4 \\ 3 & \infty & 0 & \infty & \infty \\ 6 & \infty & 2 & 0 & 3 \\ \infty & 4 & \infty & \infty & 0 \end{bmatrix}, \quad B^2(G)=\begin{bmatrix} 0 & 2 & 5 & \infty & 3 \\ 6 & 0 & 3 & \infty & 4 \\ 3 & 5 & 0 & \infty & 6 \\ 5 & 7 & 2 & 0 & 3 \\ \infty & 4 & 7 & \infty & 0 \end{bmatrix},$$

$$B^3(G)=\begin{bmatrix} 0 & 2 & 5 & \infty & 3 \\ 6 & 0 & 3 & \infty & 4 \\ 3 & 5 & 0 & \infty & 6 \\ 5 & 7 & 2 & 0 & 3 \\ 10 & 4 & 7 & \infty & 0 \end{bmatrix}, \quad B^4(G)=B^3(G)\,.$$

Mittels des letzten Satzes erhalten wir $B^3(G)=D(G)$. Die Richtigkeit dieses Resultates prüft man auch leicht direkt am Graphen nach.

Bemerkung. Falls G ein Graph mit den Knotenpunkten $X_1, X_2, \ldots, X_n$ ist, gibt es für jedes geordnete Paar i, j eine kleinste Zahl k_{ij} ($\leqq n$) mit $d_{ij}=b_{ij}^{k_{ij}}=b_{ij}^{n}$. Für $d_{ij}\neq\infty$ bedeutet das: Es gibt in G eine Bahn minimaler Länge (nämlich der Länge $b_{ij}^{k_{ij}}$) von X_i nach X_j mit genau k_{ij} Bögen und keine Bahn gleicher minimaler Länge mit weniger als k_{ij} Bögen. Natürlich kann es Bahnen minimaler Länge mit höherer Bogenanzahl geben.

In unserem Beispiel ist etwa

$$k_{12}=1, \quad d_{12}=b_{12}^1=2$$

sowie

$$k_{51}=3, \quad d_{51}=b_{51}^3=10\,.$$

Wir betrachten noch ein weiteres Beispiel: Gegeben sei ein Graph G mit der Bogenlängenmatrix

$$B(G)=\begin{bmatrix} 0 & \infty & \infty & \infty & 2 & \infty & \infty \\ \infty & 0 & \infty & \infty & \infty & \infty & 3 \\ \infty & \infty & 0 & 2 & \infty & 4 & \infty \\ \infty & \infty & 2 & 0 & 4 & \infty & \infty \\ 2 & \infty & \infty & 3 & 0 & \infty & \infty \\ \infty & \infty & 3 & \infty & \infty & 0 & 1 \\ \infty & 2 & \infty & \infty & \infty & 1 & 0 \end{bmatrix}.$$

Bildet man nacheinander die $\oplus$-Potenzen, so ergibt sich schließlich

$$B^6(G) = \begin{bmatrix} 0 & 14 & 7 & 5 & 2 & 11 & 12 \\ 15 & 0 & 7 & 9 & 13 & 4 & 3 \\ 8 & 7 & 0 & 2 & 6 & 4 & 5 \\ 6 & 9 & 2 & 0 & 4 & 6 & 7 \\ 2 & 12 & 5 & 3 & 0 & 9 & 10 \\ 11 & 3 & 3 & 5 & 9 & 0 & 1 \\ 12 & 2 & 4 & 6 & 10 & 1 & 0 \end{bmatrix}$$

und $\boldsymbol{B}^6(\boldsymbol{G}) = \boldsymbol{D}(\boldsymbol{G})$, jedoch $\boldsymbol{B}^5(\boldsymbol{G}) \neq \boldsymbol{D}(\boldsymbol{G})$. Man muß also in diesem Beispiel tatsächlich $n-1$ $\oplus$-Potenzen von $\boldsymbol{B}(\boldsymbol{G})$ bilden, um auf $\boldsymbol{D}(\boldsymbol{G})$ zu kommen. Man sieht das natürlich auch unmittelbar am Graphen $\boldsymbol{G}$ selbst, denn eine Bahn von X_1 nach X_2 enthält z. B. sechs Bögen, kürzere gibt es gar nicht; also ist $k_{12} = 6$.

Zur Berechnung der Distanzmatrix $\boldsymbol{D}(\boldsymbol{G})$ eines Graphen $\boldsymbol{G}$ ist bei hoher Knotenpunktanzahl n ein hoher Rechenaufwand erforderlich. Unter Verwendung der Folgerung von Satz 3.3 kann der Rechenaufwand jedoch wie folgt leicht verringert werden. Wir quadrieren jeweils die ermittelte Matrix, bilden also nacheinander die Matrizen

$$\boldsymbol{B}^1(\boldsymbol{G}) = \boldsymbol{B}(\boldsymbol{G}), \quad \boldsymbol{B}^2(\boldsymbol{G}), \quad \boldsymbol{B}^4(\boldsymbol{G}), \quad \boldsymbol{B}^8(\boldsymbol{G}), \ldots$$

und beenden das $\oplus$-Potenzieren mit $\boldsymbol{B}^{2^k}(\boldsymbol{G})$, sofern entweder $2^k \geqq n-1$ ist oder aber $\boldsymbol{B}^{2^{k-1}}(\boldsymbol{G}) = \boldsymbol{B}^{2^k}(\boldsymbol{G})$ gilt. Dann ist offenbar $\boldsymbol{D}(\boldsymbol{G}) = \boldsymbol{B}^{2^k}(\boldsymbol{G})$.

In unserem letzten Beispiel wären also anstelle von fünf Matrixmultiplikationen nur drei erforderlich. Einen Nachteil dieser letzten Methode wollen wir aber nicht verschweigen: Konnte man bei der ersten Methode für jedes Paar natürlicher Zahlen i, j die Zahlen k_{ij} genau ermitteln, so liefert die zweite Methode nur Schranken für die k_{ij} (nämlich zwei Zweierpotenzen, also $2^r \leqq k_{ij} \leqq 2^{r+1}$, wobei r abhängig von der Wahl des Paares i, j ist).

3.3. Der verbesserte Matrix-Algorithmus

Der Rechenaufwand zur Bestimmung der Distanzmatrix $\boldsymbol{D}(\boldsymbol{G})$ eines Graphen $\boldsymbol{G}$ kann im allgemeinen verringert werden, wenn anstelle des oben eingeführten Matrixproduktes $\oplus$ ein anderes eingeführt wird.

D e f i n i t i o n. Es seien $\boldsymbol{G}$ ein gerichteter Graph, $\boldsymbol{B}(\boldsymbol{G})$ seine Bogenlängenmatrix und $X_1, X_2, \ldots, X_n$ seine Knotenpunkte. Wir setzen ${}^0\boldsymbol{B}(\boldsymbol{G}) = \boldsymbol{B}(\boldsymbol{G}) = ({}^0b_{ij})$. Unter dem *$\oplus_1$-Produkt* $\boldsymbol{B}(\boldsymbol{G}) \oplus_1 \boldsymbol{B}(\boldsymbol{G})$ verstehen wir diejenige Matrix ${}^1\boldsymbol{B}(\boldsymbol{G}) = ({}^1b_{ij})$, deren Elemente ${}^1b_{ij}$ in der folgenden Reihenfolge (zeilenweise)

$${}^1b_{11}, {}^1b_{12}, \ldots, {}^1b_{1n}, {}^1b_{21}, {}^1b_{22}, \ldots, {}^1b_{2n}, \ldots, {}^1b_{n1}, {}^1b_{n2}, \ldots, {}^1b_{nn}$$

wie folgt berechnet werden: ${}^1b_{ij} = \min\limits_{1 \leqq l \leqq n} ({}^pb_{il} + {}^qb_{lj})$.

Dabei gilt

$$p=\begin{cases}0 & \text{für } l\geqq j,\\ 1 & \text{für } l<j,\end{cases} \qquad q=\begin{cases}0 & \text{für } l\geqq i,\\ 1 & \text{für } l<i.\end{cases}$$

Mit anderen Worten: Wir „quadrieren" die Matrix $\boldsymbol{B}(\boldsymbol{G})$ bezüglich des in 3.2. eingeführten $\oplus$-Produkts, tragen jedoch jeden errechneten Wert sofort wieder in die Matrix ein, oder anders ausgedrückt: Unter Verwendung der aus Programmiersprachen bekannten Ergibtanweisung bilden wir in der oben angegebenen Reihenfolge

$$b_{ij} := \min_{1\leqq l\leqq n} (b_{il}+b_{lj}) .$$

Die Einsparung an Speicherplatz bei Verwendung von Digitalrechnern ist offensichtlich, denn man benötigt nur von einer Matrix (die sich laufend ändert) die Elemente sowohl für die Rechnung als auch für die Speicherung.

Nun können wir auch $\oplus_1$-Potenzen höherer Ordnung gemäß

$${}^{k}\boldsymbol{B}(\boldsymbol{G}) = {}^{k-1}\boldsymbol{B}(\boldsymbol{G}) \oplus_1 {}^{k-1}\boldsymbol{B}(\boldsymbol{G})$$

bestimmen.

Wir betrachten den Graphen der Abb. 3.2a. Die Adjazenzmatrix $\boldsymbol{B}(\boldsymbol{G}) = {}^{0}\boldsymbol{B}(\boldsymbol{G})$ hat das Aussehen

$${}^{0}\boldsymbol{B}(\boldsymbol{G}) = \begin{bmatrix} 0 & 30 & 18 & 6 & \infty \\ \infty & 0 & \infty & \infty & \infty \\ \infty & 10 & 0 & \infty & \infty \\ \infty & \infty & \infty & 0 & 7 \\ \infty & 13 & 2 & \infty & 0 \end{bmatrix}.$$

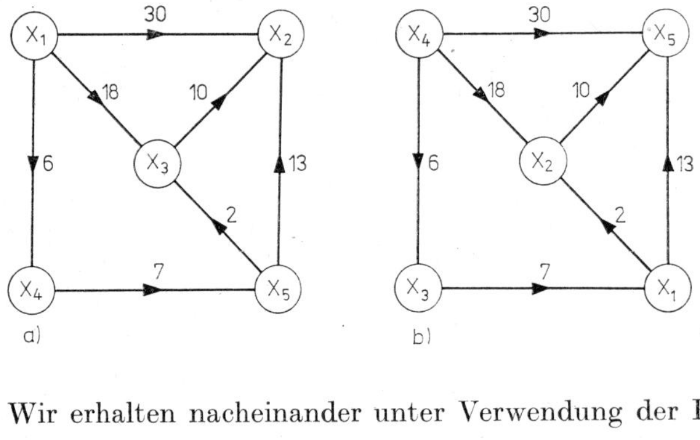

Abb. 3.2

Wir erhalten nacheinander unter Verwendung der Regeln der $\oplus_1$-Multiplikation

$${}^{1}\boldsymbol{B}(\boldsymbol{G}) = \begin{bmatrix} 0 & 28 & 18 & 6 & 13 \\ \infty & 0 & \infty & \infty & \infty \\ \infty & 10 & 0 & \infty & \infty \\ \infty & 20 & 9 & 0 & 7 \\ \infty & 12 & 2 & \infty & 0 \end{bmatrix}, \quad {}^{2}\boldsymbol{B}(\boldsymbol{G}) = \begin{bmatrix} 0 & 25 & 15 & 6 & 13 \\ \infty & 0 & \infty & \infty & \infty \\ \infty & 10 & 0 & \infty & \infty \\ \infty & 19 & 9 & 0 & 7 \\ \infty & 12 & 2 & \infty & 0 \end{bmatrix},$$

$$ {}^3\boldsymbol{B}(\boldsymbol{G}) = \begin{bmatrix} 0 & 25 & 15 & 6 & 13 \\ \infty & 0 & \infty & \infty & \infty \\ \infty & 10 & 0 & \infty & \infty \\ \infty & 19 & 9 & 0 & 7 \\ \infty & 12 & 2 & \infty & 0 \end{bmatrix}. $$

Ferner ergibt sich $\boldsymbol{D}(\boldsymbol{G}) = {}^3\boldsymbol{B}(\boldsymbol{G})$.

Wählt man jedoch eine andere Knotennumerierung, etwa die von Abb. 3.2b, so ergibt sich, wie der Leser sich leicht überzeugt, bereits ${}^1\boldsymbol{B}(\boldsymbol{G}) = \boldsymbol{D}(\boldsymbol{G})$.

N. S. Narahari Pandit [3] hatte vermutet, daß man bereits mit zwei $\oplus_1$-Multiplikationen für jeden Graphen $\boldsymbol{G}$ die Distanzmatrix erhält, daß also ${}^2\boldsymbol{B}(\boldsymbol{G}) =$

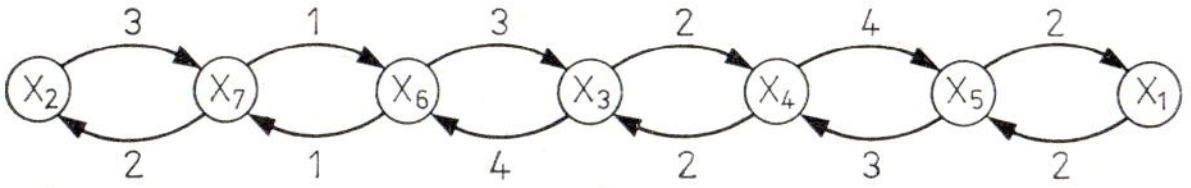

Abb. 3.3

$= \boldsymbol{D}(\boldsymbol{G})$ gilt. Der Graph von Abb. 3.3 beweist aber (Aufgabe!), daß das nicht so ist, jedenfalls nicht bei beliebiger Numerierung der Knotenpunkte. In 3.4. werden wir beweisen, daß jedoch stets ${}^3\boldsymbol{B}(\boldsymbol{G}) = \boldsymbol{D}(\boldsymbol{G})$ gilt.

3.4. Der Kaskadealgorithmus

Aus dem in 3.3. beschriebenen verbesserten Matrixalgorithmus entwickelte sich zur Bestimmung der Distanzmatrix $\boldsymbol{D}(\boldsymbol{G})$ eines Graphen $\boldsymbol{G}$ der Kaskadealgorithmus, zu dessen Verständnis wir eine weitere Matrixoperation erklären wollen, nämlich das $\oplus_2$-Produkt.

Definition. Gegeben sei eine quadratische (n, n)-Matrix $\boldsymbol{A} = ({}_0a_{ij})$ mit ${}_0a_{ij} \in \in R^+ \cup \{\infty\}$. Unter dem *Produkt* $\boldsymbol{A} \oplus_2 \boldsymbol{A}$ verstehen wir eine Matrix ${}_1\boldsymbol{A} = ({}_1a_{ij})$, deren Elemente wir in der Reihenfolge

$$ \begin{array}{l} {}_1a_{nn},\ {}_1a_{n,n-1},\ \ldots,\ {}_1a_{n2},\ {}_1a_{n1}\ , \\ {}_1a_{n-1,n},\ {}_1a_{n-1,n-1},\ \ldots,\ {}_1a_{n-1,2},\ {}_1a_{n-1,1} \\ \ldots\ldots\ldots\ldots\ldots\ldots\ldots\ldots \\ {}_1a_{1n},\ {}_1a_{1,n-1},\ \ldots,\ {}_1a_{12},\ {}_1a_{11} \end{array} $$

gemäß der Vorschrift

$$ {}_1a_{ij} = \min_{1 \leqq l \leqq n} ({}_pa_{il} + {}_qa_{lj}) $$

berechnen, wobei

$$ p = \begin{cases} 0 & \text{für } l \leqq j, \\ 1 & \text{für } l > j, \end{cases} \qquad q = \begin{cases} 0 & \text{für } l \leqq i, \\ 1 & \text{für } l > i \end{cases} $$

gilt.

Das $\oplus_2$-Produkt unterscheidet sich also vom $\oplus$-Produkt nur dadurch, daß die Berechnung der neuen Matrixelemente in genau entgegengesetzter Reihenfolge geschieht wie beim $\oplus_1$-Produkt. Die neu errechneten Matrixelemente ${}_1a_{ij}$ werden also ebenfalls sofort an die Stelle (i, j) der Matrix gesetzt (Überspeicherung!).

Der Leser überzeuge sich davon, daß bei einmaliger Anwendung der $\oplus_2$-Multiplikation der Adjazenzmatrix des Graphen von Abb. 3.2a mit sich selbst bereits die Distanzmatrix herauskommt.

Man sieht leicht, daß man bei anderer Numerierung der Knotenpunkte nicht unbedingt mit einer $\oplus_2$-Multiplikation auskommt.

Nun verbinden wir die beiden Multiplikationen $\oplus_1$ und $\oplus_2$ wie folgt:

Definition. Es sei $\boldsymbol{G}$ ein gerichteter Graph mit den Knotenpunkten $X_1, X_2, \ldots, X_n$ und der Bogenlängenmatrix $\boldsymbol{B}(\boldsymbol{G})$. Das Verfahren zur Bestimmung der Matrix ${}_1({}^1\boldsymbol{B}(\boldsymbol{G}))$ nennen wir *Kaskadealgorithmus.*

Die Bildung der Matrix ${}^1\boldsymbol{B}(\boldsymbol{G})$ erfolgt im ersten Kaskadeschritt (Vorwärtsprozeß des Kaskadealgorithmus), die anschließende Bestimmung der Matrix

$${}_1({}^1\boldsymbol{B}(\boldsymbol{G})) = {}^1\boldsymbol{B}(\boldsymbol{G}) \oplus_2 {}^1\boldsymbol{B}(\boldsymbol{G})$$

erfolgt im zweiten Kaskadeschritt (Rückwärtsprozeß des Kaskadealgorithmus).

Beispiel. Wir wollen auf den Graphen des Beispiels von S. 88 unten den Kaskadealgorithmus anwenden. Wir errechnen nacheinander

$${}^1\boldsymbol{B}(\boldsymbol{G}) = \boldsymbol{B}(\boldsymbol{G}) \oplus_1 \boldsymbol{B}(\boldsymbol{G}) = \begin{bmatrix} 0 & \infty & \infty & 5 & 2 & \infty & \infty \\ \infty & 0 & \infty & \infty & \infty & 4 & 3 \\ \infty & \infty & 0 & 2 & 6 & 4 & 5 \\ 6 & \infty & 2 & 0 & 4 & 6 & 7 \\ 2 & \infty & 5 & 3 & 0 & 9 & 10 \\ \infty & 3 & 3 & 5 & 9 & 0 & 1 \\ \infty & 2 & 4 & 6 & 10 & 1 & 0 \end{bmatrix}$$

im Vorwärtsprozeß und

$${}_1({}^1\boldsymbol{B}(\boldsymbol{G})) = {}^1\boldsymbol{B}(\boldsymbol{G}) \oplus_2 {}^1\boldsymbol{B}(\boldsymbol{G}) = \begin{bmatrix} 0 & 14 & 7 & 5 & 2 & 11 & 12 \\ 15 & 0 & 7 & 9 & 13 & 4 & 3 \\ 8 & 7 & 0 & 2 & 6 & 4 & 5 \\ 6 & 9 & 2 & 0 & 4 & 6 & 7 \\ 2 & 12 & 5 & 3 & 0 & 9 & 10 \\ 11 & 3 & 3 & 5 & 9 & 0 & 1 \\ 12 & 2 & 4 & 6 & 10 & 1 & 0 \end{bmatrix}$$

im anschließenden Rückwärtsprozeß und erhalten ${}_1({}^1\boldsymbol{B}(\boldsymbol{G})) = \boldsymbol{D}(\boldsymbol{G})$, also nach zwei Matrixoperationen bereits die Distanzmatrix.

Das Ziel der weiteren Überlegungen wird der Beweis des folgenden Hauptsatzes sein.

Satz 3.5. *Wenden wir auf die Bogenlängenmatrix* $\boldsymbol{B}(\boldsymbol{G})$ *eines Graphen* $\boldsymbol{G}$ *den Kaskadealgorithmus an, so erhalten wir die Distanzmatrix* $\boldsymbol{D}(\boldsymbol{G})$ *von* $\boldsymbol{G}$*, also*

$${}_1({}^1\boldsymbol{B}(\boldsymbol{G})) = \boldsymbol{D}(\boldsymbol{G}) .$$

Im Beweisgang werden wir T. C. Hu [2] folgen. Zunächst sind aber noch einige Vorbetrachtungen erforderlich.

Es sei $\boldsymbol{B}(X_i, X_j)$ eine kürzeste Bahn von X_i nach X_j und X_k ein innerer Punkt dieser Bahn. Dann ist die Teilbahn $\boldsymbol{B}(X_i, X_k)$ von $\boldsymbol{B}(X_i, X_j)$ eine kürzeste Bahn von X_i nach X_k. Daraus folgt aber, daß es kürzeste Bahnen in einem gerichteten Graphen $\boldsymbol{G}$ gibt, die zwei Knotenpunkte von $\boldsymbol{G}$ verbinden und die nur aus einem Bogen bestehen. Derartige Bögen wollen wir *Basisbögen* nennen.

Definition. Ein Bogen (X_i, X_j) eines Graphen $\boldsymbol{G}$ heißt *Basisbogen*, falls eine kürzeste Bahn von X_i nach X_j genau die Länge des Bogens (X_i, X_j) besitzt, also falls $d_{ij} = b_{ij}$ ist mit $\boldsymbol{B} = (b_{ij})$, der Bogenlängenmatrix von $\boldsymbol{G}$.

Stellt man sich die Aufgabe (vgl. 1.4.3.), kürzeste Bahnen von einem festen Knotenpunkt eines Graphen $\boldsymbol{G}$ zu allen anderen Knotenpunkten von $\boldsymbol{G}$ zu finden, und gibt man sich (falls überhaupt derartige Bahnen existieren) mit dem Auffinden einer einzigen kürzesten Bahn zufrieden, so kann man zeigen, daß der aus diesen Bahnen gebildete Untergraph von $\boldsymbol{G}$ ein Baum ist.

Enthält etwa $\boldsymbol{G}$ einen Untergraphen, wie er in Abb. 3.4 dargestellt ist, und interessieren wir uns nur für kürzeste Bahnen von X_i aus, so kann gewiß einer der beiden Bögen (X_i, X_k) oder (X_j, X_k) gelöscht werden, je nachdem, ob $b_{ik} \geqq b_{ij} + b_{jk}$ oder $b_{ij} + b_{jk} \geqq b_{ik}$ ist. Interessieren wir uns aber für alle kürzesten Bahnen (also

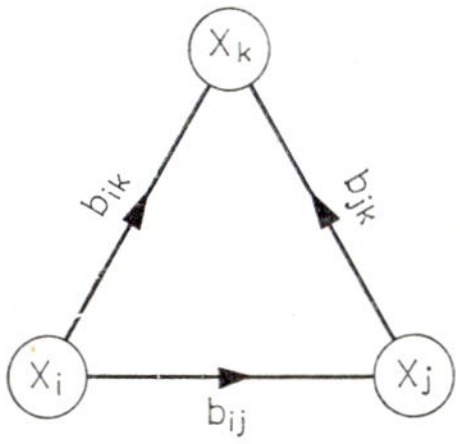

Abb. 3.4

im Beispiel der Abb. 3.4 für solche von X_i nach X_k und X_j und von X_j nach X_k), so ist es möglich, daß alle Bögen als Basisbögen benötigt werden, etwa im Fall $b_{ij} = b_{ik} = b_{jk}$. Ist jedoch $b_{ik} > b_{ij} + b_{jk}$, so kann man, ohne die Längen kürzester Bahnen zu ändern, die Bewertung b_{ik} des Bogens (X_i, X_k) durch die Bewertung $b_{ij} + b_{jk}$ ersetzen. Diesen so veränderten Bogen kann man dann als Basisbogen behandeln. In dieser Weise werden wir auch für den Beweis des Satzes 3.5 neue Basisbögen einführen.

Für das weitere benötigen wir noch einige Begriffe.

Definition. Die Knotenpunkte $X_{i_1}, X_{i_2}, \ldots, X_{i_k}$ eines Graphen $\boldsymbol{G}$ bilden

a) eine *steigende Folge*, falls $i_1 < i_2 < \ldots < i_k$ ist,

b) eine *fallende Folge*, falls $i_1 > i_2 > \ldots > i_k$ ist,

c) eine *Talfolge*, falls $\min(i_1, i_k) > \max\limits_{2 \leqq j \leqq k-1} i_j$ ist.

Sind $X_{i_1}, X_{i_2}, \ldots, X_{i_k}$ insbesondere Knotenpunkte einer Bahn von X_{i_1} nach X_{i_k} (wobei deren Reihenfolge übereinstimmt mit ihrem Antreffen beim Durchlaufen der Bahn), so nennen wir sie eine *steigende Folge* bzw. *fallende Folge* bzw. *Talfolge der Bahn.*

Definition. Ein innerer Knotenpunkt X_{i_k} einer Bahn

$$\boldsymbol{B}(X_i, X_j) = (X_i = X_{i_1}, X_{i_2}, \ldots, X_{i_k}, \ldots, X_{i_r} = X_j)$$

heißt *minimal* (*maximal*) *in* $\boldsymbol{B}(X_i, X_j)$, falls $i_k < \min(i_{k-1}, i_{k+1})$ (bzw. $i_k > \max(i_{k-1}, i_{k+1})$) ist.

Definition. Es sei $\mathfrak{Q}$ eine Knotenpunktfolge von $\boldsymbol{G}$. Wir nennen eine Knotenpunktfolge $\mathfrak{P}$ von $\boldsymbol{G}$ eine *Unterfolge* von $\mathfrak{Q}$, falls gilt:

a) Jeder Knotenpunkt von $\mathfrak{P}$ gehört zu $\mathfrak{Q}$.

b) Knotenpunkte, die in $\mathfrak{P}$ unmittelbar aufeinander folgen, tun dies auch in $\mathfrak{Q}$.

Mit anderen Worten: Als Unterfolge bezeichnen wir nur solche Teilfolgen, bei denen von der Originalfolge höchstens „Ränder weggeschnitten" sind.

Definition. Gegeben sei eine Folge $\mathfrak{Q}$ von Knotenpunkten von $\boldsymbol{G}$ (nicht notwendig Bahn). Wir löschen in $\mathfrak{Q}$ Knotenpunkte wie folgt:

a) Man wähle (falls vorhanden) eine Unterfolge $\mathfrak{P} = \{X_{i_1}, \ldots, X_{i_k}\}$ von $\mathfrak{Q}$, die eine Talfolge ist. Dann lösche man alle inneren Knotenpunkte X_{i_j} $(j = 2, \ldots, k-1)$ von $\mathfrak{P}$ in $\mathfrak{Q}$.

b) Man wende a) auf die verbleibende Folge an.

c) Falls a) nicht mehr anwendbar ist, wird die verbleibende Folge als *reduzierte Folge* von $\mathfrak{Q}$ bezeichnet.

Beispiel. Es sei

$$\mathfrak{Q} = \{1, 8, 2, 10, 14, 15, 7, 6, 3, 12, 8, 13, 18, 25, 11, 9\}.$$

Es bildet die Unterfolge $\{7, 6, 3, 12\}$ eine Talfolge. Die Anwendung von a) liefert $\{1, 8, 2, 10, 14, 15, 7, 12, 8, 13, 18, 25, 11, 9\}$. Setzt man mit a) fort, so gelangt man schließlich zu einer reduzierten Folge $\{1, 8, 10, 14, 15, 18, 25, 11, 9\}$, und zwar unabhängig davon, wie man die Talfolgen wählt, denn es gilt der folgende Satz.

Satz 3.6. *Die reduzierte Folge $\mathfrak{R}$ ist durch die Ausgangsfolge $\mathfrak{Q}$ eindeutig bestimmt.*

Man findet darüber hinaus $\mathfrak{R}$ dadurch, daß man in $\mathfrak{Q}$ alle maximalen Talfolgen sucht (in unserem Beispiel $\{8, 10, 2\}$, $\{15, 7, 6, 3, 12, 8, 13, 18\}$) und auf diese die Operation a) anwendet.

Beweis. Es sei $\mathfrak{Q}$ eine beliebige Knotenpunktfolge von $\boldsymbol{G}$. In $\mathfrak{Q}$ suchen wir alle maximalen Talfolgen und bezeichnen sie in der Reihenfolge des Durchlaufens von $\mathfrak{Q}$ mit $\mathfrak{P}_1, \ldots, \mathfrak{P}_l$. Löschen wir in den $\mathfrak{P}_i$ alle inneren Knotenpunkte, so entsteht eine Folge $\mathfrak{P}$, die alle Endpunkte der $\mathfrak{P}_i$ enthält sowie eventuell in $\mathfrak{Q}$ vorhandene zwischen den Talfolgen $\mathfrak{P}_i$ liegende Knotenpunkte (in unserem Beispiel sind die Knotenpunkte 1; 14; 25, 11, 9 von dieser Art). $\mathfrak{P}$ ist gewiß eine reduzierte Folge, denn gäbe es in $\mathfrak{P}$ noch eine Talfolge, so hätten wir die $\mathfrak{P}_i$ nicht sämtlich maximal gewählt.

Man sieht auch, daß man bei anderer Wahl der Talfolgen nach Abbrechen der Reduktionsvorschrift die Folge $\mathfrak{P}$ erhält, da jede Talfolge eindeutig in eine maximale Talfolge eingebettet ist (Aufgabe!).

Satz 3.7. *Die reduzierte Folge* $\mathfrak{R}$ *einer Folge* $\mathfrak{Q}$ *ist entweder*

a) *eine steigende Folge oder*

b) *eine fallende Folge oder*

c) *eine steigende Folge mit sich anschließender fallender Folge.*

In unserem Beispiel ist $\mathfrak{R}$ vom Typ c).

Beweis.

1. $\mathfrak{R}$ enthält keinen minimalen Punkt (das war ein Punkt, dessen beide in der Folge benachbarten Punkte einen größeren Index haben), da dieser sonst in einer Talfolge läge.

2. $\mathfrak{R}$ enthält höchstens einen maximalen Punkt, da andernfalls (zwischen diesen beiden maximalen) ein minimaler Punkt existierte.

3. $\mathfrak{R}$ enthalte keinen maximalen Punkt (also keinen Punkt, dessen beide Nachbarn in der Folge einen kleineren Index haben) und auch keinen minimalen Punkt. Dann aber ist $\mathfrak{R}$ steigend oder fallend.

4. $\mathfrak{R}$ enthalte genau einen maximalen Punkt. Dann besteht $\mathfrak{R}$ aus einer steigenden und einer sich anschließenden fallenden Folge, was zu zeigen war.

Satz 3.8. *Es sei* $\boldsymbol{B}(X_i, X_j)$ *eine kürzeste Bahn von* X_i *nach* X_j. *Falls die Knotenpunkte von* $\boldsymbol{B}$ *eine steigende oder eine fallende Folge bilden, so gilt*

$$^1b_{ij} = d_{ij};$$

d. h., wir erhalten den kürzesten Abstand von X_j *zu* X_i *(Länge einer kürzesten Bahn von* X_i *nach* X_j*) bereits nach dem Vorwärtsprozeß des Kaskadealgorithmus.*

Beweis. Wir betrachten eine kürzeste Bahn $\boldsymbol{B}(X_i, X_j) = (X_i = X_{i_1}, X_{i_2}, \ldots, X_{i_k} = X_j)$ von X_i nach X_j.

a) Die Knotenpunkte $X_{i_1}, \ldots, X_{i_k}$ mögen eine steigende Folge bilden, es sei also $i_1 < i_2 < \ldots < i_k$.

Zunächst beachten wir, daß für beliebige Indizes r, s stets $^1b_{rs} \geqq d_{rs}$ gilt, da $^1b_{rs}$ entweder ∞ ist (dann ist nichts zu zeigen) oder sich andernfalls als Länge einer Bahn von X_r nach X_s ergibt (also stets den Wert einer kürzesten Bahnlänge nicht unterschreitet). Da der Bogen (X_{i_1}, X_{i_2}) als Bogen einer kürzesten Bahn ein Basisbogen ist, gilt

$$^1b_{i_1 i_2} = {^0b}_{i_1 i_2} = d_{i_1 i_2}.$$

Als zweiter von den Werten $^1b_{i_1 r}$ $(r = i_2, \ldots, i_k)$ wird im ersten Kaskadeschritt $^1b_{i_1 i_3}$ berechnet. Da auch (X_{i_2}, X_{i_3}) Basisbogen ist, ergibt sich

$$^1b_{i_1 i_3} = {^1b}_{i_1 i_2} + {^0b}_{i_2 i_3} = d_{i_1 i_3}.$$

In dieser Weise fährt man fort und erhält

$$^1b_{i_1 i_k} = d_{i_1 i_2} + d_{i_2 i_3} + \ldots + d_{i_{k-1} i_k} = d_{i_1 i_k}.$$

Im Verlaufe des Vorwärtsschrittes können natürlich auch bereits andere d_{rs} errechnet werden.

b) Die Knotenpunkte $X_{i_1}, X_{i_2}, \ldots, X_{i_k}$ einer kürzesten Bahn $\boldsymbol{B}(X_{i_1}, X_{i_k})$ von X_{i_1} nach X_{i_k} mögen eine fallende Folge bilden, es sei also $i_1 > i_2 > \ldots > i_k$.

Im Vorwärtsprozeß des Kaskadealgorithmus wird von den ${}^1b_{ri_k}$ $(r = i_1, i_2, \ldots, i_{k-1})$ als erste Zahl der Wert ${}^1b_{i_{k-1}i_k}$ berechnet. Da der Bogen $(X_{i_{k-1}}, X_{i_k})$ als Bogen einer kürzesten Bahn Basisbogen ist, gilt ${}^1b_{i_{k-1}i_k} = d_{i_{k-1}i_k}$.

Mit ähnlichen Überlegungen wie beim Fall a) (unter Beachtung der Reihenfolge der Berechnung der ${}^1b_{ri_k}$) erhalten wir ebenfalls die Behauptung des Satzes, womit Satz 3.8 bewiesen ist.

Satz 3.9. *Es sei $\boldsymbol{B}(X_i, X_j)$ eine kürzeste Bahn von X_i nach X_j. Falls die Knotenpunkte von $\boldsymbol{B}(X_i, X_j)$ eine Talfolge bilden, gilt*

$$ {}^1b_{ij} = d_{ij} \,. $$

Das heißt, daß man d_{ij} bereits im Vorwärtsschritt des Kaskadealgorithmus (wie auch im Fall einer fallenden oder steigenden Folge; vgl. Satz 3.8) ermittelt.

Beweis. Die Knotenpunkte $X_i = X_{i_1}, X_{i_2}, \ldots, X_{i_k} = X_j$ einer kürzesten Bahn $\boldsymbol{B}(X_i, X_j)$ mögen eine Talfolge bilden. Diese Talfolge $\mathfrak{Q}$ besitzt mindestens einen minimalen Punkt.

1. $\mathfrak{Q}$ besitze genau einen minimalen Punkt. Dieser Minimalpunkt sei X_{i_m}. Dann ist die Unterfolge $X_{i_1}, X_{i_2}, \ldots, X_{i_m}$ eine fallende und die Unterfolge $X_{i_m}, X_{i_{m+1}}, \ldots, X_{i_k}$ eine steigende Folge. Nach Satz 3.8 gilt

$$ {}^1b_{i_1i_m} = d_{i_1i_m} \quad \text{und} \quad {}^1b_{i_mi_k} = d_{i_mi_k} \,. $$

Wegen der Vorschrift der Berechnungsreihenfolge der ${}^1b_{ij}$ wird ${}^1b_{i_1i_m}$ eher berechnet als ${}^1b_{i_1i_k}$ und auch ${}^1b_{i_mi_k}$ eher als ${}^1b_{i_1i_k}$. Damit erhalten wir aber

$$ d_{i_1i_m} + d_{i_mi_k} = {}^1b_{i_1i_m} + {}^1b_{i_mi_k} = {}^1b_{i_1i_k} \,, $$

da unsere Bahn von X_{i_1} nach X_{i_k} minimale Länge hat.

2. $\mathfrak{Q}$ besitze mehr als einen minimalen Knotenpunkt. Wir löschen in $\mathfrak{Q}$ alle diejenigen inneren Punkte, die nicht maximale Punkte sind. Es entstehe die Knotenpunktfolge $\mathfrak{F}$ (falls z. B. $\mathfrak{Q} = \{15, 4, 8, 3, 7, 12, 1, 5, 10, 17\}$ ist, wird $\mathfrak{F} = \{15, 8, 12, 17\}$).

Wir schreiben $\mathfrak{F} = \{X_{i_1} = Y_1, Y_2, Y_3, \ldots, Y_l = X_{i_k}\}$. Dabei sind $Y_2, \ldots, Y_{l-1}$ maximale Knotenpunkte von $\mathfrak{Q}$. Wir betrachten unter allen Indexpaaren $\bar{p}$, $\bar{q}$ mit $Y_t = X_{\bar{p}}$ und $Y_{t+1} = X_{\bar{q}}$ dasjenige, für welches im Vorwärtsschritt des Kaskadealgorithmus ${}^1b_{\bar{p}\bar{q}}$ zuerst berechnet wird, dieses Indexpaar bezeichnen wir mit p, q (in unserem Beispiel hätten wir $p = 8$, $q = 12$). Die Unterfolge $\{X_p, \ldots, X_q\}$ (in unserem Beispiel $\{8, 3, 7, 12\}$) von $\mathfrak{Q}$ besitzt nur einen minimalen Punkt (im Beispiel 3). Damit erhalten wir aber wegen des bereits abgehandelten Falles, daß ${}^1b_{pq} = d_{pq}$ gilt.

Das Ersetzen von ${}^0b_{pq}$ durch ${}^1b_{pq}$ im Verlauf des Vorwärtsschrittes entspricht einem Ersetzen der entsprechenden Teilbahn (die in unserem Fall ja minimale

Länge hat) durch einen Bogen dieser Teilbahnlänge, und zwar durch einen Basisbogen, dem die Länge d_{pq} zugeordnet wird. Nunmehr bilden wir aus $\mathfrak{Q}$ eine Knotenpunktfolge $\mathfrak{Q}'$, indem wir alle Zwischenpunkte der Unterfolge $\{X_p, \ldots, X_q\}$ löschen. $\mathfrak{Q}'$ hat einen minimalen Knotenpunkt weniger als $\mathfrak{Q}$. Dann bilden wir aus $\mathfrak{Q}'$ eine Folge $\mathfrak{F}'$ (das entspricht dem Übergang von $\mathfrak{Q}$ nach $\mathfrak{F}$), indem wir denjenigen der beiden Knotenpunkte X_p oder X_q löschen, der den kleineren Index besitzt. Nun betrachten wir wieder unter allen aufeinanderfolgenden Knotenpunktpaaren von $\mathfrak{F}'$ das Paar X_p, X_q, für welches im Vorwärtsschritt des Kaskadealgorithmus ${}^1b_{pq}$ zuerst berechnet wird, usw. (vollständige Induktion!).

Wir können dieses Verfahren solange fortsetzen, bis die verbleibende Talfolge nur noch einen einzigen minimalen Punkt besitzt (gemäß Definition einer Talfolge wurde keiner der beiden Punkte X_{i_1}, X_{i_k} im Verlauf des Prozesses gelöscht). Damit haben wir schließlich den Fall 1 erreicht, womit Satz 3.9 bewiesen ist.

Satz 3.10. *Es sei $\boldsymbol{B}(X_i, X_j)$ eine kürzeste Bahn in $\boldsymbol{G}$ von X_i nach X_j. Bilden die Knotenpunkte von $\boldsymbol{B}(X_i, X_j)$*

a) *eine steigende Folge oder*

b) *eine fallende Folge oder*

c) *eine steigende mit anschließender fallender Folge,*

so gilt

$$ {}_1^1b_{ij} = d_{ij} . $$

Beweis.

a) Bilden die Knotenpunkte $X_i = X_{i_1}, X_{i_2}, \ldots, X_{i_k} = X_j$ eine steigende Folge, ist also $i_1 < i_2 < \ldots < i_k$, so liefert der Rückwärtsprozeß schrittweise

$$ {}_1^1b_{i_{k-1}i_k} = {}^0b_{i_{k-1}i_k} = d_{i_{k-1}i_k}, \quad \text{denn } (X_{i_{k-1}}, X_{i_k}) \text{ ist Basisbogen,} $$

$$ {}_1^1b_{i_{k-2}i_k} = {}^0b_{i_{k-2}i_{k-1}} + {}_1^1b_{i_{k-1}i_k} = d_{i_{k-2}i_k}, \text{ denn } (X_{i_{k-2}}, X_{i_{k-1}}) \text{ ist Basisbogen,} $$

$$ \cdots\cdots\cdots\cdots\cdots\cdots\cdots\cdots\cdots $$

$$ {}_1^1b_{i_1 i_k} = {}^0b_{i_1 i_2} + {}_1^1b_{i_2 i_k} = d_{i_1 i_k} . $$

b) Bilden die Knotenpunkte $X_i = X_{i_1}, X_{i_2}, \ldots, X_{i_k} = X_j$ eine fallende Folge, so ist also $i_1 > i_2 > \ldots > i_k$, und wir können die Überlegungen wie im Fall a) führen.

c) Bilden die Knotenpunkte zunächst eine steigende Folge $X_i = X_{i_1}, X_{i_2}, \ldots, X_{i_j}$ und anschließend eine fallende Folge $X_{i_j}, X_{i_{j+1}}, \ldots, X_{i_k}$, so schließen wir wie folgt: Da $i_k < i_j$ und $i_1 < i_j$ ist, wird beim Rückwärtsschritt ${}_1^1b_{i_1 i_k}$ nach ${}_1^1b_{i_1 i_j}$ und nach ${}_1^1b_{i_j i_k}$ berechnet. Unter Verwendung von a) und b) ergibt sich aber

$$ {}_1^1b_{i_1 i_j} = d_{i_1 i_j} \quad \text{und} \quad {}_1^1b_{i_j i_k} = d_{i_j i_k} , $$

und daraus folgt

$$ {}_1^1b_{i_1 i_k} = {}_1^1b_{i_1 i_j} + {}_1^1b_{i_j i_k} = d_{i_1 i_j} + d_{i_j i_k} = d_{i_1 i_k} . $$

Wir kommen nun zum Beweis von Satz 3.5.

Es sei $\boldsymbol{B}(X_{i_1}, X_{i_k})$ eine kürzeste Bahn in $\boldsymbol{G}$ von X_i nach X_j. Wir haben zu zeigen, daß ${}_1^1b_{i_1 i_k} = d_{i_1 i_k}$ unabhängig davon gilt, von welcher Art die Folge $\mathfrak{Q} = \{X_{i_1}, X_{i_2}, \ldots, X_{i_k}\}$ ist. Dazu betrachten wir die reduzierte Folge $\mathfrak{R}$ von $\mathfrak{Q}$. Zwei Nachbarknoten in $\mathfrak{R}$ sind entweder durch einen Basisbogen verbunden, oder sie sind Endknoten einer Talfolge in $\mathfrak{Q}$. In beiden Fällen werden die Abstände dieser beiden Nachbarn in $\mathfrak{R}$ gemäß den Sätzen 3.8 und 3.9 im Vorwärtsprozeß des Kaskadealgorithmus berechnet. Da $\mathfrak{R}$ nach Satz 3.7 entweder eine steigende Folge oder eine fallende Folge oder eine steigende mit anschließender fallender Folge ist, gilt nach Satz 3.10

$$ {}_1^1b_{i_1 i_k} = d_{i_1 i_k}, $$

womit Satz 3.5 bewiesen ist.

Folgerung 1. Will man in einem gerichteten Graphen mit n Knotenpunkten nur den Abstand zwischen zwei Knotenpunkten Y und Z von $\boldsymbol{G}$ berechnen, so numeriere man die Knotenpunkte von $\boldsymbol{G}$ so um, daß Y den Index $n-1$ und Z den Index n erhält. Dann bilden die Knotenpunkte einer beliebigen Bahn von Y nach Z (also auch einer kürzesten) stets eine Talfolge, und gemäß Satz 3.9 können wir den Abstand dieser beiden Knotenpunkte bereits im Vorwärtsschritt des Kaskadealgorithmus ermitteln. Vergleicht man dieses Verfahren jedoch mit dem in Kapitel 1 beschriebenen, so ist kein Vorteil zu erkennen.

Folgerung 2. Will man in einem gerichteten Graphen $\boldsymbol{G}$ nur die Abstände von einem festen Knotenpunkt zu allen anderen Knotenpunkten von $\boldsymbol{G}$ bestimmen, so gebe man bei einer Umnumerierung der Knotenpunkte von $\boldsymbol{G}$ diesem Knotenpunkt den größten Index. Im Rückwärtsprozeß berechnete Elemente ${}_1^1b_{ij}$ werden nicht mehr geändert, und es gilt ${}_1^1b_{ij} = d_{ij}$; also können wir nach Berechnung der letzten Zeile im Rückwärtsschritt abbrechen.

Folgerung 3. Will man nur die kürzesten Abstände zwischen Knotenpunkten einer Untermenge aller Knotenpunkte berechnen, so gebe man diesen Knotenpunkten die höchsten Nummern. Sind es gerade p Knotenpunkte, so kann mit dem Rückwärtsalgorithmus aufgehört werden, wenn die letzten p Zeilen errechnet sind.

Satz 3.11. *Gegeben sei ein gerichteter Graph* $\boldsymbol{G}$ *ohne Kreise. Dann kann man die Knotenpunkte von* $\boldsymbol{G}$ *in geeigneter Weise numerieren, so daß* ${}^1\boldsymbol{B}(\boldsymbol{G}) = \boldsymbol{D}(\boldsymbol{G})$ *gilt.*

Beweis. In 1.5. hatten wir eine Knotennumerierung (in Graphen ohne Kreise) angegeben, so daß Bögen nur von Knoten mit kleinerer Nummer zu solchen mit größerer Nummer laufen. Damit ist jede Bahn in unserer Terminologie steigend, und unter Verwendung von Satz 3.8 ist alles bewiesen.

Nun können wir die in 3.3. aufgestellte Behauptung beweisen.

Satz 3.12. *Es sei* $\boldsymbol{G}$ *ein gerichteter Graph mit den Knotenpunkten* $X_1, X_2, \ldots, X_n$ *und der Bogenlängenmatrix* $\boldsymbol{B}(\boldsymbol{G})$. *Dann gilt* ${}^3\boldsymbol{B}(\boldsymbol{G}) = \boldsymbol{D}(\boldsymbol{G})$.

Es wird also behauptet, daß man auch durch dreimaliges Nacheinanderausführen des Vorwärtsschrittes im Kaskadealgorithmus die Distanzmatrix berechnen kann.

Beweis. Es sei $\boldsymbol{B}(X_i, X_j)$ eine kürzeste Bahn von X_i nach X_j, und $\mathfrak{Q}$ sei die Folge der Knotenpunkte von $\boldsymbol{B}(X_i, X_j)$. Bilden wir die zu $\mathfrak{Q}$ gehörige reduzierte Folge $\mathfrak{R}$, so erhalten wir im Verlauf des ersten Vorwärtsprozesses alle Abstände der in $\mathfrak{R}$ benachbarten Knotenpunkte. Nach Satz 3.7 kann gelten:

Entweder

a) $\mathfrak{R}$ ist steigend oder fallend. Dann wird gemäß Satz 3.8 d_{ij} im zweiten Vorwärtsprozeß errechnet, also ${}^2b_{ij} = d_{ij}$,

oder

b) $\mathfrak{R}$ ist steigend mit anschließender fallender Folge, also $\mathfrak{R} = \{X_i, \ldots, X_m, \ldots, X_j\}$ mit maximalem X_m. Im zweiten Vorwärtsschritt werden dann d_{im} und d_{mk} berechnet, jedoch nicht notwendig d_{ij} (es sei denn, $\mathfrak{R}$ besteht nur aus drei Knotenpunkten X_i, X_m, X_j). Im dritten Vorwärtsschritt aber ergibt sich $d_{ij} = {}^3b_{ij}$ nach Satz 3.8.

Damit beenden wir die Untersuchungen zum Problem der Bestimmung kürzester Bahnen in gerichteten Graphen.

3.5. Literatur

[1] Hasse, M.: Über die Behandlung graphentheoretischer Probleme unter Verwendung der Matrizenrechnung, Wiss. Z. TU Dresden **10** (1961), 1313–1316.

[2] Hu, T. C.: Revised matrix algorithms for shortest paths, SIAM J. Appl. Math. **15** (1967), 207–218.

[3] Narahari Pandit, N. S.: The shortest route problem, An addendum, Operations Res. **9** (1961), 129–132.

4. Nichtlineare Transportprobleme

4.1. Problemstellung

In Kapitel 2 hatten wir uns mit dem linearen Transportproblem befaßt. Es wurde auf einem gerichteten, bogenbewerteten (Kapazitätsbeschränkungen!) Graphen mit zwei ausgezeichneten Knotenpunkten Q, S und einem ausgezeichneten (Rückkehr-)Bogen (S, Q) mit unbeschränkter Kapazität ein mit den Kapazitäten verträglicher Strom vorgegebener Stärke auf dem Rückkehrbogen gesucht, der die Transportkosten minimiert, wobei für den Transport einer Wareneinheit auf dem Bogen (i, j) Kosten von k_{ij} entstehen. Die zu minimierende Funktion hatte die Gestalt

$$Z = \sum_{(i,j)} k_{ij} x_{ij} ,$$

wobei x_{ij} die mit den Kapazitäten verträgliche Strommenge auf dem Bogen (i, j) ist.

In 4.2. wollen wir die Voraussetzungen über die Kostenfunktionen abschwächen, d. h., wir wollen über die $k_{ij}(x)$ nur voraussetzen, daß diese konvex sind. Darüber hinaus gestatten wir das Nichterfülltsein der Kirchhoffschen Knotenbedingung, mit anderen Worten: In den Knotenpunkten des Graphen dürfen Waren produziert oder verbraucht werden.

In 4.3. betrachten wir eine Verallgemeinerung des klassischen Stromproblems von Ford und Fulkerson: In einem Graphen sollen von zwei Quellpunkten zu zwei Senken zwei verschiedene Stromtypen unter Beachtung von Kapazitätsbeschränkungen transportiert werden; dabei ist die Summe beider Stromtypen zu maximieren. Eine Lösung des Problems für mehr als zwei Stromtypen ist uns nicht bekannt.

4.2. Ein konvexes Transportproblem

Wir untersuchen das folgende Problem: Gegeben sei ein ungerichteter Graph $\boldsymbol{G}(\mathfrak{X}, \mathfrak{U})$ mit n Knotenpunkten, die wir mit $1, 2, \ldots, n$ bezeichnen. Jedem Knotenpunkt i sei eine Intensität (Quellergiebigkeit) d_i zugeordnet, wobei

$$\sum_{i=1}^{n} d_i = 0$$

gelte (mit anderen Worten: Was im Graphen erzeugt wird, muß auch verbraucht werden). Es existiere auf $\boldsymbol{G}$ eine Kantenfunktion (ein Strom) x_{ij}, für die

$$\sum_{j \in X_i^+} x_{ij} - \sum_{j \in X_i^-} x_{ji} = d_i \quad \text{für alle} \quad i \in \mathfrak{X} \tag{1}$$

gilt, dabei bezeichne $\mathfrak{X}_i^+$ bzw. $\mathfrak{X}_i^-$ die Menge der Knotenpunkte von G, zu denen von i aus ein positiver Fluß fließt bzw. von denen aus nach i ein positiver Fluß fließt (die Bezeichnung schließt sich an die Bezeichnungen von Kapitel 1 an), denn ein positiver Fluß, der von i nach j fließt, prägt der Kante $(i, j) = (j, i)$ eine Orientierung von i nach j auf; wir können unseren Graphen also auch als gerichtet auffassen mit einer nichtnegativen Bogenfunktion x_{ij}. (Über die Existenz eines solchen Stromes werden wir später noch einige Bemerkungen machen.) Mit dem Transport der Flußmenge $x_{ij} \geqq 0$ längs (i, j) seien Kosten $k_{ij}(x_{ij}) \geqq 0$ verbunden. Gesucht ist ein solcher Strom auf G, der die Gesamtkosten minimiert, für den also (1) gilt und der

$$\sum_{(i,j) \in \mathfrak{U}} k_{ij}(x_{ij})$$

minimiert.

Wir wollen im weiteren die Kostenfunktionen $k_{ij}(x)$ als konvex voraussetzen; es sei also

$$k_{ij}(\lambda x + (1-\lambda)\, y) \leqq \lambda k_{ij}(x) + (1-\lambda)\, k_{ij}(y) \quad \text{für beliebiges } \lambda \in [0, 1]\,.$$

Bekanntlich besitzt eine konvexe Funktion in jedem inneren Punkt eine links- und eine rechtsseitige Ableitung und ist dort stetig. Wir wollen noch voraussetzen, daß die $k_{ij}(x)$ im Nullpunkt rechtsseitig stetig sind. Wir bezeichnen die rechts- bzw. linksseitigen Ableitungen von $k_{ij}(x)$ mit $k_{ij}^+(x)$ bzw. $k_{ij}^-(x)$. Es gilt

$$k_{ij}^-(x) \leqq k_{ij}^+(x)\,.$$

Zunächst wollen wir ein Kriterium angeben, wann eine konvexe Funktion ihr Minimum annimmt.

Hilfssatz 1. *Der Punkt x_0 minimiert die konvexe Funktion $g(x)/x \geqq 0$ genau dann, wenn $g^+(x_0) \geqq 0$ und $g^-(x_0) \leqq 0$ für $x_0 > 0$ und $g^+(x_0) \geqq 0$ für $x_0 = 0$ ist.*

Bevor wir den Hilfssatz beweisen, stellen wir ohne Beweis einige Eigenschaften konvexer Funktionen bereit.

Eigenschaft 1. *Es sei $g(x)$ konvex und $0 < a < A$. Dann gilt*

$$\frac{g(x+a) - g(x)}{a} \leqq \frac{g(x+A) - g(x)}{A}\,,$$

d. h., die Differenzenquotienten konvexer Funktionen sind monoton wachsend mit den Schrittweiten.

Eigenschaft 2. *Es sei $g(x)$ konvex und $0 < a < A$. Dann gilt*

$$\frac{g(x) - g(x-A)}{A} \leqq \frac{g(x) - g(x-a)}{a}\,.$$

Eigenschaft 3. *Für beliebiges $a > 0$ und konvexes $g(x)$ gilt*

$$\frac{g(x) - g(x-a)}{a} \leqq \frac{g(x+a) - g(x)}{a}\,.$$

Eigenschaft 4. *Für einen beliebigen inneren Punkt x des Definitionsbereichs einer konvexen Funktion $g(x)$ gilt*

$$g^-(x) \leqq g^+(x) .$$

Eigenschaft 5. *Es seien $h>0$, $g(x)$ konvex und x sowie $x-h$ innere Punkte des Definitionsbereichs von $g(x)$. Dann gilt*

$$hg^+(x-h) \leqq g(x)-g(x-h) \leqq hg^-(x) .$$

Der Beweis der angegebenen Eigenschaften sei dem Leser als Aufgabe empfohlen.

Wir kommen nun zum Beweis von Hilfssatz 1:

1. Es sei x_0 Minimalpunkt von $g(x)$.

a) Es sei $x_0>0$. Da x_0 Minimalpunkt ist, gilt

$$g(x_0+h)-g(x_0) \geqq 0 ,$$

also

$$\frac{g(x_0+h)-g(x_0)}{h} \geqq 0$$

und damit $g^+(x_0) \geqq 0$. Entsprechend ist

$$g(x_0)-g(x_0-h) \leqq 0 ,$$

also

$$\frac{g(x_0)-g(x_0-h)}{h} \leqq 0$$

und damit $g^-(x_0) \leqq 0$.

b) Es sei $x_0=0$. Dann gilt $g(0+h)-g(0) \geqq 0$, also

$$\frac{g(0+h)-g(0)}{h} \geqq 0$$

und somit $g^+(0) \geqq 0$.

2. Es sei $x_0>0$ und $g^+(x_0) \geqq 0$, $g^-(x_0) \leqq 0$. Angenommen, x_0 wäre nicht Minimalpunkt. Dann existiert ein Punkt x_1 mit $g(x_1)<g(x_0)$.

a) Es sei $x_1>x_0$. Wir setzen $x_1=x_0+h$ und erhalten mittels Eigenschaft 5 die Beziehung

$$0 \leqq hg^+(x_0) \leqq g(x_1)-g(x_1-h)<0 ,$$

was gewiß falsch ist.

b) Es sei $x_1<x_0$. Wir setzen $x_0=x_1+h$ und erhalten mittels Eigenschaft 5 die Beziehung

$$0 \geqq hg^-(x_0) \geqq g(x_0)-g(x_0-h)>0 ,$$

was ebenfalls falsch ist.

c) Es sei $x_0 = 0$ und $g^+(x_0) \geqq 0$. Dann ergibt sich mit $x_1 = x_0 + h$ als angenommenem Minimalpunkt die Beziehung

$$0 \leqq h g^+(x_0) \leqq g(x_1) - g(x_0) < 0 ,$$

was nicht möglich ist.

Damit ist der Hilfssatz vollständig bewiesen.

Nun sind wir in der Lage, ein Kriterium dafür anzugeben, daß ein Strom, der der modifizierten Knotenbedingung (2) genügt, die Transportkosten minimiert:

Satz 4.1. *Ein Strom* $\{x_{ij}\}$, *der die Bedingung*

$$\sum_{j \in X_i^+} x_{ij} - \sum_{j \in X_i^-} x_{ji} = d_i \quad \textit{für alle} \quad i \in \mathfrak{X} \tag{2}$$

erfüllt, minimiert bei konvexen Kostenfunktionen $k_{ij}(x) \geqq 0$ *genau dann die Gesamtkosten*

$$\sum_{(i,j) \in \mathfrak{U}} k_{ij}(x_{ij}) ,$$

wenn für jeden Knotenpunkt i eine Zahl V_i (*Potential* genannt) *existiert, für die gilt:*

$$\left.\begin{aligned} V_j - V_i \leqq k_{ij}^+(x_{ij}), \quad & \textit{falls} \quad x_{ij} = 0 , \\ k_{ij}^-(x_{ij}) \leqq V_j - V_i \leqq k_{ij}^+(x_{ij}), \quad & \textit{falls} \quad x_{ij} > 0 . \end{aligned}\right\} \tag{3}$$

Beweis.

1. Die Bedingungen (3) seien für einen Strom $\{\bar{x}_{ij}\}$ erfüllt. Wir werden zeigen, daß $\{\bar{x}_{ij}\}$ optimal ist, also die Gesamtkosten minimiert: Da ein Strom gewiß nicht optimal ist, falls für eine Kante $x_{ij} > 0$ und $x_{ji} > 0$ ist, dürfen wir $x_{ji} = 0$ setzen, falls $x_{ij} > 0$ ist. Ebenso wollen wir $k_{ij}(x_{ij}) = 0$ setzen, falls die Kante (i, j) gar nicht in $\boldsymbol{G}$ liegt oder falls $x_{ji} > 0$ ist. Die modifizierte Knotenbedingung (2) erhält dann die Gestalt

$$\sum_{j=1}^{n} x_{ij} - \sum_{j=1}^{n} x_{ji} = d_i \quad (i = 1, \ldots, n) . \tag{2'}$$

Die Gesamtkosten können dann in der Gestalt (unter Verwendung von (2'))

$$\begin{aligned} \sum_{i,j=1}^{n} k_{ij}(x_{ij}) &= \sum_{i,j=1}^{n} k_{ij}(x_{ij}) + \sum_{i=1}^{n} V_i \left(\sum_{j=1}^{n} x_{ij} - \sum_{j=1}^{n} x_{ji} - d_i \right) \\ &= \sum_{i,j=1}^{n} k_{ij}(x_{ij}) + \sum_{i,j=1}^{n} V_i x_{ij} - \sum_{i,j=1}^{n} V_i x_{ji} - \sum_{i=1}^{n} V_i d_i \\ &= \sum_{i,j=1}^{n} (k_{ij}(x_{ij}) + (V_i - V_j)\, x_{ij}) - \sum_{i=1}^{n} V_i d_i \end{aligned}$$

geschrieben werden. Offenbar ist mit $k_{ij}(x_{ij})$ auch $g(x_{ij}) = k_{ij}(x_{ij}) + (V_i - V_j)\, x_{ij}$ konvex. Bei Anwendung von Hilfssatz 1 und Berücksichtigung der Bedingungen (3) ergibt sich der Minimalwert von $g(x_{ij})$ gerade an der Stelle $x_{ij} = \bar{x}_{ij}$. Dann aber nimmt die konvexe Funktion

$$\sum_{i,j=1}^{n} k_{ij}(x_{ij})$$

ihren Minimalwert an, wenn jeder Summand minimal ist. Da der Summand $\sum_{i=1}^{n} V_i d_i$ eine Konstante, also ohne Einfluß auf die Lage des Minimums ist, werden die Gesamtkosten minimal, wenn die Bedingungen (3) des Satzes erfüllt sind.

2. Wir zeigen die Notwendigkeit der Bedingungen (3) für die Minimalität der Gesamtkosten: Es sei $\{\bar{x}_{ij}\}$ ein Minimalstrom. Um die Notwendigkeit von (3) nachzuweisen, müssen wir ein geeignetes Potential definieren.

Zunächst betrachten wir den Untergraphen $\boldsymbol{G}'(\mathfrak{X}, \mathfrak{U}')$ von $\boldsymbol{G}(\mathfrak{X}, \mathfrak{U})$, der die gleiche Knotenmenge wie $\boldsymbol{G}$ hat, aber die (vom Minimalstrom abhängige) Kantenmenge $\mathfrak{U}' = \{(i, j) : k_{ij}^+(\bar{x}_{ij}) = k_{ij}^-(\bar{x}_{ij}) = k_{ij}'(\bar{x}_{ij})\}$. Wir nennen $\boldsymbol{G}'$ *Stütze* von $\boldsymbol{G}$. Auf jeder Kante von $\boldsymbol{G}'$ fließt ein Strom $\neq 0$, da im Fall $\bar{x}_{ij} = 0$ der Ausdruck $k_{ij}^-(\bar{x}_{ij})$ nicht erklärt ist. Dem Graphen $\boldsymbol{G}'$ sei gemäß obiger Bemerkung eine Orientierung aufgeprägt, nämlich derart, daß auf jedem Bogen der Fluß positiv ist.

Wir setzen zunächst voraus, daß $\boldsymbol{G}'$ zusammenhängend ist. Es sei $\boldsymbol{G}''$ ein Gerüst von $\boldsymbol{G}'$. Ausgehend von einem beliebigen Knotenpunkt i_0, dem wir das Potential $\bar{V}_{i_0} = 0$ geben, ordnen wir jedem anderen Knotenpunkt wie folgt ein Potential zu: Es sei dem Knotenpunkt i bereits der Wert $\bar{V}_i$ zugeordnet. Dann setzen wir

$$\left.\begin{aligned} \bar{V}_j &= \bar{V}_i + k_{ij}'(\bar{x}_{ij}), \quad \text{falls} \quad x_{ij} > 0\,, \\ \bar{V}_j &= \bar{V}_i - k_{ji}'(\bar{x}_{ji}), \quad \text{falls} \quad x_{ji} > 0\,. \end{aligned}\right\} \tag{4}$$

Somit wurde jedem Knotenpunkt ein Potential zugeordnet. Wir werden zeigen, daß die Bedingungen (3) erfüllt sind:

2.1. Zunächst beweisen wir die Gültigkeit von (3) für die Bögen von $\boldsymbol{G}'$, also für die Bögen von $\boldsymbol{G}$, für die die Kostenfunktion an der Minimalstelle differenzierbar ist. Angenommen, es existiere in $\boldsymbol{G}'$ ein Bogen (s, t) mit $\bar{x}_{st} > 0$ und $\bar{V}_t - \bar{V}_s \neq k_{st}'$. s wurde im Gerüst $\boldsymbol{G}''$ längs einer Kette $(i_0, i_1, \ldots, i_m = s)$ mit dem Wert $\bar{V}_s$ versehen, t längs einer Kette $(i_0 = i_p, i_{p-1}, \ldots, i_{m+1} = t)$ mit dem Wert $\bar{V}_t$. Zusammen mit dem Bogen $(s, t) = (i_m, i_{m+1})$ erhalten wir eine geschlossene Bogenfolge

$$\mu = (i_0, i_1, \ldots, i_m = s, i_{m+1} = t, \ldots, i_p = i_0)\,.$$

Auf jedem Bogen von μ ist der Fluß positiv (so hatten wir die Kanten ja gerade orientiert). Nun ändern wir auf den Bögen von μ die Flüsse etwas ab und werden zeigen, daß der neue Strom „billiger" zu transportieren ist. Auf den Bögen von μ^+ (das sind Bögen, auf denen der Strom in gleicher Richtung fließt, wie μ orientiert ist) erhöhen wir die Flüsse um einen noch zu verifizierenden Betrag h; auf den Bögen von μ^- verringern wir die Flüsse um den Betrag h, auf allen anderen Bögen lassen wir die Flüsse ungeändert. Offenbar bleibt bei dieser Operation die modifizierte Knotenbedingung (2) erfüllt. Den so abgeänderten Strom bezeichnen wir mit $\{y_{ij}\}$.

Wir betrachten die Kostendifferenz Δ zwischen dem alten und dem neuen Strom:

$$\Delta = \sum_{(i,j)\in\mu^+} [k_{ij}(\bar{x}_{ij}) - k_{ij}(\bar{x}_{ij} + h)] + \sum_{(i,j)\in\mu^-} [k_{ij}(\bar{x}_{ij}) - k_{ij}(\bar{x}_{ij} - h)]\,.$$

---

[1]) μ besitzt einen elementaren Zyklus, der den Bogen (s, t) enthält; μ selbst kann gewisse Bögen auch zweimal enthalten, dann jedoch einmal in μ^+ und einmal in μ^-.

Mittels Taylorentwicklung erhalten wir

$$\Delta = h\,[-\sum_{(i,j)\in\mu^+} k'_{ij}(\bar{x}_{ij}) + \sum_{(i,j)\in\mu^-} k'_{ij}(\bar{x}_{ij})] + o(h)\,.$$

Gemäß der Bildungsvorschrift der $\bar{V}_i$ ergibt sich bei Ablaufen von μ

$$\begin{aligned}\Delta &= h\,(\bar{V}_{i_0} - \bar{V}_{i_1} + \bar{V}_{i_1} - + \cdots + - \bar{V}_s - k'_{st}(\bar{x}_{st}) + \bar{V}_t - + \cdots + - \bar{V}_{i_0}) + o(h)\\ &= h\,(\bar{V}_t - \bar{V}_s - k'_{st}(\bar{x}_{st})) + o(h)\,.\end{aligned}$$

Dieser Ausdruck ist aber gewiß größer als null für genügend kleine $h>0$, sofern $\bar{V}_t - \bar{V}_s > k'_{st}(\bar{x}_{st})$ ist. Gilt jedoch $\bar{V}_t - \bar{V}_s < k'_{st}(\bar{x}_{st})$, so ändern wir den Strom wie folgt ab: Auf den Bögen von μ^+ verringern wir den Strom um h, auf denen von μ^- erhöhen wir ihn um h. Die Abschätzungen für das entstehende Δ lassen sich analog führen.

Damit haben wir gezeigt, daß auf den Bögen von G' die Beziehung $\bar{V}_t - \bar{V}_s = k'_{st}(\bar{x}_{st})$ gilt; das aber ist gerade die Bedingung (3) für Punkte, in denen die Kostenfunktion differenzierbar ist.

2.2. Wir nehmen nun an, daß ein Bogen (s,t) in G existiert (der nicht in der Stütze G' liegt), für den $k^+_{st}(\bar{x}_{st}) < \bar{V}_t - \bar{V}_s$ oder $k^-_{st}(\bar{x}_{st}) > \bar{V}_t - \bar{V}_s$ für $\bar{x}_{st} > 0$ gilt.

Wegen des vorausgesetzten Zusammenhangs von G' existieren in G' Ketten von i_0 nach s und von t nach i_0 (vgl. den Teil 2.1. des Beweises). Wir haben also eine geschlossene Bogenfolge[1] $\mu = (i_0, i_1, \ldots, i_m = s, i_{m+1} = t, i_{m+2}, \ldots, i_p = i_0)$.

a) Es sei $k^+_{st} < \bar{V}_t - \bar{V}_s$. Längs μ ändern wir den Minimalkostenstrom $\{\bar{x}_{ij}\}$ in einen Strom $\{y_{ij}\}$ wie folgt:

$$y_{ij} = \begin{cases} \bar{x}_{ij} + h & \text{für } (i,j)\in\mu^+,\\ \bar{x}_{ij} - h & \text{für } (i,j)\in\mu^-,\\ \bar{x}_{ij} & \text{für } (i,j)\notin\mu\,.\end{cases}$$

Die Größe von h wird noch festgelegt.

Nun schätzen wir wieder die Kostendifferenz ab. Es gilt

$$\begin{aligned}\Delta &= \sum_{(i,j)\in\mu^+} [k_{ij}(\bar{x}_{ij}) - k_{ij}(\bar{x}_{ij}+h)] + \sum_{(i,j)\in\mu^-} [k_{ij}(\bar{x}_{ij}) - k_{ij}(\bar{x}_{ij}-h)]\\ &= h\,[-\sum_{\substack{(i,j)\in\mu^+\\(i,j)\neq(s,t)}} k'_{ij}(\bar{x}_{ij}) + \sum_{(i,j)\in\mu^-} k'_{ij}(\bar{x}_{ij})] + k_{st}(\bar{x}_{st}) - k_{st}(\bar{x}_{st}+h) + o(h)\\ &\geq h\,[-\sum_{\substack{(i,j)\in\mu^+\\(i,j)\neq(s,t)}} k'_{ij}(\bar{x}_{ij}) - k^+_{st}(\bar{x}_{st}) + \sum_{(i,j)\in\mu^-} k'_{ij}(\bar{x}_{ij})] + o(h)\\ &= h\,[\bar{V}_{i_0} - \bar{V}_{i_1} + \bar{V}_{i_1} - + \cdots + - \bar{V}_s - k^+_{st}(\bar{x}_{st}) + \bar{V}_t - + \cdots + - \bar{V}_{i_0}] + o(h)\\ &= h\,[\bar{V}_t - \bar{V}_s - k^+_{st}(\bar{x}_{st})] + o(h) > 0\,,\end{aligned}$$

bei entsprechend kleiner Wahl von h, im Widerspruch zur Optimalität von $\{\bar{x}_{ij}\}$. Entsprechend ist der Fall

b) $k^-_{st} > \bar{V}_t - \bar{V}_s$ zu behandeln; die Abänderung des Stromes von $\bar{x}_{ij}$ zu y_{ij} erfolgt in der in a) angegebenen Art.

Der Fall, daß eine Kante flußfrei ist, läßt sich wie der Fall a) behandeln.

---

[1]) Vgl. die Fußnote auf S. 104.

Um den Beweis des Satzes abzuschließen, müssen wir noch den Fall untersuchen, daß der Graph $\boldsymbol{G}'$ (die Stütze von $\boldsymbol{G}$) nicht zusammenhängend ist.

Angenommen, $\boldsymbol{G}'$ wäre nicht zusammenhängend. Wir bilden wie folgt einen Graphen $\boldsymbol{G}''$: Es besitze der Graph $\boldsymbol{G}'$ genau q Komponenten. In jeder dieser Komponenten wählen wir einen (beliebigen) Knotenpunkt i_j aus. Wir führen noch einen Knotenpunkt $n+1$ ein und verbinden diesen mit jedem der i_j durch einen Bogen $(n+1, i_j)$. Die Intensitäten der q Knotenpunkte i_j verringern wir um je den Wert ε und geben dem Knotenpunkt $n+1$ die Intensität $q\varepsilon$, dabei denken wir uns $\varepsilon > 0$ hinreichend klein. Die Kosten auf diesen neuen Bögen setzen wir als identisch null an, folglich ebenso die Ableitungen. Alle anderen Knotenpunkte, Kanten und Kosten bleiben ungeändert. Der so entstandene Graph sei $\boldsymbol{G}''$.

Ist $\{\bar{x}_{ij}\}$ optimaler Strom in $\boldsymbol{G}$, so ist ein Strom $\{y_{ij}\}$ in $\boldsymbol{G}''$ zulässig, falls wir $y_{ij} = \bar{x}_{ij}$ für alle Bögen aus $\boldsymbol{G}$ und $y_{n+1, i_j} = \varepsilon$ für die neu eingeführten Bögen setzen. In $\boldsymbol{G}''$ ist die Stütze (d. h. die Menge der Bögen, für die $k^+ = k^- = k'$ gilt) zusammenhängend. Wegen der Stetigkeit der Kostenfunktionen läßt sich bei genügend kleiner Wahl von ε dafür sorgen, daß die Kosten eines Optimalstromes in $\boldsymbol{G}''$ sich um beliebig wenig von den Kosten eines Optimalstromes in $\boldsymbol{G}$ unterscheiden.

Nun stellen wir die Untersuchungen am Graphen $\boldsymbol{G}''$ an, wobei wir die Potentiale $\bar{V}_i$ für die Knotenpunkte i_j, $n-1$ gleich null setzen. Die Potentiale der anderen Knotenpunkte ergeben sich dann (längs der Bögen der Stütze) wie oben beschrieben.

Beispiel. Zunächst wollen wir den einfacheren Fall an einem Beispiel erläutern, in dem alle Kostenfunktionen differenzierbar sind. Wir betrachten die Transportaufgabe der Abb. 4.1. An jedem Knotenpunkt ist Platz für zwei Zahlen, die obere gibt die Ergiebigkeit des Punktes an, die untere jeweils den aktuellen Potentialwert. An den Kanten sind ebenfalls zwei Größen angegeben, die erste (obere) gibt die Kostenfunktion an, die zweite die aktuelle durch die Kante fließende Strommenge.

In Abb. 4.1a erkennt man, daß man bei dem vorgegebenen zulässigen Anfangsstrom (untere Zahl an den Kanten) eine zusammenhängende Stütze bekommt (das sind im Fall differenzierbarer Kostenfunktionen alle die Kanten, auf denen ein von null verschiedener Strom fließt). In dieser Stütze haben wir ein Gerüst (doppelt gezeichnete Kanten) ausgewählt und längs dieses Gerüstes gemäß der Vorschrift (4) den Knotenpunkten ein Potential zugeordnet (untere Zahl an jedem Knotenpunkt). Man erkennt z. B., daß die Kante mit der Kostenfunktion x^2 und der sie durchfließenden Strommenge 4 die Optimalitätsbedingung (3) verletzt. Die Potentialdifferenz auf dieser Kante müßte $k'_{ij}(x_{ij}) = 2 \cdot 4 = 8$ betragen, sie beträgt aber $21 - 3 = 18$. Längs des eingezeichneten Zyklus μ können wir also unter Kostenverringerung den Strom erhöhen. Erhöhen wir um den Betrag h, so entstehen auf den Kanten von μ die Kosten

$$3\,(4+h) + (4+h)^2 + 2\,(5-h)^2 + (2-h)\;.$$

Das Minimum wird für $h = \dfrac{5}{3}$ angenommen. In Abb. 4.1b ist der verbesserte Strom eingetragen. Die neuen Potentiale sind wieder an den Knotenpunkten an-

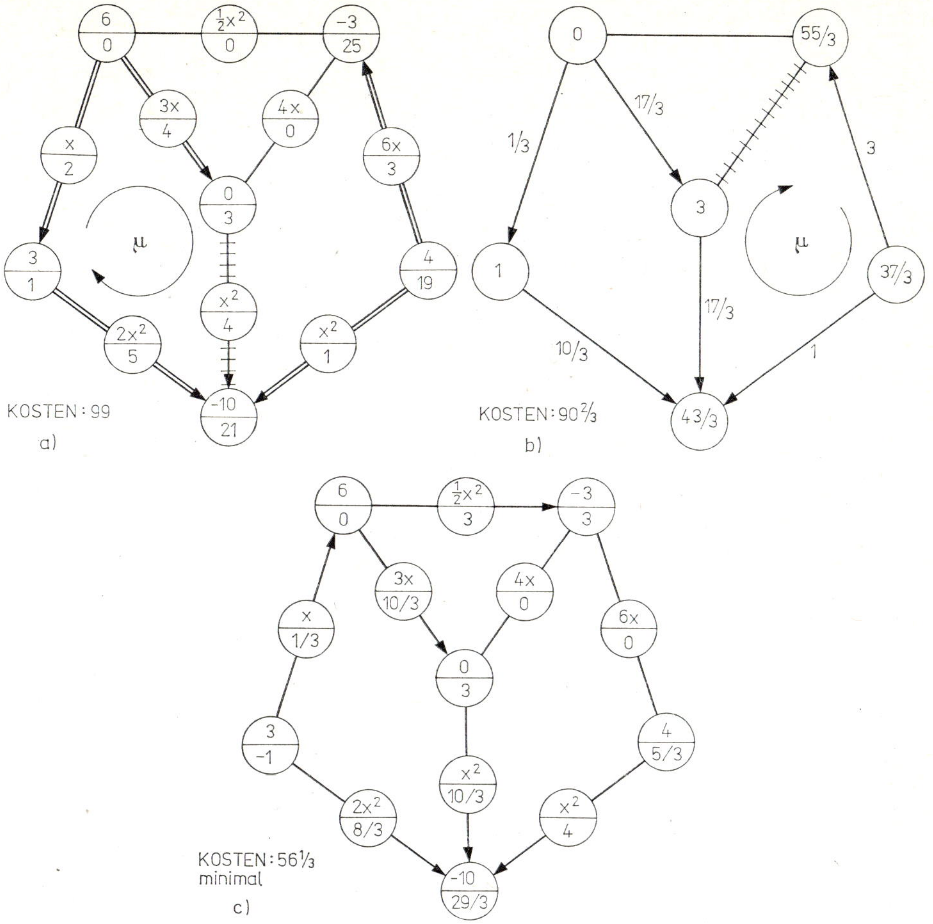

Abb. 4.1

gebracht. Auf der Kante mit der Kostenfunktion $4x$ ist das Optimalitätskriterium verletzt (obwohl kein Strom auf dieser Kante fließt). In Richtung des entstehenden Zyklus μ kann der Strom erhöht werden; die entstehenden Kosten sind für die Bögen von μ

$$4h + (3 - h)\,6 + (1 + h)^2 + \left(\frac{17}{3} - h\right)^2$$

und nehmen ihr Minimum bei $h = \dfrac{17}{6}$ an.

Der Leser führe die schrittweisen Verbesserungen selbst durch. Abb. 4.1c liefert den Optimaltransport.

Die Frage nach der Endlichkeit des an dem Beispiel erläuterten Kostenverbesserungsalgorithmus konnte von uns nicht entschieden werden. Schon das

Beispiel zeigt, daß eine relativ große Zahl von Verbesserungsschritten erforderlich war, obwohl wir alle Kostenfunktionen als differenzierbar vorausgesetzt hatten.

Wir wollen nun noch ein weiteres Beispiel betrachten, wobei wir die Stütze des Ausgangsgraphen als nichtzusammenhängend wählen.

Wir betrachten die Abb. 4.2a. In die Knotenpunkte des Graphen ist die Ergiebigkeit (Bedarf bzw. produzierte Menge) geschrieben, an den Kanten sind die Kostenfunktionen sowie ein zulässiger Anfangsstrom angegeben. Die Stütze des Graphen, die natürlich vom fließenden Strom abhängig ist, ist durch doppelt gezeichnete Kanten gekennzeichnet; die Stromrichtung ist durch Orientierung der Kanten kenntlich gemacht. Man sieht, daß die Stütze nicht zusammenhängend ist, wir müssen deshalb einen Hilfspunkt einführen, dem wir eine Ergiebigkeit 2ε zuteilen, da die Stütze zwei Komponenten besitzt. Den Hilfspunkt verbinden wir mit je einem (beliebigen) Knotenpunkt jeder Komponente. Die Ergiebigkeit dieser Knotenpunkte verringern wir um je ε und führen von dem Hilfspunkt zu jedem der ausgewählten Knotenpunkte einen Bogen ein, auf dem je ε fließt und für die der Transport kostenlos erfolgt. Das Resultat zeigt die Abb. 4.2b. Jedem Knotenpunkt können wir nunmehr längs einer Stütze (die in unserem Fall ein Gerüst ist) ein Potential zuordnen.

Wir haben einen Zyklus μ eingezeichnet, längs dessen die Kosten verringert

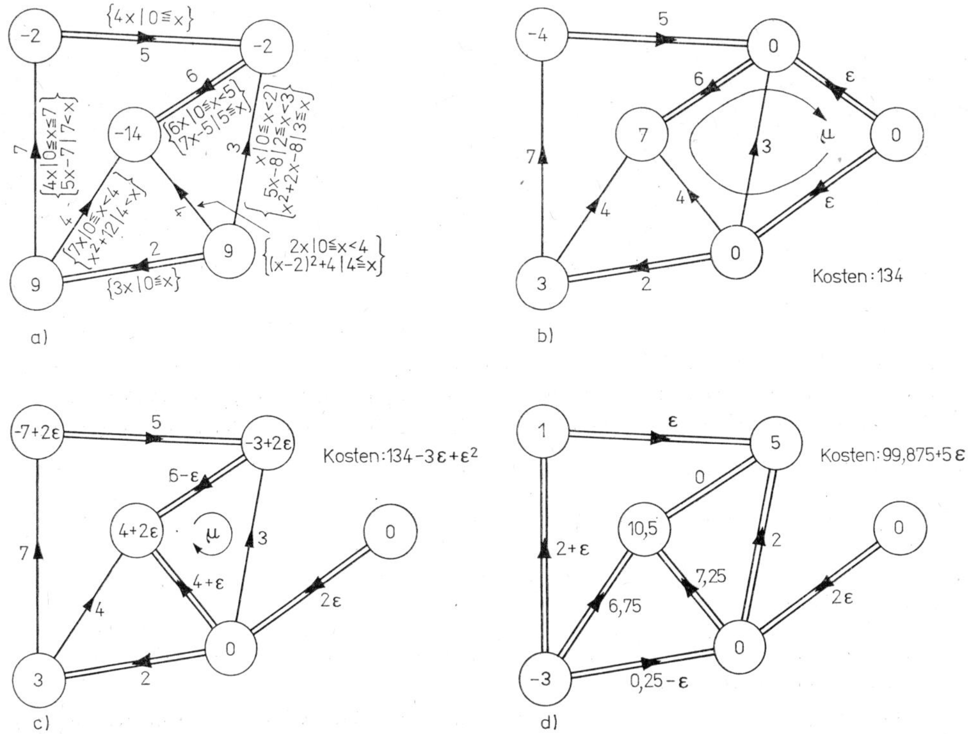

Abb. 4.2

werden können, da für den Bogen von μ, der nicht in der Stütze liegt, das Optimalitätskriterium (3) verletzt ist.

Das Resultat der Verbesserung ist in Abb. 4.2c angegeben.

Dem Leser sei empfohlen, den Algorithmus zu Ende zu führen. Abb. 4.2d zeigt einen Optimalstrom.

Die in Abb. 4.2c und 4.2d doppelt gezeichneten Kanten erfüllen jeweils das Optimalitätskriterium, die in die Knotenpunkte eingeschriebenen Zahlen geben die Potentiale wieder, wie sie längs einer Stütze des Graphen entstehen.

Es ist denkbar, daß im Verlauf des Algorithmus abermals nichtzusammenhängende Stützen entstehen, dann muß ein Hilfspunkt eingeführt werden. Hat man im Verlauf des Algorithmus einmal eine zusammenhängende Stütze ermittelt, so kann man gegebenenfalls auch sofort ε gegen null gehen lassen, um den Hilfspunkt einzusparen. Es kann aber dabei geschehen, daß die neue Stütze nicht mehr zusammenhängend ist. So ist im Optimalgraphen (nachdem ε gegen null gegangen ist) die Stütze nicht mehr zusammenhängend, denn der Knotenpunkt mit dem Potential 5 inzidiert mit zwei Kanten, auf denen kein Strom fließt, und bei der dritten Kante ist die Kostenfunktion bei einer Stromstärke von 2 nicht differenzierbar, dennoch ist für alle Bögen das Optimalitätskriterium erfüllt.

Damit beenden wir die Betrachtung von Transportproblemen mit konvexen Kostenfunktionen.

Falls wir über die Konvexität der Kostenfunktionen hinaus noch deren Differenzierbarkeit voraussetzen, vereinfacht sich das Optimalitätskriterium wie folgt:

Satz 4.2. *Es seien die Kostenfunktionen $k_{ij}(x_{ij})$ konvexe und differenzierbare Funktionen. Ein Strom $\{x_{ij}\}$ ist genau dann optimal, wenn ein Potential $\{V_k\}$ derart existiert, daß*

$$V_j - V_i \leqq k'_{ij}(x_{ij}) \quad \textit{für} \quad x_{ij} = 0$$

und

$$V_j - V_i = k'_{ij}(x_{ij}) \quad \textit{für} \quad x_{ij} > 0$$

gilt.

Setzen wir weiterhin voraus, daß jeder Kante eine Kapazitätsbeschränkung auferlegt wird, daß also

$$0 \leqq x_{ij} \leqq c_{ij} \quad \text{für alle } (i, j) \in \mathfrak{U}$$

gilt, so ergibt sich als Optimalitätskriterium:

Satz 4.3. *Es seien die Kostenfunktionen konvex und differenzierbar. Dann ist ein Strom $\{x_{ij}\}$ genau dann optimal, falls ein Potential $\{V_k\}$ derart existiert, daß*

$$V_j - V_i \leqq k'_{ij}(x_{ij}) \quad \textit{für} \quad x_{ij} = 0\,,$$
$$V_j - V_i = k'_{ij}(x_{ij}) \quad \textit{für} \quad 0 < x_{ij} < c_{ij}\,,$$
$$V_j - V_i \geqq k'_{ij}(x_{ij}) \quad \textit{für} \quad x_{ij} = c_{ij}$$

gilt.

Für den Fall, daß die Kostenfunktionen konvex und stückweise linear sind, bietet sich die sogenannte kombinierte Methode an, eine Methode, die es gestattet, die nichtlineare Transportaufgabe in eine lineare überzuführen. Der interessierte Leser sei auf das Lehrbuch von ERMOLEV und MEL'NIK [2] verwiesen.

4.3. Ein Multistromproblem

In Erweiterung der in Kapitel 1 behandelten Stromprobleme (in erster Linie sei der Algorithmus von FORD und FULKERSON genannt) wenden wir uns in diesem Abschnitt der folgenden Problematik zu:

Gegeben sei ein zusammenhängender Graph $\boldsymbol{G}(\mathfrak{X}, \mathfrak{U})$, den wir uns ungerichtet denken. Die Knotenpunkte erhalten eine Numerierung, wobei wir die Knotenpunkte ebenfalls mit diesen Zahlen bezeichnen. Die Kanten bezeichnen wir mit u_{ij}. Falls der Graph schlicht ist (und diese Voraussetzung schränkt unser im weiteren zu behandelndes Problem nicht ein), sei $u_{ij} = (i, j)$, inzidiere also u_{ij} mit den Knotenpunkten i und j.

Bei den bisherigen Stromproblemen hatten wir nur einen Stromtyp berücksichtigt. Wir wollen die Erweiterung in der Richtung vollziehen, daß verschiedene Typen von Strömen zugelassen werden.

Der k-te Stromtyp wird kurz als k-ter Strom bezeichnet. Für einen festen Stromtyp, etwa für den k-ten, denken wir uns genau eine Quelle N_k in $\boldsymbol{G}$, von der aus k-ter Strom zu genau einer Senke $N_{k'}$ geschickt werden soll. Durch eventuelles Einführen von Hilfspunkten kann man dafür sorgen, daß es für m Stromtypen genau m Quell- und genau m Senkpunkte gibt. Unter $F(k; k')$ verstehen wir einen k-ten Strom, der von N_k nach $N_{k'}$ geschickt wird. Den Wert des Stromes $F(k; k')$ (d. h. seine Stärke) bezeichnen wir mit $f(k; k')$. Jeder Kante u_{ij} von $\boldsymbol{G}$ sei eine reelle Zahl $c_{ij} > 0$, ihre Kapazität zugeordnet; es sei (da $\boldsymbol{G}$ als ungerichtet vorausgesetzt wurde) $c_{ij} = c_{ji}$.

Es sei x_{ij}^k der Wert des k-ten Stromes in der Kante u_{ij}, in der Richtung von i nach j. Da wir keine Mehrfachkanten zugelassen haben (und Schlingen offensichtlich sinnlos sind), sei

$$x_{ij}^k = -x_{ji}^k \quad \text{für alle } k$$

(das bedeutet, daß positiver k-ter Strom sinnvollerweise nur in einer Richtung durch eine Kante geschickt werden darf; es darf aber positiver Strom verschiedener Typen durch eine Kante in entgegengesetzter Richtung fließen).

Dazu betrachte man die Abb. 4.3. Für jede Kante des Graphen gelte $c_{ij} = 2$. Die Zahlen, die eingekreist sind, geben den jeweiligen Wert des zweiten Stromes,

Abb. 4.3

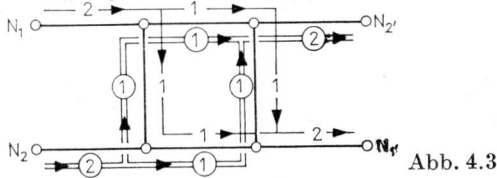

die anderen Zahlen an den Kanten den Wert des ersten Stromes an. Man sieht, daß für alle Knotenpunkte, die weder Quell- noch Senkpunkte sind, die Kirchhoffschen Knotenbedingungen für jeden Stromtyp erfüllt sind. Da die Quellkanten nur eine Kapazität von je 2 haben, kann kein Stromtyp einen Wert größer als 2 haben; also liefert die Stromverteilung aus Abb. 4.3 bereits einen Maximalstrom, es gilt

$$f_{\max}(1;1') = f_{\max}(2;2') = 2\,.$$

Eine genaue Definition, was wir unter einem Maximalstrom verstehen wollen, geben wir noch an. In unserem Beispiel kann kein Irrtum auftreten, da ja von jedem Typ höchstens 2 transportiert werden kann.

Eine andere Stromverteilung auf dem Graphen bringt, wie man leicht sieht, eine Verringerung mindestens einer der beiden Stromwerte.

Als Forderung für die Kapazitätsbeschränkungen gelte bei m Stromtypen

$$\sum_{k=1}^{m} |x_{ij}^k| \leq c_{ij} \quad \text{für alle} \quad u_{ij} \in \mathfrak{U}\,.$$

Das erste Problem, das sich uns stellt, ist das folgende:

Gegeben seien die Kapazitäten c_{ij} der Kanten, sowie m nichtnegative Zahlen r_i $(i=1, 2, \ldots, m)$. Existieren dann m Stromtypen $F(k; k')$, so daß $f(k; k') = r_k$ für $k = 1, \ldots, m$ ist und

$$\sum_{k=1}^{m} |x_{ji}^k| \leq c_{ij} \quad \text{für alle} \quad u_{ij} \in \mathfrak{U}$$

gilt?

Wir werden uns in diesem Abschnitt fast ausschließlich mit dem Fall $m=2$ befassen; obgleich einige Eigenschaften sich auch für beliebiges m zeigen lassen, kennen wir doch außer für $m = 1, 2$ keine weitreichenden Eigenschaften von Graphen, auf denen m verschiedene Stromtypen transportiert werden sollen.

Definition. Eine Kantenmenge $\{v_{ij}\}$ heißt ein die Knotenpunkte $\{N_1, N_2, \ldots, N_m\}$ von den Knotenpunkten $\{N_{1'}, N_{2'}, \ldots, N_{m'}\}$ *trennender Schnitt*, falls

a) nach Entfernen der Kanten von v_{ij} aus $\boldsymbol{G}$ für kein k $(k = 1, 2, \ldots, m)$ ein Weg von N_k nach $N_{k'}$ existiert und

b) keine echte Teilmenge von $\{v_{ij}\}$ die Bedingung a) erfüllt.

Es sei bemerkt, daß für $i \neq j$ nach Entfernen der Kanten aus $\{v_{ij}\}$ die Knotenpunkte N_i und $N_{j'}$ in einer Komponente liegen dürfen.

Unter der *Kapazität* eines solchen Schnittes verstehen wir die Summe der Kapazitäten aller Kanten des Schnittes.

Ein *Minimalschnitt* ist ein Schnitt minimaler Kapazität.

Als Bezeichnung für einen Schnitt wählen wir $(1, \ldots, m \mid 1', \ldots, m')$ und für seine Kapazität $c(1, \ldots, m \mid 1', \ldots, m')$.

Hilfssatz 1. *Entfernt man aus einem Graphen einen Schnitt* $(1, \ldots, m \mid 1', \ldots, m')$, *so besitzt der entstehende Graph höchstens* $m+1$ *Komponenten.*

Beweis. Wir denken uns nacheinander die Kanten des Schnittes aus dem Graphen $\boldsymbol{G}$ entfernt. Wegen der Minimalitätsforderung b) an einen Schnitt liegt jede Kante auf (mindestens) einem Weg von N_i nach $N_{i'}$ für (mindestens) ein $i\,(1 \leqq i \leqq m)$. Erhöht sich bei diesem Nacheinanderentfernen der Schnittkanten die Komponentenzahl, so hat man mindestens ein Paar N_i und $N_{i'}$ von Knotenpunkten getrennt. Somit können, da genau m Paare solcher Knotenpunkte existieren, höchstens $m+1$ Komponenten entstehen. Damit ist Hilfssatz 1 bewiesen.

Wir wollen zu einer Abschätzung der Kapazität eines Minimalschnittes im Fall $k=2$ kommen. Zu diesem Zweck betrachten wir zwei spezielle Operationen:

Operation a): Wir ziehen die Knotenpunkte N_1 und N_2 auf einen Punkt zusammen und die Punkte $N_{1'}$ und $N_{2'}$ auf einen anderen. Der entstehende Graph sei $\boldsymbol{G}_a$.

Operation b): Wir ziehen die Knotenpunkte N_1 und $N_{2'}$ auf einen Punkt zusammen und die Punkte N_2 und $N_{1'}$ auf einen anderen. Der so entstehende Graph sei $\boldsymbol{G}_b$.

Bei diesen Operationen können Mehrfachkanten auftreten, aber es können auch Kanten verloren gehen, so etwa bei der Operation a), falls N_1 und N_2 oder falls $N_{1'}$ und $N_{2'}$ durch eine Kante verbunden sind. Alle anderen Kanten bleiben jedoch erhalten und mit ihnen ihre Kapazitäten (vgl. Abb. 4.4).

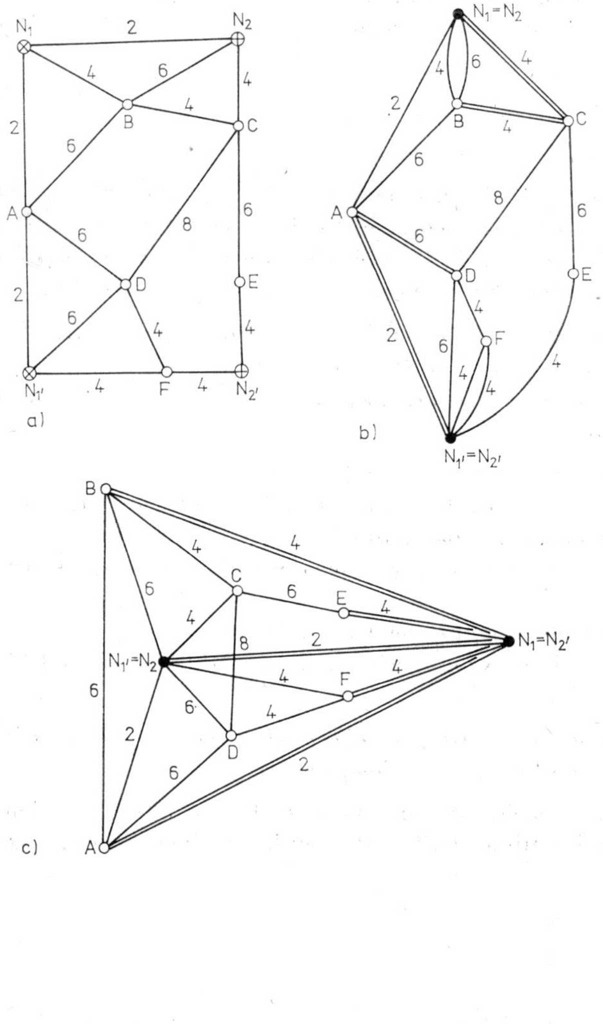

Abb. 4.4

Eventuell entstehende Doppelkanten kann man sich durch eine einzige Kante ersetzt denken, deren Kapazität gleich der Summe der Kapazitäten der Kanten gesetzt wird, aus denen die Kante entstand. In Abb. 4.4b sind die Knotenpunkte N_1, N_2 sowie die Knotenpunkte $N_{1'}$, $N_{2'}$ identifiziert (also Operation a)), in Abb. 4.4c ist die Operation b) durchgeführt worden. Im letzten Fall entsteht, wie man unschwer nachprüfen kann, ein nichtplanarer Graph (d. h., wie man den Graphen auch in die Ebene zeichnet, in jedem Fall gibt es Kantenüberschneidungen).

Wir bezeichnen mit $(1-2 \mid 1'-2')$ einen Schnitt in $\boldsymbol{G}_a$, der den Knotenpunkt, der durch Identifizieren von N_1 und N_2 entstand, von dem Knotenpunkt trennt, der aus der Identifikation von $N_{1'}$ und $N_{2'}$ hervorging. Es sei $(1-2' \mid 1'-2)$ ein entsprechender Schnitt in $\boldsymbol{G}_b$ (in Abb. 4.4b und 4.4c haben wir entsprechende Schnitte durch eine doppelt gezeichnete Kante kenntlich gemacht). Nun können wir eine Aussage über Minimalschnitte in $\boldsymbol{G}$ machen, sofern wir die Minimalschnitte in $\boldsymbol{G}_a$ und $\boldsymbol{G}_b$ kennen.

Hilfssatz 2. *Es seien* $(1, 2 \mid 1', 2')$, $(1-2 \mid 1'-2')$, $(1-2' \mid 1'-2)$ *Minimalschnitte in* $\boldsymbol{G}$ *bzw.* $\boldsymbol{G}_a$ *bzw.* $\boldsymbol{G}_b$. *Dann gilt für deren Kapazitäten*

$$c\,(1, 2 \mid 1', 2') = \min\,(c\,(1-2 \mid 1'-2'), c\,(1'-2 \mid 1-2'))\,.$$

Beweis. Entfernen wir einen Minimalschnitt $(1, 2 \mid 1', 2') = \mathfrak{S}$ aus $\boldsymbol{G}$, so zerfällt der entstehende Graph wegen Hilfssatz 1 in zwei oder in drei Komponenten.

1. $\boldsymbol{G}-\mathfrak{S}$ bestehe aus zwei Komponenten. a) Die eine Komponente enthalte N_1 und N_2, die andere aber $N_{1'}$ und $N_{2'}$. Dann enthält $\boldsymbol{G}-\mathfrak{S}$ einen Weg $\boldsymbol{W}_{12}$ von N_1 nach N_2 (denn jede Komponente ist zusammenhängend!) sowie (in der anderen Komponente) einen Weg $\boldsymbol{W}'_{12}$, der $N_{1'}$ mit $N_{2'}$ verbindet. Der Kantenmenge $\mathfrak{S}$ von $\boldsymbol{G}$ entspreche in $\boldsymbol{G}_a$ die Kantenmenge $\mathfrak{S}_a$. Diese Kantenmenge $\mathfrak{S}_a$ trennt den Knotenpunkt $(1-2)$, der aus der Identifikation von N_1 und N_2 hervorging, vom Knotenpunkt $(1'-2')$, der aus der Identifikation von $N_{1'}$ mit $N_{2'}$ hervorging, d. h., $\mathfrak{S}_a$ enthält einen Schnitt (bzw. ist selber bereits Schnitt), der $(1-2)$ von $(1'-2')$ trennt. Das ergibt aber für die Minimalschnitte die Beziehung

$$c(1, 2 \mid 1', 2') \geqq c(1-2 \mid 1'-2')\,.$$

Angenommen, es wäre

$$c(1, 2 \mid 1', 2') > c(1-2 \mid 1'-2')\,. \tag{1}$$

Es sei $\mathfrak{T}_a$ ein Minimalschnitt in $\boldsymbol{G}_a$, und es sei $\mathfrak{T}$ die $\mathfrak{T}_a$ in $\boldsymbol{G}$ entsprechende Kantenmenge. Wegen (1) ist $\mathfrak{T}$ kein Schnitt in $\boldsymbol{G}$, es gibt also o. B. d. A. in $\boldsymbol{G}$ einen Weg $\boldsymbol{W}$ von N_1 nach $N_{1'}$, der keine Kante von $\mathfrak{T}$ enthält. Nicht alle Kanten von $\boldsymbol{W}$ können in $\boldsymbol{G}_a$ eine ihnen entsprechende Kante besitzen, da sonst $\mathfrak{T}_a$ kein Schnitt von $\boldsymbol{G}_a$ wäre. O. B. d. A. enthält $\boldsymbol{W}$ die Kante (N_1, N_2) und eventuell noch $(N_{1'}, N_{2'})$. Allen anderen Kanten von $\boldsymbol{W}$ entspricht in $\boldsymbol{G}_a$ eine Kantenmenge $\mathfrak{W}_a$, die einen Weg $\boldsymbol{W}_a$ in $\boldsymbol{G}_a$ bildet, der $(1-2)$ mit $(1'-2')$ verbindet. $\boldsymbol{W}_a$ hat aber mit $\mathfrak{T}_a$ keine Kante gemein, was jedoch der Eigenschaft von $\mathfrak{T}_a$ widerspricht, Schnitt zu sein. Damit ist gezeigt, daß

$$c(1, 2 \mid 1', 2') = c(1-2 \mid 1'-2')$$

gilt.

b) Die eine Komponente enthalte N_1 und $N_{2'}$, die andere aber $N_{1'}$ und N_2. Durch Umbenennung $N_2 \leftrightarrow N_{2'}$ gelangt man zum Fall a). In diesem Fall ergibt sich

$$c(1, 2 \mid 1', 2') = c\,(1-2' \mid 1'-2)\,.$$

Daß man durch einfaches Umbenennen tatsächlich den Fall a) erhält, macht man sich wie folgt klar: Ob man den Strom vom Typ 2 von N_2 nach $N_{2'}$ schickt oder umgekehrt, spielt wegen der Symmetrie (ungerichteter Graph!) keine Rolle.

2. $\boldsymbol{G} - \mathfrak{S}$ bestehe aus drei Komponenten.

a) N_1 und N_2 mögen in einer Komponente, $N_{1'}$ möge in der zweiten und $N_{2'}$ in der dritten Komponente liegen (Abb. 4.5). Offenbar trennen die den Kanten von

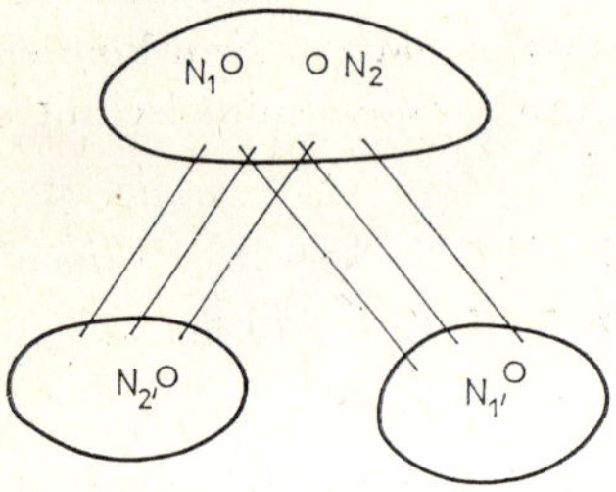

Abb. 4.5

$\mathfrak{S}$ entsprechenden Kanten $\mathfrak{S}_a$ in $\boldsymbol{G}_a$ die Knotenpunkte $(1-2)$ und $(1'-2')$, also ist

$$c(1, 2 \mid 1', 2') \geqq c(1-2' \mid 1'-2)\,.$$

Angenommen, es wäre

$$c(1, 2 \mid 1', 2') > c(1-2' \mid 1'-2)\,.$$

Betrachten wir einen Minimalschnitt $\mathfrak{T}_a$ in $\boldsymbol{G}_a$, so lassen sich die Überlegungen, die wir unter 1a) angestellt haben, ohne weiteres übertragen.

b) Die erste Komponente enthalte N_1 und $N_{2'}$, die zweite N_2 und die dritte $N_{1'}$. Dieser Fall führt durch Umbenennung $N_2 \leftrightarrow N_{2'}$ auf den Fall 2a), und es ergibt sich

$$c(1, 2 \mid 1', 2') = c(1-2' \mid 1'-2)\,.$$

Da einer der beiden Fälle 2a) oder 2b) im Fall dreier entstehender Komponenten in $\boldsymbol{G} - \mathfrak{S}$ eintritt, haben wir abschließend Hilfssatz 2 bewiesen.

Es seien nun $(1 \mid 1')$ und $(2 \mid 2')$ Minimalschnitte in $\boldsymbol{G}$, die N_1 von $N_{1'}$ bzw. N_2 von $N_{2'}$ trennen (also die im einfachen Stromproblem von Ford und Fulkerson die Quelle von der Senke trennenden Minimalschnitte). Dann gilt der folgende Hilfssatz:

Hilfssatz 3. *Es gilt* $c(1 \mid 1') + c(2 \mid 2') \geqq c(1, 2 \mid 1', 2')$.

Beweis. Nehmen wir aus $\boldsymbol{G}$ alle Kanten eines N_1 von $N_{1'}$ trennenden Schnittes heraus und obendrein alle Kanten eines N_2 von $N_{2'}$ trennenden Schnittes (dabei können Kanten in beiden Schnitten liegen, werden aber nur einmal in einem Schnitt $(1, 2 \mid 1', 2')$ gezählt), so sind natürlich sowohl N_1 von $N_{1'}$ als auch N_2 von $N_{2'}$ getrennt, womit der Hilfssatz 3 bewiesen ist.

Satz 4.4. *Zwei Ströme $F(1;1')$ und $F(2;2')$ sind in einem Graphen genau dann gleichzeitig realisierbar, falls*

a) $f(1;1') \leqq c(1 \mid 1')$,

b) $f(2;2') \leqq c(2 \mid 2')$,

c) $f(1;1') + f(2;2') \leqq c(1,2 \mid 1',2')$

gilt. Ferner ist das Maximum der Summe beider Stromtypen gleich dem Minimum der Kapazitäten aller Schnitte, die jeweils zwei Paare (N_1 von $N_{1'}$ und N_2 von $N_{2'}$) von Knotenpunkten trennt, also

$$\begin{aligned} \max\,(f(1;1') + f(2;2')) &= \min c(1,2 \mid 1',2') \qquad (2)\\ &= \min\,(c(1-2 \mid 1'-2'),\ c(1-2' \mid 1'-2))\,. \end{aligned}$$

Beweis. Die Notwendigkeit der Bedingungen a) bis c) ist unmittelbar klar. Die Hinlänglichkeit der Bedingungen sowie die Richtigkeit der Beziehung (2) wird mittels eines geeigneten Algorithmus nachgewiesen.

Um keinen Verwechslungen zu unterliegen, wollen wir im weiteren die Knotenpunkte nicht nur durch natürliche Zahlen (also $1, 2, \ldots, i, j, k, 1', 2', \ldots$) bezeichnen, sondern in der Form $N_1, N_2, \ldots, N_i, N_j, N_k, N_{1'}, N_{2'}, \ldots$ Unter einer *Kette* von N_i nach N_j verstehen wir eine Kantenfolge

$$u_{ii_1},\ u_{i_1i_2},\ \ldots,\ u_{i_{r-1}i_r},\ u_{i_rj}\,.$$

Tritt unter den zu den Kanten einer Kette inzidenten Knotenpunkten keiner mehr als zweimal auf, so heißt die Kette *einfach* oder auch ein *Weg* von N_i nach N_j. Unter der *Kapazität eines Weges* $\boldsymbol{W}$ verstehen wir die kleinste der Kantenkapazitäten von $\boldsymbol{W}$. Ein Strom von N_i nach N_j der Stärke x auf einem Weg $\boldsymbol{W}$ wird kurz als *Wegstrom* der Stärke x bezeichnet. Als erstes führen wir Markierungsprozesse ähnlich dem in Kapitel 1 geschilderten Algorithmus von Ford und Fulkerson durch.

Zunächst definieren wir vier Knotenklassen $\mathfrak{X}_1, \mathfrak{X}_2, \mathfrak{X}_r, \mathfrak{X}_v$ (dabei beachten wir, daß für jede Kante u_{ij} die Beziehung $|x^1_{ij}| + |x^2_{ij}| \leqq c_{ij}$ gilt):

1. $\mathfrak{X}_1$: N_1 gehört zu $\mathfrak{X}_1$.

Es sei $N_i \in \mathfrak{X}_1$ und u_{ij} eine Kante mit $x^1_{ij} + |x^2_{ij}| < c_{ij}$; dann sei auch $N_j \in \mathfrak{X}_1$. Mit N_i soll also auch N_j zu $\mathfrak{X}_1$ gehören, falls man von N_i nach N_j noch ersten Strom schicken könnte, ohne Wert oder Richtung des zweiten zu ändern.

2. $\mathfrak{X}_2$: N_2 gehört zu $\mathfrak{X}_2$.

Es sei $N_i \in \mathfrak{X}_2$ und u_{ij} eine Kante mit $|x^1_{ij}| + x^2_{ij} < c_{ij}$; dann sei auch $N_j \in \mathfrak{X}_2$. Mit N_i soll also auch N_j zu $\mathfrak{X}_2$ gehören, falls man von N_i nach N_j noch zweiten Strom schicken könnte, ohne Wert oder Richtung des ersten Stromes zu ändern.

3. $\mathfrak{X}_r$: N_2 gehört zu $\mathfrak{X}_r$.

Es sei $N_i \in \mathfrak{X}_r$ und u_{ij} eine Kante mit $x^1_{ij} + x^2_{ij} < c_{ij}$; dann sei auch $N_j \in \mathfrak{X}_r$. Mit N_i soll also auch N_j zu $\mathfrak{X}_r$ gehören, falls wenigstens einer der beiden Ströme von N_i nach N_j erhöht werden kann.

4. $\mathfrak{X}_v$: N_2 gehört zu $\mathfrak{X}_v$.

Es sei $N_i \in \mathfrak{X}_v$ und u_{ij} eine Kante mit $x^1_{ji} + x^2_{ij} < c_{ij}$; dann sei auch $N_j \in \mathfrak{X}_v$. Mit

N_i soll also auch N_j zu $\mathfrak{X}_v$ gehören, falls entweder zweiter Strom von N_i nach N_j erhöht oder erster Strom von N_j nach N_i erhöht werden könnte.

Man sieht unmittelbar, daß bei Nichtausgelastetsein einer Kante u_{ij} (also $|x_{ij}^1|+|x_{ij}^2|<c_{ij}$) mit N_i auch N_j jeder (derselben) der vier Knotenklassen angehört; von Interesse sind also vor allem solche Kanten, deren Kapazität ausgelastet ist. Im weiteren geht es um geeignetes Umleiten von Strömen, damit die Summe beider Ströme erhöht werden kann.

Wir betrachten noch die Abb. 4.6. Der Leser überzeuge sich von der Richtigkeit der folgenden Aussage:

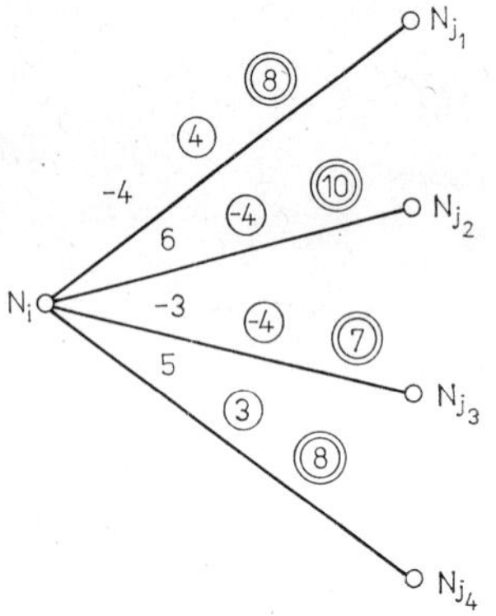

Abb. 4.6

Mit N_i liegen auch N_{j_1} und N_{j_3} in $\mathfrak{X}_1$, wenn die doppelt umkreiste Zahl die Kapazität, die einfach umkreiste Zahl $x_{ij_k}^2$ und die nichtumkreiste Zahl $x_{ij_k}^1$ ist.

Man überlege, welche der Knotenpunkte N_{j_k} $(k=1, 2, 3, 4)$ mit N_i in den Klassen $\mathfrak{X}_2$, $\mathfrak{X}_r$, $\mathfrak{X}_v$ liegen.

Der Leser überzeugt sich leicht davon, daß die Vorschrift zur Bestimmung der Knotenmenge $\mathfrak{X}_1$ gerade der Markierungsalgorithmus von Ford und Fulkerson (für ersten Strom) ist und die Vorschrift zur Bestimmung von $\mathfrak{X}_2$ derselbe für zweiten Strom.

Wir nehmen an, daß $N_{2'} \in \mathfrak{X}_r$ ist. Dann gibt es einen Markierungsweg $\boldsymbol{W}$ von N_2 nach $N_{2'}$, es sei

$$\boldsymbol{W}=(N_2=N_{i_1}, N_{i_2}, N_{i_3}, \ldots, N_{i_s}=N_{2'}) .$$

Jede Kante $(N_{i_j}, N_{i_{j+1}})$ mit $j=1, \ldots, s-1$ denken wir uns von N_{i_j} nach $N_{i_{j+1}}$ orientiert. Für jede dieser Kanten $u_{i_j i_{j+1}}$ gilt

$$x_{i_j i_{j+1}}^1+x_{i_j i_{j+1}}^2<c_{i_j i_{j+1}} .$$

Ein solches $\boldsymbol{W}$ nennen wir *Rückwärtsweg*. Entsprechend heißt ein Weg $\boldsymbol{W}$ *Vorwärtsweg*, falls $N_{2'}$ in $\mathfrak{X}_v$ liegt und $\boldsymbol{W}$ ein Markierungsweg von N_2 nach $N_{2'}$ ist, so daß mit $\boldsymbol{W}=(N_2=N_{k_1}, N_{k_2}, \ldots, N_{k_l}=N_{2'})$ für jede Kante $u_{k_j k_{j+1}}$ $(j=1, \ldots, l-1)$ von $\boldsymbol{W}$ die Beziehung

$$x_{k_{j+1} k_j}^1+x_{k_j k_{j+1}}^2<c_{k_j k_{j+1}}$$

gilt. Falls in $\boldsymbol{G}$ sowohl ein Vorwärtsweg als auch ein Rückwärtsweg existiert, sagen wir, daß $\boldsymbol{G}$ einen *Doppelweg* enthält.

Es sei $\overline{\mathfrak{X}}_r$ die Menge der nicht in $\mathfrak{X}_r$ liegenden Knotenpunkte von $\boldsymbol{G}$, entsprechend seien $\overline{\mathfrak{X}}_1$, $\overline{\mathfrak{X}}_2$, $\overline{\mathfrak{X}}_v$ definiert.

Hilfssatz 4. *Es ist $N_{2'} \in \overline{\mathfrak{X}}_r$ genau dann, wenn es keinen Rückwärtsweg gibt.*

Beweis.

1. Es sei $N_{2'} \in \overline{\mathfrak{X}}_r$. Wir betrachten die Menge $\mathfrak{S}$ der Kanten $u_{ij} = (N_i, N_j)$ mit $N_i \in \mathfrak{X}_r$ und $N_j \in \overline{\mathfrak{X}}_r$. Für jede dieser Kanten gilt

$$x_{ij}^1 + x_{ij}^2 = c_{ij} .$$

Da $\mathfrak{S}$ die Knotenpunkte N_2 und $N_{2'}$ voneinander trennt, auf jedem Weg zwischen diesen beiden Knotenpunkten aber mindestens eine Kante von $\mathfrak{S}$ liegt, gibt es keinen Rückwärtsweg.

2. Es existiere kein Rückwärtsweg. Angenommen, es wäre $N_{2'} \in \mathfrak{X}_r$. Dann gibt es eine Kette und damit einen Weg $\boldsymbol{W} = (N_2 = N_{i_1}, N_{i_2}, \ldots, N_{i_k} = N_{2'})$ von N_2 nach $N_{2'}$, und für jede Kante $u_{i_j i_{j+1}}$ gilt

$$x_{i_j i_{j+1}}^1 + x_{i_j i_{j+1}}^2 < c_{i_j i_{j+1}} .$$

Dann bilden diese Kanten aber einen Rückwärtsweg, im Widerspruch zur Voraussetzung.

Damit ist Hilfssatz 4 bewiesen.

Ganz entsprechend können wir den folgenden Hilfssatz beweisen.

Hilfssatz 5. *Es ist $N_{2'} \in \overline{\mathfrak{X}}_v$ genau dann, wenn es keinen Vorwärtsweg gibt.*

Hilfssatz 6. *Es sei $N_{2'} \in \overline{\mathfrak{X}}_r$ und $\mathfrak{S}$ die Menge aller Kanten (X, Y) mit $X \in \mathfrak{X}_r$ und $Y \in \overline{\mathfrak{X}}_r$. Falls es eine Kante $u_{ij} \in \mathfrak{S}$ mit $x_{ij}^1 \neq 0$ gibt, so gilt $N_1 \in \mathfrak{X}_r$ und $N_{1'} \in \overline{\mathfrak{X}}_r$.*

Mit anderen Worten: *Eine Kantenmenge $\mathfrak{S}$, durch die beliebig gerichteter erster Strom fließt, trennt N_1 und N_2 von $N_{2'}$ und $N_{1'}$.*

Beweis.

1. Angenommen, es wäre $N_1 \in \overline{\mathfrak{X}}_r$, $N_{1'} \in \mathfrak{X}_r$. Da erster Strom (von N_1 nach $N_{1'}$) fließt, gibt es (vgl. Abb. 4.7) eine Kante $u_{ij} \in \mathfrak{S}$ mit $N_j \in \overline{\mathfrak{X}}_r$, $N_i \in \mathfrak{X}_r$ und $x_{ji}^1 = -x_{ij}^1 > 0$.

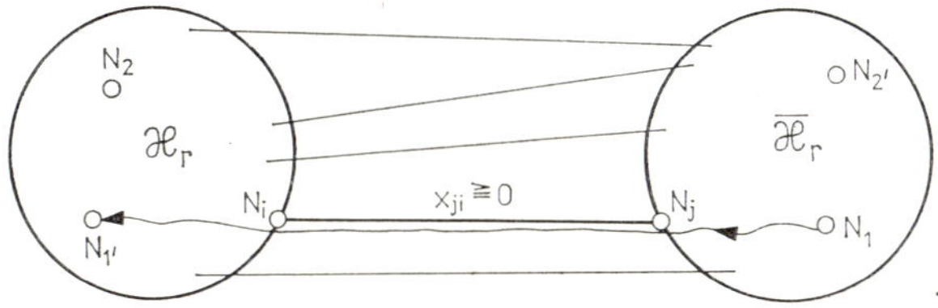

Abb. 4.7

Wegen der Definition der Menge $\mathfrak{X}_r$ gilt $x_{ij}^1 + x_{ij}^2 = c_{ij}$, also

$$x_{ij}^2 = c_{ij} - x_{ij}^1 = c_{ij} + x_{ji}^1 \geqq c_{ij} .$$

Da aber wegen der Kapazitätsbeschränkung auch $x_{ij}^2 \leqq c_{ij}$ gilt, erhalten wir $x_{ij}^2 = c_{ij}$, also $x_{ij}^1 = 0$, im Widerspruch zur Voraussetzung $x_{ij}^1 \neq 0$.

2. Es sei $N_1, N_{1'} \in \mathfrak{X}_r$ oder $N_1, N_{1'} \in \overline{\mathfrak{X}}_r$. Wir wählen eine beliebige Kante $u_{ij} \in \mathfrak{S}$ mit $N_i \in \mathfrak{X}_r$ und $N_j \in \overline{\mathfrak{X}}_r$ und o. B. d. A. $x_{ji}^1 > 0$. Dann erhalten wir

$$x_{ij}^{2'} = c_{ij} - x_{ij}^1 = c_{ij} + x_{ji}^1 > c_{ij}$$

im Widerspruch zu $x_{ij}^2 \leqq c_{ij}$.

Damit ist Hilfssatz 6 bewiesen.

Ganz entsprechend läßt sich die folgende Aussage beweisen:

Hilfssatz 7. *Es sei $N_{2'} \in \overline{\mathfrak{X}}_v$ und $\mathfrak{S}$ die Menge aller Kanten (X, Y) mit $X \in \mathfrak{X}_v$ und $Y \in \overline{\mathfrak{X}}_v$. Falls es eine Kante u_{ij} mit $x_{ij}^1 \neq 0$ gibt, so gilt $N_{1'} \in \mathfrak{X}_v$ und $N_1 \in \overline{\mathfrak{X}}_v$.*

Oder anders ausgedrückt: *Eine Kantenmenge $\mathfrak{S}$, durch die beliebig gerichteter erster Strom fließt, trennt $N_{1'}$ und N_2 von N_1 und $N_{2'}$.*

Aus den Hilfssätzen 4 und 5 ergibt sich unmittelbar der folgende Hilfssatz.

Hilfssatz 8. *Es existiert genau dann ein Doppelweg (d. h. sowohl ein Vorwärts- als auch ein Rückwärtsweg von N_2 nach $N_{2'}$), wenn weder $N_{2'} \in \overline{\mathfrak{X}}_r$ noch $N_{2'} \in \overline{\mathfrak{X}}_v$ gilt.*

Nun geben wir einen Algorithmus an, mit dessen Hilfe entschieden werden kann, ob Ströme $F(1; 1')$ und $F(2; 2')$ in einem Graphen realisierbar sind, und – sofern sie es sind – konstruieren wir diese Ströme. Dieser Algorithmus erlaubt es, auch solche Ströme zu konstruieren, daß $f(1; 1') + f(2; 2')$ maximal wird.

Wir setzen die Geradzahligkeit aller c_{ij} voraus und können damit, wie wir sehen werden, die Ganzzahligkeit der einzelnen Ströme sichern. Im Fall beliebig reeller $c_{ij} > 0$ schreibt Hu [5], daß der Beweis des Hauptsatzes ebenfalls erbracht werden kann, dieser Beweis aber sehr mühevoll sei. Für Maschinenrechnung ist die Voraussetzung der Geradzahligkeit gewiß keine Einschränkung.

Wir stellen uns die Aufgabe, Ströme der Werte $r_1 = f(1; 1')$ und $r_2 = f(2; 2')$ zu konstruieren, wobei r_1 und r_2 gerade Zahlen sein sollen.

Algorithmus

(i) Mittels des Algorithmus von Ford und Fulkerson (Kapitel 1), etwa ausgehend vom zulässigen Nullstrom, erhöhe man sukzessive den Wert des ersten Stromes bis zum Wert r_1. Falls $r_1 \leqq c(1 \mid 1')$ ist, kann diese Aufgabe geschafft werden, andernfalls ist die Voraussetzung des Satzes 4.4, den wir ja beweisen wollen, nicht erfüllt.

Steht die Aufgabe, die Stromsumme beider Ströme zu maximieren, so maximiere man zunächst $F(1; 1')$. Da alle c_{ij} geradzahlig sind, ist es auch der Maximalstrom vom Typ 1.

(ii) Auf dem gleichen Graphen mit den reduzierten Kapazitäten $c'_{ij} = c_{ij} - |x_{ij}^1|$ bilde man, sofern möglich, mittels des Algorithmus von Ford und Fulkerson einen Strom vom Typ 2 der Stärke r_2; im Fall der Maximierung der Summe beider Ströme bilde man einen Maximalstrom vom Typ 2. Falls aber der so zu konstruierende Strom vom Typ 2 den gewünschten Wert r_2 nicht erreicht, gehe man zu (iii) über, ebenso bei der Bestimmung des Summenmaximums beider Ströme.

(iii) Man suche einen Doppelweg. Falls kein solcher existiert (also kein Vorwärts- und Rückwärtsweg zu ermitteln ist), ist die Aufgabe nicht lösbar, bzw. die Stromsumme ist bereits maximal.

(iv) Falls Vorwärts- und Rückwärtsweg existieren, so gehe man wie folgt vor: Auf dem Vorwärtsweg wird

Strom 1 auf jeder Kante um 1 gesenkt,

Strom 2 auf jeder Kante um 1 erhöht.

Auf dem Rückwärtsweg wird

Strom 1 auf jeder Kante um 1 erhöht,

Strom 2 auf jeder Kante um 1 erhöht.

Die Schritte (ii), (iii), (iv) werden so oft wiederholt, bis entweder der gewünschte Stromwert r_2 erreicht ist (der Stromwert des ersten Stromes ändert sich ja nicht!) bzw. bis die Stromsumme nicht mehr erhöht werden kann. Im letzten Fall ist eine solche Stromverteilung erreicht, daß die Summe beider Typen maximal ist.

Ehe wir zum Beweis aller aufgestellten Behauptungen kommen, wollen wir den Algorithmus an einem Beispiel erläutern:

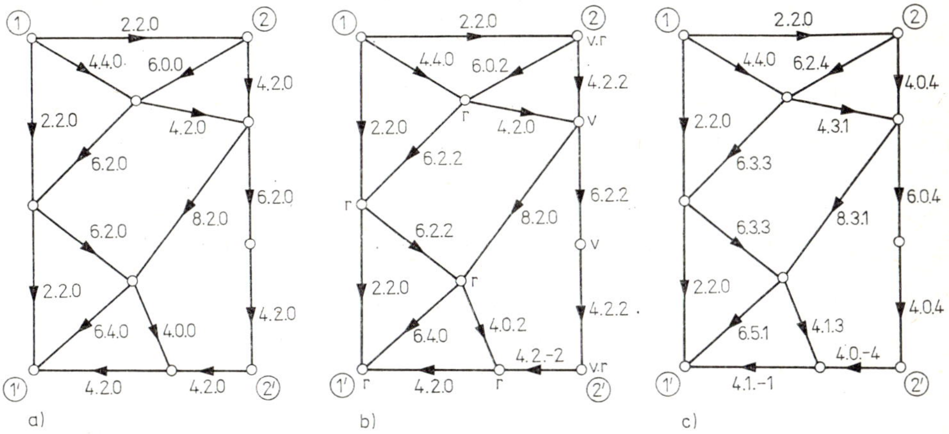

Abb. 4.8

Wir betrachten den Graphen der Abb. 4.8 (es ist derselbe wie der von Abb. 4.4). Es bedeute die erste Zahl an jeder Kante deren Kapazität, die zweite Zahl den Stromwert des ersten Stromes (er ist offenbar maximal), die dritte Zahl den Stromwert des zweiten Stromes. Die in 4.8a angegebene Orientierung ist so gewählt, daß die ersten Ströme alle nichtnegativ sind. Nun bestimmen wir auf dem Graphen mit reduzierten Kapazitäten einen Maximalstrom vom Typ 2; Abb. 4.8b zeigt das Resultat. Insgesamt haben wir jetzt einen Strom der Stärke $8+4=12$ erreicht. Damit ist Schritt (ii) beendet, und wir gehen zu (iii) über und suchen einen Doppelweg. In 4.8b haben wir an gewissen Knotenpunkten Markierungen v und r angebracht, je nachdem, ob sie in $\mathfrak{X}_v$ bzw. $\mathfrak{X}_r$ liegen. Natürlich können Knotenpunkte auch beide Markierungen erhalten.

Nun führen wir Schritt (iv) durch. Wiederholte Anwendung von (iii) und (iv) führt auf den Graphen der Abb. 4.8c. Jetzt ist die Stromsumme $8+8=16$. Sie ist maximal, wie man sich leicht klarmacht. Es kann nach Anwendung von (iv) auch möglich werden, daß (ii) wieder anwendbar wird.

Wir haben die folgenden Behauptungen zu beweisen:

a) *Nach Durchführung von* (iv) *gilt für jede Kante* u_{ij} *die Beziehung*

$$|x_{ij}^1| + |x_{ij}^2| \leqq c_{ij} .$$

b) *Falls der Algorithmus abbricht, haben wir einen Maximalsummenstrom* (*bzw. einen ersten Strom der Stärke* r_1 *und einen zweiten der Stärke* r_2), *oder die geforderten Werte* r_1 *und* r_2 *sind nicht erreichbar.*

c) *Beide Ströme haben auf jeder Kante ganzzahlige Werte.*

d) *Der Algorithmus ist endlich.*

Wir zeigen zunächst c): Nach den Schritten (i) und (ii) ist die Aussage offenbar erfüllt. Denken wir uns (iv) durchgeführt, so wird auf dem Rückwärtsweg jeder Stromtyp um 1 erhöht, bleibt also ganzzahlig, und auf dem Vorwärtsweg wird der erste um 1 verringert und der zweite um 1 erhöht, beide bleiben also ganzzahlig.

Insbesondere sieht man, daß bei der Maximalsummenbestimmung auf jeder Kante die Summe beider Ströme gerade ist (sie ist es auch dann, wenn wir für r_1 Geradzahligkeit fordern). Die Restkapazität auf jeder Kante bleibt, da die Stromsumme gerade ist (und auch die c_{ij} als gerade vorausgesetzt wurden), ebenfalls gerade, so daß bei eventueller Anwendung von (ii) der Strom vom Typ 2 auf jeder Kante um den Wert 2 verändert wird, die Stromsumme also weiterhin gerade bleibt.

Beweis von d): Da die Anwendung von (iv) an der Stärke des ersten Stromes nichts ändert, die des zweiten aber um 2 erhöht wird, endet der Algorithmus bei endlich vorausgesetzten Kapazitäten. Gibt es keinen endlichen Schnitt, der N_1 von $N_{1'}$ und N_2 von $N_{2'}$ trennt, so kann gewiß der Strom beliebig groß gemacht werden.

Beweis von a): Auf Kanten eines Vorwärtsweges oder auf Kanten eines Rückwärtsweges, auf denen die Kapazität nicht ausgelastet ist, gilt, wie wir eben sahen, sogar (bei geraden r_1 und r_2)

$$|x_{ij}^1| + |x_{ij}^2| \leqq c_{ij} - 2 ,$$

also können wir beide Stromwerte um je 1 verändern, ohne die Kapazität zu überschreiten. Von Interesse sind also gerade die Fälle, in denen die Kapazitäten ausgelastet sind, also $|x_{ij}^1| + |x_{ij}^2| = c_{ij}$ ist.

Auf einem Vorwärtsweg sind wegen

$$-x_{ij}^1 + x_{ij}^2 < c_{ij}$$

folgende Fälle möglich:

1. $x_{ij}^1 \geqq 0$, $x_{ij}^2 \geqq 0$. Da alle Stromwerte ganzzahlig sind, haben wir nach Durchführung von Schritt (iv)

$$|x_{ij}^1 - 1| + |x_{ij}^2 + 1| = c_{ij} .$$

2. $x_{ij}^1 \geqq 0$, $x_{ij}^2 \leqq 0$, wobei mindestens in einer der beiden Ungleichungen kein Gleichheitszeichen steht, da ja sonst in dieser Kante kein Strom fließen würde, also die Kapazität nicht ausgelastet sein kann. Nach Schritt (iv) ergibt sich

$$|x_{ij}^1 - 1| + |x_{ij}^2 + 1| \leqq |x_{ij}^1| + |x_{ij}^2| ,$$

und im Fall $x_{ij}^1 > 0$, $x_{ij}^2 < 0$ tritt sogar Ungleichheit ein, was zu eventueller Durchführung von (ii) führen kann.

3. $x_{ij}^1 < 0$, $x_{ij}^2 < 0$. Dann ist

$$|x_{ij}^1 - 1| + |x_{ij}^2 + 1| = |x_{ij}^1| + 1 + |x_{ij}^2| - 1 = c_{ij} .$$

Auf einem Rückwärtsweg sind wegen $|x_{ij}^1| + |x_{ij}^2| = c_{ij}$ und

$$x_{ij}^1 + x_{ij}^2 < c_{ij}$$

die folgenden drei Fälle möglich:

1. $x_{ij}^1 \geqq 0$, $x_{ij}^2 < 0$. Gemäß (iv) ergibt sich

$$|x_{ij}^1 + 1| + |x_{ij}^2 + 1| = |x_{ij}^1| + 1 + |x_{ij}^2| - 1 = c_{ij} .$$

2. $x_{ij}^1 < 0$, $x_{ij}^2 \geqq 0$. Dann ist

$$|x_{ij}^1 + 1| + |x_{ij}^2 + 1| = |x_{ij}^1| - 1 + |x_{ij}^2| + 1 = c_{ij} .$$

3. $x_{ij}^1 < 0$, $x_{ij}^2 < 0$. Wir erhalten

$$|x_{ij}^1 + 1| + |x_{ij}^2 + 1| = |x_{ij}^1| - 1 + |x_{ij}^2| - 1 = c_{ij} - 2 .$$

In diesem Fall ist die Kante ebenfalls nicht mehr ausgelastet, und es kann geschehen, daß (ii) anwendbar wird.

Beweis von b): Haben wir bei Abbruch des Algorithmus Stromwerte von r_1 und r_2 für die Ströme 1 bzw. 2, so ist nichts zu zeigen.

Der Algorithmus endet, wenn weder (ii) noch (iv) anwendbar sind. Da im Fall der Anwendbarkeit von (ii) auch (iv) anwendbar wäre (denn dann gibt es einen Weg von N_2 nach $N_{2'}$, auf dem keine Kante ausgelastete Kapazität besitzt; dieser Weg ist aber sowohl Vorwärts- als auch Rückwärtsweg, also existiert ein Doppelweg, und (iv) ist anwendbar), dürfen wir voraussetzen, daß bei Abbruch kein Doppelweg existiert. Es gilt also entweder $N_{2'} \in \overline{\mathfrak{X}}_v$ oder $N_{2'} \in \overline{\mathfrak{X}}_r$.

1. $N_{2'} \in \overline{\mathfrak{X}}_r$. Wir betrachten die Menge $\mathfrak{S}$ aller Kanten u_{ij} mit $N_i \in \mathfrak{X}_r$ und $N_j \in \overline{\mathfrak{X}}_r$. Es gilt

$$x_{ij}^1 + x_{ij}^2 = c_{ij} ,$$

also (da von keiner Stromsorte mehr als c_{ij} durch u_{ij} geschickt werden kann) $x_{ij}^1 \geqq 0$ und $x_{ij}^2 \geqq 0$. Falls $x_{ij}^1 > 0$ ist, gilt wegen Hilfssatz 6, daß $N_1 \in \mathfrak{X}_r$ und $N_{1'} \in \overline{\mathfrak{X}}_r$ ist. Eine Erhöhung einer der beiden Stromtypen durch die Kante u_{ij} (und damit Erhöhung der Stromsumme als Ziel) führt zur Verringerung der anderen Stromart um den gleichen Betrag (und damit zu keiner Erhöhung der Summe). Falls $x_{ij}^1 = 0$ ist, lastet der zweite Strom die Kapazität c_{ij} aus, und dieser Stromtyp kann auf u_{ij} gar nicht erhöht werden (selbst nicht auf Kosten des ersten Stromes). Hat man also zwar ersten Strom der Stärke r_1, jedoch noch nicht zweiten Strom der Stärke r_2, so kann zweiter Strom höchstens erhöht werden, wenn man ersten senkt; also kann die Forderung an die Stromstärken beider Typen nicht erreicht werden.

2. $N_{2'} \in \bar{\mathfrak{X}}_v$. Wir betrachten die Menge $\mathfrak{S}$ aller Kanten u_{ij} mit $N_i \in \mathfrak{X}_v$ und $N_j \in \bar{\mathfrak{X}}_v$. Dann gilt

$$-x_{ij}^1 + x_{ij}^2 = c_{ij}\,.$$

Es fließt also von N_j nach N_i nichtnegativer Strom vom Typ 1.

Falls $x_{ji}^1 = 0$ ist, ist die Kante u_{ij} mit zweitem Strom ausgelastet, und durch diese Kante paßt nicht mehr zweiter Strom hindurch. Ist der Stromwert r_2 für den zweiten Strom noch nicht erreicht, so kann er durch weitere Verwendung von u_{ij} gewiß auch nicht erreicht werden.

Falls aber $x_{ji}^1 > 0$ ist, gilt wegen Hilfssatz 7, daß $N_{1'} \in \mathfrak{X}_v$ und $N_1 \in \bar{\mathfrak{X}}_v$ ist. Erhöhung von erstem Strom bringt also gleichstarke Verringerung von zweitem Strom und umgekehrt. An der Summe beider Ströme kann jedenfalls keine Erhöhung mehr vorgenommen werden.

Damit haben wir gezeigt, wie man eine Stromverteilung finden kann, so daß die Summe beider Ströme maximal ist.

Unter Verwendung von Hilfssatz 2 und der zuletzt gezeigten Überlegungen sieht man auch, daß die Bedingungen a) bis c) von Satz 4.4 in der Tat ausreichend sind, um Ströme $F(1; 1')$ und $F(2; 2')$ zu sichern.

Der Leser mache sich die erforderlichen Schritte zum Nachweis dieser Behauptung selbst klar.

Man sieht leicht, daß man auf der Suche nach einem Maximalstrom (d. h. nach einer Stromverteilung, bei der die Summe beider Ströme maximal ist) gegebenenfalls die zweite Stromart auch um mehr als eine Einheit erhöhen kann. Der Leser, der sich mit dieser Aufgabe zu befassen hat, wird bei geringer Übung feststellen, um wieviel der Strom erhöht werden kann; das Aufschreiben der Formeln und der Beweis derselben erweisen sich als ein wenig schwerfällig. Wir glauben, daß auch in dieser Form der angegebene Algorithmus kompliziert genug ist.

Man kann sich leicht davon überzeugen, daß der Fall, daß etwa N_1 mit einem der anderen Punkte, etwa N_2 zusammenfällt, sich als Spezialfall durch geeignetes Einführen eines Hilfsknotenpunktes und einer Kante hinreichend hoher Kapazität behandeln läßt.

Schlußbemerkungen. Eine Vermutung der Form, daß ein m-typiger Strom $F(1, \ldots, m; 1', \ldots, m')$ genau dann existiert, wenn die $2^m - 1$ Ungleichungen

$$f(k; k') \leq c(k \mid k'), \ldots \qquad \binom{m}{1} \text{ Ungleichungen,}$$

$$f(i; i') + f(j; j') \leq c(i, j \mid i', j'), \ldots \qquad \binom{m}{2} \text{ Ungleichungen,}$$

$$\ldots\ldots\ldots\ldots\ldots\ldots$$

erfüllt sind, erweist sich als falsch, wie das Beispiel der Abb. 4.9 zeigt. Man rechnet leicht nach, daß

$$\begin{aligned} &c(1 \mid 1') = 4, && c(1, 3 \mid 1', 3') = 6,\\ &c(2 \mid 2') = 6, && c(2, 3 \mid 2', 3') = 8,\\ &c(3 \mid 3') = 6, && c(1, 2, 3 \mid 1', 2', 3') = 8\\ &c(1, 2 \mid 1', 2') = 6, && \end{aligned}$$

gilt. Ein Strom der Größe

$$f(1;1')=4,$$
$$f(2;2')=2,$$
$$f(3;3')=1,$$

erfüllt zwar die oben angegebenen Bedingungen, ist aber nicht realisierbar.

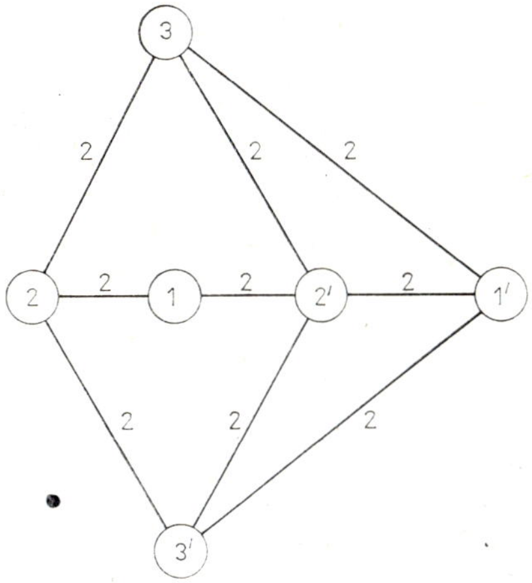

Abb. 4.9

Soweit uns bekannt ist, lassen sich Maximalströme im Fall von mehr als zwei Stromtypen nur mittels Methoden der Optimierung finden, also mit Hilfe von Algorithmen, die von der Graphenstruktur im Programm nur noch wenig erkennen lassen und damit relativ aufwendig werden.

4.4. Literatur

[1] Busacker, R. G., and T. L. Saaty: Finite Graphs and Networks, An Introduction with Applications, New York 1965 (deutsch: München/Wien 1968; russ.: Moskau 1974).

[2] Ermolev, Ju. M., und I. M. Mel'nik: Extremalprobleme auf Graphen [russ.], Kiev 1968.

[3] Ford, L. R., and D. R. Fulkerson: Flows in Networks, Princeton, N. J., 1962 (russ.: Moskau 1966).

[4] Hu, T. C.: Multi-commodity networks flows, Operations Res. **11** (1963), 344–360.

[5] Hu, T. C.: Integer Programming and Network Flows, Reading, Mass., 1970 (deutsch: München/Wien 1972; russ.: Moskau 1974).

5. Kommunikations- und Versorgungsnetze

5.1. Problemstellung

Waren in den vorangehenden Kapiteln die Graphen fest vorgegeben, so geht es in diesem Kapitel darum, einen geeigneten Graphen zu finden, der ein Versorgungs- oder ein Kommunikationsproblem bei möglichst geringen Kosten löst.

Wir kommen zunächst zur mathematischen Formulierung des *Versorgungsproblems:*

Gegeben seien zwei endliche Mengen von Punkten der euklidischen Ebene, nämlich die Menge $\mathfrak{P}=\{X_1, X_2, \ldots, X_m\}$ der Produzenten (Quellen) und die Menge $\mathfrak{V}=\{X_{m+1}, X_{m+2}, \ldots, X_{m+n}\}$ der Verbraucher (Senken); beide Mengen bilden die Menge $\mathfrak{X}$ der paarweise verschiedenen Festpunkte: $\mathfrak{X}=\mathfrak{P}\cup\mathfrak{V}$. Der Produzent X_μ erzeuge pro Zeiteinheit genau a_μ Einheiten eines bestimmten Materials ($a_\mu>0$, ganzzahlig; $\mu=1, 2, \ldots, m$), dabei bezeichnen wir a_μ als das Aufkommen des Produzenten X_μ. Der Verbraucher $X_{m+\nu}$ habe pro Zeiteinheit einen Bedarf von b_ν Einheiten desselben Materials ($b_\nu>0$, ganzzahlig; $\nu=1, 2, \ldots, n$). Es wird angenommen, daß der Gesamtbedarf durch das Gesamtaufkommen befriedigt werden kann, d. h., es sei

$$\sum_{\mu=1}^{m} a_\mu \geqq \sum_{\nu=1}^{n} b_\nu .$$

Ferner sei $k(y)$ eine für $y=0, 1, 2, \ldots$ erklärte Funktion, die sogenannte *Kostenfunktion* mit den Eigenschaften

$$k(0)=0, \quad k(y)>0 \text{ für } y>0, \; k(y+1)\geqq k(y) ,$$
$$k(x+y)\leqq k(x)+k(y) \quad \text{für} \quad x, y=0, 1, 2, \ldots$$

Die Installation eines Versorgungskanals der Länge l, längs welchem maximal y Materialeinheiten pro Zeiteinheit transportiert werden können, verursache die Kosten $l\cdot k(y)$. Unter einem *Versorgungsnetz* $\boldsymbol{N}=(\mathfrak{X}^*, \mathfrak{U}; c)$ verstehen wir die geometrische Realisierung eines endlichen gerichteten Graphen mit der Knotenpunktmenge $\mathfrak{X}^*$ und der Bogenmenge $\mathfrak{U}$, auf deren Bögen u eine Kapazität c erklärt ist, die jedem Bogen u eine nichtnegative ganze Zahl $y=c(u)$ zuordnet; $c(u)$ wird als maximal möglicher Fluß auf u gedeutet und hat die Dimension „Materialeinheiten pro Zeiteinheit". In einem Versorgungsnetz hat jeder Bogen u eine positive geometrische Länge $l(u)$.

Wir betrachten die Menge $\mathfrak{N}^*$ aller Versorgungsnetze, die die Versorgung der Verbraucher $X_{m+1}, X_{m+2}, \ldots, X_{m+n}$ (d. h. die gleichzeitige Versorgung jedes der $X_{m+\nu}$ mit der Bedarfsmenge b_ν) durch die Produzenten $X_1, X_2, \ldots, X_m$ garantieren; für diese Netze aus $\mathfrak{N}^*$ gilt insbesondere $\mathfrak{X}\subseteqq\mathfrak{X}^*$.

Die Gesamtkosten, die die Installation eines Versorgungsnetzes $\boldsymbol{N} \in \mathfrak{N}^*$ verursacht, bezeichnen wir mit $K = K(\boldsymbol{N})$. Dann gilt

$$K(\boldsymbol{N}) = \sum_{u \in \mathfrak{U}} k(c(u)) \cdot l(u) \quad \text{mit} \quad \mathfrak{U} \in \boldsymbol{N}.$$

Unter den Punkten der Menge $\mathfrak{X}^*$ unterscheiden wir zwischen den Festpunkten (diese bilden die Menge $\mathfrak{X}$) und solchen Verzweigungspunkten, die nicht gleichzeitig Festpunkte sind. Die zuletzt genannten Punkte werden *Steinerpunkte* (nach Jakob Steiner, 1796–1863) genannt und zur Menge $\mathfrak{S}$ zusammengefaßt. Es gilt also $\mathfrak{X} \cap \mathfrak{S} = \emptyset$ und $\mathfrak{X} \cup \mathfrak{S} = \mathfrak{X}^*$.

Es bezeichne $\mathfrak{N}$ die Menge aller Versorgungsnetze $\boldsymbol{N} \in \mathfrak{N}^*$, welche keine Steinerpunkte besitzen (für diese Netze gilt also $\mathfrak{X} = \mathfrak{X}^*$, außerhalb der Festpunkte ist eine Verzweigung des Versorgungsstromes also nicht zugelassen). Je nachdem, ob wir zur Konkurrenz alle Netze aus $\mathfrak{N}^*$ oder nur diejenigen aus $\mathfrak{N}$ zulassen, erhalten wir das erste oder zweite der nachfolgend formulierten Probleme:

Problem A (Uneingeschränktes Problem des billigsten Versorgungsnetzes). Unter allen Versorgungsnetzen $\boldsymbol{N} \in \mathfrak{N}^*$ sind diejenigen gesucht, welche die geringsten Gesamtinstallationskosten verursachen (Steinerpunkte mögen keine Kosten verursachen).

Problem B (Eingeschränktes Problem des billigsten Versorgungsnetzes). Unter allen Versorgungsnetzen $\boldsymbol{N} \in \mathfrak{N}$ sind diejenigen gesucht, welche die geringsten Gesamtinstallationskosten verursachen.

Wir kommen anschließend zur Formulierung des *Kommunikationsproblems:*

Gegeben sei eine endliche Menge $\mathfrak{X} = \{X_1, X_2, \ldots, X_n\}$ von Punkten der euklidischen Ebene. Diese Punkte sollen durch ein (im allgemeinen zusammenhängendes) Netz (etwa Telephonnetz) verbunden werden. Für jedes Ortspaar X_i, X_j sei die Anzahl x_{ij} der Telephonverbindungen vorgeschrieben, wobei wir $x_{ij} = x_{ji}$ und $x_{ii} = 0$ ($i, j = 1, 2, \ldots, n$) voraussetzen wollen. Es sei $k(y)$ eine für $y = 0, 1, 2, \ldots$ erklärte Funktion (die sogenannte *Kostenfunktion*) mit den Eigenschaften

$$k(0) = 0, \quad k(y) > 0 \text{ für } y > 0, \quad k(y+1) \geqq k(y)\,,$$
$$k(x+y) \leqq k(x) + k(y) \quad \text{für} \quad x, y = 0, 1, 2, \ldots$$

Das gemeinsame Verlegen von x Verbindungen (in einem Graben) der Länge l verursache die Kosten $k(x) \cdot l$. Unter einem *Kommunikationsnetz* $\boldsymbol{N} = (\mathfrak{X}^*, \mathfrak{U}, c)$ verstehen wir die geometrische Realisierung eines endlichen ungerichteten Graphen mit der Knotenpunktmenge $\mathfrak{X}^*$ und der Kantenmenge $\mathfrak{U}$, auf deren Kanten u eine Kapazität c erklärt ist, die jeder Kante u eine nichtnegative ganze Zahl $y = c(u)$ zuordnet; $c(u)$ wird als die Maximalzahl der längs u verlegbaren Leitungen gedeutet. In einem Kommunikationsnetz hat jede Kante eine positive geometrische Länge $l(u)$.

Wir betrachten die Menge $\mathfrak{N}^*$ aller Kommunikationsnetze, die jede der Verbindungsanzahlen x_{ij} garantieren; für diese Netze gilt insbesondere $\mathfrak{X} \subseteqq \mathfrak{X}^*$. Die Gesamtkosten, die die Installation eines Kommunikationsnetzes $\boldsymbol{N} \in \mathfrak{N}^*$ verursacht, bezeichnen wir mit $K = K(\boldsymbol{N})$. Dann gilt

$$K(\boldsymbol{N}) = \sum_{u \in \mathfrak{U}} k(c(u)) \cdot l(u) \quad \text{mit} \quad \mathfrak{U} \in \boldsymbol{N}.$$

Unter den Punkten der Menge $\mathfrak{X}^*$ unterscheiden wir zwischen den Festpunkten (diese bilden die Menge $\mathfrak{X}$) und solchen Verzweigungspunkten, die nicht zugleich Festpunkte sind (diese nennen wir wie im Fall der Versorgungsnetze *Steinerpunkte*). Diese Steinerpunkte werden zur Menge $\mathfrak{S}$ zusammengefaßt. Es gilt also $\mathfrak{X} \cap \mathfrak{S} = \emptyset$, $\mathfrak{X} \cup \mathfrak{S} = \mathfrak{X}^*$.

Es bezeichne $\mathfrak{N}$ die Menge aller Kommunikationsnetze $\boldsymbol{N} \in \mathfrak{N}^*$, welche keine Steinerpunkte besitzen (es gilt also $\mathfrak{X} = \mathfrak{X}^*$, und Verzweigungen sind nur in den Festpunkten zugelassen). Je nachdem, ob wir zur Konkurrenz alle Netze aus $\mathfrak{N}^*$ oder nur die aus $\mathfrak{N}$ zulassen, unterscheiden wir zwischen den beiden folgenden Problemen:

Problem A′ (Uneingeschränktes Problem des billigsten Kommunikationsnetzes). Unter allen Kommunikationsnetzen $\boldsymbol{N} \in \mathfrak{N}^*$ sind diejenigen gesucht, die die geringsten Gesamtinstallationskosten verursachen (Steinerpunkte mögen keine Kosten verursachen).

Problem B′ (Eingeschränktes Problem des billigsten Kommunikationsnetzes). Unter allen Kommunikationsnetzen $\boldsymbol{N} \in \mathfrak{N}$ sind diejenigen gesucht, welche die geringsten Gesamtinstallationskosten K verursachen.

Beispiel 1. Vier Eckpunkte eines Quadrats sind durch ein Telefonnetz zu verbinden. Für jedes Ortspaar sei die zu installierende Kabelanzahl durch die folgende Tabelle gegeben (vgl. Abb. 5.1):

x_{ij}	X_1	X_2	X_3	X_4
X_1	0	1	1	1
X_2	1	0	1	1
X_3	1	1	0	4
X_4	1	1	4	0

In Abb. 5.1 sind drei Netze angegeben, die die geforderten Verbindungen realisieren. Die ersten beiden Netze verzweigen sich nur in Festpunkten, das dritte Netz enthält einen Verzweigungspunkt, der nicht Festpunkt ist, also einen Steiner-

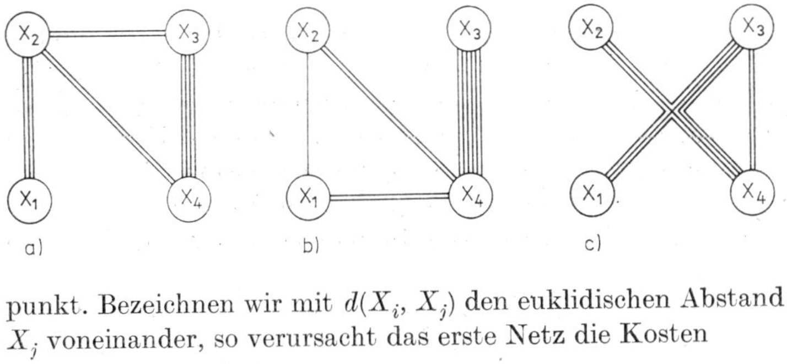

Abb. 5.1

punkt. Bezeichnen wir mit $d(X_i, X_j)$ den euklidischen Abstand der Punkte X_i und X_j voneinander, so verursacht das erste Netz die Kosten

$$d(X_1, X_2)\,[k(2)\,(1+\sqrt{2}) + k(3) + k(4)]\,.$$

Wollten wir diese „kleine“ Aufgabe (d. h. Suche des Minimalnetzes) durch Berechnen der Kosten aller möglichen Netze lösen, jedoch unter der Einschränkung, daß Netzverzweigungen nur in Festpunkten gestattet sind (Problem B) und eine Verbindung zwischen zwei Orten stets geradlinig erfolgen soll, so hätten wir bereits eine solche Menge von Varianten durchzurechnen, daß ohne Einsatz von Rechnern die Aufgabe nicht mehr lösbar wäre.

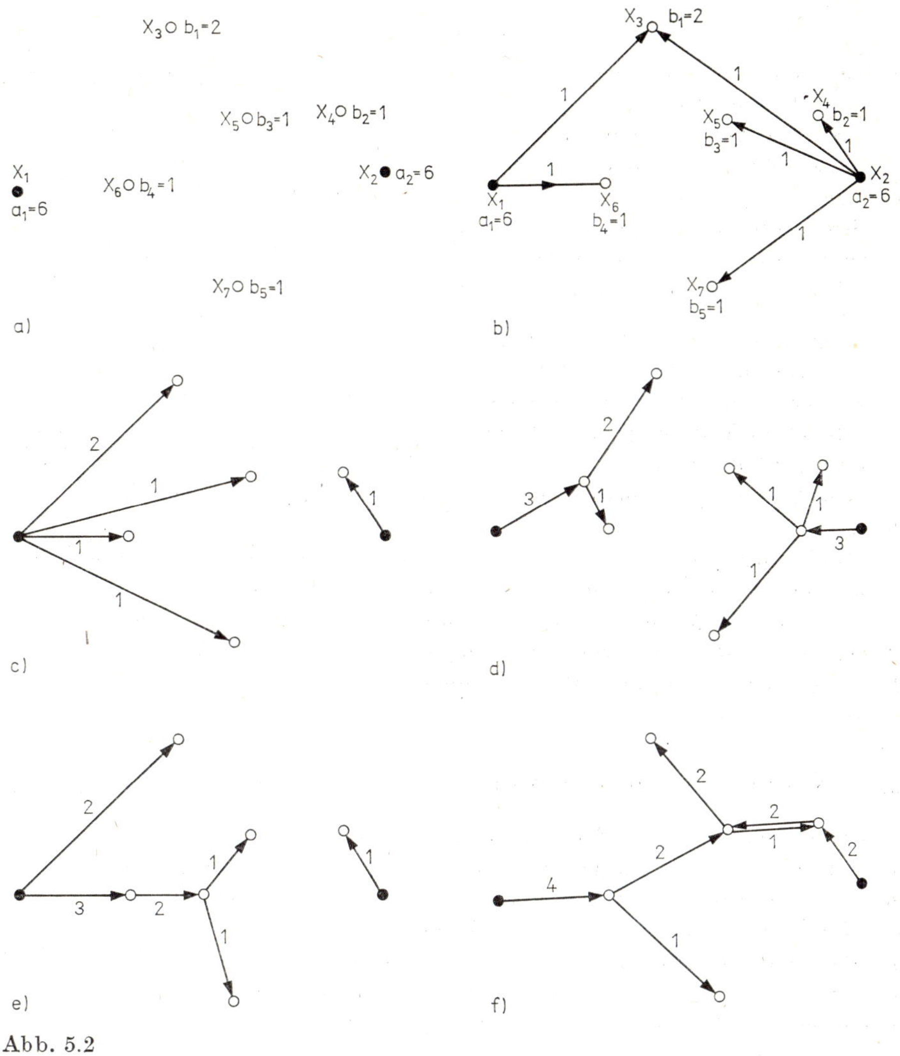

Abb. 5.2

Beispiel 2. Abb. 5.2a zeigt zwei Erzeuger und fünf Verbraucher eines Materials, wobei die Abstände der Festpunkte durch nachfolgende Tabelle gegeben sind (die erzeugbaren bzw. benötigten Mengen sind an den Knotenpunkten der Abb. 5.2a vermerkt):

	X_1	X_2	X_3	X_4	X_5	X_6	X_7
X_1	0	10	6	9	6,5	3	6,5
X_2		0	7	2	4	7	5
X_3			0	5,1	3,2	4,3	7,1
X_4				0	2,5	6	5,4
X_5					0	3,6	4,4
X_6						0	4
X_7							0

Abb. 5.2b und c zeigen zwei „zulässige“ Netze ohne Steinerpunkte, Abb. 5.2d zeigt ein Netz mit zwei Steinerpunkten, wobei alle Bedürfnisse befriedigt sind; Abb. 5.2e schließlich zeigt ein Netz mit einem Steinerpunkt und einem Festpunkt, der gleichzeitig Verteilerpunkt ist.

Ganz gewiß kann ein Netz wie das in Abb. 5.2f kein Minimalnetz sein, da längs eines Streckenstücks Material in beiden Richtungen transportiert wird; aber natürlich ist es ein Netz, das die Bedürfnisse der Verbraucher befriedigt und keine Quelle überfordert, also ein zulässiges Netz.

Wir wollen noch einige Bemerkungen über die Voraussetzungen machen, die wir an die Kostenfunktion $k(y)$ stellen:

Die Forderungen $k(0)=0$ und $k(y)>0$ für $y=1, 2, \ldots$ leuchten unmittelbar ein.

Die Monotonieforderung $k(y+1)\geqq k(y)$ für $y=0, 1, 2, \ldots$ leuchtet insofern ein, als es nicht billiger werden kann, wenn man mehr Material längs eines Streckenstücks schickt bzw. wenn man mehr Kommunikationskabel in demselben Graben verlegt.

Die Forderung $k(x+y)\leqq k(x)+k(y)$, genannt *Subadditivität*, leuchtet wie folgt ein: Das gemeinsame Verlegen von $x+y$ Kabeln (bzw. das gleichzeitige Transportieren von $x+y$ Materialeinheiten) sollte nicht teurer sein als das getrennte Verlegen von x Kabeln und von y Kabeln (bzw. das getrennte Transportieren von x Materialeinheiten und von y Materialeinheiten).

5.2. Netze ohne Steinerpunkte

Zur Behandlung des Versorgungsproblems (Problem B) mit der Beschränkung, daß Verzweigungen nur in den Festpunkten erlaubt sind, formulieren wir den folgenden Algorithmus, der zwar nicht bei beliebiger (monotoner, subadditiver) Kostenfunktion das Minimalnetz liefert, jedoch in vielen in der Praxis vorkommenden Fällen ein Optimalnetz oder aber ein solches liefert, welches als brauchbares Netz angesehen werden kann. Der Algorithmus lehnt sich stark an den in Kapitel 2 formulierten von R. G. Busacker und P. J. Gowen an:

Algorithmus

Es seien $X_1, X_2, \ldots, X_{m+n}$ genau $m+n$ paarweise verschiedene Punkte der euklidischen Ebene, und es bezeichne $\boldsymbol{K}_{m+n}$ die geometrische Realisierung des vollständigen Graphen mit $m+n$ Knotenpunkten $X_1, X_2, \ldots, X_{m+n}$ (geradliniges Verbinden je zweier der Knotenpunkte). Es sei $d(X_i, X_j)$ der euklidische

Abstand der Punkte X_i und X_j voneinander, wobei

$$d_{ij} := d(X_i, X_j) \quad \text{mit} \quad d_{ij} > 0 \quad \text{für} \quad i \neq j \quad \text{und} \quad d_{ii} = 0$$

sei. Wir führen ganzzahlige Hilfsgrößen y_{ij}, $y_{ji} \geqq 0$ $(i \neq j)$ ein, welche die Dimension „Materialeinheiten pro Zeiteinheit" haben (also die eines Flusses), sich im Verlaufe des Algorithmus verändern werden und bei Abbrechen des Algorithmus die Kapazitäten eines Versorgungsnetzes $\boldsymbol{N} \in \mathfrak{N}$ angeben, wobei dann ohne Überschreiten der Quellergiebigkeiten alle Bedürfnisse der Verbraucher erfüllt sind. Von den beiden Zahlen y_{ij} und y_{ji} ist wenigstens eine gleich 0 (das bedeutet: Eine Kante von $\boldsymbol{K}_{m+n}$ wird höchstens in einer Richtung durchflossen).

Die einzelnen Schritte des Algorithmus lauten:

(i) Setze $y_{ij} = y_{ji} = 0$ für alle $i, j = 1, 2, \ldots, m+n$ $(i \neq j)$.

(ii) Ordne jeder Kante (X_i, X_j) wie folgt sogenannte Kostenzuwächse k'_{ij} und k'_{ji} zu:

Falls $y_{ij} = y_{ji} = 0$ ist, sei

$$k'_{ij} = k'_{ji} = k(1)\, d_{ij};$$

falls $y_{ij} > 0$ (und somit $y_{ji} = 0$) ist, sei

$$k'_{ij} = (k(y_{ij}+1) - k(y_{ij}))\, d_{ij},$$

$$k'_{ji} = (k(y_{ij}-1) - k(y_{ij}))\, d_{ij}.$$

Der Fall $y_{ij} = 0$ und $y_{ji} > 0$ wird durch Vertauschen der Indizes auf den soeben behandelten zurückgeführt.

(iii) Betrachte die Zahlen y_{ij} als Flüsse, jeweils in der Kante (X_i, X_j) mit Fließrichtung von X_i nach X_j. Wähle unter allen gerichteten Wegen von einer noch nicht erschöpften Quelle zu einer nichtbefriedigten Senke einen solchen aus, für den der Gesamtkostenzuwachs minimal ist (der Gesamtkostenzuwachs ist die Summe aller k'_{ij} längs der Bögen dieses Weges). Anschließend erhöhe den Strom (unter Berücksichtigung der Fließrichtung) längs dieses Weges um 1.

(iv) Falls noch nicht alle Bedürfnisse befriedigt sind, gehe zurück nach (ii).

(v) Lösche alle Kanten (X_i, X_j), für die $y_{ij} = y_{ji} = 0$ ist. Für jedes Paar i, j $(i \neq j)$, für das $y_{ij} > 0$ (und damit $y_{ji} = 0$) ist, führe einen geradlinigen gerichteten Kanal (Bogen) von X_i nach X_j mit der Kapazität $c_{ij} = y_{ij}$ ein.

Damit endet der Algorithmus.

Wir betrachten das Beispiel der Abb. 5.3 mit zwei Quellen und vier Verbrauchern und der Kostenfunktion $k(y) = \sqrt{y}$. Die Abstandsmatrix (d_{ij}) sei gegeben durch

$$\begin{array}{c|cccccc} & X_1 & X_2 & X_3 & X_4 & X_5 & X_6 \\ \hline X_1 & 0 & 4 & \sqrt{5} & \sqrt{8} & 5 & \sqrt{17} \\ X_2 & & 0 & \sqrt{13} & \sqrt{40} & 3 & 5 \\ X_3 & & & 0 & 5 & \sqrt{34} & 6 \\ X_4 & & & & 0 & \sqrt{37} & \sqrt{13} \\ X_5 & & & & & 0 & \sqrt{10} \\ X_6 & & & & & & 0 \end{array}.$$

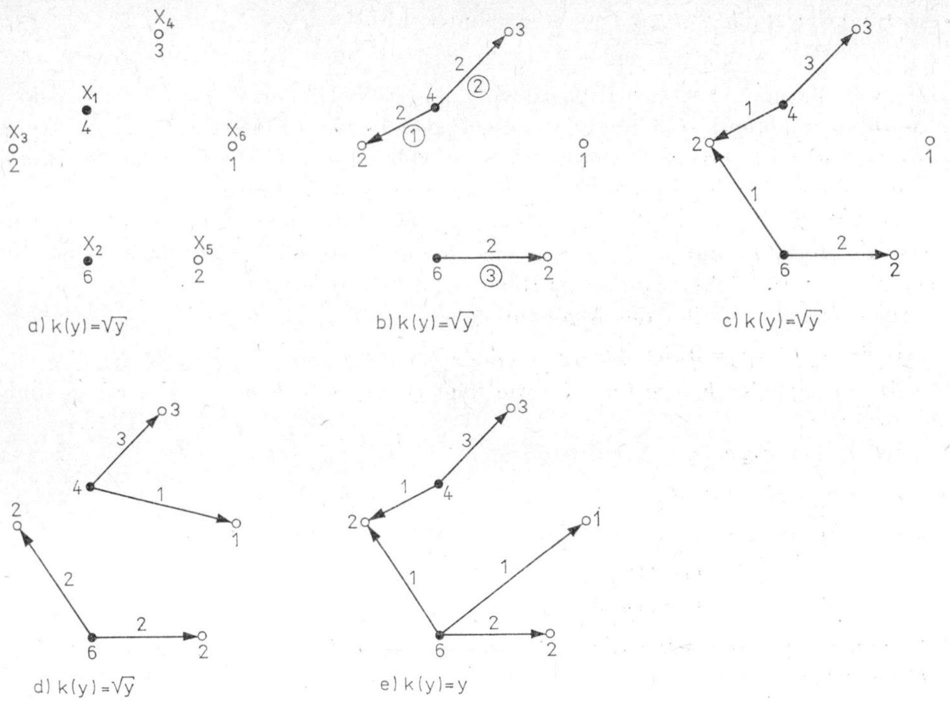

Abb. 5.3

Die Zahlen an den Knotenpunkten der Abb. 5.3a bedeuten für X_1 und X_2 die Aufkommen und für X_3, X_4, X_5, X_6 die Bedarfsmengen.

Wenden wir unseren Algorithmus an, so wird zunächst der Bogen (X_1, X_3) ausgewählt, da er der kürzeste von einer Quelle zu einer Senke ist. Um einen Strom der Stärke 1 zu schicken, werden Kosten $\sqrt{1} \cdot d_{13} = \sqrt{5}$ längs dieses Bogens entstehen.

Um eine weitere Materialeinheit von X_1 nach X_3 zu schicken, sind Kosten $(\sqrt{2}-1)\, d_{13} = (\sqrt{2}-1)\sqrt{5}$ erforderlich; man sieht leicht, daß das auch ein billigster Weg von einer nichterschöpften Quelle zu einer nichtbefriedigten Senke ist.

Jetzt ist X_3 befriedigt. Als nun billigster Weg von einer Quelle zu einer Senke ergibt sich der Bogen von X_1 nach X_4 mit Kosten $\sqrt{1} \cdot d_{14} = \sqrt{8}$.

Als nächstbilligster Weg ergibt sich abermals der Bogen von X_1 nach X_4, nun mit Kosten $(\sqrt{2}-1)\sqrt{8}$.

Jetzt ist die Quelle X_1 erschöpft, der Bedarf von X_4 kann also nicht direkt von X_1 aus befriedigt werden.

Der nächstbilligste Weg von einer nichterschöpften Quelle zu einer nichtbefriedigten Senke ist der Bogen (X_2, X_5). Nacheinander kann man zwei Materialeinheiten längs dieses Bogens schicken. Es ergibt sich der Zwischenstand von Abb. 5.3b. Als unbefriedigte Senken verbleiben X_4 und X_6, als einzige nichterschöpfte Quelle verbleibt X_2.

Der nächstbilligste Weg ist (X_2, X_3, X_1, X_4) mit den Kosten

$$\sqrt{13}-\sqrt{5}(\sqrt{2}-1)+\sqrt{8}(\sqrt{3}-\sqrt{2});$$

das Resultat zeigt Abb. 5.3c.

Als nächstbilligster Weg ergibt sich (X_2, X_3, X_1, X_6) mit den Kosten

$$\sqrt{13}(\sqrt{2}-1)-\sqrt{5}+\sqrt{17}.$$

Nun sind alle Senken befriedigt, der Algorithmus bricht ab (vgl. Abb. 5.3d). Das entstandene Netz ist aber nicht optimal, denn man kann noch unter Kosteneinsparung einen Strom der Stärke 1 längs des Weges (X_2, X_5, X_6, X_1) von der Quelle X_2 zur Quelle X_1 schicken. Die Einsparung beträgt genau

$$\sqrt{17}-\sqrt{10}-3(\sqrt{3}-\sqrt{2})>0.$$

Aus diesem Ergebnis ziehen wir den Schluß, daß es zweckmäßig ist, am Ende des Algorithmus nachzuprüfen, ob es von einer nichterschöpften Quelle zu einer erschöpften noch einen Weg mit negativen Kosten gibt. Falls es einen derartigen Weg gibt, schicke man längs dieses Weges eine Materialeinheit. Ob man jedoch auf diese Weise stets zu einem Optimalnetz kommt, muß bezweifelt werden.

Hätten wir als Kostenfunktion $k(y)=y$ gewählt, also eine lineare Funktion, so hätte sich als Optimalnetz das der Abb. 5.3e ergeben. Lineare Kostenfunktionen sind jedoch in der Praxis irreal, da das parallele Verlegen von Versorgungskanälen der Durchlässigkeit x und y ebenso teuer wäre wie das Verlegen eines Kanals mit der Durchlässigkeit $x+y$.

Ähnlich dem angegebenen Algorithmus für das Versorgungsproblem läßt sich ein Algorithmus für das Kommunikationsproblem angeben. Die Schritte bleiben alle erhalten, als Ausgang ist nur der vollständige Graph mit n Knotenpunkten zu wählen, und bei der Suche von Wegen mit möglichst kleinem Kostenzuwachs haben wir nicht unter allen Wegen von einer nichterschöpften Quelle zu einer nichtbefriedigten Senke zu suchen, sondern unter allen Wegen zwischen je zwei Knotenpunkten, für die noch nicht alle Telefonkabel realisiert sind.

Beispiel. Wählen wir das Beispiel 1 von S. 126, so könnte bei einer Kostenfunktion $k(y)=\sqrt{y}$ etwa folgendes Netz entstehen (wir setzen die Seitenlänge des Quadrats gleich 1):

- Zunächst wird etwa (X_2, X_3) realisiert (aber nicht notwendig) mit den Kosten $\sqrt{1}=1$,
- anschließend werde etwa (X_1, X_2) mit den Kosten $\sqrt{1}=1$ realisiert,
- danach die Verbindung zwischen X_1 und X_3, und zwar längs des Streckenzuges X_1, X_2, X_3 mit den Kosten $(\sqrt{2}-\sqrt{1})+(\sqrt{2}-\sqrt{1})=0{,}828\ldots$;
- danach könnte die direkte Verbindung X_1, X_4 mit den Kosten 1 gewählt werden,
- anschließend wird die Verbindung von X_2 nach X_4 gewählt, und zwar durch Einbetten des Streckenzuges X_2, X_1, X_4 mit den Kosten $\sqrt{2}-1+\sqrt{3}-\sqrt{2}=0{,}732\ldots$,

– nun würden die letzten vier verbleibenden Verbindungen zwischen X_3 und X_4 nacheinander längs des Streckenzuges X_4, X_1, X_2, X_3 realisiert werden, und zwar würde der erste der vier Streckenzüge die Kosten

$$\sqrt{3}-\sqrt{2}+\sqrt{4}-\sqrt{3}+\sqrt{3}-\sqrt{2}=0{,}90\ldots$$

verursachen, während ja die direkte Verbindung von X_3 nach X_4 die Kosten 1 verursachen würde.

Daß das so entstandene Netz recht teuer ist, leuchtet unmittelbar ein. Hätte man bloß am Ende die vier Verbindungen von X_3 nach X_4 nicht nacheinander eingebettet, sondern gleichzeitig, so hätte man die direkte Verbindung gewählt, denn diese kostet (für die vier Kabelverbindungen) genau 2, wohingegen das Verlegen der vier Verbindungen über X_1 und X_2 die Kosten

$$2(\sqrt{6}-\sqrt{2})+\sqrt{7}-\sqrt{3}=2{,}98\ldots$$

verursacht. Man sieht also, daß sich im allgemeinen auch im Fall der Kommunikationsnetze nicht (durch Anwenden des Algorithmus) ein Minimalnetz einstellen wird.

Der Leser versuche, das Minimalnetz (ohne Steinerpunkte) für unser Beispiel mit der Kostenfunktion $k(y)=\sqrt{y}$ zu finden.

Es lassen sich aber die folgenden Sätze beweisen:

Satz 5.1. *Falls die Kostenfunktion linear ist* (also $k(y)=ay$), *liefert der Algorithmus sowohl im Fall des Versorgungsproblems als auch des Kommunikationsproblems ein Minimalnetz. Realisiert man alle Auswahlmöglichkeiten, die der Algorithmus offenläßt, so erhält man auch alle optimalen Versorgungsnetze.*

Der Beweis dieser Aussage kann mittels der in Kapitel 2 im Zusammenhang mit dem Algorithmus von R. G. Busacker und P. J. Gowen gemachten Überlegungen geführt werden.

Satz 5.2. *Ist die Kostenfunktion quasikonstant* (d. h. $k(0)=0$, $k(y)=a=\text{const}$ für $y>0$), *so liefert der Algorithmus im Fall des Kommunikationsproblems* (Problem B') *ein Minimalnetz, im Fall des Versorgungsproblems* (Problem B) *dann ein Minimalnetz, falls jeder Produzent in der Lage ist, den Gesamtbedarf zu befriedigen, d. h. falls*

$$a_\mu \geqq \sum_{\nu=1}^{n} b_\nu \quad \text{für} \quad \mu=1,2,\ldots,m$$

gilt.

Bei beiden Problemen ist das gelieferte Minimalnetz kreisfrei; im Fall des Versorgungsnetzes enthält überdies jede (zusammenhängende) Komponente des Minimalnetzes genau eine Quelle.

Bemerkung. Auch wenn nicht jeder Produzent in der Lage ist, den Gesamtbedarf zu befriedigen, liefert der Algorithmus ein kreisfreies Netz, wobei in den einzelnen Komponenten mehrere Quellen liegen können. Es ist uns nicht bekannt, ob das gelieferte Versorgungsnetz in diesem Fall jedoch optimal ist.

Beispiel. Wir betrachten das Beispiel 2 (Abb. 5.2a) mit den in der Tabelle auf S. 128 angegebenen Abständen. Verzweigungen des Netzes seien nur in Festpunkten gestattet, und die Kostenfunktion sei quasikonstant. Dann ist das in Abb. 5.4 dargestellte Netz optimal. Die oberhalb jedes Bogens stehende Zahl gibt den Fluß in diesem Bogen an, die unterhalb stehende Zahl gibt an, im wievielten Schritt dieser Bogen hinzugenommen wurde.

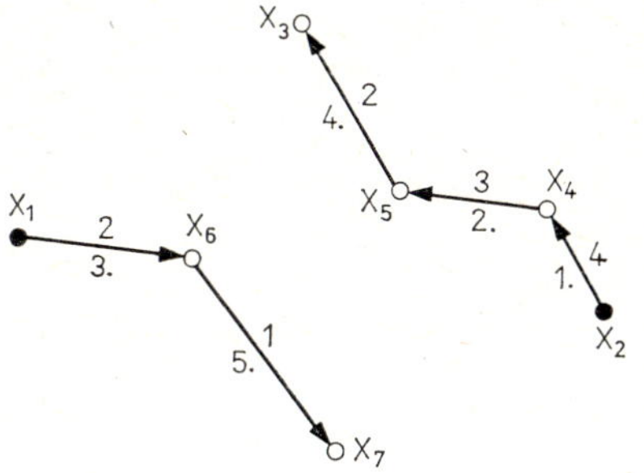

Abb. 5.4

Bei Vorliegen des Versorgungsproblems (B) mit genau einer Quelle oder bei Vorliegen des Kommunikationsproblems (B′) mit jeweils quasikonstanter Kostenfunktion gehen beide Probleme in das der Bestimmung eines Minimalgerüstes in einem längenbewerteten vollständigen Graphen $\boldsymbol{G}$ über. In diesem Fall vereinfacht sich der Algorithmus beträchtlich; wir geben einen Algorithmus an, der uns eine Folge $\{\boldsymbol{H}_i\}$ von Bäumen liefert und bei Abbruch desselben gerade ein Minimalgerüst (vgl. H. Sachs [8]).

Algorithmus zur Bestimmung eines Minimalgerüsts

(i) $\boldsymbol{H}$ sei ein Graph, der aus einem beliebigen Knotenpunkt (z. B. im Fall von Problem B aus der einzigen Quelle X_1) von $\boldsymbol{G}$ besteht.

(ii) Unter allen Kanten von $\boldsymbol{G}$, deren einer Endpunkt in $\boldsymbol{H}$ und deren anderer in $\boldsymbol{G}$, aber nicht in $\boldsymbol{H}$ liegt, wähle eine solche mit minimaler Länge; es sei u diese Kante. Füge u und den nicht zu $\boldsymbol{H}$ gehörigen Endpunkt von u zu $\boldsymbol{H}$ hinzu.

(iii) Falls $\boldsymbol{H}$ nicht alle Knotenpunkte von $\boldsymbol{G}$ enthält, gehe nach (ii).

Ende des Algorithmus.

Es sind noch weitere Algorithmen zur Bestimmung von Minimalgerüsten (in nicht notwendig vollständigen Graphen) entwickelt worden, auf die wir hier nicht weiter eingehen wollen (man findet z. B. weitere in [1, 7, 8, 9]). Natürlich muß man nicht notwendig vom vollständigen Graphen ausgehen, man kann auch in beliebigen kantenbewerteten zusammenhängenden Graphen Minimalgerüste mit dem oben angegebenen Algorithmus finden, man setze für ursprünglich nicht vorhandene Kanten nur eine Längenbewertung ∞.

Der Fall quasikonstanter Kosten ist insofern von Interesse, als wir mittels der Kosten für ein solches Netz die Netzkosten im Fall nicht quasikonstanter Kosten abschätzen können.

Abschätzung der Optimalnetzkosten. Gegeben sei das Problem B oder B′ (also ohne Vorhandensein von Steinerpunkten), wobei im Fall des Versorgungsnetzes nur eine Quelle gegeben sei. Mit $k(y)$ sei die Kostenfunktion bezeichnet. Ferner sei L_0' die Länge eines Minimalgerüstes $\boldsymbol{N}_0'$ (in einem Graphen mit vorgegebenen Festpunkten). Wir betrachten ein Minimalnetz mit quasikonstanten Kosten $k'(y)=k'(1)=k'$ für $y>0$; ein solches verursacht also Kosten $k'\cdot L_0'$. Unter allen Versorgungsnetzen $\boldsymbol{N}(\mathfrak{X}, \mathfrak{U}, c)\in\mathfrak{N}$ sei $\boldsymbol{N}_0=\boldsymbol{N}_0(\mathfrak{X}, \mathfrak{U}_0, c_0)$ ein Optimalnetz (das wir im allgemeinen nicht kennen und auch im Gegensatz zu $\boldsymbol{N}_0'$ nur schwer berechnen können). Es gilt also

$$K(\boldsymbol{N}_0)=\sum_{u\in\mathfrak{U}_0} k(c_0(u))l(u)=\min_{\boldsymbol{N}\in\mathfrak{N}}\sum_{u\in\mathfrak{U}} k(c(u))\,l(u)\,.$$

Daraus ergeben sich die folgenden beiden Ungleichungen:

Einerseits ist

$$\begin{aligned}K(\boldsymbol{N}_0)&=\min_{\boldsymbol{N}\in\mathfrak{N}}\sum_{u\in\mathfrak{U}} k(c(u))\,l(u)\leqq\sum_{u\in\mathfrak{U}_0'} k(c(u))\,l(u)\\&\leqq k(z)\sum_{u\in\mathfrak{U}_0'} l(u)=k(z)\,L_0'\,;\end{aligned}$$

dabei gilt im Fall des Kommunikationsproblems $z\leqq\sum_{i,j=1}^{n} x_{ij}$ und im Fall des Versorgungsproblems $z\leqq\sum_{\nu=1}^{n+1} b_\nu$. Die erste Ungleichung ergibt sich aus der Tatsache, daß bei der Minimumbildung auch das Netz $\boldsymbol{N}_0'$ zu berücksichtigen ist.

Andererseits gilt

$$\begin{aligned}k'\cdot L_0'&=k'\min_{\boldsymbol{N}\in\mathfrak{N}}\sum_{u\in\mathfrak{U}} l(u)\leqq k'\sum_{u\in\mathfrak{U}_0} l(u)\\&\leqq\sum_{u\in\mathfrak{U}_0} k((c(u))\,l(u)=K(\boldsymbol{N}_0)\,.\end{aligned}$$

Aus beiden Ungleichungen ergibt sich

$$0\leqq K(\boldsymbol{N}_0)-k'\cdot L_0'\leqq(k(z)-k')\,L_0'\,.$$

Sind also k' und $k(z)$ nicht allzu weit voneinander entfernt, so liefert die letzte Ungleichung eine Abschätzung für den Fehler, welchen man höchstens begeht, wenn man anstelle des wahren (aber schwer zu gewinnenden) Kostenminimalnetzes das Gerüst minimaler Länge wählt.

5.3. Netze mit Steinerpunkten

In diesem Abschnitt wenden wir uns den Problemen A und A′ zu, es sind also Netzverzweigungen auch außerhalb der Festpunkte erlaubt. Zunächst geben wir einen Satz an, mit dessen Hilfe ein Algorithmus entwickelt wird, der es gestattet, die optimale Lage der Steinerpunkte zu finden, jedoch nur unter der stark einschränkenden Voraussetzung, daß die Struktur des Netzes prinzipiell vorgegeben wird, d. h. also, wir müssen die Adjazenzverhältnisse (zwischen Fest-

und Festpunkten, zwischen Steiner- und Steinerpunkten und zwischen Fest- und Steinerpunkten) vorgeben und können dann die Geometrie des Netzes (welche Abstände bei optimaler Lösung haben die „beweglichen" Steinerpunkte voneinander und von den mit ihnen adjazenten Festpunkten?) optimieren.

In aller Ausführlichkeit werden wir nur den Fall des Straßennetzes behandeln, also den Fall quasikonstanter Kosten. Der Fall nicht quasikonstanter Kosten kann auch (mit ganz analogen Mitteln) behandelt werden, doch verweisen wir den interessierten Leser auf die Literatur [5, 6, 10].

Satz 5.3. *Vorgelegt sei das Problem* A *mit quasikonstanter Kostenfunktion und einer Quelle (also das Problem des Auffindens eines kürzesten,* $n+1$ *Festpunkte miteinander verbindenden Netzes bei Zulassen von Steinerpunkten). Dann hat ein beliebiges Optimalnetz* $\boldsymbol{N}_0^*$ *die folgenden Eigenschaften:*

1. $\boldsymbol{N}_0^*$ *besitzt keine Zyklen (Kreise).*

2. *Jeder Steinerpunkt hat die Valenz* 3.

3. *Zwei in einem Steinerpunkt zusammenstoßende Strecken bilden miteinander einen Winkel von* 120°.

4. *Zwei in einem Festpunkt zusammenstoßende Strecken bilden einen Winkel von mindestens* 120° *(also hat auch ein Festpunkt höchstens die Valenz* 3).

5. *Ist* $n+1$ *die Anzahl der Festpunkte von* $\boldsymbol{N}_0^*$, *so gibt es höchstens* $n-1$ *Steinerpunkte. Es gibt genau dann* $n-1$ *Steinerpunkte, falls in* $\boldsymbol{N}_0^*$ *jeder Festpunkt die Valenz* 1 *hat.*

Beweis.

1. Die Aussage ist offenbar richtig, da man andernfalls durch Weglassen einer beliebigen Kante des Kreises die Gesamtlänge verringern könnte.

2. Falls ein Steinerpunkt S die Valenz 1 hätte, könnte man die mit S inzidente Kante bei Verringerung der Gesamtlänge weglassen.

Falls ein Steinerpunkt S die Valenz 2 hätte, hieße das wegen der Minimalität von $\boldsymbol{N}_0^*$, daß S auf der Geraden liegen würde, die die beiden Nachbarn von S miteinander verbindet; dann könnte aber S ohne Verlust weggelassen werden.

Angenommen, S wäre zu mindestens vier Knotenpunkten benachbart. Dann gibt es beim zyklischen Durchlaufen der mit S inzidenten Kanten hintereinanderfolgend zwei Strecken $\overline{SX}$ und $\overline{SY}$, die einen Winkel β von höchstens 90° miteinander bilden.

Falls $\beta < 90°$ ist, verringert sich die Gesamtlänge, indem wir $\boldsymbol{N}_0^*$ wie folgt verändern: Im Dreieck SXY ist der Innenwinkel bei S, also β, maximal, da wegen der Minimalität von $\boldsymbol{N}_0^*$ die Strecke $\overline{XY}$ nicht kleiner als jede der Strecken $\overline{SX}$ und $\overline{SY}$ ist. Fällt man von X auf die Strecke $\overline{SY}$ das Lot und ersetzt die Strecke $\overline{SX}$ durch das Lot und läßt alles sonst ungeändert, so entsteht ein kürzeres Netz, im Widerspruch zur Minimalität von $\boldsymbol{N}_0^*$.

Wir dürfen also annehmen, daß der kleinste aller bei S auftretenden Winkel genau 90° ist (d. h. aber, daß genau vier Knotenpunkte zu S benachbart sind und jeweils Winkel von 90° auftreten). Betrachten wir Abb. 5.5 (S. 136): Es seien X, Y,

Z, U die vier Nachbarn von S, ferner sei X ein S nächster unter allen Nachbarn, X_1, X_2, X_3 seien „neue" Knotenpunkte auf den Strecken $\overline{SY}$, $\overline{SU}$, $\overline{SZ}$, die von S genau den Abstand $\overline{SX}$ haben, so daß also X, X_1, X_2, X_3 ein Quadrat bilden. Man errechnet nun ganz elementar, daß man durch Weglassen von $\overline{XS}$, $\overline{X_1S}$, $\overline{X_2S}$, $\overline{X_3S}$ und Hinzufügen von $\overline{X_1S_1}$, $\overline{X_2S_1}$, $\overline{S_1S_2}$, $\overline{XS_2}$, $\overline{X_3S_2}$ (dabei seien $\overline{X_1S_1}$, $\overline{X_2S_1}$, $\overline{XS_2}$, $\overline{X_3S_2}$ alle gleich lang) ein Netz erhält, welches kürzer als $\boldsymbol{N}_0^*$ (um genau $4-\sqrt{6}-\sqrt{2}$) ist, im Widerspruch zur Minimalität von $\boldsymbol{N}_0^*$. Damit ist die Behauptung 2 bewiesen.

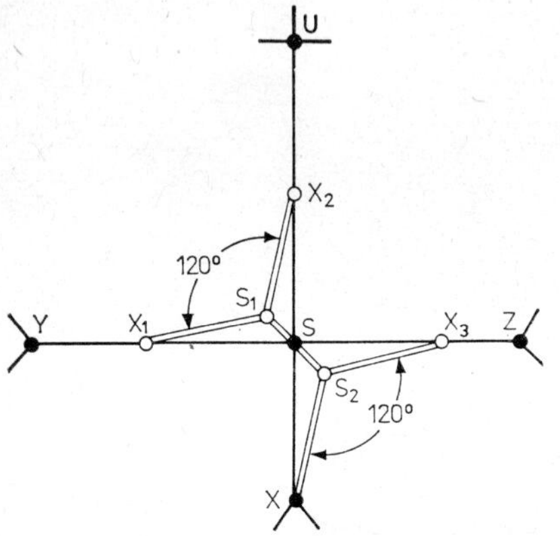

Abb. 5.5

3. Es sei S_0 ein Steinerpunkt in einem Optimalnetz mit den drei Nachbarn X_1, X_2, X_3. Für einen beliebigen im Innern des Dreiecks X_1, X_2, X_3 liegenden Punkt S bezeichnen wir mit $K(S)=\overline{SX_1}+\overline{SX_2}+\overline{SX_3}$ die „Kosten" des Punktes S. Offenbar wird $K(S)$ genau für $S=S_0$ minimal. Bezeichnen wir mit (x_i, y_i) die Koordinaten von X_i $(i=1, 2, 3)$ in einem kartesischen Koordinatensystem, so erhalten wir als notwendige Minimalbedingungen für die Koordinaten x, y des Steinerpunktes:

$$\sum_{i=1}^{3} \frac{x-x_i}{\sqrt{(x-x_i)^2+(y-y_i)^2}}=0, \quad \sum_{i=1}^{3} \frac{y-y_i}{\sqrt{(x-x_i)^2+(y-y_i)^2}}=0 .$$

Nach einer elementaren, wenn auch schreibaufwendigen Rechnung ergibt sich die Behauptung 3.

4. Diese Behauptung ist ganz entsprechend den Überlegungen zu 2. und 3. zu beweisen.

5. Ist t die Anzahl der Steinerpunkte ($n+1$ war die Anzahl der Festpunkte), so ergibt sich für die Kantenanzahl einerseits

$$\text{Kantenanzahl}=n+t\,,$$

da das Netz ein kreisfreier, zusammenhängender Graph (also ein Baum) ist, und andererseits

$$2\times\text{Kantenanzahl}=\sum_{i=1}^{n+1} v(X_i)+\sum_{i=1}^{t} v(S_i)\,,$$

wenn wir die Festpunkte mit X_i und die Steinerpunkte mit S_i bezeichnen, wie ein Abzählen der Valenzen aller Knotenpunkte ergibt. Aus beiden Gleichungen ergibt sich

$$n+t=\frac{1}{2}\sum_{i=1}^{n+1} v(X_i)+\frac{1}{2}\sum_{i=1}^{t} v(S_i)\geqq\frac{1}{2}(n+1)+\frac{3}{2}t,$$

denn die Festpunkte haben wenigstens die Valenz 1 und die Steinerpunkte genau die Valenz 3. Daraus ergibt sich unmittelbar $t\leqq n-1$ (und $t=n-1$, wenn bei obiger Abschätzung ein Gleichheitszeichen steht, also jeder Festpunkt die Valenz 1 hat). Damit ist Satz 5.3 bewiesen.

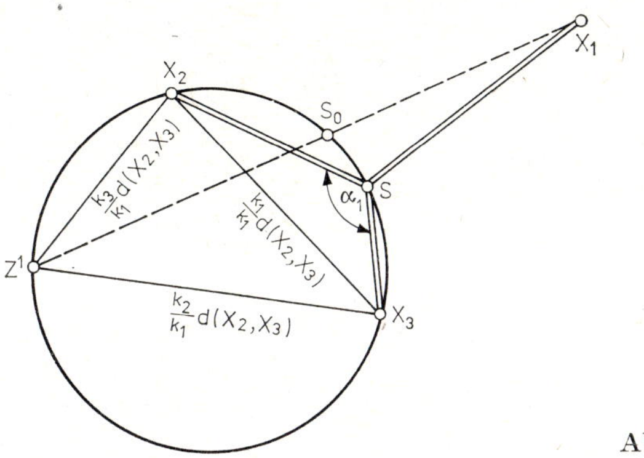

Abb. 5.6

Bemerkung (vgl. Abb. 5.6). Falls die Kostenfunktion nicht mehr quasikonstant ist und ein billigstes Netz gesucht wird, welches die drei Punkte X_1, X_2, X_3 miteinander verbindet (dabei koste das Verlegen der Strecke $\overline{SX_i}$ gerade $k_i d(S, X_i)$), so gilt ein dem Satz 5.3 ähnlicher Satz. Es gelten die Eigenschaften 1 und 2, jedoch tritt an einem Steinerpunkt nicht notwendig die 120°-Beziehung auf, sondern es gilt

$$\cos\alpha_1=\frac{k_1^2-k_2^2-k_3^2}{2k_1k_2}, \tag{0}$$

entsprechend für α_2 und α_3 durch zyklisches Vertauschen. An die Kostenfunktion muß jedoch eine (in der Praxis stets erfüllte) Zusatzforderung gestellt werden, nämlich $k^2(x+y)<k^2(x)+k^2(y)$ (eine lineare Kostenfunktion erfüllt diese Forderung nicht!), andernfalls kann es geschehen, daß ein Steinerpunkt eine größere Valenz als 3 hat.

Es stellt sich nun die Frage, wie man (möglichst einfach) den Steinerpunkt finden kann, um ein kürzestes, drei Festpunkte miteinander verbindendes Netz zu konstruieren. Da das im Fall dreier Festpunkte zu beschreibende Verfahren sich auf mehr als drei Festpunkte übertragen läßt, wollen wir dieses ausführlich behandeln:

Konstruktion des Steinerpunktes (vgl. Abb. 5.7)

1. Der (optimale) Steinerpunkt S liegt auf einem Kreisbogen, der Teil des Umkreises des gleichseitigen Dreiecks X_2, X_3, Z^1 ist. Die Richtigkeit dieser Behauptung

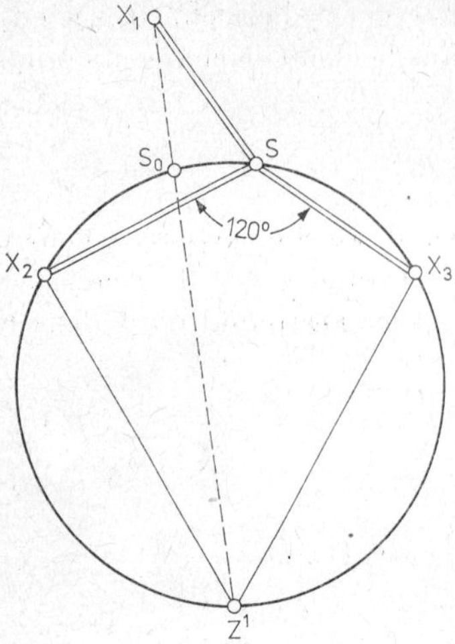

Abb. 5.7

folgt unmittelbar aus dem Peripheriewinkelsatz; denn gerade dann stellen sich bei S als Innenwinkel genau 120° ein (natürlich liegt S auch auf einem Kreisbogen, der Teil des Umkreises des gleichseitigen Dreiecks X_1, X_2, Z^3 bzw. X_3, X_1, Z^2 ist).

2. Der (optimale) Steinerpunkt S liegt auf der Verbindungsgeraden durch X_1 und Z^1 (und natürlich auch auf den Geraden durch X_2, Z^2 sowie X_3, Z^3). Die Richtigkeit dieser Behauptung folgt unmittelbar aus dem Satz des Ptolemäus: In einem Kreissehnenviereck ist die Summe aus den Produkten gegenüberliegender Seiten gleich dem Produkt aus den Diagonalen. In unserem Fall ist also

$$d(S, X_3)\, d(X_2, Z^1) + d(S, X_2)\, d(X_3, Z^1) = d(X_2, X_3)\, d(S, Z^1)\,.$$

Daraus ergibt sich wegen $d(X_2, X_3) = d(X_2, Z^1) = d(X_3, Z^1)$ die Beziehung

$$d(S, X_3) + d(S, X_2) = d(S, Z^1)\,.$$

Offenbar wird aber $d(S, X_1) + d(S, X_2) + d(S, X_3)$ genau dann minimal, wenn S – wie behauptet – auf der Verbindungsgeraden zwischen X_1 und Z^1 liegt.

Nebenbei haben wir erhalten, daß im Minimalfall das von den Punkten X_1, X_2, X_3, S_0 aufgespannte Netz die gleiche Länge hat wie die Strecke $\overline{X_1Z^1}$; das gibt uns die Grundlage, im Fall beliebig vieler Festpunkte (jedoch bei Vorgabe der topologischen Struktur des Netzes) die exakte Lage der Steinerpunkte zu ermitteln.

Bemerkung. Die soeben angegebene Konstruktion kann auf den Fall nichtquasikonstanter Kostenfunktion übertragen werden, nur ist anstelle von Schritt 1 nicht ein gleichseitiges Dreieck X_2, X_3, Z^1 zu konstruieren, sondern ein solches, welches aufgrund des Peripheriewinkelsatzes gerade die Beziehung (0) realisiert. Das kann dadurch erreicht werden, daß Z^1 so gewählt wird, daß sich die Strecken $\overline{X_2X_3}$, $\overline{X_3Z^1}$, $\overline{Z^1X_2}$ verhalten wie $k_1 : k_2 : k_3$ (vgl. Abb. 5.6). Daß dann der Optimalpunkt S_0 ebenfalls auf der Verbindungsgeraden zwischen X_1 und Z^1 liegt und die

Netzkosten $k_1d(S, X_1)+k_2d(S, X_2)+k_3d(S, X_3)$ gleich $k_1d(X_1, Z^1)$ sind, kann ebenfalls gezeigt werden. Der interessierte Leser prüfe diese Eigenschaften nach!

Wir werden nun einen Algorithmus kennenlernen, der es bei Vorgabe der Struktur des Netzes gestattet, die Lage der Steinerpunkte so zu bestimmen, daß unter allen Netzen dieser Struktur ein Minimalnetz entsteht.

Ein bisher ungelöstes Problem ist es zu entscheiden, von welcher Struktur man auszugehen hat, um (nach Optimierung der Lage der Steinerpunkte) das Problem A zu lösen. Unter der Fülle der möglichen Strukturen eine solche zu finden, die das Problem A löst, dürfte mit erträglichem Aufwand nicht möglich sein.

R. Courant und H. Robbins schlagen in [2] ein Analogiemodell zur experimentellen Behandlung des *Straßennetzproblems* vor: Dieses Modell (vgl. Abb. 5.8) besteht aus zwei parallelen durchsichtigen Platten, die durch Stäbe senkrecht zu den Platten verbunden sind. Jeder Stab entspricht einem Ort, die Abstandsverhältnisse zwischen den Stäben stimmen mit den Abstandsverhältnissen der entsprechenden Orte überein. Taucht man dieses Modell in eine Seifenlösung, so bildet nach Herausziehen die Seifenhaut ein zusammenhängendes Ebenensystem senkrecht zu den Platten. In Draufsicht ergibt sich ein Netz, welches man nach Fotografieren leicht ausmessen kann. Bei Wiederholung des Versuchs dürfte sich eine gewisse Struktur als vorrangig herausstellen, von der aus man eine Näherungslösung (häufig „suboptimal" betitelt) findet.

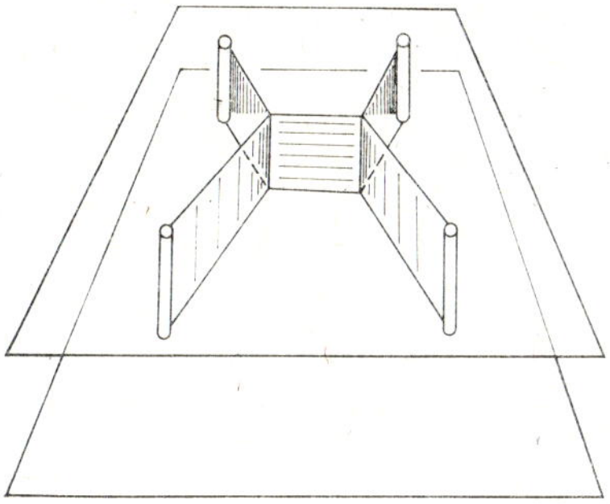

Abb. 5.8

Algorithmus von Z. A. Melzak (zur Optimierung der Lage der Steinerpunkte bei Vorgabe der Struktur des Netzes)

Wir wollen den Algorithmus anhand eines Beispiels erläutern. Die Größe des gewählten Beispiels dürfte ausreichen, um die Behandlung jedes beliebigen anderen Falles klar zu machen. Der genaue Algorithmus kann bei E. N. Gilbert und H. O. Pollak nachgelesen werden [4].

Wir betrachten den Graphen der Abb. 5.9a. Die Festpunkte $X_1, \ldots, X_6$ bilden die Eckpunkte eines regelmäßigen Sechsecks, die Festpunkte X_6, X_7, X_8 sowie X_5, X_6, X_7 bilden jeweils die Eckpunkte eines gleichseitigen Dreiecks. Unter allen Netzen mit der in Abb. 5.9a angegebenen Struktur suchen wir (indem wir die Optimallage der Steinerpunkte bestimmen) ein Netz minimaler Gesamtlänge.

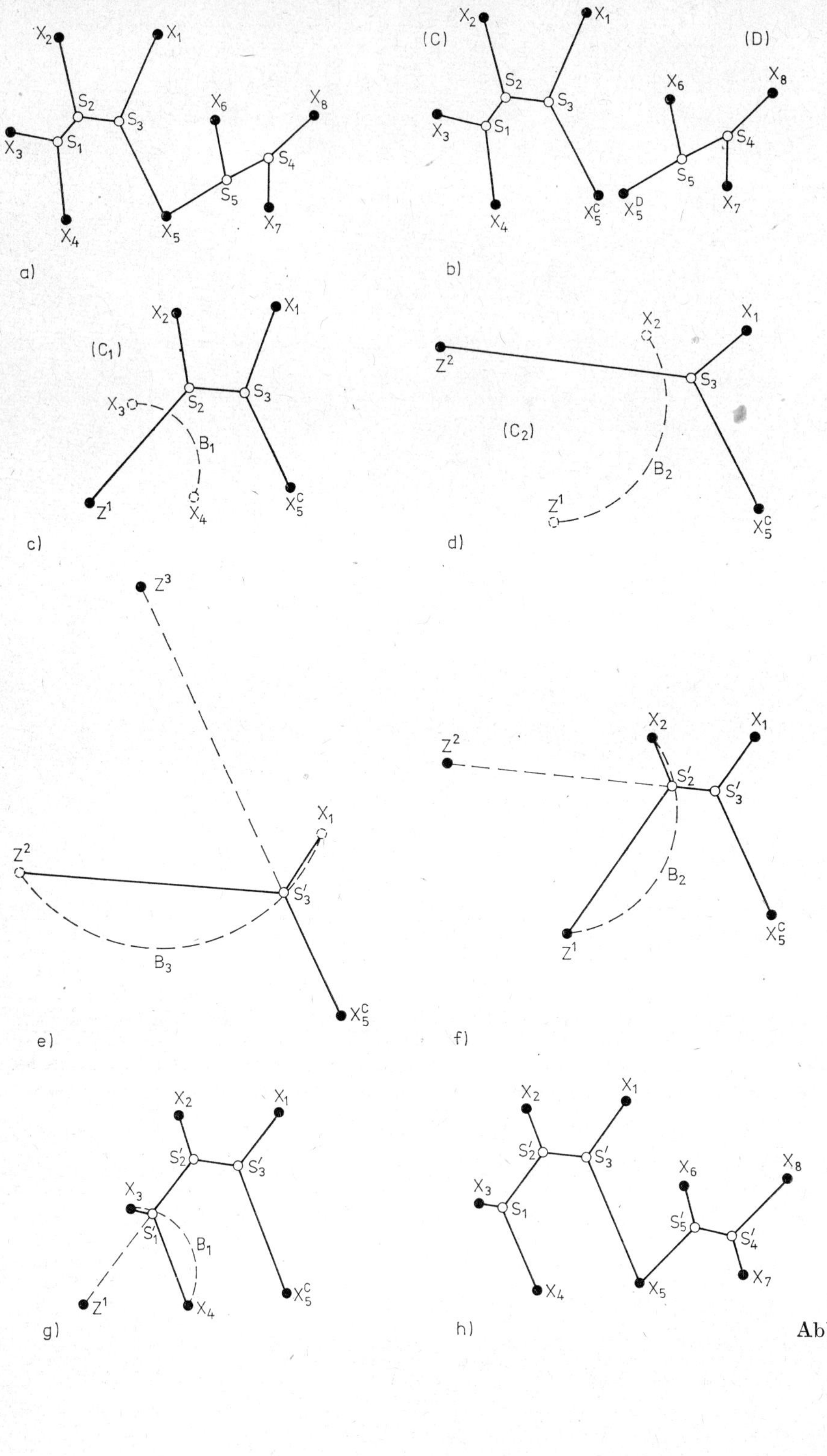

Abb. 5.9

Wir können durch Aufspalten des Knotenpunktes X_5 diese Aufgabe in zwei kleinere (C) und (D) zerlegen. Durch Zusammensetzen der Lösungen der beiden Aufgaben (C) und (D) erhalten wir eine Lösung der ursprünglichen Aufgabe (Abb. 5.9b).

Bei der folgenden Konstruktion verwenden wir (ohne Beweis) die Tatsache, daß bei Existenz einer Lösung von Aufgabe (C) die Steinerpunkte S_1, S_2, S_3 zur konvexen Hülle der Festpunkte $X_1, \ldots, X_5$ gehören.

Zunächst suchen wir einen solchen Steinerpunkt, der mit zwei Festpunkten verbunden ist, also etwa S_1.

Falls uns die genaue Lage des Steinerpunktes S_2 bekannt wäre, könnten wir mit der auf S. 137 angegebenen Konstruktionsvorschrift die genaue (d. h. optimale) Lage von S_1 bestimmen. Gewiß aber können wir (vgl. Abb. 5.9c) den Punkt Z^1 als dritten Punkt eines gleichseitigen Dreiecks zusammen mit den beiden anderen Eckpunkten X_3 und X_4 konstruieren. Da, wie schon bemerkt, die Summe der Längen der drei Strecken $\overline{S_2S_1}$, $\overline{X_3S_1}$, $\overline{X_4S_1}$ gleich der Länge der Strecke $\overline{S_2Z^1}$ ist, steht Z^1 stellvertretend für die beiden Knotenpunkte X_3 und X_4, und das Optimalnetz der Aufgabe (C) hat dieselbe Länge wie das Optimalnetz der Aufgabe (C_1).

Nun fassen wir Z^1 als Festpunkt auf und suchen abermals nach einem Steinerpunkt, der zwei Festpunkte als Nachbarn hat; dieser sei etwa S_2 mit den beiden Nachbarn Z^1 und X_2. Wir konstruieren Z^2 als dritten Eckpunkt des gleichseitigen Dreiecks mit den beiden anderen Eckpunkten Z^1 und X_2 (vgl. Abb. 5.9d). Bei Kenntnis der genauen Lage von S_3 ließe sich S_2 konstruieren. Betrachten wir Z^2 stellvertretend für die Festpunkte Z^1 und X_2, so verbleibt die Bestimmung der optimalen Lage des Steinerpunktes S_3 mit den drei Festpunkten X_1, X_5^C und Z^2 als Nachbarn. Gemäß der Konstruktionsvorschrift zur Bestimmung der optimalen Lage eines Steinerpunktes mit drei Festpunkten als Nachbarn (vgl. Abb. 5.7) finden wir S_3' (den Optimalpunkt für S_3) auf dem Bogenstück $\widehat{X_1Z^2}$ des Umkreises des gleichseitigen Dreiecks mit den Eckpunkten Z^3, Z^2, X_1 sowie auf der Verbindungsgeraden zwischen Z^3 und X_5^C (Abb. 5.9e). Nun finden wir (vgl. Abb. 5.9f) S_2' als Schnittpunkt des Bogenstückes $\widehat{X_2Z^1}$ des Umkreises des gleichseitigen Dreiecks mit den Eckpunkten X_2, Z^1, Z^2 mit der Geraden durch die Punkte Z^2 und S_3'. Schließlich konstruieren wir ganz entsprechend S_1' (Abb. 5.9g). Damit ist die Aufgabe (C) gelöst.

Aufgabe (D) löse der Leser selbst! Das Resultat des Zusammensetzens der Lösungen von Aufgabe (C) und (D) ist in Abb. 5.9h wiedergegeben.

Obwohl das so gefundene Netz unter allen die Festpunkte $X_1, \ldots, X_8$ verbindenden Netzen gewiß nicht das kürzeste ist (denn die Strecken $\overline{X_5S_3'}$ und $\overline{X_5S_5'}$ bilden im Widerspruch zu Satz 5.3, Eigenschaft 4, einen Winkel von weniger als 120°), ist es doch minimal unter der Voraussetzung, daß die Struktur der Abb. 5.9a realisiert wird.

Es ist nicht immer möglich, eine vorgegebene Struktur optimal zu realisieren, nämlich dann (vgl. Abb. 5.7), wenn das Bogenstück $\widehat{X_2X_3}$ des Umkreises des gleichseitigen Dreiecks mit den Eckpunkten Z^1, X_2, X_3 keinen Schnittpunkt mit der Geraden durch Z^1 und X_1 besitzt.

Wenn eine vorgegebene Struktur nicht optimal realisierbar ist, stellt sich dies im Verlauf des Algorithmus heraus.

Wir hatten schon erwähnt, daß der soeben betrachtete Algorithmus auf den Fall nicht quasikonstanter Kosten erweitert werden kann, jedoch unter der Voraussetzung, daß

$$k^2(x+y) < k^2(x) + k^2(y) \quad \text{für} \quad x, y > 0$$

gilt; denn diese Voraussetzung sichert, daß in einem Steinerpunkt genau drei Kanten zusammenstoßen (Aufgabe!).

Der jeweils zu konstruierende Hilfsknotenpunkt Z^i ist dann nicht der dritte Eckpunkt eines gleichseitigen Dreiecks, sondern (vgl. Abb. 5.6) eines Dreiecks, welches einem Dreieck mit den Seitenverhältnissen $k_1 : k_2 : k_3$ ähnlich ist, wenn k_1, k_2, k_3 die Einheitskosten auf den Strecken $\overline{S'X_1}$ bzw. $\overline{S'X_2}$ bzw. $\overline{S'X_3}$ sind (vgl. auch S. 137).

5.4. Einfluß der Kostenfunktion auf die Optimalnetzstruktur

Bisher hatten wir neben den allgemeinen Voraussetzungen der Monotonie und Subadditivität für die Kostenfunktion im wesentlichen nur den Fall der quasikonstanten Kostenfunktion bzw. den behandelt, in dem eine Dreiecksungleichung für die Quadrate der Kostenfunktion gilt, nämlich

$$k^2(x+y) < k^2(x) + k^2(y) \quad \text{für beliebige } x, y > 0 .$$

Diese letzte Voraussetzung erwies sich in den von uns behandelten praktischen Fällen der Optimierung von Wärmeversorgungsnetzen und auch von Kabelnetzwerken meist als erfüllt.

Wir wollen nun noch einige Aussagen machen für den Fall, daß wir außer den allgemeinen Voraussetzungen an die Kostenfunktion zusätzlich fordern, daß diese konkav ist, also

$$k(x+1) - k(x) \leqq k(x) - k(x-1) \quad \text{für} \quad x = 1, 2, \ldots$$

gilt. Insbesondere trifft diese Voraussetzung auch für lineare Kostenfunktionen zu, obwohl, wie schon oben erwähnt, lineare Kostenfunktionen in der Praxis irreal sind. Jedoch wird der der Realität schon eher entsprechende Fall der affin-linearen Kostenfunktionen erfaßt, also der Fall

$$k(x) = a + bx \quad \text{für} \quad x > 0 \ (a, b \text{ Konstanten}).$$

Bei Wärmeversorgungsproblemen z. B. treten (in brauchbarer Näherung) Kostenfunktionen der Gestalt

$$k(x) = ax^b + c \quad \text{für} \quad x > 0 \left(a, c > 0;\ 0 < b < \frac{1}{2}\right)$$

auf, welche sogar die Forderung $k^2(x+y) < k^2(x) + k^2(y)$ erfüllen, für die wir also alle Überlegungen des vorangehenden Abschnitts verwenden können.

Nunmehr können wir den folgenden Satz beweisen:

Satz 5.4. *Die Kostenfunktion sei konkav.*

1. *Im Fall des Problems* A *oder* B *gibt es ein Optimalnetz* $\boldsymbol{N}_0$, *welches ein Wald (also zyklenfrei) ist. Ist darüber hinaus jeder der Produzenten in der Lage, den Gesamtbedarf aller Verbraucher zu decken (also z. B. auch im Fall nur einer Quelle), so enthält jede Komponente des Waldes genau einen Produzenten.*

2. *Im Fall des Problems* A' *oder* B' *gibt es ein Optimalnetz mit folgender Eigenschaft:*

Betrachten wir nur den Teilgraphen $\boldsymbol{G}_i$, *der die* $z_i = \sum_{j=1}^{n} x_{ij}$ *Verbindungen des Festpunktes* X_i *mit den anderen Festpunkten realisiert, so bildet* $\boldsymbol{G}_i$ *ein zyklenfreies Teilnetz des Optimalnetzes.*

Beweis.

1. Wir betrachten ein optimales Versorgungsnetz $\boldsymbol{N}_0 = (\mathfrak{X}, \mathfrak{U}_0)$ mit minimaler Zyklenzahl s. Falls $s = 0$ ist, ist nichts mehr zu zeigen.

Wir denken uns im weiteren $\boldsymbol{N}_0$ so gewählt, daß s minimal ist mit $s \geqq 1$. Wir orientieren die Kanten von $\boldsymbol{N}_0$ derart, daß die Orientierung mit der Fließrichtung in dieser Kante übereinstimmt (dabei beachte man, daß eine Kante nur existiert, falls in ihr ein nichtverschwindender Fluß vorhanden ist).

Mit μ bezeichnen wir einen beliebigen Zyklus von $\boldsymbol{N}_0$. Gewiß ist μ kein Kreis, also kein gleichsinnig gerichteter Zyklus, da man sonst längs μ den Strom und damit die Kosten senken könnte, im Widerspruch zur Kostenminimalität von $\boldsymbol{N}_0$. Es seien μ^+ und μ^- die Bogenmengen von μ, die gleich- bzw. entgegengesetzt gerichtet μ sind, und S^+ und S^- die Minima der Flußmengen durch die Bögen von μ^+ bzw. μ^-.

Wir verändern $\boldsymbol{N}_0$ zu $\boldsymbol{N}_t$ wie folgt: In jedem der Bögen von μ^+ wird der Fluß um t erhöht, in jedem der Bögen von μ^- wird der Fluß um t verringert, und auf allen anderen Bögen bleibt der Fluß ungeändert. Wir beschränken dabei t auf den Bereich $-S^+ \leqq t \leqq S^-$. Die Kosten $K(\boldsymbol{N}_t)$ des so entstandenen Netzes sind

$$K(\boldsymbol{N}_t) = \sum_{y \in \mathfrak{U}_0 \setminus \mu} k(x_y)\, l(y) + \sum_{y \in \mu^+} k(x_y + t)\, l(y) + \sum_{y \in \mu^-} k(x_y - t)\, l(y)\,.$$

Dabei bezeichnen wir mit x_y den Fluß in der Kante y in Richtung der Orientierung von u. Da $k(x)$ konkav ist und $l(u) > 0$, ist auch $K(\boldsymbol{N}_t)$ eine bezüglich t konkave Funktion (Aufgabe!). Also nimmt $K(\boldsymbol{N}_t)$ wegen $-S^+ \leqq t \leqq S^-$ in einem Randpunkt t' sein Minimum an, also entweder für $t = -S^+$ oder für $t = S^-$. Betrachten wir das Netz $\boldsymbol{N}_{t'}$: In $\boldsymbol{N}_{t'}$ löschen wir alle Bögen, auf denen kein Fluß mehr existiert. Mindestens auf dem Zyklus μ gibt es wegen der Wahl von t' einen solchen. Es entsteht ein Netz, das alle Bedürfnisse befriedigt, welches einen Zyklus weniger als $\boldsymbol{N}_0$ enthält und keine größeren Kosten als $\boldsymbol{N}_0$ verursacht. Das widerspricht aber der Voraussetzung, daß wir $\boldsymbol{N}_0$ als Optimalnetz mit minimaler Zyklenzahl $l \geqq 1$ gewählt hatten.

Der zweite Teil von Aussage 1 kann in ähnlicher Weise bewiesen werden; man betrachte nur anstelle eines Zyklus μ eine Bogenfolge (d. h. Kette) zwischen zwei in einer Komponente liegenden Produzenten. Damit ist die Aussage 1 bewiesen.

Die Aussage 2 von Satz 5.4 überlassen wir dem Leser als Aufgabe.

Setzen wir strenge Konkavität voraus (was aber bei affin-linearen Funktionen nicht erfüllt ist), so zeigt der Beweis, daß im Fall des Problems A oder B jedes Minimalnetz zyklenfrei ist.

Wir geben noch ein Beispiel an, welches zeigt, daß bei nicht konkaver Kostenfunktion die Kreisfreiheit des Optimalnetzes im allgemeinen nicht gesichert ist.

Beispiel. Es bilden X_1, X_2, X_3 die Eckpunkte eines gleichseitigen Dreiecks, die Kostenfunktion $k(x)$ sei gegeben durch $k(x) = \left[\frac{x+2}{3}\right]$; dabei bedeute $[z]$ die größte ganze Zahl, die nicht größer als z ist. Die Anzahl der zu realisierenden Telefonverbindungen sei durch die folgende Tabelle gegeben:

	X_1	X_2	X_3
X_1	0	1	1
X_2	1	0	14
X_3	1	14	0

Abb. 5.10a zeigt dann das einzige Optimalnetz; es ist also nicht zyklenfrei.

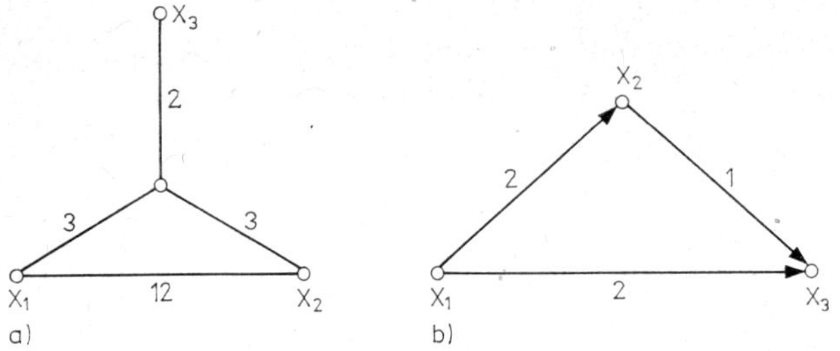

Abb. 5.10

Das nachfolgende Beispiel zeigt, daß auch bei Nichtzulassen von Steinerpunkten die Kreisfreiheit des Optimalnetzes nicht garantiert werden kann.

Beispiel. Der Erzeuger X_1 mit dem Aufkommen 4 soll zwei Verbraucher X_2, X_3 mit den Bedarfsmengen 1 bzw. 3 versorgen. Verzweigungen des Netzes seien nur in Festpunkten gestattet. Die Abstände der Festpunkte seien $d(X_1, X_2) = d(X_2, X_3) = 1$, $d(X_1, X_3) = 1{,}5$. Die Kostenfunktion $k(x)$ sei gegeben durch $k(1) = k(2) = 1$, $k(x) = 2$ für $x = 3, 4, \ldots$ Der Leser zeige, daß das in Abb. 5.10b gezeichnete Netz das einzige Optimalnetz ist.

Damit schließen wir die Überlegungen dieses Kapitels ab. Der Leser, der weitergehende Resultate kennenzulernen wünscht, sei auf die Arbeiten [3, 4, 5, 6, 10] verwiesen.

5.5. Literatur

[1] BERGE, C., und A. GHOUILA-HOURI: Programme, Spiele, Transportnetze, 2. Aufl., Leipzig 1969 (Übersetzung aus dem Französischen).

[2] COURANT, R., und H. ROBBINS: Was ist Mathematik?, 3. Aufl., Berlin/Heidelberg/New York 1973.

[3] GILBERT, E. N.: Minimum Cost Communication Networks, Bell Teleph. Lab. 1966.

[4] GILBERT, E. N., und H. O. POLLAK: Steiner minimal trees, SIAM Appl. Math. **16** (1968), 1–29.

[5] HUTSCHENREUTHER, H.: Eine Lösung des Steiner-Weber-Problems und ihre Anwendung in der Praxis, Diss. TH Ilmenau 1972.

[6] MELZAK, Z. A.: On the problem of Steiner, Canad. Math. Bull. **4** (1961), 143–148.

[7] NOLTEMEIER, H.: Graphentheorie mit Algorithmen und Anwendungen, Berlin/New York 1976.

[8] SACHS, H.: Einführung in die Theorie der endlichen Graphen, Teil I, Leipzig 1970.

[9] TINHOFER, G.: Methoden der angewandten Graphentheorie, Wien/New York 1976.

[10] TÜRK, P.: Optimierung von Kommunikations- und Versorgungsnetzen, Entwurf Diss. TH Ilmenau 1978.

[11] HUTSCHENREUTHER, H.: Eine Lösung des Steiner-Weber-Problems und ihre Anwendung in der Praxis, Diss. A TH Ilmenau 1971.

6. Das Zuordnungs- und das Rundreiseproblem

In diesem Kapitel wollen wir zwei diskrete Optimierungsprobleme behandeln. Dabei kann nicht verschwiegen werden, daß wir nur einen kleinen Einblick in die Lösungsmethoden geben können, da zur Lösung – insbesondere des Rundreiseproblems – heute bereits eine solche Fülle verschiedener Methoden und darauf aufbauender Algorithmen ersonnen wurde, daß eine abschließende Wertung gegenwärtig unmöglich ist.

Daß wir aus der großen Anzahl diskreter Optimierungsprobleme gerade das Zuordnungs- und das Rundreiseproblem ausgewählt haben, liegt im wesentlichen daran, daß bei der Lösung des Zuordnungsproblems, wie wir es beschreiben wollen (mittels der sog. Ungarischen Methode), Sätze der Graphentheorie (Satz von Ford und Fulkerson, vgl. dazu Kapitel 1; Satz von König, Ore und Hall, vgl. dazu Sachs [11]) verwendet werden und das Rundreiseproblem, wie wir noch sehen werden, ein geradezu klassisches Problem der Graphentheorie ist.

In 6.1. werden wir uns dem Zuordnungsproblem zuwenden, in 6.2. dem Rundreiseproblem, wobei wir zwei Lösungsmethoden vorstellen wollen, nämlich einen branch-and-bound-Algorithmus und einen heuristischen. In 6.3. wollen wir dem interessierten Leser noch einen kleinen Literaturüberblick geben.

6.1. Das Zuordnungsproblem

6.1.1. Problemstellung

Wir wollen das Problem an einem Beispiel erläutern: Zur Erledigung von n verschiedenen Aufgaben A_i stehen n Maschinen M_j zur Verfügung, von denen jede zur Erledigung einer jeden Aufgabe eingesetzt werden kann. Für jedes Paar (i, j) natürlicher Zahlen ist der Aufwand (z. B. gemessen in Geld- oder Zeiteinheiten) $d_{ij} \geqq 0$, $i, j = 1, 2, \ldots, n$, dafür bekannt, daß die Maschine M_j die Aufgabe A_i erledigt. Gesucht wird eine solche Zuordnung einer jeden Aufgabe zu einer Maschine (dabei erledige jede Maschine genau eine Aufgabe), daß der Gesamtaufwand minimal wird.

In der Sprache der Graphentheorie liegt die folgende Aufgabe vor:

Gegeben sei ein gerichteter, vollständig paarer Graph $\boldsymbol{G} = \boldsymbol{G}(\mathfrak{X} \cup \mathfrak{Y}; \mathfrak{U})$ mit den n Knotenpunkten $X_1, \ldots, X_n$ der einen und n Knotenpunkten $Y_1, \ldots, Y_n$ der anderen Klasse sowie den n^2 Bögen (X_i, Y_j), $i, j = 1, 2, \ldots, n$. Ferner sei eine Bogenfunktion d gegeben, die jedem Bogen $u \in \mathfrak{U}$ eine nichtnegative ganze Zahl $d(u)$ zuordnet. Gesucht ist eine Menge von n unabhängigen Bögen (d. h. ein

Linearfaktor), also eine Menge von n Bögen, so daß jeder der $2n$ Knotenpunkte mit genau einem Bogen inzidiert, wobei die Summe der Bewertungen $d(u)$ dieser n Bögen minimal ist.

Als ganzzahlige Optimierungsaufgabe erhält das Zuordnungsproblem die Gestalt

$$\sum_{i,j=1}^{n} d_{ij}x_{ij} \to \text{Min!}$$

unter den Nebenbedingungen

$$\sum_{j=1}^{n} x_{ij} = 1, \quad i = 1, \ldots, n,$$

$$\sum_{i=1}^{n} x_{ij} = 1, \quad j = 1, \ldots, n,$$

$$x_{ij} \in \{0, 1\}, \quad i, j = 1, \ldots, n.$$

Die Nebenbedingungen sichern, daß in jeder Zeile und in jeder Spalte der Lösungsmatrix $\boldsymbol{X} = (x_{ij})_{i,j=1,\ldots,n}$ genau eine Eins steht und sonst nur Nullen, d. h., $\boldsymbol{X}$ ist eine Permutationsmatrix.

Prinzipiell wäre es zulässig, daß gewisse Elemente der Matrix $\boldsymbol{D} = (d_{ij})_{i,j=1,\ldots,n}$ den „Wert" unendlich hätten. Für das eingangs gestellte Problem hieße dabei etwa $d_{rs} = \infty$: Die Aufgabe A_r kann nicht von der Maschine M_s bearbeitet werden. Falls jedoch die Anzahl der Elemente von $\boldsymbol{D}$ mit einem Wert ∞ zu groß ist, kann die Endlichkeit des Minimalwertes der Zielfunktion nicht mehr gesichert werden.

6.1.2. Ein Lösungsalgorithmus für das Zuordnungsproblem

Bevor wir den Lösungsalgorithmus erläutern können, benötigen wir einige Definitionen.

Definitionen. Zwei Elemente c_{ij} und c_{kl} einer Matrix $\boldsymbol{C} = (c_{ij})_{i,j=1,\ldots,n}$ heißen *unabhängig*, falls $i \neq k$ und $j \neq l$ ist. Eine *Menge* $\mathfrak{Q}$ *von Elementen* aus $\boldsymbol{C}$ heißt *unabhängig*, falls je zwei Elemente von $\mathfrak{Q}$ unabhängig sind. Eine Menge $\mathfrak{Q}$ von Elementen aus $\boldsymbol{C}$ heißt *unabhängige Nullenmenge*, falls sie unabhängig ist und jedes Element aus $\mathfrak{Q}$ den Wert 0 hat. $\mathfrak{Q}$ heißt *maximale Nullenmenge*, falls sie eine unabhängige Nullenmenge mit maximaler Elementeanzahl ist.

Eine Menge $\mathfrak{N} = \mathfrak{Z} \cup \mathfrak{S}$, bestehend aus einer Zeilenmenge $\mathfrak{Z} = \{Z_{i_1}, Z_{i_2}, \ldots, Z_{i_z}\}$ von z Zeilen und einer Spaltenmenge $\mathfrak{S} = \{S_{j_1}, S_{j_2}, \ldots, S_{j_s}\}$ von s Spalten einer Matrix $\boldsymbol{C}$ heißt *Nullenüberdeckung* von $\boldsymbol{C}$, falls nach Entfernen der Zeilen aus $\mathfrak{Z}$ sowie der Spalten aus $\mathfrak{S}$ kein Nullelement mehr in $\boldsymbol{C}$ verbleibt. $\mathfrak{N}$ heißt *minimal*, falls unter allen Nullenüberdeckungen $z+s$ minimal ist.

Bei der Lösung des Zuordnungsproblems mittels der Ungarischen Methode sind zyklisch die folgenden drei Teilaufgaben zu lösen:

a) Transformation einer Matrix zur Verringerung des Wertes der Zielfunktion und zur Erhöhung der Anzahl der Nullen;

b) Bestimmung einer maximalen Nullenmenge in der transformierten Matrix;

c) Bestimmung einer minimalen Nullenüberdeckung zu der unter b) ermittelten maximalen Nullenmenge.

Zur theoretischen Begründung für den Übergang von b) zu c) beweisen wir den folgenden Satz.

Satz 6.1. *In einer Matrix* $C = (c_{ij})_{i,j=1,\dots,n}$ *ist die Maximalzahl unabhängiger Nullen gleich der Minimalzahl von Zeilen und Spalten, nach deren Entfernung die Matrix kein Nullelement mehr enthält.*

Beweis. Wir betrachten den paaren Graphen $G = (\mathfrak{Z}, \mathfrak{S}, \mathfrak{U})$. Dabei besteht die Knotenmenge $\mathfrak{Z}$ der einen Klasse des paaren Graphen G aus n „Zeilenknoten" $Z_1, \dots, Z_n$ und die Knotenmenge $\mathfrak{S}$ der anderen Klasse von G aus n „Spaltenknoten" $S_1, \dots, S_n$. Wir fügen eine Kante $u = (Z_i, S_j)$ genau dann zu $\mathfrak{U}$, falls das Element c_{ij} der Matrix C ein Nullelement ist, also $c_{ij} = 0$ gilt.

Offenbar entspricht einer beliebigen unabhängigen Nullenmenge in C eine Menge paarweise nichtadjazenter Kanten in G und umgekehrt. Einer Maximalmenge $\mathfrak{Q} = \{q_{i_1 j_1}, \dots, q_{i_t j_t}\}$ unabhängiger Nullen in C entspricht also eine Maximalmenge $\mathfrak{V} \subseteq \mathfrak{U}$ mit $\mathfrak{V} = \{(Z_{i_1}, S_{j_1}), \dots, (Z_{i_t}, S_{j_t})\}$ paarweise nichtadjazenter Kanten in G und umgekehrt.

Wir wollen sagen, daß eine Menge $\mathfrak{M}$ von Knotenpunkten aus G die *Knotenmengen* $\mathfrak{Z}$ *und* $\mathfrak{S}$ *voneinander trennt,* falls nach Entfernen der Knotenpunkte von $\mathfrak{M}$ aus G der Restgraph keine Kante mehr enthält. Man sieht unmittelbar, daß einer beliebigen Menge, die die Knotenmengen $\mathfrak{Z}$ und $\mathfrak{S}$ voneinander trennt, eine Nullenüberdeckung $\mathfrak{N}$ von C entspricht und umgekehrt und daß insbesondere einer Minimalmenge $\mathfrak{M}$ von Knotenpunkten, die $\mathfrak{Z}$ und $\mathfrak{S}$ voneinander trennt, eine minimale Nullenüberdeckung $\mathfrak{N}$ von C entspricht und umgekehrt. Nun gilt aber der folgende, auf D. König zurückgehende Satz, dessen Beweis der interessierte Leser in [11] nachlesen kann.

Satz 6.2. *In einem paaren Graphen* $G = (\mathfrak{X}, \mathfrak{Y}, \mathfrak{U})$ *ist die Maximalzahl paarweise*

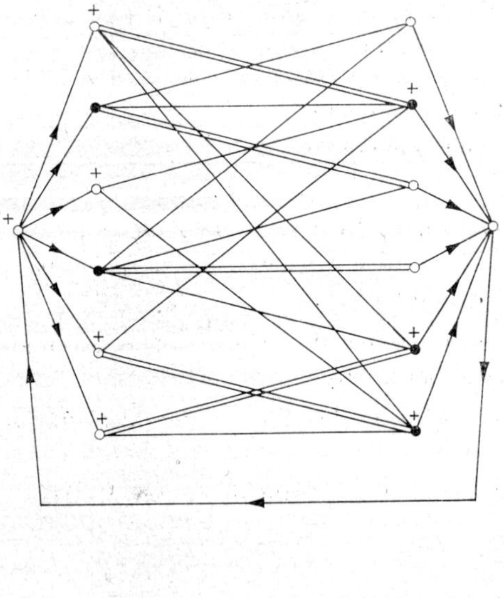

Abb. 6.1

nichtadjazenter Kanten gleich der Anzahl der Knotenpunkte einer minimalen $\mathfrak{X}$ und $\mathfrak{Y}$ trennenden Knotenpunktmenge.

Abb. 6.1 erläutert den letzten Satz ein wenig.

Mittels dieses Satzes ist auch der Beweis für den Satz 6.1 erbracht. Der Leser mache sich diesen Sachverhalt im einzelnen selbst klar.

Zunächst lösen wir die drei Teilaufgaben a), b), c).

a_1) Wir haben zunächst eine (von den weiteren Transformationen abweichende) Matrixtransformation T durchzuführen, welche die dem Zuordnungsproblem zugrunde liegende Matrix $\boldsymbol{D}=(d_{ij})$ in eine Matrix $\boldsymbol{D}^0=(d_{ij}^0)_{i,j=1,2,\ldots,n}$ überführt. Diese Transformation könnte prinzipiell unterbleiben, dennoch erreicht man in der Regel eine (verglichen mit den anderen Transformationen) stärkere Verringerung des Minimums der Zielfunktion. Die Transformation T hat die folgende Gestalt:

$$d_{ij}^0 := d_{ij} - u_i^0 - v_j^0$$

mit

$$u_i^0 := \min_j d_{ij}, \quad v_j^0 := \min_i (d_{ij} - u_i^0) \quad \text{für} \quad i, j = 1, 2, \ldots, n\,.$$

Die Änderung der Zielfunktion erfolgt gemäß

$$\begin{aligned}\sum_{i,j=1}^{n} d_{ij}x_{ij} &= \sum_{i,j=1}^{n} [d_{ij}^0 + u_i^0 + v_j^0]\, x_{ij}\\ &= \sum_{i,j=1}^{n} d_{ij}^0 x_{ij} + \sum_{i=1}^{n} u_i^0 \sum_{j=1}^{n} x_{ij} + \sum_{j=1}^{n} v_j^0 \sum_{i=1}^{n} x_{ij}\\ &= \sum_{i,j=1}^{n} d_{ij}^0 x_{ij} + \sum_{i=1}^{n} u_i^0 + \sum_{j=1}^{n} v_j^0\,.\end{aligned}$$

Der Wert der Zielfunktion $\sum_{i,j=1}^{n} d_{ij}x_{ij}$ unterscheidet sich also vom Wert der Zielfunktion $\sum_{i,i=1}^{n} d_{ij}^0 x_{ij}$ nur um die Summe der Transformationskonstanten u_i^0, v_j^0. Es liegt also nach der Transformation prinzipiell dasselbe Optimierungsproblem (natürlich mit veränderter Matrix) vor, nur daß der Wert der Zielfunktion um $\sum_{i=1}^{n} u_i^0 + \sum_{j=1}^{n} v_j^0$ kleiner ist.

Die später vorzunehmenden Transformationen werden den gleichen Effekt liefern. Die Transformationen werden solange fortgeführt, bis der Minimalwert der Zielfunktion gleich 0 ist.

Ein Beispiel für diese Transformation findet der Leser später als Teil des am Ende von 6.1.2. betrachteten Beispieles.

Durch diese Transformation T haben wir zunächst schon dafür gesorgt, daß in jeder Zeile und jeder Spalte der aktuellen Matrix wenigstens eine Null vorhanden ist (daß also die Maximalzahl unabhängiger Nullen $\geqq 2$ ist, falls $n \geqq 2$ ist).

b) *Bestimmung einer Maximalmenge unabhängiger Nullen.* Wir betrachten im weiteren eine quadratische n-reihige Matrix $\boldsymbol{D}^k$ (die wir für $k=0$ bereits konstruiert haben). Zur Bestimmung einer Maximalmenge unabhängiger Nullen verwenden wir den im ersten Kapitel beschriebenen Algorithmus von FORD und FULKERSON. Wir betrachten das folgende Transportnetz $\boldsymbol{N}^k=(\mathfrak{X}, \mathfrak{U}^k, c)$: Die Menge $\mathfrak{X}$ besteht aus n „Zeilenknoten" $Z_1, \ldots, Z_n$, aus n „Spaltenpunkten" $S_1, \ldots, S_n$, der Quelle Q und der Senke S. Die Bogenmenge $\mathfrak{U}^k$ besteht aus den n Bögen (Q, Z_i), den n Bögen (S_j, S), dem Rückkehrbogen (S, Q) und allen denjenigen Bögen (Z_i, S_j), für die $d_{ij}^k=0$ ist.

Die Kapazitätsschranke c ist mit Ausnahme des Rückkehrbogens (S, Q), für den $c(S, Q)=\infty$ ist, stets 1, also $c(u)=1$ für alle $u \in \mathfrak{U}$ mit $u \neq (S, Q)$.

Nunmehr bestimmen wir in $\boldsymbol{N}^k$ einen Maximalstrom φ_0^k.

Behauptung. *Der Bogenmenge* $\{(Z_i, S_j): \varphi_0^k(Z_i, S_j)=1\}$ *entspricht eine maximale Menge* $\mathfrak{Q}^k$ *unabhängiger Nullen in* $\boldsymbol{D}^k$, *und zwar gilt*

$$\mathfrak{Q}^k=\{d_{ij}^k: \varphi_0^k(Z_i, S_j)=1\}\,.$$

Beweis. Falls $\varphi_0^k(S, Q)=n$ ist, brauchen wir nichts zu zeigen, denn dann wird jeder der Bögen (S_j, S) und damit auch jeder der Bögen (Q, Z_i) von einem Maximalfluß (also einer Stärke $\varphi_0^k(S_j, S)=\varphi_0^k(Q, Z_i)=1$) durchflossen. Dann gibt es aber auch n Bögen (Z_{i_r}, S_{j_r}), $r=1, \ldots, n$, mit $\varphi_0^k(Z_{i_r}, S_{j_r})=1$. Diesen n Bögen aber entspricht, da sie paarweise nichtadjazent sind (Aufgabe!), eine Menge von n unabhängigen Nullen $d_{i_r j_r}^k$ in $\boldsymbol{D}^k$. Da es aber höchstens n unabhängige Nullen in $\boldsymbol{D}^k$ gibt, ist in diesem Fall die Behauptung bewiesen.

Angenommen, die maximale Anzahl m_k unabhängiger Nullen in $\boldsymbol{D}^k$ genügt der Beziehung $m_k > \varphi_0^k(S, Q)$. Da den m_k unabhängigen Nullen von $\boldsymbol{D}^k$ eine Menge von m_k paarweise nichtadjazenten Bögen (Z_{i_r}, S_{j_r}), $r=1, 2, \ldots, m_k$, entspricht, kann man aber auf dem Transportnetz $\boldsymbol{N}^k$ einen Strom einer Stärke $m_k > \varphi_0^k(S, Q)$ schicken, im Widerspruch zur Maximalität von φ_0^k.

Ein Beispiel für die Anwendung des Algorithmus von FORD und FULKERSON zur Ermittlung eines Maximalstromes findet der Leser in Kapitel 1 auf S. 44.

c) *Bestimmung einer minimalen Nullenüberdeckung.* Wie wir in Satz 6.1 gesehen haben, ist die Anzahl der Zeilen und Spalten einer minimalen Nullenüberdeckung gleich der Maximalzahl unabhängiger Nullen einer Matrix.

Die Bestimmung einer minimalen Nullenüberdeckung ist im Anschluß an den beschriebenen Algorithmus zur Ermittlung einer maximalen Nullenmenge sehr einfach. Dazu beweisen wir die folgende

Behauptung. *Es seien* $\mathfrak{Z}^+$ *und* $\mathfrak{Z}^-$ *die Mengen der* (nach Abbruch des Algorithmus von FORD und FULKERSON zur Bestimmung einer maximalen Menge paarweise nichtadjazenter Kanten) *markierten bzw. nichtmarkierten Zeilenknoten*; *entsprechend seien* $\mathfrak{S}^+$ *und* $\mathfrak{S}^-$ *die Mengen der markierten bzw. nichtmarkierten Spaltenknoten. Dann ist* $\mathfrak{Z}^- \cup \mathfrak{S}^+$ *eine die Mengen* $\mathfrak{Z}$ *und* $\mathfrak{S}$ *trennende Knotenmenge, d. h., die den nichtmarkierten Zeilenknoten in* $\boldsymbol{D}^k$ *entsprechenden Zeilen bilden zusammen mit den den markierten Spaltenknoten entsprechenden Spalten von* $\boldsymbol{D}^k$ *eine minimale Nullenüberdeckung* $\mathfrak{N}$.

Beweis. Zunächst zeigen wir, daß $\mathfrak{Z}^- \cup \mathfrak{S}^+$ eine trennende Menge für die Knotenmengen $\mathfrak{Z}$ und $\mathfrak{S}$ ist.

Es bezeichne $\mathfrak{M}$ die Menge der Bögen (Z_i, S_j) von $\mathfrak{U}$, auf denen nach Abbruch des Algorithmus von Ford und Fulkerson ein Strom der Stärke 1 fließt, also die ermittelte maximale Menge paarweise nichtadjazenter Bögen (Z_i, S_j). Angenommen, es existiert ein Bogen $u=(Z^+, S^-) \in \mathfrak{U}$ mit $Z^+ \in \mathfrak{Z}^+$ und $S^- \in \mathfrak{S}^-$. Dann gilt $u \in \mathfrak{M}$, da andernfalls S^- gemäß Algorithmus markiert wäre. Dann fließt aber auf dem Bogen (Q, Z^+) ein Strom der Stärke 1, also wurde Z^+ rückwärts markiert, d. h., es existiert ein $S_1^+ \in \mathfrak{S}^+$ mit $\varphi_0^k(Z^+, S_1^+)=1$. Dann inzidiert aber Z^+ mit zwei Bögen aus $\mathfrak{M}$, im Widerspruch dazu, daß der Fluß durch einen Zeilenknoten höchstens gleich 1 ist.

Nunmehr zeigen wir, daß zu jedem Knotenpunkt $P \in \mathfrak{Z}^- \cup \mathfrak{S}^+$ ein mit P inzidierender Bogen $u \in \mathfrak{M}$ existiert.

Für $P \in \mathfrak{S}^+$ ist diese Behauptung offenbar richtig, da andernfalls φ_0^k nicht maximal wäre (man könnte nämlich gemäß Algorithmus andernfalls über den Bogen (P, S) die Senke S markieren und damit den Strom erhöhen). Es sei nun $P \in \mathfrak{Z}^-$. Falls kein mit P inzidenter Bogen aus $\mathfrak{M}$ existieren würde, könnte man P über den Bogen (Q, P) markieren im Widerspruch zu $P \in \mathfrak{Z}^-$.

Schließlich zeigen wir, daß zu einem beliebigen Bogen $u \in \mathfrak{M}$ nur ein mit ihm inzidenter Knotenpunkt aus $\mathfrak{Z}^- \cup \mathfrak{S}^+$ existiert.

Angenommen, $u=(Z^-, S^+) \in \mathfrak{M}$ mit $Z^- \in \mathfrak{Z}^-$ und $S^+ \in \mathfrak{S}^+$. Dann hätte aber unter Anwendung des Algorithmus von Ford und Fulkerson Z^- markiert werden müssen, da S^+ markiert ist und durch (Z^-, S^+) ein Strom der Stärke 1 fließt; das aber widerspricht der Wahl von $u=(Z^-, S^+)$. Damit ist die Behauptung bewiesen.

Haben wir eine maximale Nullenmenge bestimmt, bricht also der Algorithmus zur Bestimmung einer maximalen Menge paarweise disjunkter Bögen ab, so repräsentieren die nichtmarkierten Knoten aus $\mathfrak{Z}$ und die markierten aus $\mathfrak{S}$ eine minimale Nullenüberdeckung.

a$_2$) *Die Transformationen* T_k: $\boldsymbol{D}^k \to \boldsymbol{D}^{k+1}$, $k=0, 1, 2, \ldots$ Wir denken uns die Matrix $\boldsymbol{D}^k=(d_{ij}^k)_{i,j=1,\ldots,n}$ für $k \geqq 0$ gegeben und bilden mittels

$$d_{ij}^{k+1} := d_{ij}^k - u_i^{k+1} - v_j^{k+1}, \quad i, j=1, 2, \ldots, n,$$

die Matrix $\boldsymbol{D}^{k+1}$; dabei sei

$$u_i^{k+1} := \begin{cases} 0, & \text{falls die } i\text{-te Zeile überdeckt ist, also } Z_i \in \mathfrak{N}, \\ e_k, & \text{falls die } i\text{-te Zeile nicht überdeckt ist, also } Z_i \notin \mathfrak{N}, \end{cases}$$

$$v_j^{k+1} := \begin{cases} -e_k, & \text{falls die } j\text{-te Spalte überdeckt ist, also } S_j \in \mathfrak{N}, \\ 0, & \text{falls die } j\text{-te Spalte nicht überdeckt ist, also } S_j \notin \mathfrak{N}, \end{cases}$$

mit

$$e_k := \{\min_{i,j} d_{ij}^k : \text{das Indexpaar } (i, j) \text{ ist nicht überdeckt}\}.$$

Durch diese Transformation wird (Aufgabe!) dafür gesorgt, daß $d_{ij}^{k+1} \geqq 0$ für alle $i, j=1, 2, \ldots, n$ ist (wenn man beachtet, daß in $\boldsymbol{D}$ und $\boldsymbol{D}^0$ keine negativen Elemente auftraten).

Betrachten wir die Änderung der Zielfunktion, so ergibt sich analog dem Übergang von $\boldsymbol{D}$ zu $\boldsymbol{D}^0$

$$\sum_{i,j=1}^{n} d_{ij}^k x_{ij} = \sum_{i,j=1}^{n} [d_{ij}^{k+1} + u_i^{k+1} + v_j^{k+1}]\, x_{ij} = \sum_{i,j=1}^{n} d_{ij}^{k+1} x_{ij} + \sum_{i=1}^{n} u_i^{k+1} + \sum_{j=1}^{n} v_j^{k+1},$$

also

$$\sum_{i,j=1}^{n} d_{ij} x_{ij} = \sum_{i,j=1}^{n} d_{ij}^k x_{ij} + \sum_{s=0}^{k} \left[\sum_{i=1}^{n} u_i^s + \sum_{j=1}^{n} v_j^s \right] \quad \text{für} \quad k = 0, 1, 2, \ldots$$

Nun können wir noch die Transformationskonstante $\sum_{i=1}^{n} u_i^{k+1} + \sum_{j=1}^{n} v_j^{k+1}$ bestimmen. Es sei z_k die Anzahl der Zeilen und s_k die Anzahl der Spalten der Nullenüberdeckung $\mathfrak{N}$. Dann ergibt sich

$$\sum_{i=1}^{n} u_i^{k+1} + \sum_{j=1}^{n} v_j^{k+1} = (n - z_k)\, e_k - s_k e_k = (n - z_k - s_k)\, e_k \geqq 1\,,$$

da $e_k \geqq 1$ (wegen der Definition von e_k und der Ganzzahligkeit der $d_{ij}^k \geqq 0$) und $n - z_k - s_k \geqq 1$ ist, sofern die Nullenüberdeckung $\mathfrak{N}$ aus weniger als n Elementen besteht (also die Maximalzahl unabhängiger Nullen noch kleiner als n ist).

Mit jedem Zyklus, den wir bei der Lösung des Zuordnungsproblems durchlaufen, verringert sich $\sum_{i,j=1}^{n} d_{ij}^k x_{ij}$ bei fester Wahl der x_{ij} um wenigstens 1. Wegen der Nichtnegativität der x_{ij} und d_{ij}^k gibt es also einen Index t, so daß

$$\min_{(x_{ij})} \sum_{i,j=1}^{n} d_{ij}^t x_{ij} = 0$$

ist. Das wird aber genau dann erreicht, wenn in $\boldsymbol{D}^t$ eine Menge von genau n unabhängigen Nullen existiert. Der Minimalwert der Zielfunktion ist dann

$$\sum_{s=0}^{t} \left[\sum_{i=1}^{n} u_i^s + \sum_{j=1}^{n} v_j^s \right].$$

Die Optimallösung, also die Lösung des Zuordnungsproblems, wird durch eine Minimalmenge unabhängiger Nullen in $\boldsymbol{D}^t$ geliefert.

Zum Schluß dieses Abschnitts wollen wir noch ein kleines Beispiel durchrechnen:

$$\boldsymbol{D} = \begin{bmatrix} 9 & 7 & 8 & 8 & 6 & 2 \\ 10 & 6 & 8 & 10 & 8 & 3 \\ 12 & 8 & 9 & 10 & 7 & 2 \\ 6 & 9 & 12 & 12 & 10 & 1 \\ 10 & 11 & 9 & 8 & 10 & 1 \\ 1 & 2 & 1 & 3 & 4 & 10 \end{bmatrix} \begin{matrix} u_i^0 \\ 2 \\ 3 \\ 2 \\ 1 \\ 1 \\ 1 \end{matrix} \qquad \sum_{i=1}^{6} u_i^0 + \sum_{j=1}^{6} v_j^0 = 16$$

$$v_j^0 \quad 0 \quad 1 \quad 0 \quad 2 \quad 3 \quad 0$$

$$\begin{array}{r|rrrrrr|l} & & & & & & \downarrow & u_i^1 \\ \hline & 7 & 4 & 6 & 4 & 1 & 0 & 1 \\ & 7 & 2 & 5 & 5 & 2 & 0 & 1 \\ \boldsymbol{D}^0 = & 10 & 5 & 7 & 6 & 2 & 0 & 1 \\ & 5 & 7 & 11 & 9 & 6 & 0' & 1 \\ & 9 & 9 & 8 & 5 & 6 & 0 & 1 \\ \rightarrow & 0 & 0 & 0' & 0 & 0 & 9 & 0 \\ \hline v_j^1 & 0 & 0 & 0 & 0 & 0 & -1 & \end{array}$$

In $\boldsymbol{D}^0$ haben wir eine maximale Nullenmenge durch Anfügen eines Striches an die Nullen gekennzeichnet. Die Pfeile deuten an, welche Zeilen und Spalten zur minimalen Nullenüberdeckung $\mathfrak{N}$ gehören. Da (1, 5) nicht überdeckt ist und $d_{15}=1$ ist, gilt $e_0=1$. Es ergibt sich

$$\sum_{i=1}^{n} u_i^1 + \sum_{j=1}^{n} v_j^1 = (n - z_0 - s_0)\, e_0 = 4.$$

$$\begin{array}{r|rrrrrr|l} & & & & & \downarrow & \downarrow & u_i^2 \\ \hline & 6 & 3 & 5 & 3 & 0' & 0 & 1 \\ & 6 & 1 & 4 & 4 & 1 & 0 & 1 \\ \boldsymbol{D}^1 = & 9 & 4 & 6 & 5 & 1 & 0 & 1 \\ & 4 & 6 & 10 & 8 & 5 & 0 & 1 \\ & 8 & 8 & 7 & 4 & 5 & 0' & 1 \\ \rightarrow & 0 & 0 & 0' & 0 & 0 & 10 & 0 \\ \hline v_j^2 & 0 & 0 & 0 & 0 & -1 & -1 & \end{array}$$

Da $d_{22}^1=1$ nicht überdeckt ist, gilt $e_1=1$. Wir erhalten

$$\sum_{i=1}^{n} u_i^2 + \sum_{j=1}^{n} v_j^2 = 3.$$

$$\begin{array}{r|rrrrrr|l} & & & & & & \downarrow & u_i^3 \\ \hline \rightarrow & 5 & 2 & 4 & 2 & 0' & 0 & 0 \\ \rightarrow & 5 & 0' & 3 & 3 & 1 & 0 & 0 \\ \boldsymbol{D}^2 = & 8 & 3 & 5 & 4 & 1 & 0 & 1 \\ & 3 & 5 & 9 & 7 & 5 & 0' & 1 \\ & 7 & 7 & 6 & 3 & 5 & 0 & 1 \\ \rightarrow & 0 & 0 & 0 & 0' & 1 & 11 & 0 \\ \hline v_j^3 & 0 & 0 & 0 & 0 & 0 & -1 & \end{array}$$

Man erhält $e_2=1$ und

$$\sum_{i=1}^{n} u_i^3 + \sum_{j=1}^{n} v_j^3 = 2.$$

Hätte man $\mathfrak{N}=\{Z_6, S_2, S_5, S_6\}$ gewählt, so wäre sogar $e_2=2$ gewesen.

$$\begin{array}{r|rrrrrr|l} & & \downarrow & & & \downarrow & \downarrow & u_i^4 \\ \hline & 5 & 2 & 4 & 2 & 0' & 1 & 2 \\ & 5 & 0' & 3 & 3 & 1 & 1 & 2 \\ \boldsymbol{D}^3 = & 7 & 2 & 4 & 3 & 0 & 0 & 2 \\ & 2 & 4 & 8 & 6 & 4 & 0' & 2 \\ & 6 & 6 & 5 & 2 & 4 & 0 & 2 \\ \rightarrow & 0' & 0 & 0 & 0 & 1 & 12 & 0 \\ \hline v_j^4 & 0 & -2 & 0 & 0 & -2 & -2 & \end{array}$$

Es ergibt sich $e_3=2$ und

$$\sum_{i=1}^{n} u_i^4 + \sum_{j=1}^{n} v_j^4 = 4.$$

$$\boldsymbol{D}^4 = \begin{bmatrix} 3 & 2 & 2 & 0' & 0 & 1 \\ 3 & 0' & 1 & 1 & 1 & 1 \\ 5 & 2 & 2 & 1 & 0' & 0 \\ 0' & 4 & 6 & 4 & 4 & 0 \\ 4 & 6 & 3 & 0 & 4 & 0' \\ 0 & 2 & 0' & 0 & 3 & 14 \end{bmatrix}$$

Jetzt ist die Anzahl der Elemente einer maximalen Menge unabhängiger Nullen gleich 6.

Es finden sich zwei maximale Nullenmengen:

$$\mathfrak{Q}_1 = \{(1, 5), (2, 2), (3, 6), (4, 1), (5, 4), (6, 3)\},$$

$$\mathfrak{Q}_2 = \{(1, 4), (2, 2), (3, 5), (4, 1), (5, 6), (6, 3)\}.$$

Beide lösen das Zuordnungsproblem. Der minimale Zielfunktionswert ist

$$d_{15}+d_{22}+d_{36}+d_{41}+d_{54}+d_{63}=\sum_{s=0}^{4}\left[\sum_{i=1}^{6} u_i^s+\sum_{j=1}^{6} v_j^s\right]=29\,.$$

6.2. Das Rundreiseproblem

6.2.1. Problemstellung

Das Rundreiseproblem erhielt seinen Namen durch die folgende praktische Aufgabenstellung:

Gegeben seien n Orte. Ausgehend von einem von ihnen soll jeder Ort genau einmal aufgesucht werden. Dabei soll am Ende der Startort wieder erreicht werden und die Gesamtlänge der Rundreise minimal sein.

Auch das folgende Problem läßt sich auf ein Rundreiseproblem zurückführen:

In einem Walzwerk sollen auf einer Walzstraße n verschiedene Profile hergestellt werden. Beim Übergang von einem Profil zu einem anderen ist jeweils eine gewisse Anzahl von Walzgerüsten umzubauen. Dabei hängt die Anzahl der umzubauenden Walzgerüste davon ab, von welchem Profil zu welchem anderen übergegangen wird. Gesucht wird eine solche Reihenfolge für die Herstellung der Profilarten, daß die Anzahl der insgesamt umzubauenden Walzgerüste minimal ist.

Durch Einführen eines weiteren (fiktiven) Profils kann diese Aufgabe als Rundreiseproblem modelliert werden.

J. Piehler und E. Seiffart [10, 13] haben gezeigt, daß sich gewisse Reihenfolgeprobleme auf das Rundreiseproblem zurückführen lassen.

In der Sprache der Graphentheorie liegt die folgende Aufgabe vor:

Gegeben sei ein schlichter gerichteter bogenbewerteter Graph $\boldsymbol{G}=\boldsymbol{G}(\mathfrak{X}, \mathfrak{U})$ mit n Knotenpunkten $X_1, X_2, \ldots, X_n$. Jedem Bogen $(X_i, X_j)=(i, j)$ sei eine nichtnegative ganze Zahl $d(i, j)=d_{ij}$, die *Bogenlänge*, zugeordnet. Wir betrachten die Bogenlängenmatrix $\boldsymbol{D}=(d_{ij})$, wobei $d_{ij}=\infty$ gesetzt wird, falls $(i, j)\notin\mathfrak{U}$ ist, insbesondere also auch $d_{ii}=\infty$ für $i=1, 2, \ldots, n$.

Gesucht wird ein Hamiltonkreis (also ein Kreis, der jeden Knotenpunkt von $\boldsymbol{G}$ genau einmal enthält) $H=(X_{i_1}, X_{i_2}, \ldots, X_{i_n}, X_{i_{n+1}}=X_{i_1})$ minimaler Gesamtlänge, also

$$\sum_{j=1}^{n} d_{i_j i_{j+1}}\to\text{Min!}$$

Als lineares ganzzahliges Optimierungsproblem erhält das Rundreiseproblem die folgende Gestalt:

$$\sum_{i,j=1}^{n} d_{ij}z_{ij}\to\text{Min!}\,,$$

$$\sum_{j=1}^{n} z_{ij}=1 \quad \text{für} \quad i=1, 2, \ldots, n\,, \tag{1}$$

$$\sum_{i=1}^{n} z_{ij}=1 \quad \text{für} \quad j=1, 2, \ldots, n\,. \tag{2}$$

Ist s eine beliebige natürliche Zahl mit $1 \leqq s \leqq \left[\frac{n}{2}\right]$ und sind $i_1, i_2, \ldots, i_s \in \{1, 2, \ldots, n\}$ beliebige s verschiedene der ersten n natürlichen Zahlen, so gelte

$$z_{i_1 i_2} + z_{i_2 i_3} + \ldots + z_{i_{s-1} i_s} + z_{i_s i_1} \leqq s - 1\,, \tag{3}$$

$$z_{ij} \in \{0, 1\} \quad \text{für} \quad i, j = 1, 2, \ldots, n\,. \tag{4}$$

Die Nebenbedingungen (1), (2) und (4) charakterisieren $Z = (z_{ij})_{i,j=1,2,\ldots,n}$ als eine Permutationsmatrix (ganz analog der Matrix X beim Zuordnungsproblem). Die Bedingungen (3) sorgen dafür, daß eine zulässige Auswahl $z_{i_1}, z_{i_2}, \ldots, z_{i_n}$ so beschaffen ist, daß die Bogenfolge

$$\{(X_{i_1}, X_{i_2}), (X_{i_2}, X_{i_3}), \ldots, (X_{i_{n-1}}, X_{i_n}), (X_{i_n}, X_{i_1})\}$$

ein Hamiltonkreis ist (daß keine Kreise einer Länge $< n$ auftreten).

Betrachtet man die Bogenlängenmatrix $\boldsymbol{D}$ als eine Matrix, die einem Zuordnungsproblem entspricht, so könnte man versuchen, dieses zu lösen, in der Hoffnung, daß die Lösung des Zuordnungsproblems eine solche des Rundreiseproblems liefert. Das wird aber im allgemeinen nicht der Fall sein; man betrachte z. B. das Beispiel des vorangehenden Abschnittes: Die Bogenmenge $\mathfrak{Q}_1$ zerfällt (in der Deutung des Rundreiseproblems) in die drei Kreise (1, 5, 4), (2), (3, 6), während die Bogenmenge $\mathfrak{Q}_2$ in die drei Kreise (1, 4), (2), (3, 5, 6) zerfällt.

Wir wollen noch bemerken, daß die Anzahl der Nebenbedingungen (3) ganz erheblich mit der Knotenpunktanzahl n steigt (etwa wie $n^{n/2}$), weshalb es gewiß nicht zweckmäßig ist, die klassischen Lösungsmethoden der linearen Optimierung zur Lösung des Rundreiseproblems anzuwenden.

Aus der Fülle der bisher entwickelten Lösungsverfahren wollen wir im folgenden zwei angeben. Der erste zu behandelnde Lösungsalgorithmus geht auf J. D. C. Little, K. G. Murty, D. W. Sweeney und C. Karel [7] zurück und ist ein Verfahren, das auf der sog. *Methode branch and bound* beruht. Es sei dem Leser nicht vorenthalten, daß dieses Verfahren prinzipiell nichts anderes ist als ein (wenn auch recht sinnreiches) Durchprobieren aller Möglichkeiten, wobei jedoch je nach Stand des Verfahrens gewisse Fälle bereits ausgeschlossen werden können. Im Anschluß daran geben wir noch ein heuristisches Verfahren an, das von M. Held und R. M. Karp ersonnen wurde.

6.2.2. Ein branch-and-bound-Lösungsalgorithmus für das Rundreiseproblem

Wir erläutern den Algorithmus anhand eines Beispiels, da dies wohl die schnellste Methode für das Verständnis sein dürfte. Gegeben sei die Bogenlängenmatrix

$$\boldsymbol{D} = \begin{bmatrix} \infty & 6 & 6 & 8 & 5 & 7 \\ 3 & \infty & 5 & 12 & 4 & 10 \\ 4 & 5 & \infty & 5 & 10 & 7 \\ 6 & 7 & 3 & \infty & 6 & 3 \\ 8 & 6 & 8 & 10 & \infty & 8 \\ 9 & 4 & 2 & 7 & 5 & \infty \end{bmatrix}.$$

Gesucht wird eine Rundreise minimaler Gesamtlänge durch die sechs Punkte.

Bekanntlich gibt es im vollständigen Graphen mit n Knotenpunkten $(n-1)!$ verschiedene Hamiltonkreise; ein Durchprobieren aller Möglichkeiten würde also sehr aufwendig sein, insbesondere bei nicht allzu kleiner Knotenzahl n.

Zunächst führen wir die bereits bei der Lösung des Zuordnungsproblems angewandte Transformation T durch:

$$d_{ij}^0 := d_{ij} - u_i^0 - v_j^0$$

$$\text{mit} \quad u_i^0 := \min_j d_{ij}, \; v_j^0 := \min_i (d_{ij} - u_i^0) \quad \text{für} \quad i, j = 1, 2, \ldots, n\,.$$

Unsere Matrix $\boldsymbol{D}$ geht dabei in die Matrix $\boldsymbol{D}^0$ über mit

$$\boldsymbol{D}^0 = \begin{bmatrix} \infty & 1 & 1 & 2 & 0 & 2 \\ 0 & \infty & 2 & 8 & 1 & 7 \\ 0 & 1 & \infty & 0 & 6 & 3 \\ 3 & 4 & 0 & \infty & 3 & 0 \\ 2 & 0 & 2 & 3 & \infty & 2 \\ 7 & 2 & 0 & 4 & 3 & \infty \end{bmatrix}.$$

Es ist dabei

$$\sum_{i=1}^{6} u_i^0 + \sum_{j=1}^{6} v_j^0 = 24\,.$$

Damit haben wir prinzipiell immer noch die alte Problemstellung, nur daß die Länge einer minimalen Rundreise mit der Matrix $\boldsymbol{D}^0$ um 24 geringer ist als die mit der Matrix $\boldsymbol{D}$ (den Beweis haben wir bereits in 6.1.2. erbracht). Eine Rundreise hat also wenigstens eine Länge von 24.

Es bezeichne im weiteren $\mathfrak{Z}_0$ die Menge aller Hamiltonkreise in $\boldsymbol{G}$ und $c(\mathfrak{Z}_0)$ eine untere Schranke für die Länge eines beliebigen Hamiltonkreises aus $\mathfrak{Z}_0$. Beim gegenwärtigen Stand können wir sagen, es ist $c(\mathfrak{Z}_0) \geqq 24$.

Die Idee des Verfahrens ist nun die folgende: Die Menge $\mathfrak{Z}_0$ aller Hamiltonkreise wird in zwei disjunkte Teilmengen $\mathfrak{Z}_0'$ und $\mathfrak{Z}_0''$ zerlegt (branch), und zwar wählen wir dazu einen (prinzipiell beliebigen, aber doch nach einer sinnvollen Vorschrift gewählten) Bogen $(X_i, X_j) = (i, j)$ aus und fassen in $\mathfrak{Z}_0'$ alle die Hamiltonkreise zusammen, die den Bogen (i, j) nicht enthalten, und in der Menge $\mathfrak{Z}_0''$ alle die Hamiltonkreise, die den Bogen (i, j) enthalten.

Wie man sich leicht überzeugt, liegen von den $(n-1)!$ Hamiltonkreisen aus $\mathfrak{Z}_0$ genau $(n-2)!$ in $\mathfrak{Z}_0''$ und $(n-2)\,(n-2)!$ in $\mathfrak{Z}_0'$. Da mit wachsendem n in $\mathfrak{Z}_0'$ wesentlich mehr Hamiltonkreise als in $\mathfrak{Z}_0''$ liegen, erfolgt die Auswahl des Bogens (i, j) derart, daß die untere Schranke (bound) für die Länge eines Hamiltonkreises aus $\mathfrak{Z}_0'$ möglichst groß wird. Die der Menge $\mathfrak{Z}_0'$ zugeordnete Matrix $\boldsymbol{D}_0'$ hat ∞ in der Position i, j, da ja der Bogen (i, j) in keinem Hamiltonkreis liegt. (Man wählt nun i, j derart, daß nach Durchführung der Transformation T die Reduktionskonstante $\sum_{i=1}^{n} u_i + \sum_{j=1}^{n} v_j$, angewandt auf $\boldsymbol{D}_0'$, maximal wird. Das sorgt gerade für die maximale Vergrößerung der unteren Schranke $c(\mathfrak{Z}_0')$ für die Länge eines beliebigen Hamiltonkreises aus $\mathfrak{Z}_0'$.)

Zur konkreten Bestimmung des Bogens (i, j) gehen wir wie folgt vor: Zu jedem

Element $d_{rs} \in \boldsymbol{D}^0$ mit $d_{rs} = 0$ bilde man

$$w_{rs} := \min_{\substack{k \\ (k \neq s)}} d_{rk} + \min_{\substack{k \\ (k \neq r)}} d_{ks}$$

und anschließend

$$w := \max_{\substack{r,s \\ (d_{rs}=0)}} w_{rs} .$$

Nun bestimme man ein Indexpaar (i, j), für das $w_{ij} = w$ ist. In unserem Beispiel heißt das

$$w_{15} = 2, \quad w_{21} = 1, \quad w_{31} = 0, \quad w_{46} = 2, \quad w_{52} = 3, \quad w_{43} = 0, \quad w_{63} = 2, \quad w_{34} = 2 .$$

Da $w_{52} = \max w_{rs}$ ist, wählen wir den Bogen (5, 2) aus. Den beiden Menge $\mathfrak{Z}_0'$ und $\mathfrak{Z}_0''$ entsprechen die folgenden zwei Matrizen $\boldsymbol{D}_0'$ bzw. $\boldsymbol{D}_0''$ (die angegebenen Abkürzungen dürften ohne weiteren Kommentar verständlich sein):

$\{\overline{(5, 2)}\} \subseteqq \mathfrak{Z}_0'$

$$\boldsymbol{D}_0' = \begin{bmatrix} \infty & 1 & 1 & 2 & 0 & 2 \\ 0 & \infty & 2 & 8 & 1 & 7 \\ 0 & 1 & \infty & 0 & 6 & 3 \\ 3 & 4 & 0 & \infty & 3 & 0 \\ 2 & \infty & 2 & 3 & \infty & 2 \\ 7 & 2 & 0 & 4 & 3 & \infty \end{bmatrix}$$

Auf $\boldsymbol{D}_0'$ wenden wir die Transformation T an und erhalten (mit $u_5 = 2$, $v_2 = 1$ und $u_i = v_j = 0$ sonst)

$$\boldsymbol{D}_0' = \begin{bmatrix} \infty & 0 & 1 & 2 & 0 & 2 \\ 0 & \infty & 2 & 8 & 1 & 7 \\ 0 & 0 & \infty & 0 & 6 & 3 \\ 3 & 3 & 0 & \infty & 3 & 0 \\ 0 & \infty & 0 & 1 & \infty & 0 \\ 7 & 1 & 0 & 4 & 3 & \infty \end{bmatrix}$$

Dabei haben wir trotz der Transformation T die Bezeichnung $\boldsymbol{D}_0'$ beibehalten. Wir erhalten

$$c(\mathfrak{Z}_0') \geqq 24 + 3 = 27$$

für die untere Schranke der Länge eines beliebigen Hamiltonkreises, der den Bogen (5, 2) nicht enthält.

$\{(5, 2)\} \subseteqq \mathfrak{Z}_0''$

$$\boldsymbol{D}_0'' = \begin{bmatrix} \infty & \infty & 1 & 2 & 0 & 2 \\ 0 & \infty & 2 & 8 & \infty & 7 \\ 0 & \infty & \infty & 0 & 6 & 3 \\ 3 & \infty & 0 & \infty & 3 & 0 \\ \infty & 0 & \infty & \infty & \infty & \infty \\ 7 & \infty & 0 & 4 & 3 & \infty \end{bmatrix}$$

Die ∞-Werte der fünften Zeile ergeben sich daher, daß man aus dem Knotenpunkt X_5 unbedingt nach X_2 muß; analog ergeben sich die ∞-Werte der zweiten Spalte. Daß das Element in der Position (2, 5) gleich ∞ ist, ist klar, da andernfalls Kreise der Länge 2 auftreten könnten.

Offenbar kann man ohne Informationsverlust die zweite Spalte und fünfte Zeile streichen, wenn man sich nur merkt, daß sie gestrichen wurden. Die Bezeichnungen an der reduzierten Matrix dürften verständlich sein.

$$\boldsymbol{D}_0'' = \begin{bmatrix} \infty & 1 & 2 & 0 & 2 \\ 0 & 2 & 8 & \infty & 7 \\ 0 & \infty & 0 & 6 & 3 \\ 3 & 0 & \infty & 3 & 0 \\ 7 & 0 & 4 & 3 & \infty \end{bmatrix} \begin{matrix} 1 \\ 2 \\ 3 \\ 4 \\ 6 \end{matrix}$$
$$\begin{matrix} 1 & 3 & 4 & 5 & 6 \end{matrix}$$

Trotz Streichens einer Zeile und einer Spalte wollen wir die Bezeichnung $\boldsymbol{D}_0''$

beibehalten. Eine Transformation T, auf $\boldsymbol{D}_0''$ angewendet, bringt keine Vergrößerung der unteren Schranke, also

$$c(\mathfrak{Z}_0'')\geqq 24\,.$$

Nun suchen wir ein Element $\mathfrak{V}\in\{\mathfrak{Z}_0', \mathfrak{Z}_0''\}$, so daß

$$c(\mathfrak{V})=\min\{c(\mathfrak{Z}_0'), c(\mathfrak{Z}_0'')\}$$

gilt. In unserem Beispiel wählen wir also $\mathfrak{V}=\mathfrak{Z}_0''$.

Wir setzen $\mathfrak{Z}_1:=\mathfrak{V}:=\mathfrak{Z}_0''$ und bestimmen mittels der Matrix $\boldsymbol{D}_1:=\boldsymbol{D}_0''$ einen Bogen (i, j) derart, daß (vgl. S. 157) $w_{ij}:=\max w_{rs}$ mit $d_{rs}=0$ und $d_{rs}\in\boldsymbol{D}_0''$ ist. In unserem Beispiel ermitteln wir den Bogen (1, 5) mit $w_{15}=4$. Wir erhalten

$\{(5, 2), \overline{(1, 5)}\}\subseteqq\mathfrak{Z}_1'$

$$\boldsymbol{D}_1'=\begin{bmatrix}\infty & 1 & 2 & \infty & 2\\ 0 & 2 & 8 & \infty & 7\\ 0 & \infty & 0 & 6 & 3\\ 3 & 0 & \infty & 3 & 0\\ 7 & 0 & 4 & 3 & \infty\end{bmatrix}\begin{matrix}1\\2\\3\\4\\6\end{matrix}$$
$$\begin{matrix}1 & 3 & 4 & 5 & 6\end{matrix}$$

$\{(5, 2), (1, 5)\}\subseteqq\mathfrak{Z}_1''$

$$\boldsymbol{D}_1''=\begin{bmatrix}\infty & 2 & 8 & 7\\ 0 & \infty & 0 & 3\\ 3 & 0 & \infty & 0\\ 7 & 0 & 4 & \infty\end{bmatrix}\begin{matrix}2\\3\\4\\6\end{matrix}$$
$$\begin{matrix}1 & 3 & 4 & 6\end{matrix}$$

Anwendung der Transformation T auf die Matrizen $\boldsymbol{D}_1'$, $\boldsymbol{D}_1''$ ergibt

$$\boldsymbol{D}_1':=\begin{bmatrix}\infty & 0 & 1 & \infty & 1\\ 0 & 2 & 8 & \infty & 7\\ 0 & \infty & 0 & 3 & 3\\ 3 & 0 & \infty & 0 & 0\\ 7 & 0 & 4 & 0 & \infty\end{bmatrix}\begin{matrix}1\\2\\3\\4\\6\end{matrix}$$
$$\begin{matrix}1 & 3 & 4 & 5 & 6\end{matrix}$$

mit $c(\mathfrak{Z}_1'):=c(\mathfrak{Z}_1)+4=28$.

$$\boldsymbol{D}_1'':=\begin{bmatrix}\infty & 0 & 6 & 5\\ 0 & \infty & 0 & 3\\ 3 & 0 & \infty & 0\\ 7 & 0 & 4 & \infty\end{bmatrix}\begin{matrix}2\\3\\4\\6\end{matrix}$$
$$\begin{matrix}1 & 3 & 4 & 6\end{matrix}$$

mit $c(\mathfrak{Z}_1''):=c(\mathfrak{Z}_1)+2=26$.

Nun suchen wir das Element $\mathfrak{V}\in\{\mathfrak{Z}_0', \mathfrak{Z}_1', \mathfrak{Z}_1''\}$ mit minimalem $c(\mathfrak{V})$, also in unserem Fall $\mathfrak{Z}_1''$ mit $c(\mathfrak{Z}_1'')=26$. Wir setzen $\mathfrak{Z}_2:=\mathfrak{Z}_1''$ und ermitteln unter Zuhilfenahme des Verzweigungskriteriums wegen $w_{23}=\max w_{rs}=5$ den Bogen (2, 3), bezüglich dessen wir weiterverzweigen. Nach Anwendung der Transformation T erhalten wir

$\{(5, 2), (1, 5), \overline{(2, 3)}\}\subseteqq\mathfrak{Z}_2'$

$$\boldsymbol{D}_2'=\begin{bmatrix}\infty & \infty & 1 & 0\\ 0 & \infty & 0 & 3\\ 3 & 0 & \infty & 0\\ 7 & 0 & 4 & \infty\end{bmatrix}\begin{matrix}2\\3\\4\\6\end{matrix}$$
$$\begin{matrix}1 & 3 & 4 & 6\end{matrix}$$

mit $u_1=5$ und $u_i=v_j=0$ sonst, also

$$c(\mathfrak{Z}_2')=c(\mathfrak{Z}_1'')+5=31\,.$$

$\{(5, 2), (1, 5), (2, 3)\}\subseteqq\mathfrak{Z}_2''$

$$\boldsymbol{D}_2''=\begin{bmatrix}\infty & 0 & 3\\ 0 & \infty & 0\\ 0 & 0 & \infty\end{bmatrix}\begin{matrix}3\\4\\6\end{matrix}$$
$$\begin{matrix}1 & 4 & 6\end{matrix}$$

mit $u_3=4$, $v_1=3$ und $u_i=v_j=0$ sonst, also

$$c(\mathfrak{Z}_2'')=c(\mathfrak{Z}_1'')+7=33\,.$$

Die nunmehr kleinste untere Schranke c ist $c(\mathfrak{Z}_0')=27$. Wir setzen $\mathfrak{Z}_3:=\mathfrak{Z}_0'$, ermitteln unter Zuhilfenahme des Verzweigungskriteriums z. B. den Bogen (1, 5) (es hätte ebenso gut einer der drei anderen Bögen (2, 1), (3, 4), (6, 3) mit $w_{rs}=1$ sein können) und erhalten

$\{\overline{(5,2)}, \overline{(1,5)}\} \subseteqq \mathfrak{Z}'_3$

$$D'_3 := \begin{bmatrix} \infty & 0 & 1 & 2 & \infty & 2 \\ 0 & \infty & 2 & 8 & 0 & 7 \\ 0 & 0 & \infty & 0 & 5 & 3 \\ 3 & 3 & 0 & \infty & 2 & 0 \\ 0 & \infty & 0 & 1 & \infty & 0 \\ 7 & 1 & 0 & 4 & 2 & \infty \end{bmatrix}$$

mit $c(\mathfrak{Z}'_3) = c(\mathfrak{Z}_3) + 1 = 28.$

$\{\overline{(5,2)}, (1,5)\} \subseteqq \mathfrak{Z}''_3$

$$D''_3 = \begin{array}{c} \begin{bmatrix} 0 & \infty & 2 & 8 & 7 \\ 0 & 0 & \infty & 0 & 3 \\ 3 & 3 & 0 & \infty & 0 \\ \infty & \infty & 0 & 1 & 0 \\ 7 & 1 & 0 & 4 & \infty \end{bmatrix} \begin{matrix} 2 \\ 3 \\ 4 \\ 5 \\ 6 \end{matrix} \\ \begin{matrix} 1 & 2 & 3 & 4 & 6 \end{matrix} \end{array}$$

mit $c(\mathfrak{Z}''_3) = c(\mathfrak{Z}_3) = 27.$

Nunmehr verzweigen wir $\mathfrak{Z}''_3$ und wählen den Bogen (2, 1). Mit $\mathfrak{Z}_4 := \mathfrak{Z}''_3$ erhalten wir

$\{\overline{(5,2)}, (1,5), \overline{(2,1)}\} \subseteqq \mathfrak{Z}'_4$

$$D'_4 = \begin{array}{c} \begin{bmatrix} \infty & \infty & 2 & 8 & 7 \\ 0 & 0 & \infty & 0 & 3 \\ 3 & 3 & 0 & \infty & 0 \\ \infty & \infty & 0 & 1 & 0 \\ 7 & 1 & 0 & 4 & \infty \end{bmatrix} \begin{matrix} 2 \\ 3 \\ 4 \\ 5 \\ 6 \end{matrix} \\ \begin{matrix} 1 & 2 & 3 & 4 & 6 \end{matrix} \end{array}$$

mit $c(\mathfrak{Z}'_4) := c(\mathfrak{Z}_4) + 2 = 29.$

$\{\overline{(5,2)}, (1,5), (2,1)\} \subseteqq \mathfrak{Z}''_4$

$$D''_4 = \begin{array}{c} \begin{bmatrix} 0 & \infty & 0 & 3 \\ 3 & 0 & \infty & 0 \\ \infty & 0 & 1 & 0 \\ 1 & 0 & 4 & \infty \end{bmatrix} \begin{matrix} 3 \\ 4 \\ 5 \\ 6 \end{matrix} \\ \begin{matrix} 2 & 3 & 4 & 6 \end{matrix} \end{array}$$

mit $c(\mathfrak{Z}''_4) := c(\mathfrak{Z}_4) = 27.$

Wir verzweigen $\mathfrak{Z}_5 := \mathfrak{Z}''_4$ weiter und können z. B. den Bogen (3, 4) für die Verzweigung wählen. Wir erhalten

$\{\overline{(5,2)}, (1,5), (2,1), \overline{(3,4)}\} \subseteqq \mathfrak{Z}'_5$

$$D'_5 = \begin{array}{c} \begin{bmatrix} 0 & \infty & \infty & 3 \\ 3 & 0 & \infty & 0 \\ \infty & 0 & 0 & 0 \\ 1 & 0 & 3 & \infty \end{bmatrix} \begin{matrix} 3 \\ 4 \\ 5 \\ 6 \end{matrix} \\ \begin{matrix} 2 & 3 & 4 & 6 \end{matrix} \end{array}$$

mit $c(\mathfrak{Z}'_5) = c(\mathfrak{Z}_5) + 1 = 28.$

$\{\overline{(5,2)}, (1,5), (2,1), (3,4)\} \subseteqq \mathfrak{Z}''_5$

$$D''_5 = \begin{array}{c} \begin{bmatrix} 2 & \infty & 0 \\ \infty & 0 & 0 \\ 0 & 0 & \infty \end{bmatrix} \begin{matrix} 4 \\ 5 \\ 6 \end{matrix} \\ \begin{matrix} 2 & 3 & 6 \end{matrix} \end{array}$$

mit $c(\mathfrak{Z}''_5) = c(\mathfrak{Z}_5) + 1 = 28.$

Nunmehr stehen uns vier Mengen zur weiteren Verzweigung mit gleicher unterer Schranke $c = 28$ zur Verfügung, nämlich $\mathfrak{Z}'_1$, $\mathfrak{Z}'_3$, $\mathfrak{Z}'_5$, $\mathfrak{Z}''_5$. Es empfiehlt sich, dort weiterzuverzweigen, wo die zu verzweigende Menge möglichst wenig Elemente besitzt; in unserem Fall würden wir also $\mathfrak{Z}_6 := \mathfrak{Z}''_5$ wählen und erhalten (bei Wahl etwa des Bogens (6, 2) zur Verzweigung)

$\{\overline{(5,2)}, (1,5), (2,1), (3,4), \overline{(6,2)}\} \subseteqq \mathfrak{Z}'_6$

$$D'_6 = \begin{array}{c} \begin{bmatrix} 0 & \infty & 0 \\ \infty & 0 & 0 \\ \infty & 0 & \infty \end{bmatrix} \begin{matrix} 4 \\ 5 \\ 6 \end{matrix} \\ \begin{matrix} 2 & 3 & 6 \end{matrix} \end{array}$$

mit $c(\mathfrak{Z}'_6) = c(\mathfrak{Z}_6) + 2 = 30.$

$\{\overline{(5,2)}, (1,5), (2,1), (3,4), (6,2)\} \subseteqq \mathfrak{Z}''_6$

$$D''_6 = \begin{array}{c} \begin{bmatrix} \infty & 0 \\ 0 & \infty \end{bmatrix} \begin{matrix} 4 \\ 5 \end{matrix} \\ \begin{matrix} 3 & 6 \end{matrix} \end{array}$$

mit $c(\mathfrak{Z}''_6) = c(\mathfrak{Z}_6) + 0 = 28.$

Damit ist ein Hamiltonkreis minimaler Länge gefunden, nämlich

$$\{(1,5), (5,3), (3,4), (4,6), (6,2), (2,1)\}$$

mit der Länge

$$5 \quad +8 \quad +5 \quad +3 \quad +4 \quad +3 \quad =28\,.$$

Das soeben erläuterte Verfahren läßt sich mittels eines bewerteten Wurzelbaumes beschreiben. Abb. 6.2 zeigt den Wurzelbaum für unser Beispiel.

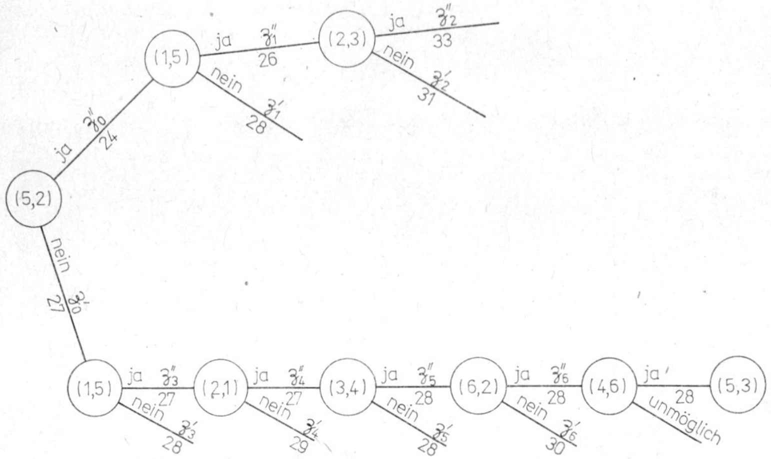

Abb. 6.2

Will man alle Hamiltonkreise minimaler Länge finden, so muß man überall dort weiterverzweigen, wo die untere Schranke den Wert 28 noch nicht überschritten hat; der Leser überzeuge sich davon, daß es weitere Hamiltonkreise der Länge 28 gibt.

Ganz entsprechend kann man alle Hamiltonkreise finden, die eine gewisse vorgegebene Länge nicht überschreiten.

Bei unglücklicher Konstellation kann dieses Verfahren großen Aufwand erfordern. Rechentechnisch ungünstig ist es, daß man eine zunächst verworfene Menge $\mathfrak{Z}_i'$ oder $\mathfrak{Z}_i''$ unter Umständen nach einiger Zeit wieder benötigt. Die Zahl der potentiell noch zu verzweigenden Mengen steigt mit jeder Verzweigung um 1 an.

Algorithmus zur Lösung des Rundreiseproblems

(i) Setze $k:=0$, $\mathfrak{Z}_k:=\mathfrak{Z}$, $\boldsymbol{D}_k:=\boldsymbol{D}$, $c(\mathfrak{Z}_k):=0$, $\mathfrak{W}:=\emptyset$.

(ii) Reduziere $\boldsymbol{D}_k$ mittels der Transformation T; d.h., ist $\boldsymbol{A}=(a_{ij})$ eine Matrix und $c(\mathfrak{Z}_k)$ eine natürliche Zahl, so bilde $u_i:=\min\limits_j a_{ij}$, $v_j:=\min\limits_i (a_{ij}-u_i)$, $a_{ij}:=a_{ij}-u_i-v_j$,

$$c(\mathfrak{Z}_k):=c(\mathfrak{Z}_k)+\sum_{i=1}^{n} u_i+\sum_{j=1}^{n} v_j\,.$$

(iii) Wähle einen Bogen (i, j) aus (die Auswahl erfolgt mittels der reduzierten Matrix $\boldsymbol{D}_k=(d_{rs})$ durch Bestimmen der Zahlen w_{rs} gemäß $w_{sr}:=\min\limits_{\substack{t\\t\neq s}} d_{rt}+\min\limits_{\substack{t\\t\neq r}} d_{ts}$ für alle Paare r, s, für die $d_{rs}=0$ ist; $w_{ij}:=\max\limits_{r,s} w_{rs}$ mit $d_{rs}=0$).

(iv) Zerlege $\mathfrak{Z}_k$ in zwei Mengen $\mathfrak{Z}_k'$ und $\mathfrak{Z}_k''$ (dabei ist $\mathfrak{Z}_k'$ die Menge der Hamiltonkreise von $\mathfrak{Z}_k$, die den Bogen (i, j) nicht enthalten, und $\mathfrak{Z}_k''$ die Menge der Hamiltonkreise von $\mathfrak{Z}_k$, die den Bogen (i, j) enthalten) und bilde $\mathfrak{W} := \mathfrak{W} \cup \{\mathfrak{Z}_k', \mathfrak{Z}_k''\}$.

(v) Bilde aus $\boldsymbol{D}_k$ die den Mengen $\mathfrak{Z}_k'$ und $\mathfrak{Z}_k''$ entsprechenden Matrizen $\boldsymbol{D}_k'$, $\boldsymbol{D}_k''$ (dabei entsteht $\boldsymbol{D}_k'$ aus $\boldsymbol{D}_k$, indem wir das Element d_{ij} durch ∞ ersetzen, alle anderen Elemente jedoch ungeändert lassen; $\boldsymbol{D}_k''$ entsteht aus $\boldsymbol{D}_k$ durch Streichen der i-ten Zeile und j-ten Spalte sowie ∞-Setzen des Elements, welches einem Bogen entspricht, der – zusammen mit den bereits ausgewählten – einen Kreis einer Länge $< n$ liefern würde; alle anderen Elemente bleiben ungeändert).

(vi) Reduziere $\boldsymbol{D}_k'$ und $\boldsymbol{D}_k''$ gemäß (ii) und bestimme $c(\mathfrak{Z}_k')$ und $c(\mathfrak{Z}_k'')$.

(vii) Bestimme $\mathfrak{V} \in \mathfrak{W}$ derart, daß $c(\mathfrak{V}) = \min_{\mathfrak{T} \in \mathfrak{W}} c(\mathfrak{T})$ ist. $\mathfrak{W} := \mathfrak{W} \setminus \{\mathfrak{V}\}$ (damit wird dafür gesorgt, daß die Menge $\mathfrak{V}$ nur einmal aufgespalten wird).

(viii) Falls in der Menge $\mathfrak{V}$ nur noch ein Hamiltonkreis existiert, gehe nach Ende.

(ix) Setze $k := k+1$, $\mathfrak{Z}_k := \mathfrak{V}$; gehe nach (iii).

Ende: Das Element aus $\mathfrak{V}$ ist ein Hamiltonkreis minimaler Länge.

6.2.3. Ein heuristisches Verfahren zur Lösung des Rundreiseproblems

In diesem Abschnitt wollen wir voraussetzen, daß die dem Rundreiseproblem zugrunde liegende Matrix $\boldsymbol{D} = (d_{ij})_{i,j=1,2,\dots,n}$ symmetrisch ist, d. h., daß der Graph $\boldsymbol{G} = (\mathfrak{X}, \mathfrak{U})$ ungerichtet ist. Diese Einschränkung ist nicht unbedingt erforderlich, doch vereinfachen sich einige Dinge dabei, und wir wollen ja nur das Prinzip des auf M. Held und R. M. Karp zurückgehenden Verfahrens erläutern.

Zunächst benötigen wir den Begriff des 1-Baumes. Es sei $\boldsymbol{G} = (\mathfrak{X}, \mathfrak{U})$ ein ungerichteter, zusammenhängender Graph mit n Knotenpunkten und $\geqq n$ Kanten. Wir denken uns einen beliebigen Knotenpunkt (etwa den mit der Nummer 1) ausgezeichnet und setzen voraus, daß für seine Valenz die Beziehung $v(1) \geqq 2$ gilt. Ein 1-*Baum* $\boldsymbol{T} = (\mathfrak{X}, \mathfrak{U})$ von $\boldsymbol{G}$ ist ein zusammenhängender Teilgraph mit n Knotenpunkten und n Kanten, wobei $v(1) = 2$ in $\boldsymbol{T}$ gilt und der einzige in $\boldsymbol{T}$ enthaltene Kreis (vgl. Kapitel 1) den Knotenpunkt 1 enthält.

Man kann wie folgt einen 1-Baum in $\boldsymbol{G}$ finden: Man entferne den Knotenpunkt 1 und alle mit ihm inzidenten Kanten aus $\boldsymbol{G}$, suche im Restgraphen ein Gerüst und füge anschließend den Knotenpunkt 1 sowie zwei mit ihm inzidente Kanten hinzu. Der entstehende Graph ist ein 1-Baum $\boldsymbol{T}$.

Insbesondere sieht man, daß ein Hamiltonkreis, also eine Rundreise, ein 1-Baum ist.

Für einen Hamiltonkreis $\boldsymbol{H}'$ minimaler Länge, also eine optimale Rundreise in $\boldsymbol{G}$ gilt: Die Länge von $\boldsymbol{H}'$ ist mindestens so groß wie die eines 1-Baumes minimaler Länge.

Das im weiteren zu beschreibende Verfahren läuft darauf hinaus, einen minimalen 1-Baum $\boldsymbol{T}_k'$ in einem Graphen $\boldsymbol{G}^k$ zu finden, wobei sich die $\boldsymbol{G}^k$ nur in den

Bewertungen d_{ij}^k, $i, j = 1, 2, \ldots, n$, unterscheiden. Die Kantenbewertungen werden dabei – induziert durch eine geeignete Knotenbewertung – so gewählt, daß, falls $\boldsymbol{T}_k'$ eine optimale Rundreise in $\boldsymbol{G}^k$ ist, diese auch in $\boldsymbol{G} = \boldsymbol{G}^0$ optimale Rundreise ist.

Gegeben sei der Graph $\boldsymbol{G} = \boldsymbol{G}^0$ mit der Bogenlängenmatrix

$$\boldsymbol{D} = \boldsymbol{D}^0 = (d_{ij}^0)_{i,j=1,2,\ldots,n} \, .$$

Ferner sei $p^0 = (p_1^0, p_2^0, \ldots, p_n^0)$ eine beliebige Knotenbewertung von $\boldsymbol{G}$, d. h., dem Knotenpunkt l wird die im allgemeinen ganze Zahl p_l^0 zugeordnet. Aus p^0 konstruieren wir wie folgt eine Kantenbewertung:

$$\boldsymbol{D}^1 = (d_{ij}^1)_{i,j=1,2,\ldots,n} \quad \text{mit} \quad d_{ij}^1 = d_{ij}^0 + p_i^0 + p_j^0 \quad \text{für} \quad i, j = 1, 2, \ldots, n \, . \tag{1}$$

Es sei $\boldsymbol{H} = (i_1, i_2, \ldots, i_n, i_{n+1} = i_1)$ eine beliebige Rundreise in $\boldsymbol{G}$ mit den Kanten $(i_1, i_2), (i_2, i_3), \ldots, (i_{n-1}, i_n), (i_n, i_1)$ und einer Länge

$$d^0(\boldsymbol{H}) = d_{i_1 i_2}^0 + d_{i_2 i_3}^0 + \cdots + d_{i_{n-1} i_n}^0 + d_{i_n i_1}^0 \, .$$

Dann ergibt sich für die geänderte Kantenbewertung und beliebige Rundreise $\boldsymbol{H}$

$$d^1(\boldsymbol{H}) = d^0(\boldsymbol{H}) + 2\,(p_1^0 + p_2^0 + \cdots + p_n^0) \, , \tag{2}$$

da bei der Summation über alle Kanten von $\boldsymbol{H}$ gemäß (1) die Bewertung eines jeden Knotenpunktes genau zweimal gezählt wird. Das aber heißt: Eine d^0-optimale Rundreise ist auch d^1-optimal und umgekehrt. Beide unterscheiden sich nur in ihrer „Bewertungs"-Länge um den festen Wert $2\,(p_1^0 + p_2^0 + \cdots + p_n^0)$.

Betrachten wir einen beliebigen 1-Baum $\boldsymbol{T}_1'$ minimaler d^1-Länge, dann gilt für eine optimale Rundreise $\boldsymbol{H}'$ die Beziehung

$$d^1(\boldsymbol{H}') \geqq d^1(\boldsymbol{T}_1') \, , \tag{3}$$

da, wie bereits erwähnt, in der Menge der 1-Bäume sich auch die Rundreisen befinden.

Nun berechnen wir $d^1(\boldsymbol{T}_1')$. Es sei $r^1 = (r_1^1, r_2^1, \ldots, r_n^1)$ der Valenzvektor von $\boldsymbol{T}_1'$, also r_i^1 sei die Valenz des Knotenpunktes i in $\boldsymbol{T}_1'$. Dann gilt

$$d^1(\boldsymbol{T}_1') = d^0(\boldsymbol{T}_1') + p_1^0 r_1^1 + p_2^0 r_2^1 + \cdots + p_n^0 r_n^1 \, , \tag{4}$$

denn zur Gesamtlänge trägt neben den ursprünglichen Kantenbewertungen jeder Knotenpunkt bei, und zwar der Knotenpunkt i den Wert p_i^0 gerade so oft, wie die Anzahl r_i^1 der mit ihm in T_1' inzidenten Kanten angibt.

Aus (2), (3) und (4) ergibt sich

$$d^0(\boldsymbol{H}') \geqq d^0(\boldsymbol{T}_1') + p_1^0\,(r_1^1 - 2) + p_2^0\,(r_2^1 - 2) + \cdots + p_n^0\,(r_n^1 - 2) \, . \tag{5}$$

Da diese Ungleichung bei beliebiger Knotenbewertung p^0 gilt, erhalten wir nach Vorgabe von p^0 und Bestimmung eines (bezüglich der durch p^0 induzierten Kantenbewertung $\boldsymbol{D}^1$) 1-Baumes $\boldsymbol{T}_1'$ minimaler Länge eine untere Schranke für die Länge einer optimalen Rundreise $\boldsymbol{H}'$.

Wir werden im weiteren nur solche Knotenbewertungen $p = (p_1, p_2, \ldots, p_n)$ betrachten, für die $p_1 + p_2 + \cdots + p_n = 0$ gilt. Dann ergibt sich wegen (2) sogar $d^0(\boldsymbol{T}_1') = d^1(\boldsymbol{T}_1')$, falls $\boldsymbol{T}_1'$ minimaler 1-Baum und Rundreise ist.

Algorithmus von Held und Karp

Gegeben sei $G=(\mathfrak{X}, \mathfrak{U})$ mit der Bogenlängenmatrix $D^0=(d_{ij}^0)$.

(i) Setze $p:=(p_1, p_2, \ldots, p_n):=(0, 0, \ldots, 0)$,

$$k:=0.$$

Lege l_0 fest (vgl. (vi)).

(ii) Setze $D:=(d_{ij})_{i,j=1,2,\ldots,n}$ mit $d_{ij}:=d_{ij}^0+p_i+p_j$ für $i, j=1, 2, \ldots, n$.

(iii) Bestimme einen minimalen 1-Baum T' in G bezüglich der Bewertung D.

(iv) Bilde den Valenzvektor $r=(r_1, r_2, \ldots, r_n)$ von T'.
Bilde $k:=\max\{k, d^0(T')+p_1(r_1-2)+p_2(r_2-2)+\cdots+p_n(r_n-2)\}$.
Bilde $p:=p+r-(2, 2, \ldots, 2)$.

(v) Falls T' eine Rundreise ist, gehe nach Ende.

(vi) Falls sich k im Verlaufe der letzten l_0 Iterationen nicht verbessert (d. h. vergrößert) hat, gehe nach Abbruch.

(vii) Gehe nach (ii).

Ende: T' ist eine optimale Rundreise der Länge $d^0(T')=d(T')$.

Abbruch: Eine optimale Rundreise hat eine Länge $\geqq k$.
Eine optimale Rundreise konnte nicht gefunden werden.

Zum Schluß rechnen wir noch ein kleines Beispiel, welches wir dem Lehrbuch von H. Noltemeier [9] entnommen haben. Wir betrachten den Graphen der Abb. 6.3a. Die Knotenpunkte haben wir von 1 bis 7 numeriert, und die Bewer-

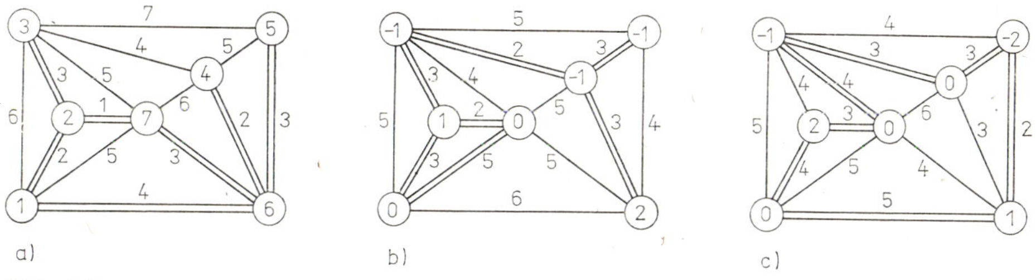

Abb. 6.3

tungen $d_{ij}:=d_{ij}^0$ wurden an die Kanten geschrieben. Der eindeutig bestimmte 1-Baum T' minimaler Länge ist durch doppelt gezeichnete Kanten angegeben; es ist $d^0(T')=d(T')=18$, eine erste untere Schranke für die Länge einer minimalen Rundreise ist also gefunden. Wir erhalten

$$r=(2, 3, 1, 1, 1, 4, 2),$$
$$k=18,$$
$$p=(0, 1, -1, -1, -1, 2, 0);$$

T' ist keine Rundreise, wir gehen zurück zu (ii).

Die Bewertungen p_i sind in die Knotenpunkte der Abb. 6.3b eingetragen, die neuen Kantenbewertungen d_{ij} an die Kanten geschrieben. Ein minimaler 1-Baum

$\boldsymbol{T}'$ ist wieder durch doppelt gezeichnete Kanten gekennzeichnet (offenbar ist $\boldsymbol{T}'$ nicht eindeutig). Wir erhalten

$$r=(2, 3, 2, 3, 1, 1, 2)\,,$$
$$k=\max\,(18, 22-1)=21\,,$$
$$p=(0, 2, -1, 0, -2, 1, 0)\,;$$

$\boldsymbol{T}'$ ist keine Rundreise, eine optimale Rundreise hat eine Länge $\geqq 21$. Wir gehen zurück zu (ii).

Die neuen Bewertungen p_i sind in die Knotenpunkte der Abb. 6.3c eingetragen, die neuen Kantenbewertungen d_{ij} an die Kanten geschrieben. Ein minimaler 1-Baum $\boldsymbol{T}'$ ist wieder durch doppelt gezeichnete Kanten gekennzeichnet ($\boldsymbol{T}'$ ist nicht eindeutig). Da der neue Valenzvektor r als Komponenten nur noch die Zahl 2 besitzt, sind wir fertig. $\boldsymbol{T}'$ ist eine Rundreise, und damit ist eine optimale Rundreise einer Länge 24 gefunden.

Man überzeugt sich leicht davon, daß noch eine weitere optimale Rundreise existiert (Aufgabe!).

Man findet im Graphen der Abb. 6.3c auch minimale 1-Bäume, die keine Rundreisen sind. Hätte man einen solchen ermittelt, so würde das zu einer Fortsetzung der Rechnung führen. Die Knotenbewertung p muß natürlich nicht in der Art erfolgen, wie wir sie angegeben haben. Die von uns angegebene Bewertung hat (da in einer Rundreise jeder Knotenpunkt eine Valenz 2 hat) den Zweck, die Valenz der Knotenpunkte mit einer hohen Valenz in $\boldsymbol{T}'$ durch eine hohe Bewertung der mit ihnen inzidenten Kanten im nächsten Schritt zu verringern.

6.3. Schlußbemerkungen

Die Ungarische Methode zur Lösung des linearen Zuordnungsproblems kann auch aus rechentechnischer Sicht als befriedigend bezeichnet werden. Ganz anders steht es dagegen mit den bisher bekannten Lösungsalgorithmen für das Rundreiseproblem.

Betrachtet man die Fülle der bisher zu diesem Problem publizierten Artikel und der darin vorgeschlagenen Algorithmen, so kann man wohl sagen, daß bisher kein generell befriedigender Algorithmus gefunden wurde. Welcher Algorithmus auch immer vorgeschlagen und als gut bezeichnet wird, stets kann man sowohl Klassen von Rundreiseaufgaben angeben, bei denen dieser Algorithmus sehr gut arbeitet, aber auch solche, bei denen er sich als wenig effektiv erweist.

Wie auch bei der Lösung anderer Optimierungsaufgaben sind die exakten Verfahren (z. B. der branch-and-bound-Algorithmus zum Rundreiseproblem) selten die schnellsten.

Der von M. Held und R. M. Karp [5, 6] vorgeschlagene und später von K. H. Hansen und J. Krarup [4] verbesserte Algorithmus zur Lösung des Rundreiseproblems, der, wie wir gesehen haben, auf dem sehr effektiven Algorithmus zur Bestimmung eines Minimalgerüsts in einem Graphen beruht, führt zwar in vielen praktischen Fällen schnell zu einer optimalen Rundreise, dennoch ist die Endlichkeit des Algorithmus nicht gesichert.

M. Schoch u. a. entwickelten für eine Reihe kombinatorischer Optimierungsprobleme (so auch für das Zuordnungs- und das Rundreiseproblem) Lösungsalgorithmen auf der Basis des von ihnen entwickelten Erweiterungsprinzips [12]. Für die von ihnen behandelten Beispiele zum Rundreiseproblem erwies sich der auf dem Erweiterungsprinzip beruhende Algorithmus als recht effektiv.

Einen anderen, auf dem branch-and-bound-Prinzip basierenden Algorithmus schlägt W. L. Eastman [1] vor, indem er die dem Rundreiseproblem entsprechende Matrix als Matrix eines Zuordnungsproblems auffaßt. Besteht die Lösung aus nur einem Zyklus, so sind wir fertig (in unserem Beispiel zum Zuordnungsproblem auf S. 152ff. bestanden beide optimalen Lösungen des Zuordnungsproblems aus je drei Zyklen). Andernfalls wird ein beliebiger Zyklus $(i_1, i_2, \ldots, i_t, i_1)$ der Lösung z^0 des Zuordnungsproblems betrachtet. Indem wir nacheinander jeweils eines der Elemente $d^0_{i_1 i_2}, d^0_{i_2 i_3}, \ldots, d^0_{i_{t-1} i_t}, d^0_{i_t i_1}$ der dem Zuordnungsproblem entsprechenden Matrix $\boldsymbol{D}^0$ gleich ∞ setzen, entstehen t $(t < n)$ neue Zuordnungsprobleme, wobei in jeder der Lösungen die Lösung z^0 ausgeschlossen ist. Das Verfahren wird mit der Matrix fortgesetzt, für die der Zielfunktionswert des zugehörigen Zuordnungsproblems minimal wird. Die Aufgabe ist gelöst, falls sich ein solches Zuordnungsproblem findet, daß die der Lösung entsprechende Zyklenmenge aus nur einem Element besteht.

Eine Verbesserung des Eastmanschen Verfahrens für symmetrische Rundreisen findet der Leser bei H. Steckhan und R. Thome [15].

Eine andere Darstellung des Rundreiseproblems als lineare Optimierungsaufgabe findet der Leser in [3].

Umfangreiche Diskussionen über Lösungsverfahren des Rundreiseproblems sind in [2, 9, 16, 17] nachzulesen. In [8] kann man sich generell über branch-and-bound-Methoden informieren.

Für eine Reihe von Problemen der Operationsforschung, so auch für das Zuordnungs- und das Rundreiseproblem, sind in [14] fertige FORTRAN-Programme zusammengestellt.

6.4. Literatur

[1] Eastman, W. L.: A solution to the Traveling Salesman Problem, American Summer Meeting of the Econometric Society, Cambridge, Mass., August 1958.

[2] Finkel'štejn, Ju. Ju.: Näherungsverfahren und Anwendungsprobleme der diskreten Optimierung [russ.], Moskau 1976.

[3] Korbut, A. A., und J. J. Finkelstein: Diskrete Optimierung, Berlin 1971 (Übersetzung aus dem Russischen).

[4] Hansen, K. H., and J. Krarup: Improvements of the Held-Karp-algorithm for the symmetric Traveling Salesman Problem, Math. Progr. **7** (1974), 87–96.

[5] Held, M., and R. M. Karp: The Traveling Salesman Problem and minimum spanning trees, Operations Res. **18** (1970), 1138–1162.

[6] HELD, M., and R. M. KARP: The Traveling Salesman Problem and minimum spanning trees II, Math. Progr. **1** (1971), 6–25.

[7] LITTLE, J. D. C., K. G. MURTY, D. W. SWEENEY and C. KAREL: An algorithm for the traveling salesman problem, Operations Res. **11** (1963), 972–989.

[8] MITTEN, L. G.: Branch-and-bound methods: General formulation and properties, Operations Res. **18** (1970), 24–34.

[9] NOLTEMEIER, H.: Graphentheorie mit Algorithmen und Anwendungen, Berlin/New York 1976.

[10] PIEHLER, J.: Ein Beitrag zum Reihenfolgeproblem, Unternehmensforschung **4** (1960), 138–142.

[11] SACHS, H.: Theorie der endlichen Graphen, Teil I, Leipzig 1970.

[12] SCHOCH, M.: Das Erweiterungsprinzip und seine Anwendung, Berlin und München/Wien 1976.

[13] SEIFFART, E.: Über Lösungsmethoden einiger Reihenfolgeprobleme, Wiss. Z. TH Magdeburg **9** (1965), 1–5.

[14] SPÄTH, H.: Ausgewählte Operations-Research-Algorithmen in FORTRAN, München/Wien 1975.

[15] STECKHAN, H., und R. THOME: Vereinfachungen der Eastmanschen Branch-and-Bound-Lösung für symmetrische Traveling Salesman Probleme, in: Operations-Res. Verfahren Bd. XIV, Meisenheim 1972, S. 361–389.

[16] THOMPSON, G. L.: Algorithmic and computational methods for solving symmetric and asymmetric traveling salesman problems, in: Workshop in Integer Programming, Bonn 1975.

[17] TINHOFER, G.: Methoden der Angewandten Graphentheorie, Wien/New York 1976.

7. Codierungs- und Entscheidungsgraphen

7.1. Problemstellung

Zur Erläuterung der Problematik, um die es uns in diesem Kapitel geht, wollen wir ein einfaches Beispiel an den Anfang stellen:

In einer Urne befinden sich 100 Kugeln von elf verschiedenen Farben, die wir mit $F_1, F_2, \ldots, F_{11}$ bezeichnen. Die relative Häufigkeit der Kugelfarbe F_i sei p_i, wobei als Häufigkeiten die Werte 30, 19, 11, 10, 9, 6, 5, 4, 3, 2, 1 auftreten mögen. Ein Spieler zieht „auf gut Glück" (d. h. zufällig) eine Kugel aus der Urne, ohne daß der andere Spieler die Farbe der Kugel erkennen kann. Der zweite Spieler soll nun mit einer Folge von Alternativfragen (eine erste könnte etwa lauten: „Gehört die Kugel zu einer der Farbklassen F_1, F_4 oder F_9?"), die der erste Spieler wahrheitsgemäß mit „ja" oder „nein" zu beantworten hat, ermitteln, was für eine Farbe die Kugel hat. Die Spielbedingungen sind die folgenden: Für jede Frage, die der zweite Spieler stellt, hat er an den ersten eine Mark zu zahlen; sobald er die Farbe der Kugel erfragt hat, bekommt er vom ersten Spieler drei Mark.

Gibt es für den zweiten Spieler eine Fragestrategie, so daß er „auf lange Sicht" (hinreichend häufiges Wiederholen des Spieles) gewinnt? Wir werden im Laufe dieses Kapitels sehen, wie dieses Spiel vom zweiten Spieler zu spielen ist.

Um die allgemeine Problematik von Fragebogen zu behandeln, betrachten wir folgendes Modell:

Gegeben sei eine Menge

$$\mathfrak{Y} = \{Y_1, \ldots, Y_N\}$$

von N Ereignissen (in unserem Spiel ist $N=11$, und das Ereignis Y_i entspricht dem Ziehen einer Kugel der Farbklasse F_i), auf der eine Wahrscheinlichkeitsverteilung

$$\{p(Y_i)\}_{i=1,\ldots,N}$$

vorgegeben ist, also

$$0 < p(Y_i) < 1, \quad \sum_{i=1}^{N} p(Y_i) = 1, \quad N \geqq 2 .$$

Ferner sei eine Menge

$$\mathfrak{G} = \{X_0, X_1, \ldots, X_n\}, \quad \mathfrak{G} \cap \mathfrak{Y} = \emptyset ,$$

von Fragen gegeben.

Wir betrachten folgenden gerichteten Graphen $\boldsymbol{F}(\mathfrak{X}, \mathfrak{U})$ (dieser wird ein Wurzelbaum mit der Wurzel X_0):

$\mathfrak{X} = \mathfrak{Y} \cup \mathfrak{G}$ sei die Knotenmenge. Die Menge $\mathfrak{U}$ der gerichteten Kanten (= Bögen) sei Teilmenge von $(\mathfrak{G} \times \mathfrak{G}) \cup (\mathfrak{G} \times \mathfrak{Y})$, d. h., es existieren nur Bögen der Typen (X_i, X_j) und (X_k, Y_l). Wir bezeichnen mit ΓZ die Menge der direkten Nachfolger eines Knotenpunktes Z und mit $\Gamma^{-1}Z$ die Menge der direkten Vorgänger eines Knotenpunktes Z, und es gelte:

a) $\Gamma^{-1}X_0 = \emptyset$ (das bedeutet, daß die erste zu stellende Frage keine Vorgängerfrage besitzt);

b) $|\Gamma X| \geqq 2$ für alle $X \in \mathfrak{G}$ (das bedeutet, daß auf jede gestellte Frage mindestens zwei verschiedene Antworten möglich sind; dabei kann eine Antwort zur Identifizierung eines Ereignisses führen, also $\Gamma X \cap \mathfrak{Y} \neq \emptyset$, oder zum Stellen einer neuen Frage, also $\Gamma X \cap \mathfrak{G} \neq \emptyset$);

c) $\Gamma Y = \emptyset$ für alle $Y \in \mathfrak{Y}$ (das bedeutet, daß nach Identifizierung eines Ereignisses – in unserem Beispiel etwa nach Ermittlung der Kugelfarbe – keine Frage mehr gestellt wird), was bereits aus der Definition von $\mathfrak{U}$ folgt;

d) zu beliebigen $Y \in \mathfrak{Y}$ existiert ein Weg $(X_0 = X_{i_0}, X_{i_1}, \ldots, X_{i_k}, Y)$ mit $X_{i_j} \in \mathfrak{G}$ und $(X_{i_r}, X_{i_{r+1}}) \in \mathfrak{U}$ für $r = 0, 1, \ldots, k-1$ und $(X_{i_k}, Y) \in \mathfrak{U}$ (das bedeutet, daß die Menge der zur Verfügung stehenden Fragen so beschaffen sein muß, daß jedes Ereignis durch endlich viele Fragen identifizierbar ist).

Ein solcher Graph heißt *Fragebogen*. Die Knotenpunkte $X \in \mathfrak{G}$ heißen *Fragen*. Die Ereignisse $Y \in \mathfrak{Y}$ sind *Senken* des Graphen $\boldsymbol{G}$; X_0 (die erste Frage) ist die einzige *Quelle*.

Ohne besonderes Interesse sind solche Fragen, die als unmittelbare oder mittelbare Nachfolger niemals ein Ereignis haben, sowie solche Fragen, die niemals durch eine Fragefolge von X_0 aus erreichbar sind (vgl. Abb. 7.1), weshalb ohne

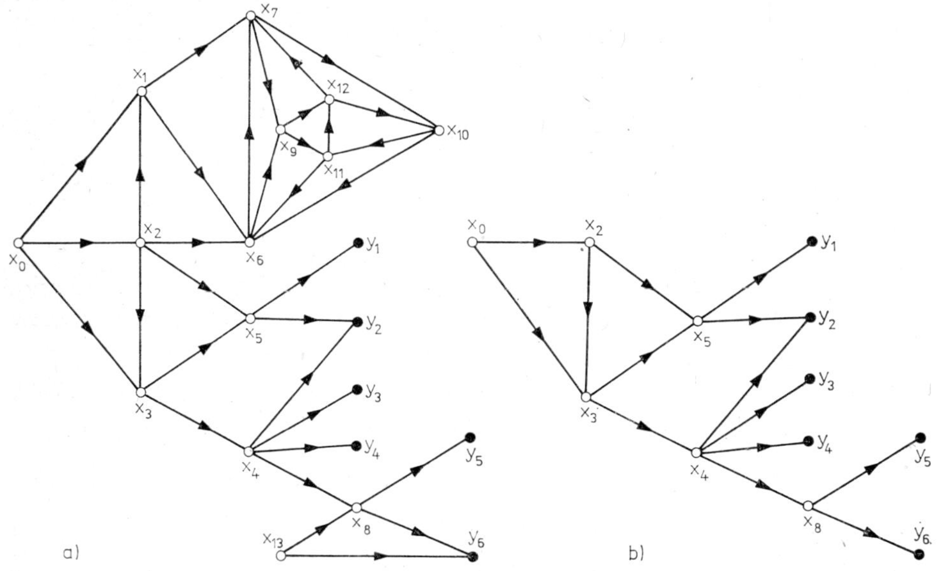

Abb. 7.1

Einschränkung Reduktionen gemäß Abb. 7.1 durchgeführt werden können. In Abb. 7.1 haben wir noch keine Wahrscheinlichkeiten für das Eintreten der Y_i angegeben. Man sieht (ohne daß wir schon definiert haben, was wir unter einem optimalen Fragebogen verstehen wollen), daß man, um Fragen zu sparen (und damit bei unserem Spiel-Geld!), niemals die Frage X_0 stellen würde, da man alle Ereignisse, die man über X_2 erreichen kann, auch über X_3 erreicht, d. h., die erste Frage X_0 kann eingespart werden, und X_3 wird zur ersten Frage.

Wir wollen nun zur Definition eines optimalen Fragebogens kommen. Für unser Spiel bedeutet das, die mittlere Anzahl der Fragen, die die Kugelfarbe der gezogenen Kugel identifiziert, zu minimieren; es kann nicht Ziel des zweiten Spielers sein, etwa mit möglichst wenigen Fragen bereits einen großen Teil der Ereignisse zu identifizieren, wenn er für die Ereignisse mit geringen Wahrscheinlichkeiten dafür um so mehr draufzahlen muß (vgl. Abb. 7.2). Die Bezeichnungen an dem

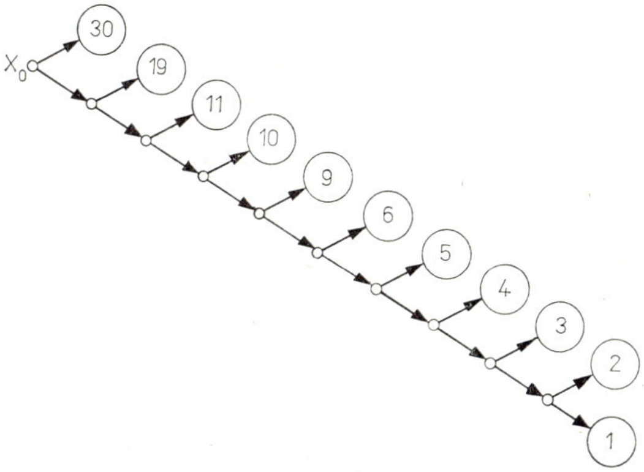

Abb. 7.2

Graphen dürften gewiß ohne genauere Erläuterungen verständlich sein. Dazu wäre folgende Strategie möglich:

Frage 1. Ist die Kugel von der Farbe F_1? Falls die Antwort „ja" ist, hat der zweite Spieler zwei Mark gewonnen, falls die Antwort „nein" ist, gehen wir zur

Frage 2. Ist die Kugel von der Farbe F_2? Falls die Antwort „ja" ist, hat der zweite Spieler eine Mark gewonnen, falls die Antwort „nein" ist, gehen wir zur

Frage 3. Ist die Kugel von der Farbe F_3? usw.

Der Leser überzeuge sich selbst davon, daß bei dieser Strategie im Mittel 3,46 Fragen erforderlich sind, daß also der zweite Spieler auf die Dauer verliert, obwohl er in 30% aller Fälle zwei Mark erhält, in knapp 50% aller Fälle mindestens eine Mark verdient und der erste Spieler nur in 40% aller Fälle überhaupt etwas gewinnt.

Zunächst müssen wir einige Begriffe bereitstellen.

Definition. Ein Fragebogen heißt *homogen von der Ordnung a*, falls für jeden Knotenpunkt $X \in \mathfrak{G}$ die Beziehung $|\Gamma X| = a$ gilt.

Wie wir im weiteren sehen werden, sind die sogenannten quasihomogenen Fragebogen von besonderer Bedeutung.

Definition. Ein Fragebogen heißt *quasihomogen von der Ordnung* (a, b), falls für alle $X \in \mathfrak{G}$ mit Ausnahme höchstens eines Knotenpunktes $X_i \in \mathfrak{G}$ die Beziehung $|\Gamma X| = a$ gilt und für diesen $|\Gamma X_i| = b \leqq a$ ist.

Um von optimalen Fragebogen sprechen zu können, müssen wir uns zunächst einigen, in welcher Klasse von Fragebogen wir uns bewegen wollen.

Wir nennen zwei quasihomogene Fragebogen $\boldsymbol{F}$ und $\boldsymbol{F}'$ der Ordnung (a, b) *äquivalent*, falls es eine eineindeutige Abbildung χ der Senkenmenge $\mathfrak{Y}$ auf die Senkenmenge $\mathfrak{Y}'$ gibt, bei der die Wahrscheinlichkeitsverteilungen erhalten bleiben, also

$$p(Y) = p'(\chi(Y)) \quad \text{für alle} \quad Y \in \mathfrak{Y} .$$

Wir kommen nun zum Begriff der *mittleren Länge* eines Fragebogens. Dieser Begriff bereitet keinerlei Schwierigkeiten, wenn der betrachtete Graph ein Wurzelbaum, also zyklenfrei ist. Dann gibt es zu jedem Ereignis $Y \in \mathfrak{Y}$ genau einen gerichteten Weg von X_0 nach Y. Die Anzahl der Kanten eines solchen Weges $\boldsymbol{W}(Y)$ bezeichnen wir als *Länge* $l(\boldsymbol{W}(Y))$ von $\boldsymbol{W}(Y)$ oder auch einfach als Länge $l(Y)$ von Y. Unter der *mittleren Länge* $L(\mathfrak{Y})$ des Fragebogens $\boldsymbol{F}(\mathfrak{X}, \mathfrak{U})$ verstehen wir die Größe

$$L := \sum_{Y \in \mathfrak{Y}} p(Y)\, l(\boldsymbol{W}(Y)) .$$

Hieraus erklärt sich der Wert von 3,46 für die mittlere Anzahl der Fragen unseres speziellen Fragebogens der Abb. 7.2.

Es wäre nun naheliegend zu sagen, daß ein quasihomogener Fragebogen optimal ist, falls er unter den zu ihm äquivalenten Fragebogen eine minimale mittlere Weglänge hat. Wie Abb. 7.3 zeigt, gibt es aber in einer Äquivalenzklasse auch Fragebogen mit Zyklen oder Kreisen. Für solche Graphen aber kann die Anzahl der Wege zwischen der Quelle X_0 und einem Ereignis Y größer als 1 werden, bei Vorhandensein von Kreisen sogar unendlich groß.

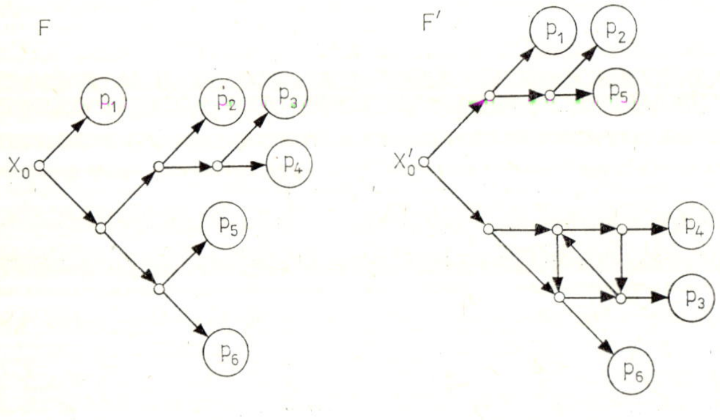

Abb. 7.3

7.2. Algorithmus zur Erzeugung eines zyklenfreien Fragebogens

Betrachten wir die beiden Fragebogen $\boldsymbol{F}$ und $\boldsymbol{F}'$ der Abb. 7.3, so stellen wir fest, daß ein beliebiger, X_0' und Y' verbindender Weg in $\boldsymbol{F}'$ ($Y' \in \mathfrak{Y}'$ beliebig) mindestens so lang ist wie der X_0 und Y verbindende Weg in $\boldsymbol{F}$ (wobei wir $Y' = \chi(Y)$ setzen); man würde also gewiß den Fragebogen $\boldsymbol{F}$ dem Fragebogen $\boldsymbol{F}'$ vorziehen.

Es wird also unser Ziel sein, aus einem gegebenen Fragebogen $\boldsymbol{F}'$ mit Zyklen oder Kreisen einen Fragebogen $\boldsymbol{F}_1$ zu erzeugen, der zyklenfrei ist und in dem die Weglänge von X_0 nach Y ($Y \in \mathfrak{Y}$ beliebig) nicht größer ist als ein beliebiger, X_0' und Y' verbindender Weg in $\boldsymbol{F}'$. Anschließend schränken wir die Äquivalenzklassen derart ein, daß nur noch sogenannte *Büschelfragebogen* (d. h. *Wurzelbäume*) untersucht werden, und unter diesen suchen wir einen solchen (Eindeutigkeit kann im allgemeinen nicht erwartet werden) minimaler Weglänge.

Algorithmus zur Entfernung von Kreisen und Zyklen

(i) Es sei $\boldsymbol{K}'$ ein Kreis in $\boldsymbol{F}'$. Da X_0' keine Vorgänger hat, gilt $X_0' \notin \boldsymbol{K}'$. Ferner sei $\boldsymbol{W}'$ ein kürzester X_0' mit einem Knotenpunkt, sagen wir Z', von $\boldsymbol{K}'$ verbindender Weg (da jeder Knotenpunkt von $\boldsymbol{F}'$ durch mindestens einen Weg von X_0 aus erreichbar ist, existiert $\boldsymbol{W}'$, jedoch nicht notwendig eindeutig). Man überlegt sich leicht, daß der Bogen von $\boldsymbol{K}'$, dessen Endpunkt Z' ist, weggelassen werden kann, ohne daß sich für irgendeinen Knotenpunkt V' der Abstand zwischen X_0' und V' in $\boldsymbol{F}'$ (das ist die Länge eines kürzesten Weges von X_0' nach V') vergrößert.

(ii) Es seien alle Kreise von $\boldsymbol{F}'$ gemäß (i) beseitigt; $\boldsymbol{C}'$ sei ein Zyklus des so entstandenen Graphen (den wir der Einfachheit halber weiterhin mit $\boldsymbol{F}'$ bezeichnen). Da $\boldsymbol{C}'$ kein Kreis ist, existiert auf $\boldsymbol{C}'$ ein Knotenpunkt Z' mit mindestens zwei direkten Vorgängern. Somit gibt es mindestens zwei Wege von X_0' nach Z' (die sich also in mindestens einem Bogen unterscheiden). Wir lassen den letzten Bogen des längeren der beiden Wege weg (sind beide Wege gleich lang, lassen wir von irgendeinem der beiden Wege den letzten Bogen weg). Auch bei dieser Operation gibt es von X_0 zu jedem Knotenpunkt des entstehenden Graphen noch mindestens einen Weg, und die Länge eines solchen kürzesten Weges wird nicht vergrößert. Hat man auf diese Weise alle Zyklen entfernt, so ist der entstehende Graph zwar ein Wurzelbaum, dieser ist aber nicht notwendig äquivalent $\boldsymbol{F}'$ (z. B. können mehrere Fragen entstanden sein, die weniger als a Nachfolger haben).

(iii) Es sei $X' \in \mathfrak{G}'$ ein Knotenpunkt des neu entstandenen Graphen (den wir weiterhin mit $\boldsymbol{F}'$ bezeichnen) ohne Nachfolger. Dann lassen wir (da ja zu keinem Ereignis ein Weg über X' läuft) X' und den in ihn einlaufenden Bogen weg (es kann nur noch ein Bogen in jeden Knotenpunkt einlaufen, da sonst in $\boldsymbol{F}'$ noch Zyklen wären). Diese Operation führen wir solange wie möglich fort.

(iv) Es sei $X' \in \mathfrak{G}'$ ein Knotenpunkt mit weniger als a Nachfolgern, und es sei $X_1' \in \mathfrak{G}'$ eine solche Frage, die mindestens ein Ereignis $Y_1' \in \mathfrak{Y}'$ zum Nachfolger hat.

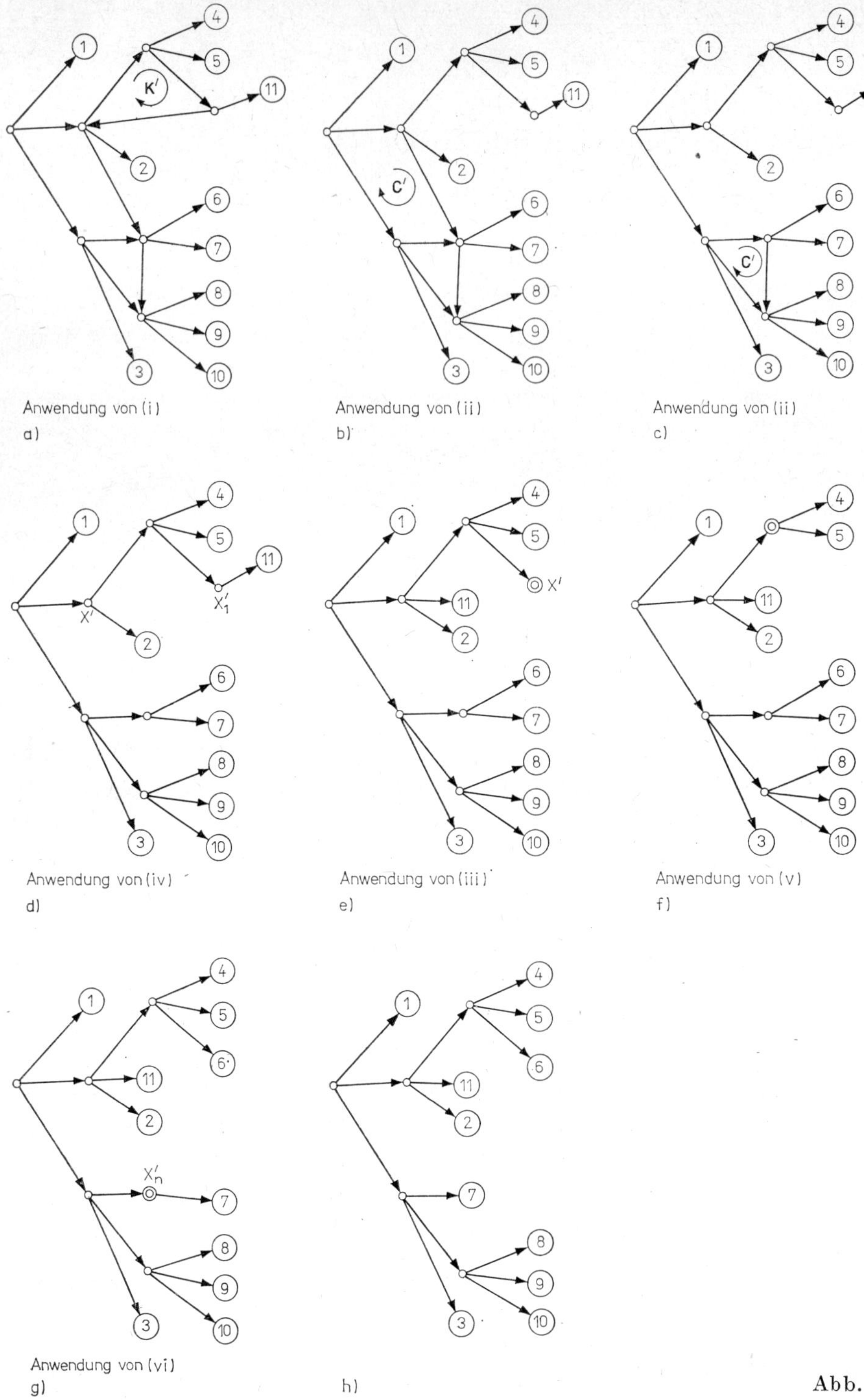

Anwendung von (i)
a)
Anwendung von (ii)
b)
Anwendung von (ii)
c)
Anwendung von (iv)
d)
Anwendung von (iii)
e)
Anwendung von (v)
f)
Anwendung von (vi)
g)
h)

Abb. 7.4

Dann entfernen wir, sofern $l(X_1') > l(X')$ ist, den Bogen (X_1', Y_1') und fügen den Bogen (X', Y_1') ein. Auf diese Weise „sättigen" wir bezüglich der Nachfolgerschaft alle Fragen außer eventuell einigen, die von X_0' maximalen Abstand haben. Offenbar wird kein Knotenpunkt später (d. h. auf einem längeren Weg) erreicht als vor (iv). Nun setze man, falls möglich, mit (iii) fort, andernfalls folgt (v).

(v) Wir füllen alle noch nicht gesättigten Fragen (die, sofern vorhanden, alle gleichen Abstand und unter den Fragen sogar maximalen Abstand von X_0' haben) bis auf eine eventuell derart auf (vgl. (iv)), daß bei ständiger Anwendung von (iii), sofern möglich, alle verbleibenden Fragen mit Ausnahme höchstens einer, nämlich X_n', gesättigt sind (unter den Fragen hat X_n' maximalen Abstand von X_0').

Wegen der Endlichkeit des Fragebogens bricht der Algorithmus ab, es ist dann also weder (iii) noch (iv) noch (v) anwendbar.

(vi) Sollte X_n' genau einen Nachfolger haben, etwa Y' (der Nachfolger von X_n' kann ja keine Frage sein), so entfernen wir die Bögen (X_i', X_n') und (X_n', Y'), wenn X_i' der direkte Vorgänger von X_n' ist, sowie die Frage X_n' und fügen den Bogen (X_i', Y') ein.

Falls (vi) möglich ist, entsteht sogar ein homogener Fragebogen der Ordnung a, in den anderen Fällen ein quasihomogener der Ordnung (a, b).

Zur Erläuterung des Algorithmus betrachten wir ein Beispiel (vgl. Abb. 7.4). Die Ereignisse wurden numeriert und in großen Kreisen wiedergegeben, wohingegen Fragen durch kleine Kreise gekennzeichnet sind.

Ohne im Fall von Fragebogen mit Kreisen oder Zyklen definiert zu haben, was wir unter der mittleren Länge eines solchen Fragebogens $\boldsymbol{F}'$ verstehen wollen, leuchtet es doch ein, daß eine sinnvolle Definition der mittleren Länge in jedem Fall so beschaffen sein müßte, daß ein Büschelfragebogen $\boldsymbol{F}$, wie er sich gemäß (i) bis (vi) aus $\boldsymbol{F}'$ ergibt, keine größere mittlere Länge haben darf, da zu einem beliebigen Ereignis Y' jeder X_0' mit Y' verbindende Weg eine mindestens so große Länge besitzt wie der in $\boldsymbol{F}$ die Knotenpunkte X_0 und Y verbindende Weg.

Auf die Problematik der Definition der mittleren Länge in Fragebogen mit Zyklen wird ausführlicher in dem Buch von C. F. Picard [1] eingegangen.

7.3. Optimale Fragebogen

Nun wenden wir uns dem zweiten gestellten Problem zu, nämlich unter allen äquivalenten Büschelfragebogen (d. h. Wurzelbäumen) einen optimalen zu finden, also einen solchen, dessen mittlere Länge minimal ist.

Zunächst kommen wir zu einer sinnvollen Bezeichnung (Codierung) der Fragen und Ereignisse in einem quasihomogenen Fragebogen (vgl. Abb. 7.5).

Jedem Knotenpunkt Z des Fragebogens werden zwei natürliche Zahlen ϱ, σ zugeordnet, dabei ist ϱ die Länge von Z (Abstand von X_0), σ ist ein Codewort aus ϱ Ziffern im Zahlensystem mit der Basis a. Zur Festlegung der Ziffern von σ benötigen wir den X_0 und Z verbindenden Weg $\boldsymbol{W}$. Wenn $\Gamma X_0 = \{g_i(X_0), i = 0, 1, \ldots, a-1\}$

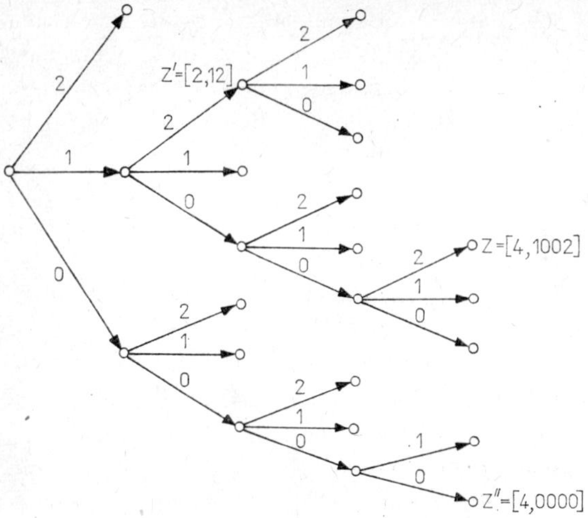

Abb. 7.5

die Menge der a Nachfolger von X_0 ist und $\boldsymbol{W}$ den Knotenpunkt $g_i(X_0)$ enthält, so sei die erste Ziffer von σ gerade i. Entsprechend werden gemäß Abb. 7.5 die anderen Ziffern von σ festgelegt. Es ist zu beachten, daß ϱ im Dezimalsystem und σ im a-adischen System angegeben wird (man kann natürlich auch σ im Dezimalsystem angeben). Bei der Angabe von σ im a-adischen System könnte man sich ohne weiteres die Angabe der Zahl ϱ sparen, da die Länge des Knotenpunktes auch aus der Ziffernanzahl von σ zu ersehen ist. Bei dem Problem der Decodierung spielt die Angabe von ϱ gegebenenfalls eine wesentliche Rolle.

Wir erinnern uns, daß jedem Ereignis (d. h. Knotenpunkt aus $\mathfrak{F}$) eine Wahrscheinlichkeit seines Eintretens zugeordnet war. Liegt ein Büschelfragebogen vor, so können wir rekursiv auch jeder Frage eine Wahrscheinlichkeit zuordnen. Es sei etwa X eine Frage, deren sämtliche direkte Nachfolger bereits eine Wahrscheinlichkeit besitzen. Dann geben wir X als Wahrscheinlichkeit die Summe der Wahrscheinlichkeiten aller seiner direkten Nachfolger.

Wir kommen nun zum wichtigen Begriff der *Permutation von disjunkten Unterbüscheln*. Vorgegeben sei ein Büschelfragebogen $\boldsymbol{F}$. Ein *Unterbüschel* $\boldsymbol{H}$ von $\boldsymbol{F}$ ist ein Untergraph von $\boldsymbol{F}$, der mit einem beliebigen Knotenpunkt auch alle seine Nachfolger (bezüglich $\boldsymbol{F}$) enthält sowie genau einen Knotenpunkt (die Wurzel des Unterbüschels) besitzt, der (außer sich selbst) alle anderen Knotenpunkte von $\boldsymbol{H}$ als unmittelbare oder mittelbare Nachfolger hat (vgl. Abb. 7.6).

Die Wahrscheinlichkeiten der Fragen und Ereignisse bleiben in $\boldsymbol{H}$ dieselben wie in $\boldsymbol{F}$, d. h. aber, daß ein Unterbüschel im allgemeinen kein Fragebogen ist.

Es seien Z und Z' die Wurzeln zweier disjunkter Unterbüschel $\boldsymbol{H}$ bzw. $\boldsymbol{H}'$ von $\boldsymbol{F}$ mit den Wahrscheinlichkeiten $p(Z)$ bzw. $p(Z')$. Vertauscht man nun $\boldsymbol{H}$ und $\boldsymbol{H}'$ unter Mitnahme der Wahrscheinlichkeiten der Knotenpunkte von $\boldsymbol{H}$ und $\boldsymbol{H}'$ (und nachfolgender Neubestimmung der Wahrscheinlichkeiten der Vorgängerknotenpunkte von Z und Z'), so entsteht offenbar ein zu $\boldsymbol{F}$ äquivalenter Büschelfragebogen (vgl. Abb. 7.7).

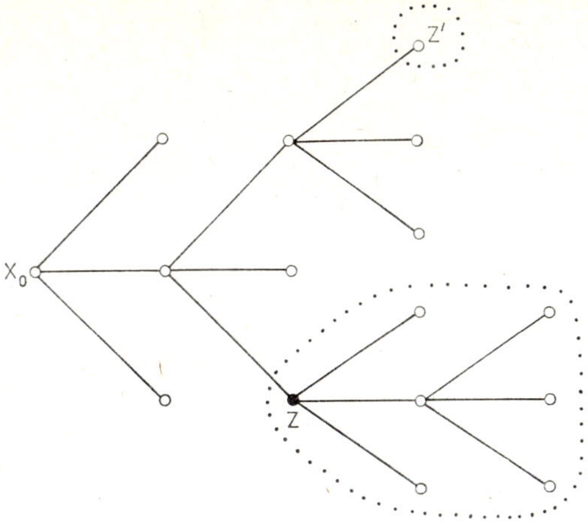

Abb. 7.6

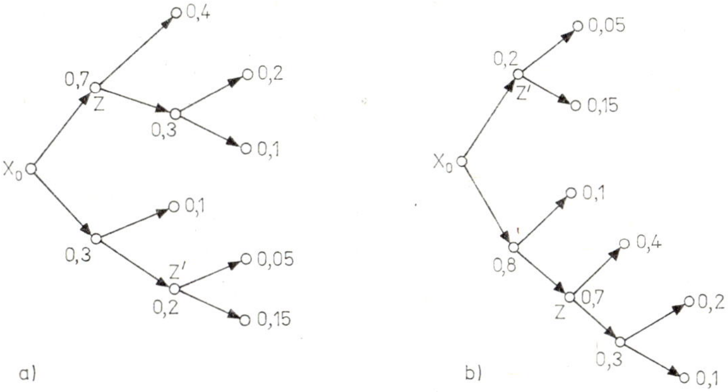

Abb. 7.7

Nun sehen wir uns einige Regeln an, mit deren Hilfe man aus einem vorgegebenen Büschelfragebogen einen anderen mit gewiß nicht größerer mittlerer Länge konstruieren kann.

Regel 1 (Permutation von Ereignissen). Es seien Z, Z' Ereignisse mit $l(Z) < l(Z')$ und $p(Z) < p(Z')$. Dann vertauschen wir die Ereignisse Z und Z'. Offenbar verringert sich hierbei die mittlere Länge des Fragebogens.

Regel 2 (Permutation von Unterbüscheln). Es seien zwei disjunkte Unterbüschel $\boldsymbol{H}$, $\boldsymbol{H}'$ mit den Wurzeln Z bzw. Z' gegeben, wobei mindestens eines der Unterbüschel nicht nur aus einem Ereignis besteht. Es seien wiederum $l(Z) < l(Z')$ und $p(Z) < p(Z')$. Vertauscht man die beiden Unterbüschel, so entsteht ein äquivalenter Fragebogen mit kleinerer mittlerer Länge.

Die Richtigkeit dieser Behauptung überprüfe der Leser selbst.

Man überzeuge sich ebenfalls von der Richtigkeit der folgenden Behauptung:

Lemma. *Es sei $\boldsymbol{F}$ ein optimaler homogener Büschelfragebogen, ferner seien Z und Z' zwei Knotenpunkte von $\boldsymbol{F}$ mit $p(Z) = p(Z')$. Dann gilt $|l(Z) - l(Z')| \leqq 1$. Falls aber $p(Z) < p(Z')$ ist, gilt $l(Z) \geqq l(Z')$.*

Man könnte glauben, daß die wiederholte Anwendung der beiden Regeln zwangsläufig zu einem optimalen Büschelfragebogen führt. Daß dies nicht so ist, zeigt das Beispiel der Abb. 7.8.

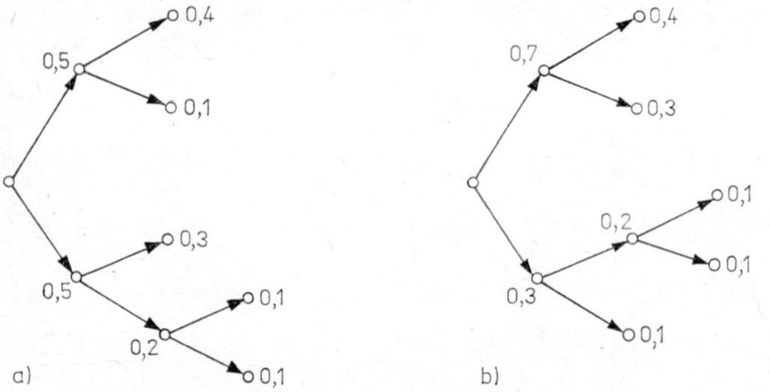

Abb. 7.8

Mittels einer dritten Regel, die selbst die mittlere Länge nicht ändert (nämlich Büschelvertauschung solcher Unterbüschel, deren Wurzel gleiche Länge haben), werden die Wahrscheinlichkeiten gewisser Knotenpunkte, die keine Ereignisse sind, derart geändert, daß die Anwendung der Regeln 1 oder 2 eventuell wieder möglich wird.

Regel 3. Man ordne die Knotenpunkte derart um, daß für zwei Knotenpunkte $Z_1=[\varrho, \sigma_1]$ und $Z_2=[\varrho, \sigma_2]$ mit $\sigma_1<\sigma_2$ stets $p(Z_1)\leqq p(Z_2)$ gilt. Nun wende man, wenn möglich, Regel 1 oder 2 an, usw.

Wendet man etwa auf den Fragebogen der Abb. 7.8a die Regel 3 an, so entsteht der Graph der Abb. 7.8b, auf den Regel 2 anwendbar ist.

Wir kommen nun zum Optimalitätskriterium:

Satz 7.1. *Es sei* $\boldsymbol{F}$ *ein quasihomogener Büschelfragebogen der Ordnung* (a, b), *auf den keine der Regeln* 1 *bis* 3 *mehr anwendbar ist. Dann ist* $\boldsymbol{F}$ *optimal, d. h. besitzt minimale mittlere Länge.*

Falls dieser Satz bewiesen ist, besitzen wir auch eine einfache Möglichkeit, aus einem quasihomogenen Büschelfragebogen, nämlich durch ständiges Anwenden der Regeln 1, 2, 3, einen optimalen zu gewinnen.

Für den Beweis des Satzes wollen wir einen neuen Begriff einführen.

Definition. Wir nennen einen Büschelfragebogen (kurz: BF) $\boldsymbol{F}$ *geordnet* (kurz: GBF), falls keine der Regeln 1 bis 3 mehr anwendbar ist.

Lemma. *Es sei* $\boldsymbol{F}$ *ein optimaler BF. Dann kann man* $\boldsymbol{F}$ *unter Anwendung der Regel* 3 (die Regeln 1 oder 2 sind wegen der Optimalität von $\boldsymbol{F}$ ohnehin nicht anwendbar) *in einen optimalen GBF* $\boldsymbol{F}_1$ *umordnen.*

Der Beweis dieses Lemmas dürfte unmittelbar klar sein.

Mit obiger Abkürzung erhält unser Satz die Gestalt:

Satz 7.2. *Es sei $\boldsymbol{F}$ ein quasihomogener GBF der Ordnung (a, b). Dann ist $\boldsymbol{F}$ optimal.*

Wir bemerken zunächst, daß ein optimaler quasihomogener BF der Ordnung (a, b) der Relation $2 \leqq b \leqq a$ genügt, da im Fall $b=1$ eine Frage eingespart werden und damit die mittlere Länge verringert werden könnte.

Beweis. Es sei $\boldsymbol{F}$ ein optimaler BF der Ordnung (a, b), $\boldsymbol{F}_1$ ein GBF gleicher Ordnung, der aus $\boldsymbol{F}$ durch Anwendung der Regeln 1 bis 3 hervorging. Wegen des Lemmas ist $\boldsymbol{F}_1$ optimal.

Es sei $\boldsymbol{F}_2$ ein beliebiger zu $\boldsymbol{F}_1$ äquivalenter quasihomogener GBF gleicher Ordnung (a, b) mit $2 \leqq b \leqq a$. Wir werden zeigen, daß $\boldsymbol{F}_2$ ebenfalls optimal ist, womit dann der Satz bewiesen wäre.

Wir betrachten in $\boldsymbol{F}_i$ $(i=1, 2)$ eine Frage X_i^1 minimaler Wahrscheinlichkeit. Da $\boldsymbol{F}_i$ geordnet ist, hat X_i^1 genau b Nachfolger Y_i^j $(j=1, \ldots, b)$, und diese b Nachfolgeereignisse haben minimale Wahrscheinlichkeit (das besagt: Für ein beliebiges Ereignis $Y_i \notin \{Y_i^1, \ldots, Y_i^b\}$ gilt $p(Y_i) \geqq \max_{1 \leqq j \leqq b} p(Y_i^j)$ für $i=1, 2$). Nun bilden wir aus $\boldsymbol{F}_i = \boldsymbol{F}_i^1$ neue GBF, indem wir die b Ereignisse Y_i^j sowie die zu ihnen führenden Bögen weglassen und X_i^1 zu einem neuen Ereignis der Wahrscheinlichkeit $p(X_i^1) = \sum_{j=1}^{b} p(Y_i^j)$ machen. Da $\boldsymbol{F}_1$ und $\boldsymbol{F}_2$ äquivalent sind, gilt $p(X_1^1) = p(X_2^1)$. Die beiden derart entstandenen GBF (den Beweis, daß es sich um GBF handelt, erbringe der Leser selbst) $\boldsymbol{F}_i^2$ sind in ihrer mittleren Länge um den gleichen Betrag, nämlich $p(X_i^1)$ verringert worden, denn es gilt: Die mittlere Länge eines BF ist gleich der Summe aller Wahrscheinlichkeiten der Fragen des BF (Aufgabe!).

Nun setzen wir den „Abbau" der $\boldsymbol{F}_i$ weiter fort. Es existiert in $\boldsymbol{F}_i^2$ $(i=1, 2)$ wieder eine Frage X_i^2 minimaler Wahrscheinlichkeit, deren a Nachfolgeereignisse ebenfalls minimale Wahrscheinlichkeiten (unter den Wahrscheinlichkeiten der Ereignisse in $\boldsymbol{F}_i^2$) besitzen. Wir lassen diese a Ereignisse und die zu ihnen führenden Bögen weg und wandeln X_i^2 in ein Ereignis des so entstandenen GBF mit einer Wahrscheinlichkeit $p(X_i^2)$ um, wobei wieder wegen der Ordnung der BF die Beziehung $p(X_1^2) = p(X_2^2)$ gilt. Dabei verringert sich die mittlere Länge beider GBF um den gleichen Betrag $p(X_i^2)$.

Diesen Abbau setzen wir fort (vollständige Induktion!) und erhalten (falls in $\boldsymbol{F}_i$ genau n Fragen existierten) nach $n-1$ Abbauschritten zwei GBF $\boldsymbol{F}_i^n$, die nur noch eine Frage und a Ereignisse besitzen, die somit gleiche mittlere Länge, nämlich 1 haben. Bei jedem Abbauschritt wurde die mittlere Länge der GBF um den gleichen Betrag verringert, somit hatten sie bereits am Beginn des Abbaus gleiche mittlere Länge; da nach Voraussetzung $\boldsymbol{F}_1$ optimal war, ist es auch $\boldsymbol{F}_2$.

Damit ist der Satz bewiesen, und wir haben auch eine Möglichkeit gefunden, zu einem optimalen BF zu kommen. Entweder suchen wir einen beliebigen Büschelfragebogen einer vorgegebenen Äquivalenzklasse und wenden wiederholt die Regeln 1 bis 3 auf ihn an, bis der Algorithmus abbricht, oder wir fassen die b Ereignisse geringster Wahrscheinlichkeit zu einer Frage zusammen, wandeln diese Frage „vorübergehend" in ein neues Ereignis um, fassen nunmehr die verbleibenden

Ereignisse mit kleinsten Wahrscheinlichkeiten zu einer neuen Frage zusammen, fassen diese Frage „vorübergehend“ wieder als Ereignis auf und fahren so fort. Dieser Algorithmus stammt von D. A. HUFFMAN (vgl. [1]). Für das in 7.1 formulierte Spiel ergibt sich eine optimale Fragestrategie gemäß Abb. 7.9 (Aufgabe: Gewinnt der zweite Spieler auf lange Sicht?).

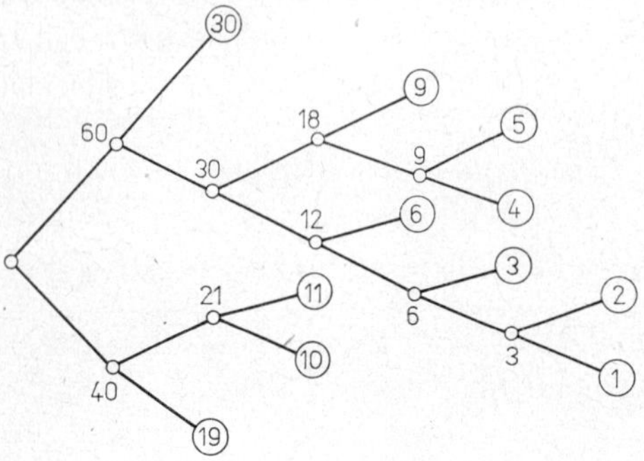

Abb. 7.9

7.4. Ein Beispiel aus der Codierung

Bei der Codierung geht es um folgende Problematik: Eine Nachrichtenquelle gibt n verschiedene Symbole S_i $(i=1, \ldots, n)$ aus (in der deutschen Sprache z. B. 26 Buchstaben und ein Leerzeichen, wenn man ä = ae usw. setzt und . , ! ? – usw. als Leerzeichen zählt). Ein Code mit N Symbolen T_j $(j=1, \ldots, N)$ besteht aus n Codewörtern für die S_i, jedes bestehend aus einer Folge von Symbolen T_j, wobei das k-te Codewort aus l_k Symbolen bestehe. Dabei ist es zur eindeutigen Decodierung erforderlich, daß ein Codewort nicht linker Teil eines anderen Codewortes ist.

Wir betrachten als Beispiel das Morsealphabet (vgl. Abb. 7.10).

In diesem Fall ist $N=3$ mit den Symbolen *Punkt, Strich, Leerzeichen.* Die Zahlen an den Endpunkten geben die Wahrscheinlichkeiten (vgl. [3]) für das Auftreten der einzelnen Buchstaben des deutschen Alphabets in den vom Autor betrachteten Texten an. Im Leerzeichen vereinen sich in unserer Darstellung alle Zeichen wie Punkt, Komma, Zwischenraum, Fragezeichen, ... Da das Leerzeichen bei dem Morsealphabet nur zum Trennen der einzelnen Buchstaben verwendet wird, ist die eindeutige Decodierung gesichert. Daß aber diese Form der Codierung nicht optimal in dem oben beschriebenen Sinne ist, überlege sich der Leser selbst. Ein optimales Morsealphabet mit drei Zeichen, so prüfe der Leser nach, hat die Länge 2,6130. Die mittlere Länge ist also beim Morsealphabet um fast 0,5 größer als beim „optimalen“ Alphabet mit drei Zeichen. Daß man sich mit dem „Optimalalphabet“ andere Schwierigkeiten einhandeln würde, soll keinesfalls verschwiegen werden; etwa Schwierigkeiten bei der Fehlersuche im Fall eines Übertragungsfehlers, oder auch daß gewisse Codewörter besonders viele Symbole benötigen.

Wollte man den konkreten Gegebenheiten einer lebenden Sprache (die einzelnen Buchstaben treten ja keineswegs unabhängig voneinander auf, d. h., eine lebende Sprache besitzt ein hohes Maß an Redundanz) besser nachkommen, so müßte man

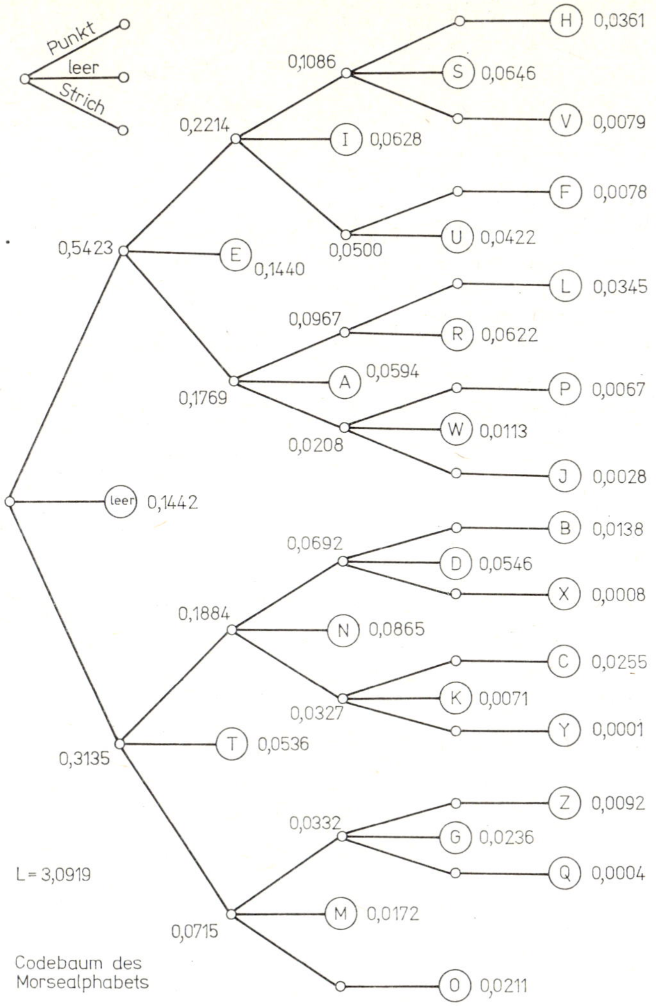

Abb. 7.10

Paare, Tripel, Quadrupel, ... von Buchstaben und deren Wahrscheinlichkeiten in einer Sprache berücksichtigen. Solche Versuche sind unternommen worden. Der interessierte Leser sei auf [2] verwiesen. Die Zahl der zu codierenden Wörter wächst natürlich stark. Bei Berücksichtigung von Paaren von Buchstaben treten bereits 27^2 zu codierende Wörter auf (obgleich einige dieser Paare in der natürlichen Sprache kaum auftreten dürften, etwa „qy"). Dennoch kann man auf diese Weise die mittlere Länge der entsprechenden Fragebogen (bezogen auf einen Buchstaben) wesentlich kleiner machen als etwa in dem oben behandelten Fall von nur 27 „Wörtern" (jedes dieser „Wörter" ist ja in der natürlichen Sprache ein Buchstabe).

Aufgabe. Wie groß ist die mittlere Länge des „Optimalalphabets" im Fall zweier verwendeter Codesymbole unter Verwendung der Wahrscheinlichkeiten gemäß Sacco [3] (vgl. Abb. 7.10)?

Eine hübsche kombinatorische Einführung in die Grundbegriffe der Informationstheorie sowie in Codes und fehlerkorrigierende Codes wird in [5] gegeben. Ferner sei der Leser auf den von R. Hamming entwickelten Code [4] verwiesen.

7.5. Literatur

[1] Picard, C. F.: Theorie der Fragebogen, Berlin 1973 (Übersetzung aus dem Französischen).

[2] Fey, P.: Informationstheorie, 3. Aufl., Berlin 1968.

[3] Sacco, L.: Manuel de scriptographie, Paris 1951.

[4] Hamming, R.: Error Detecting and Error Correcting Codes, Bell System Techn. J. **26** (1950), 147–160.

[5] Zemanek, H.: Elementare Informationstheorie, München 1959.

8. Signalflußgraphen

8.1. Problemstellung

Vorgegeben sei z. B. die elektrische Schaltung der Abb. 8.1. Es bezeichnen die R_i Ohmsche Widerstände, die E_j elektromotorische Kräfte und die I_k Zweigströme nebst willkürlich vorgeschriebener Richtung.

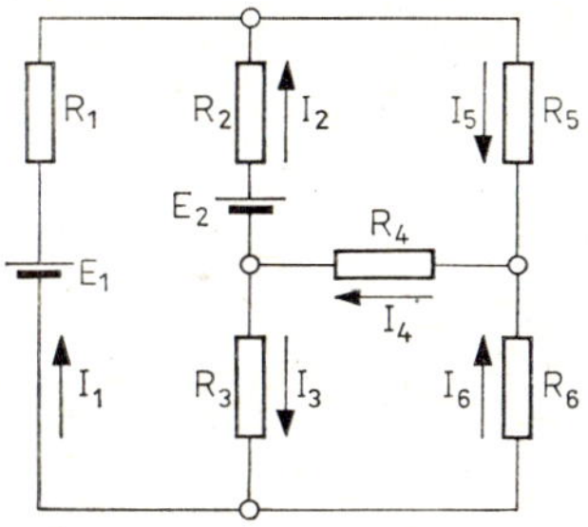

Abb. 8.1

Die Zweigströme sind unbekannte Größen, die wir mittels der Kirchhoffschen Gesetze berechnen können (vgl. Kap. 1). Das gestellte Problem führt auf die Lösung eines linearen inhomogenen Gleichungssystems für die I_k.

Für die Aufstellung der Gleichungen mittels des Kirchhoffschen Knotensatzes sind nur die Punkte interessant, in denen Verzweigungen auftreten. Diese haben wir in Abb. 8.1 hervorgehoben. Es sind genau vier, so daß wir gemäß der Stromtheorie des Kapitels 1 genau drei unabhängige Knotengleichungen erhalten.

Für das Aufstellen von Gleichungen mittels des zweiten Kirchhoffschen Satzes (*Maschenregel*) benötigen wir die Anzahl unabhängiger Kreise. In unserem Fall sind es genau drei, so daß zu den drei Knotengleichungen noch drei Maschengleichungen kommen, die bei geeigneter Wahl ein Gleichungssystem von sechs Gleichungen für die sechs Unbekannten I_k $(k=1, 2, \ldots, 6)$ liefern, für welches die zugehörige Koeffizientenmatrix regulär ist; eine eindeutige Lösung des Gleichungssystems ist also gesichert.

Für unser Beispiel wäre das folgende Gleichungssystem von der geforderten Art:

$$\begin{bmatrix} R_1 & 0 & 0 & 0 & R_5 & -R_6 \\ 0 & R_2 & 0 & R_4 & R_5 & 0 \\ 0 & 0 & -R_3 & -R_4 & 0 & -R_6 \\ 1 & 1 & 0 & 0 & -1 & 0 \\ 0 & 0 & 0 & -1 & 1 & 1 \\ -1 & 0 & 1 & 0 & 0 & -1 \end{bmatrix} \cdot \begin{bmatrix} I_1 \\ I_2 \\ I_3 \\ I_4 \\ I_5 \\ I_6 \end{bmatrix} = \begin{bmatrix} E_1 \\ E_2 \\ 0 \\ 0 \\ 0 \\ 0 \end{bmatrix}.$$

Die ersten drei Gleichungen ergeben sich aus der Maschenregel, die letzten drei aus der Knotenregel.

In Kapitel 1 hatten wir gesehen, daß in einem Graphen (Netz) mit n Knotenpunkten und genau m Bögen (Zweigen) genau $m-n+1$ unabhängige Zyklen (Maschen) existieren und daß man stets ein Gleichungssystem mit regulärer Koeffizientenmatrix (das sich aus $n-1$ Knotengleichungen und $m-n+1$ Maschengleichungen zusammensetzt) für die gesuchten Zweigströme finden kann.

Die Analyse linearer elektrischer Netzwerke führt direkt oder indirekt auf die Lösung linearer Gleichungssysteme (direkt: siehe das Beispiel der Abb. 8.1).

Ein Beispiel dafür, daß die Analyse eines Netzwerkes indirekt auf die Lösung eines Gleichungssystems führt, wollen wir am Ende von 8.2. betrachten.

Im Jahre 1953 publizierte S. J. Mason seine Arbeit über Signalflußgraphen [2]. Seit dieser Zeit sind bei der Analyse von Netzwerken eine Reihe von Graphen eingeführt worden, von denen wir zwei Typen ins Auge fassen wollen, nämlich Strukturgraphen und Signalflußgraphen. Nguyen Mong Hung [4] versteht dabei unter einem *Strukturgraphen* einen (gerichteten oder ungerichteten) Graphen, der strukturisomorph dem vorgegebenen Netzwerk ist, und unter einem *Signalflußgraphen* einen gerichteten bogenbewerteten Graphen, der die algebraischen Beziehungen zwischen den im Netzwerk auftretenden Variablen widerspiegelt. So ist z. B. der vollständige Graph $\boldsymbol{K}_4$ mit vier Knotenpunkten strukturisomorph dem Netzwerk der Abb. 8.1.

In der Mehrzahl der Kapitel haben wir es im Sinne dieser Definition mit Strukturgraphen zu tun. Wir wollen in diesem Kapitel einige Bemerkungen zu Signalflußgraphen machen.

Vor allem dienen Signalflußgraphen einer anschaulichen Darstellung von Signalverläufen, wobei man bei den an die Bögen geschriebenen Bewertungen keinesfalls etwa an Ströme denken darf. So ist in der Regelungstechnik vereinbart, daß ein voll ausgezogener Punkt eine Verzweigungsstelle ist (vgl. Abb. 8.2a), für den, wie auch bei den anderen Abbildungen, die angegebenen Relationen gelten. Wie die Abbildungen 8.2c und d zeigen, lassen sich auf diese Weise nicht nur lineare

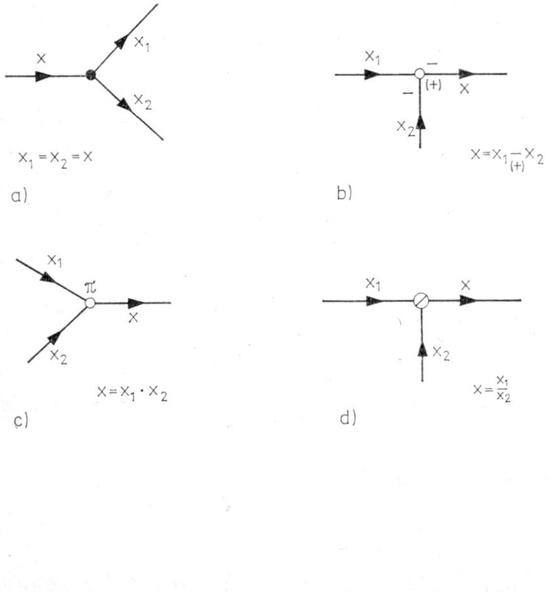

Abb. 8.2

Verknüpfungen (z. B. Multiplikation und Division) darstellen. Am Ende von 8.2. werden wir an einem Beispiel zeigen, daß man mit dieser Darstellungsart in sehr übersichtlicher Weise z. B. auch Systeme von Differentialgleichungen beschreiben kann. Daß man zur (übersichtlichen) Lösung derartiger Systeme zweckmäßig mittels Laplacetransformation vom Zeit- in den Frequenzbereich übergeht, sei hier erwähnt; der interessierte Leser findet z. B. in [6] eine Einführung in diese Problematik unter besonderer Berücksichtigung regelungstechnischer Aspekte.

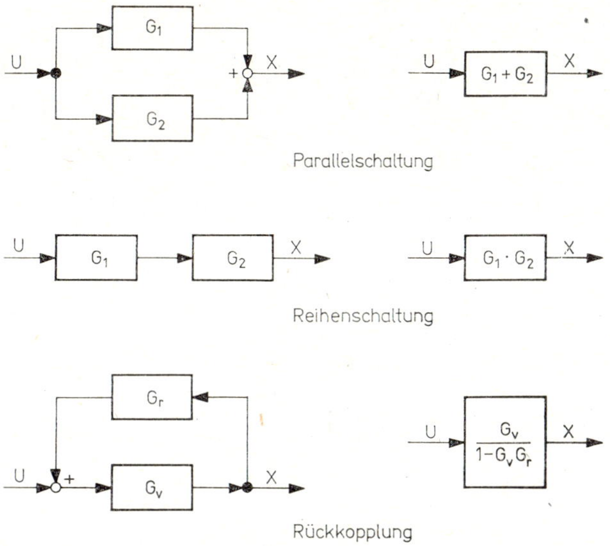

Abb. 8.3

Bei Untersuchungen im Frequenzbereich hat sich die Darstellung der Übertragungsvorgänge mittels Blockflußplänen eingebürgert. Abb. 8.3 zeigt einige Beispiele (Parallelschaltung, Reihenschaltung und Rückkopplung) mit den zugehörigen (rechts stehenden) Vereinfachungsregeln. Die Übertragungsfunktion für die Rückkopplung ergibt sich z. B. aus der (im Frequenzbereich) gültigen Beziehung

$$X(p) = G_v(p)\, U(p) + G_r(p)\, G_v(p)\, X(p)\,,$$

woraus man leicht die angegebene Übertragungsfunktion

$$G(p) = \frac{G_v(p)}{1 - G_v(p)\, G_r(p)}$$

ermittelt.

Abb. 8.4 zeigt die unterschiedliche Beschreibungsart mittels Blockplan und Signalflußgraph und deren gegenseitige Überführung.

Abb. 8.4

8.2. Der Algorithmus von Mason zur Lösung linearer Gleichungssysteme

Wir wollen nun einen Algorithmus angeben, der es nicht nur gestattet, ein Gleichungssystem zu lösen, sondern auch das sukzessive Lösen (Eliminieren von Variablen) ständig zu verfolgen, weshalb dieses Verfahren seiner Anschaulichkeit wegen recht beliebt ist.

Wir betrachten ein Gleichungssystem

$$\boldsymbol{A}\boldsymbol{x}=\boldsymbol{b}$$

oder, anders geschrieben,

$$\begin{aligned}
&a_{11}x_1+\ldots+a_{1i}x_i+\ldots+a_{1k}x_k+\ldots+a_{1n}x_n=b_1,\\
&a_{21}x_1+\ldots+a_{2i}x_i+\ldots+a_{2k}x_k+\ldots+a_{2n}x_n=b_2,\\
&\ldots\ldots\ldots\ldots\ldots\ldots\ldots\ldots\\
&a_{i1}x_1+\ldots+a_{ii}x_i+\ldots+a_{ik}x_k+\ldots+a_{in}x_n=b_i\,,\\
&\ldots\ldots\ldots\ldots\ldots\ldots\ldots\ldots\\
&a_{k1}x_1+\ldots+a_{ki}x_i+\ldots+a_{kk}x_k+\ldots+a_{kn}x_n=b_k,\\
&\ldots\ldots\ldots\ldots\ldots\ldots\ldots\ldots\\
&a_{n1}x_1+\ldots+a_{ni}x_i+\ldots+a_{nk}x_k+\ldots+a_{nn}x_n=b_n\,.
\end{aligned}$$

Wählen wir eine beliebige Zeile (etwa die i-te), wobei nur zu beachten ist, daß $a_{ii}\neq 0$ ist, und lösen diese nach x_i auf, so erhalten wir

$$x_i=\frac{1}{a_{ii}}\,(b_i-a_{i1}x_1-\ldots-a_{i,i-1}x_{i-1}-a_{i,i+1}x_{i+1}-\ldots-a_{ik}x_k-\ldots-a_{in}x_n)\,.$$

Setzen wir x_i in die k-te Zeile ein, so erhalten wir

$$\begin{aligned}
&a_{k1}x_1+\ldots+a_{k,i-1}x_{i-1}\\
&+a_{ki}\frac{1}{a_{ii}}\,(b_i-a_{i1}x_1-\ldots-a_{i,i-1}x_{i-1}-a_{i,i+1}x_{i+1}-\ldots-a_{ik}x_k-\ldots-a_{in}x_n)\\
&+a_{k,i+1}x_{i+1}+\ldots+a_{kk}x_k+\ldots+a_{kn}x_n=b_k
\end{aligned}$$

oder geordnet

$$\begin{aligned}
&\left(a_{k1}-\frac{a_{i1}a_{ki}}{a_{ii}}\right)x_1+\ldots+\left(a_{k,i-1}-\frac{a_{i,i-1}a_{ki}}{a_{ii}}\right)x_{i-1}+\left(a_{k,i+1}-\frac{a_{i,i+1}a_{ki}}{a_{ii}}\right)x_{i+1}\\
&+\ldots+\left(a_{kk}-\frac{a_{ik}a_{ki}}{a_{ii}}\right)x_k+\ldots+\left(a_{kn}-\frac{a_{in}a_{ki}}{a_{ii}}\right)x_n=b_k-\frac{a_{ki}b_i}{a_{ii}}\,.
\end{aligned}$$

Wir ordnen diesem Gleichungssystem einen Graphen mit n Knotenpunkten wie folgt zu: Jedem Knotenpunkt entspricht eine der Variablen. In Abb. 8.5 haben wir die Knotenpunkte mit großen Kreisen wiedergegeben, in denen sich ein kleiner Kreis befindet, der der ihm zugeordneten Variablen entspricht (in den kleinen Kreis ist der Index eingetragen). In den der Variablen x_i zugeordneten Knotenpunkt haben wir den Koeffizienten a_{ii} geschrieben. Vom Knotenpunkt mit dem Index

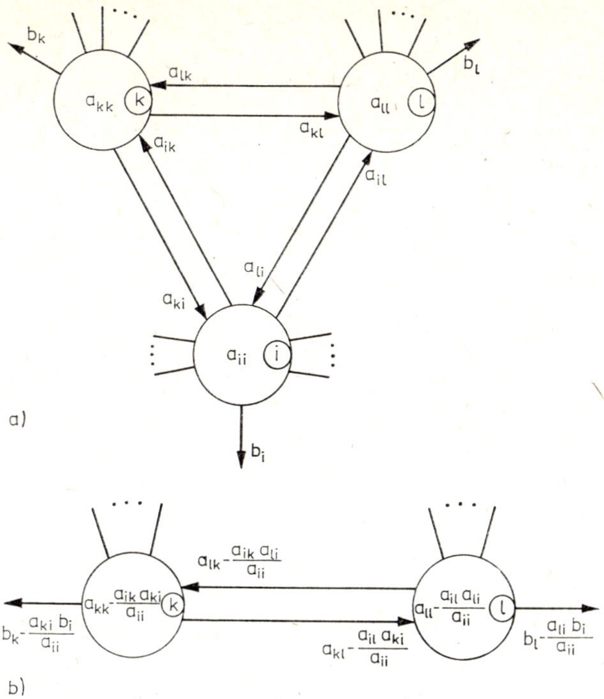

Abb. 8.5

l (im kleinen Kreis) wird ein Bogen zum Knotenpunkt mit dem Index k mit einer Bogenbewertung a_{lk} eingeführt. Falls $a_{lk} = 0$ ist, kann der Bogen auch weggelassen werden. Der vom Knotenpunkt mit dem Index l fortführende Bogen (dessen Endpunkt keinerlei Bezeichnungen trägt) erhält die Bogenbewertung b_l.

Damit kann man am Graphen sofort das ihm entsprechende Gleichungssystem ablesen (vgl. Abb. 8.6), dem das folgende Gleichungssystem entspricht:

$$\begin{bmatrix} 6 & 2 & -1 & -1 & 1 \\ 0 & 2 & 1 & 2 & 3 \\ -1 & 0 & 4 & 2 & -5 \\ -3 & -1 & 0 & 3 & 0 \\ 1 & 1 & -2 & 0 & 4 \end{bmatrix} \cdot \begin{bmatrix} x_1 \\ x_2 \\ x_3 \\ x_4 \\ x_5 \end{bmatrix} = \begin{bmatrix} 5 \\ 8 \\ -4 \\ 6 \\ 7 \end{bmatrix}.$$

Wir betrachten nun am Graphen das Ersetzen einer Variablen, etwa x_i (Abb. 8.5a). Nach Eliminierung von x_i ändern sich die Koeffizienten wie folgt: Für die veränderten rechten Seiten der ursprünglich k-ten Zeile erhalten wir

$$b'_k = b_k - \frac{a_{ki} b_i}{a_{ii}},$$

für das veränderte Element a'_{kl}

$$a'_{kl} = a_{kl} - \frac{a_{il} a_{ki}}{a_{ii}} \quad (l \neq k)$$

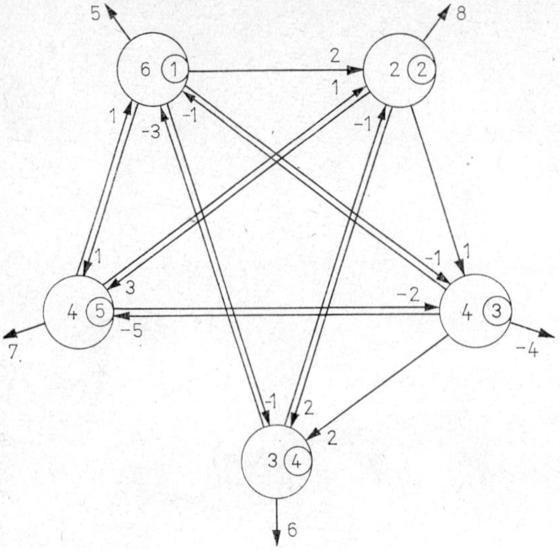

Abb. 8.6

und für das neue Hauptdiagonalelement a'_{kk}

$$a'_{kk} = a_{kk} - \frac{a_{ik} a_{ki}}{a_{ii}} .$$

Diese neuen Werte sind in dem reduzierten (d. h. um den Knotenpunkt mit dem Index i verminderten) Graphen der Abb. 8.5b angegeben. Abb. 8.7 zeigt den Graphen, der zum Gleichungssystem gehört, nachdem im Beispiel die Variable x_1 eliminiert wurde. Der Leser wird unschwer die einzelnen Eliminierungsschritte

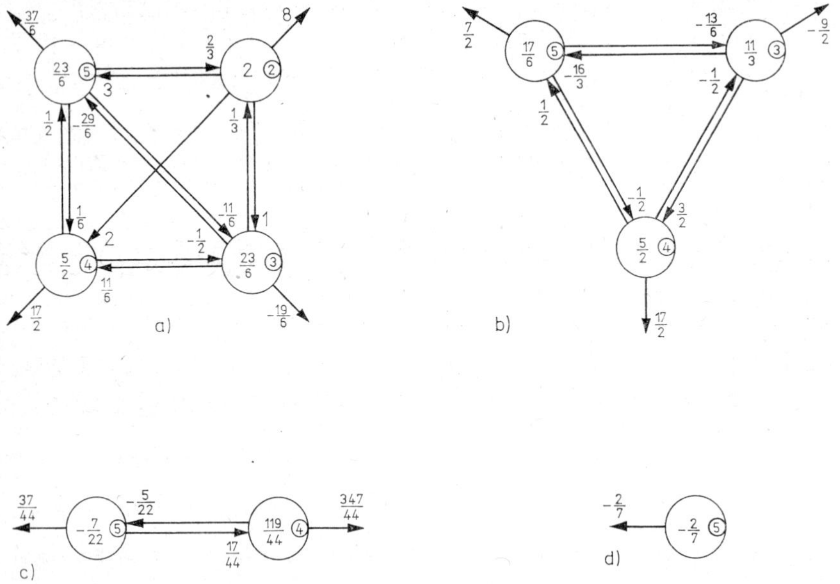

Abb. 8.7

nachvollziehen können. Ganz entsprechend dem Gaußschen Algorithmus kann man nun rückwärts aus den reduzierten Graphen die Lösung zusammenstellen. Man erhält dann

$$x_5 = 1, \quad x_4 = 3, \quad x_3 = -1, \quad x_2 = 0, \quad x_1 = 1 .$$

Kai Wai Chen [7] schlägt einen „verallgemeinerten“ Masonschen Algorithmus vor, mit dessen Hilfe nicht nur ein einzelner Knotenpunkt (d. h. nur eine Variable) eliminiert werden kann. Eine Schilderung dieses Algorithmus erschien uns zu aufwendig (ein Beispiel von nur sieben Variablen erfordert nach dieser Methode mehrere Seiten Zeichnungen und Rechnung). Da, wie wir schon zu Beginn dieses Kapitels gesagt hatten, dieser Masonalgorithmus ohnehin nicht der ausschließlichen Lösung von Gleichungssystemen, sondern vielmehr der Signalverfolgung und Signalüberwachung dient, wird der interessierte Leser nicht umhinkommen, sich mit der Spezialliteratur vertraut zu machen. Unser Anliegen ist es nur, Anregungen zu geben und in gewisse Methoden einzuführen.

Wir wollen noch ein Beispiel betrachten (das wir dem Lehrbuch [6] von K. Reinisch entnommen haben), welches auf ein lineares Gleichungssystem mit einem Parameter führt und mit dem von Mason angegebenen Algorithmus (aber natürlich nicht nur damit) lösbar ist.

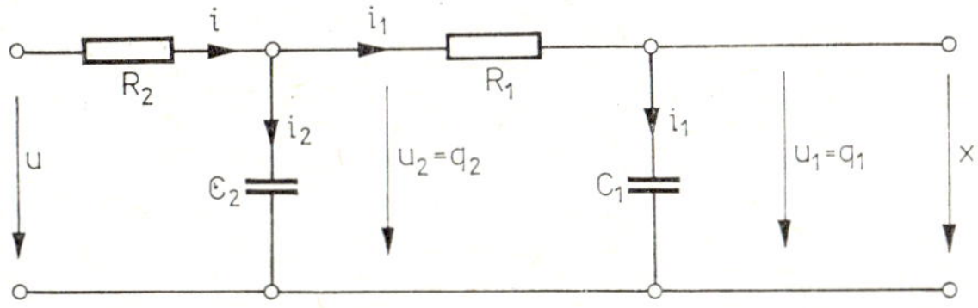

Abb. 8.8

Wir betrachten das elektrische Übertragungsglied der Abb. 8.8. Unter Verwendung der Kirchhoffschen Regeln sowie der Beziehungen

$$i_k = C_k \dot{u}_k = C_k \dot{q}_k \quad (k = 1, 2)$$

und Einführung der Zeitkonstanten

$$T_1 = R_1 C_1, \quad T_2 = R_2 C_2, \quad T_{21} = R_2 C_1$$

erhält man das System linearer Differentialgleichungen erster Ordnung für die Zustandsvariablen q_1 und q_2:

$$\begin{aligned} \dot{q}_1 &= -\frac{1}{T_1} q_1 + \frac{1}{T_1} q_2 \\ \dot{q}_2 &= \frac{T_{21}}{T_1 T_2} q_1 - \frac{T_1 + T_{21}}{T_1 T_2} q_2 + \frac{1}{T_2} u \end{aligned} \qquad (0)$$

mit der Ausgabegleichung $x = q_1$. Ein System linearer gewöhnlicher Differentialgleichungen erster Ordnung von der Art (0) läßt sich mittels der Laplacetransformation in ein System linearer Gleichungen überführen. In unserem Beispiel ergibt sich das Gleichungssystem

$$\begin{bmatrix} p+\frac{1}{T_1} & -\frac{1}{T_1} \\ -\frac{T_{21}}{T_1T_2} & p+\frac{T_1+T_{21}}{T_1T_2} \end{bmatrix} \cdot \begin{bmatrix} Q_1 \\ Q_2 \end{bmatrix} = \begin{bmatrix} 0 \\ \frac{1}{T_2} \end{bmatrix} U ,$$

wobei wir mit $Q_k(p)$ die Laplacetransformierte von $q_k(t)$ $(k=1, 2)$ und mit $U(p)$ die Laplacetransformierte (jeweils einseitig, wenn wir uns zur Zeit $t=0$ eine Spannung $u(t)$ an den Eingang des Übertragungsgliedes angelegt denken) von $u(t)$ bezeichnen.

Ordnen wir gemäß obigen Vereinbarungen dem Gleichungssystem einen Graphen zu, so erhalten wir den Graphen der Abb. 8.9. Auflösen gemäß den Angaben von

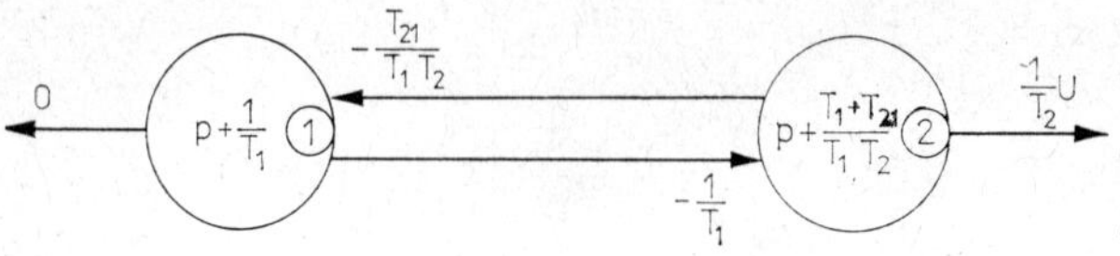

Abb. 8.9

Abb. 8.5 oder auch der errechneten Formeln liefert (unter Vorgabe der Zeitkonstanten etwa $T_1 = T_2 = 2T_{21} = T$), wie der Leser nachprüfen möge, für die gesuchte Variable $Q_1(p)$:

$$Q_1(p) = \frac{2U(p)}{3T}\left[\frac{1}{p+\frac{1}{2T}} - \frac{1}{p+\frac{2}{T}}\right].$$

Da im Bildbereich Produkte von Laplacetransformierten stehen, ergibt sich bei beliebigem $u(t)$ als Eingangsspannung die Ausgabefunktion $x(t) = q_1(t)$ in Form eines Faltungsintegrals. Um Einblicke in die Lösung zu erhalten, kann man z. B. als Eingang eine Sprungfunktion

$$u(t) = \sigma(t) = u_0 \quad (\text{für } t \geqq 0)$$

wählen, womit sich als Lösung (unter Berücksichtigung dessen, daß die Laplacetransformierte von $\sigma(t)$ gleich $\frac{1}{p}$ ist) unserer Spezialisierung

$$x(t) = q_1(t) = u_0 \left[\sigma(t) - \frac{4}{3}\exp\left(-\frac{t}{2T}\right) + \frac{1}{3}\exp\left(-\frac{t}{\frac{1}{2}T}\right)\right]$$

ergibt.

Es ist in diesem Kapitel keineswegs unser Anliegen gewesen, uns mit Problemen der Anwendung der Laplacetransformationen zu befassen. Wir wollten nur eine Möglichkeit angeben (und diese wird oft von Regelungstechnikern angewandt), wie man unter Ausnutzung der Masonschen Idee (die ja aus der Behandlung von Signalübertragungen hervorging) nicht nur Gleichungssysteme lösen kann (dazu eignet sich der bekannte Gaußsche Algorithmus gewiß besser), sondern bei der Lösung von Gleichungssystemen die Signalverläufe und gegenseitigen Abhängigkeiten ständig verfolgen kann.

Masongraphen und verallgemeinerte Masongraphen, wie z. B. der von M. Roth eingeführte normierte Masongraph, finden eine große Anwendung bei der Untersuchung von elektrischen und elektronischen Netzwerken (z. B. bei der Analyse von *RC*-Operationsverstärker-Netzwerken). Bei dem normierten Masongraphen handelt es sich um einen knotenbewerteten Graphen, wobei die Knotenbewertungen eine gewisse Relativierung der Bewertungen von mit diesen Knoten inzidenten Bögen bewirken.

Der sich für diese Problematik interessierende Leser sei auf [4] und [5] verwiesen.

Einen guten Überblick über die Verwendung von Coatesgraphen und von Masongraphen findet der Leser im Lehrbuch [7] von Wai Kai Chen.

Zum Abschluß geben wir noch eine Darstellungsvariante von Systemen, z. B. linearer Differentialgleichungen, wie sie mittels Signalflußgraphen möglich ist. Abb. 8.10 zeigt den Signalflußgraphen des Systems

$$\dot{q}_1 = a_{11}q_1 + a_{12}q_2 + b_1u,$$
$$\dot{q}_2 = a_{21}q_1 + a_{22}q_2 + b_2u$$

mit der Ausgabegleichung

$$x = c_1q_1 + c_2q_2 + du\ .$$

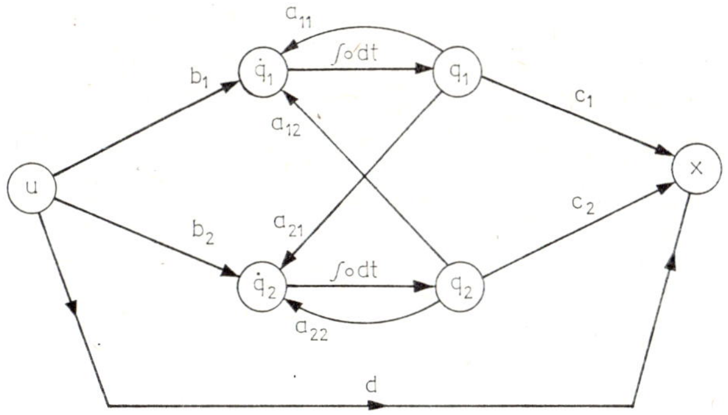

Abb. 8.10

8.3. Literatur

[1] Busacker, R. G., and T. L. Saaty: Finite Graphs and Networks, An Introduction with Applications. New York 1965 (deutsch: München/Wien 1968; russ.: Moskau 1974).

[2] Mason, S. J.: Feedback theory: Some properties of linear flow graphs, Proc. IRE 41 (1953), 1144–1156.

[3] Mason, S. J.: Feedback theory: Further properties of linear flow graphs, Proc. IRE 44 (1956), 920–926.

[4] Nguyen Mong Hung: Entwicklung und Anwendung von Graphenmethoden zur Analyse von *RC*-Operationsverstärker-Netzwerken und zur Untersuchung des Realentwurfes der-

artiger Netzwerke, Diss. TH Ilmenau 1973.

[5] ROTH, M., und NGYUEN MONG HUNG: Zur topologischen Analyse linearer Netzwerke, Wiss. Z. TH Ilmenau **17** (1971), 115–127.

[6] REINISCH, K.: Kybernetische Grundlagen und Beschreibung kontinuierlicher Systeme, Berlin **1974**.

[7] WAI KAI CHEN: Applied Graph Theory, Amsterdam/London **1971**.

9. Minimale Mengen von Rückkehrbögen

9.1. Problemstellung

Bei der Abarbeitung von Algorithmen, etwa zur Festlegung einer optimalen Berechnungsfolge, spielen häufig Schleifen eine entscheidende Rolle. Wieviel Rückkehrbögen müssen zerschnitten werden, um die Abarbeitung schleifen- oder zyklenfrei zu machen? Wie findet man minimale Mengen von Rückkehrbögen?

In der Sprache der Graphentheorie können wir das Problem, mit dem wir uns in diesem Kapitel befassen wollen, wie folgt formulieren:

Gegeben sei ein gerichteter Graph $\boldsymbol{G}(\mathfrak{X}, \mathfrak{U})$.

1. *Gesucht ist eine Bogenmenge* $\mathfrak{V} \subseteqq \mathfrak{U}$, *so daß der nach Entfernen der Bögen aus* $\mathfrak{V}$ *entstehende Graph keinen Kreis* (d. h. keinen uniform gerichteten Zyklus) *enthält. Dabei soll* $\mathfrak{V}$ *minimal in dem Sinne sein, daß keine echte Teilmenge von* $\mathfrak{U}$ *ebenfalls alle Kreise repräsentiert* (faßt).

2. *Unter allen Minimalmengen, die alle Kreise repräsentieren, suchen wir solche mit minimaler Bogenanzahl.*

3. *Gesucht sind Algorithmen, die die ersten beiden Probleme lösen.*

Wer sich für mehr theoretische Fragestellungen auf diesem Gebiet interessiert, greife zur Monographie [3] (Teil II). Dort werden eine Reihe von Aussagen über Kanten- und Knotenanzahlen gemacht, die in einem ungerichteten Graphen alle Kreise repräsentieren, jedoch in der Hauptsache bei Vorgabe der Anzahl unabhängiger Kreise, also von Kreismengen, von denen je zwei disjunkt sind.

Ein interessanter Anwendungsfall für die dargelegte Problematik ist uns aus der chemischen Verfahrenstechnik bekannt. Den Bögen entsprechen gewisse Ströme (von Material), den Knotenpunkten entsprechen Prozeßeinheiten, zwischen denen Ströme fließen. Darüber hinaus wird eine Bogenbewertung vorgegeben, denen Parameter zur Festlegung der Ströme entsprechen. Der Gesamtgraph ist zunächst in eine Folge von Komplexen zu zerlegen, wobei ein Komplex als berechenbar gilt, falls alle in der Folge vor ihm liegenden Komplexe berechnet sind (mit dieser Zerlegung und Bestimmung der Berechnungsreihenfolge wollen wir uns nicht befassen). In unserer Sprache ist ein Komplex ein stark zusammenhängender Graph. In einem Komplex müssen nun zur iterativen Berechnung des entstehenden Gleichungssystems Bögen aufgeschnitten, die Ströme an den Schnittstellen geschätzt und mit diesen Schätzwerten die Rechnung begonnen werden. Dabei empfiehlt es sich, so aufzuschneiden, daß der entstehende Graph nicht nur kreisfrei ist, sondern eine derartige Zerschneidung die Summe der Bogenbewertungen der zerschnittenen Bögen minimiert. Zu dieser Problematik wurden an der TH Merseburg Algorithmen entwickelt, die mit Erfolg im KIB Leipzig, in Leuna und an der Sektion Verfahrenstechnik der TH Merseburg verwendet wurden.

Wir wollen uns im weiteren mit zwei Algorithmen zur Lösung der gestellten Probleme befassen. In 9.2. behandeln wir einen von LEMPEL und CEDERBAUM gefundenen Algorithmus, während wir uns in 9.3. mit einem von D. H. YOUNGER ersonnenen Algorithmus beschäftigen wollen. Besonders die Lektüre von 9.3. ist nicht sehr einfach.

9.2. Der Algorithmus von Lempel und Cederbaum

Das Verfahren, welches wir hier beschreiben wollen, kann man als ein direktes Verfahren bezeichnen. Jeder einzelne Schritt ist unmittelbar aus der Aufgabenstellung heraus einzusehen; inwiefern uns der Algorithmus günstig erscheint, werden wir am Ende dieses Kapitels diskutieren.

Im ersten Teil dieses Abschnitts befassen wir uns mit der Bestimmung aller Kreise eines schlichten gerichteten Graphen.

Der Graph $\boldsymbol{G}$ sei in Form seiner Adjazenzmatrix $\boldsymbol{A}$ vorgegeben. Die Knotenpunkte von $\boldsymbol{G}$ seien von 1 bis n numeriert. Das Element a_{ii} wird gleich 0 gesetzt, für $i \neq j$ setzen wir $a_{ij}=1$, falls der Knotenpunkt i mit dem Knotenpunkt j durch einen nach j gerichteten Bogen verbunden ist, ansonsten setzen wir $a_{ij}=0$. Aus der Adjazenzmatrix $\boldsymbol{A}$ bilden wir eine neue Matrix $\boldsymbol{B}$ wie folgt: Die Bögen von $\boldsymbol{G}$ seien von 1 bis m numeriert. Wir setzen $b_{ii}=1$, $b_{ij}=0$, falls $a_{ij}=0$ $(i \neq j)$ ist, und $b_{ij}=x_r$, falls der Bogen mit der Nummer r vom Knotenpunkt i zum Knotenpunkt j führt. Wir betrachten das Beispiel des Graphen der Abb. 9.1, dem die folgende Matrix $\boldsymbol{B}$ zugeordnet ist:

$$\boldsymbol{B}=\begin{bmatrix} 1 & 0 & x_{11} & x_{13} & 0 & 0 \\ 0 & 1 & x_1 & 0 & x_{12} & 0 \\ 0 & 0 & 1 & x_2 & 0 & x_8 \\ 0 & x_5 & 0 & 1 & x_3 & x_4 \\ x_7 & 0 & 0 & 0 & 1 & x_6 \\ x_{10} & x_9 & 0 & 0 & 0 & 1 \end{bmatrix}.$$

Es sei $\{i_1, i_2, \ldots, i_n\}$ eine nichttriviale Permutation der ersten n natürlichen Zahlen (n ist die Anzahl der Knotenpunkte von $\boldsymbol{G}$). Betrachten wir ein Produkt

$$b_{1i_1} b_{2i_2} \cdots b_{ni_n}$$

(derartige Produkte treten ja bekanntlich bei der Bildung der Determinante von $\boldsymbol{B}$ auf), so repräsentiert ein solches entweder eine Menge kantendisjunkter Kreise (falls es ungleich 0 ist), oder es ist gleich 0, dann ist es für uns ohne Interesse.

In unserem Beispiel ist etwa $b_{14}b_{23}b_{36}b_{45}b_{51}b_{62}$ Repräsentant zweier disjunkter Kreise, nämlich der beiden Kreise (x_3, x_7, x_{13}) und (x_8, x_9, x_1).

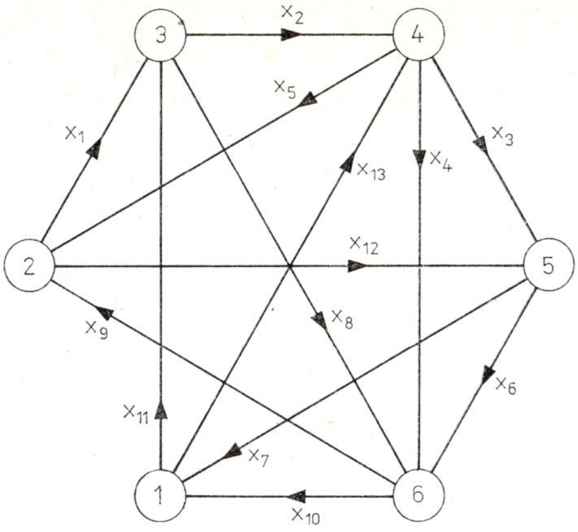

Abb. 9.1

Wie können wir nun alle Kreise in $\boldsymbol{G}$ bestimmen?

Man errechne die Determinante der Matrix $\boldsymbol{B}$; jeder von Null verschiedene Summand ist zu untersuchen, ob er einen Kreis repräsentiert oder eine Menge disjunkter Kreise. Ein Summand vom Wert Null erbringt keinen Kreis (auch der nicht vom Wert $1 = b_{11} \cdots b_{nn}$).

Für unser Beispiel erhalten wir (dabei schreiben wir aus Gründen, die erst bei der Bestimmung minimaler, alle Kreise repräsentierende Bogenmengen sichtbar werden, Produkte mit dem Zeichen „+" und Summen mit „(. . .)") als *Determinante von* $\boldsymbol{B}$:

$$\overset{+}{|}\boldsymbol{B}\overset{+}{|} = (1+2+5)\ (9+1+8)\ (9+1+2+3+6)\ (9+1+2+4)$$
$$(12+9+6)\ (7+9+11+8+12)\ (7+9+11+2+4+12)$$
$$(7+9+13+1+3+8)\ (7+9+13+4+12)$$
$$(7+5+12+13)\ (7+5+12+2+11)\ (10+13+4)$$
$$(10+11+8)\ (10+11+2+4)\ (10+1+5+13+8)$$
$$(10+6+3+13)\ (10+6+3+2+11)\ (10+6+5+12+13)$$
$$(10+6+5+12+11+2)\ (3+7+13)\ (2+3+7+11)\,.$$

Durch Ausprobieren überzeugt man sich unschwer davon, daß tatsächlich alle Kreise erfaßt sind, wobei gewisse Kreise mehrfach auftreten können, und zwar solche, deren Determinantensummand nicht nur einen Kreis repräsentiert; derartige mehrfach auftretende Kreise kann man behandeln, als wären sie nur einmal vorhanden.

Man sieht bei diesem Verfahren unmittelbar, daß tatsächlich kein Kreis vergessen wird.

Wir wenden uns nun der Aufgabe zu, minimale Bogenmengen zu ermitteln, die alle Kreise repräsentieren, also solche, die keine echte Teilmenge enthalten, welche ebenfalls bereits alle Kreise repräsentiert. Auch das im folgenden zu beschreibende Verfahren kann als direktes bezeichnet werden.

Angenommen, in G gibt es genau k Kreise $K_1, \ldots, K_k$. Wir nehmen an, wir hätten alle minimalen Bogenmengen (nicht nur die, welche minimale Bogenzahl besitzen, sondern auch alle diejenigen, welche keine alle Kreise repräsentierende Teilmenge enthalten) bestimmt, die die $k-1$ Kreise $K_1, \ldots, K_{k-1}$ repräsentieren. Es sei etwa $\mathfrak{M} = \{x_{i_1}, x_{i_2}, \ldots, x_{i_r}\}$ eine solche. Falls K_k wenigstens einen dieser Bögen x_{i_j} enthält, ist $\mathfrak{M}$ auch repräsentierend für alle k Kreise; falls aber $\mathfrak{M}$ und K_k keinen gemeinsamen Bogen enthalten, ist jede Bogenmenge $\mathfrak{M}'$ repräsentierend für alle k Kreise, die neben allen Bögen aus $\mathfrak{M}$ einen beliebigen von K_k enthält. Daß $\mathfrak{M}'$ auch minimal sein muß, ist damit nicht gesagt.

Wir können aber folgendes feststellen: Es sei $\mathfrak{M}' = \{x_{i_1}, x_{i_2}, \ldots, x_{i_r}, x\}$ repräsentierend für alle Kreise, aber nicht minimal (mit $x \in K_k$, und kein Bogen von $\mathfrak{M}$ liegt in K_k). Dann repräsentiert ohne Beschränkung der Allgemeinheit bereits $\mathfrak{M}'' = \{x_{i_2}, \ldots, x_{i_r}, x\}$ alle Kreise. Falls $\mathfrak{M}''$ minimal ist, repräsentiert $\mathfrak{M}''$ auch alle Kreise $K_1, \ldots, K_{k-1}$ und ist für diese Kreismenge minimal (oder enthält eine echte minimale, die Kreise $K_1, \ldots, K_{k-1}$ repräsentierende Teilmenge). Dann können wir auf die Menge $\mathfrak{M}'$ zur Repräsentation verzichten, und wir finden unter den die ersten $k-1$ Kreise repräsentierenden minimalen Bogenmengen eine, welche $\mathfrak{M}'$ als Obermenge hat. Das gleiche gilt natürlich auch dann, wenn $\mathfrak{M}''$ nicht minimal ist.

Um diese Erkenntnis algorithmisch zu nutzen, müssen wir nur sukzessive alle Kreise in die Untersuchung einbeziehen und neue Minimalmengen einführen, falls es unter den bisherigen nicht eine echte Teilmenge gibt.

Wir betrachten dazu unser Beispiel. Alle Kreise haben wir aufgeschrieben. Wir denken sie uns in der angegebenen Reihenfolge numeriert. Um den Kreis $(1+2+5)$ zu repräsentieren, ist jeder seiner Bögen geeignet, er ist sogar minimal-repräsentierend, also

$$R_1\colon \{1\}, \{2\}, \{5\}\,.$$

Minimal-repräsentierend für K_1 und K_2 sind offenbar

$$R_2\colon \{1\}, \{2, 8\}, \{2, 9\}, \{5, 8\}, \{5, 9\}\,.$$

Für K_1, K_2, K_3 sind minimal-repräsentierend

$$R_3\colon \{1\}, \{2, 8\}, \{2, 9\}, \{3, 5, 8\}, \{5, 6, 8\}, \{5, 9\}\,.$$

In dieser Weise fährt man fort.

Der Leser überzeuge sich davon, daß sich zur Repräsentation aller 20 Kreise (es war ja $(7+9+13+1+3+8)$ Summe zweier Kreise) die folgenden Mengen als minimal erweisen (der Rechenaufwand ist aber bereits erheblich):

$\{1, 3, 10, 12\}$, $\{1, 6, 7, 10\}$, $\{1, 6, 11, 13\}$, $\{1, 7, 9, 10\}$, $\{1, 7, 10, 12\}$, $\{1, 9, 11, 13\}$,
$\{1, 11, 12, 13\}$, $\{2, 6, 8, 13\}$, $\{2, 7, 9, 10\}$, $\{2, 8, 9, 13\}$, $\{2, 8, 12, 13\}$,
$\{2, 9, 10, 13\}$, $\{2, 9, 11, 13\}$, $\{3, 5, 9, 10\}$, $\{5, 7, 9, 10\}$, $\{5, 9, 11, 13\}$,
$\{1, 2, 10, 12, 13\}$, $\{1, 3, 4, 8, 12\}$, $\{1, 3, 4, 11, 12\}$, $\{1, 4, 6, 7, 8\}$, $\{1, 4, 6, 7, 11\}$,
$\{1, 5, 6, 11, 13\}$, $\{1, 6, 7, 8, 13\}$, $\{2, 3, 4, 8, 12\}$, $\{2, 3, 8, 10, 12\}$, $\{2, 3, 9, 10, 12\}$,
$\{2, 4, 6, 7, 8\}$, $\{2, 6, 7, 8, 10\}$, $\{2, 7, 8, 10, 12\}$, $\{3, 4, 5, 6, 8\}$, $\{3, 4, 5, 8, 9\}$,

{3, 4, 5, 8, 12}, {3, 4, 5, 9, 11}, {4, 5, 6, 7, 8}, {1, 3, 4, 5, 6, 11}, {4, 5, 6, 7, 9, 11}, {4, 5, 6, 8, 11, 13}.

Sucht man nach Minimummengen, so hat man die vierelementigen Mengen zur Auswahl.

Daß zur Repräsentation aller Kreise in der Tat wenigstens vier Bögen erforderlich sind, sieht man sofort, da die vier Kreise (1, 2, 5), (6, 9, 12), (8, 10, 11), (3, 7, 13) paarweise disjunkt sind, also zu deren Repräsentation allein bereits je ein Bogen erforderlich ist.

Falls eine Gewichtung der Bögen vorliegt (also die Berücksichtigung gewisser Bögen in einer gesuchten Minimalmenge mehr oder weniger erwünscht ist), müssen alle Minimalmengen errechnet werden, um dann aus der Kenntnis dieser das Minimum bezüglich der Wichtung zu ermitteln.

9.3. Die Idee von Younger

In diesem Abschnitt wollen wir uns mit einem Verfahren zur Bestimmung minimaler Mengen von Rückkehrbögen beschäftigen, das 1963 von D. H. YOUNGER publiziert wurde. Wollte man den von ihm angegebenen Algorithmus bis zum Ende durchführen, so würde man gewiß mehr Rechenoperationen benötigen als bei dem schon sehr aufwendigen Verfahren von CEDERBAUM und LEMPEL. Dennoch sind einige Ideen so interessant, daß wir sie hier vorstellen wollen.

Insgesamt kann der Algorithmus sehr aufwendig sein (und wird es auch), denn die bekannte Idee des *branch and bound* wird hierbei in modifizierter Form verwendet.

Wir stellen zunächst eine Reihe von Hilfssätzen zusammen, die mehr oder weniger unmittelbar klar sind (Aufgabe!):

Hilfssatz 1. *Es sei $\boldsymbol{G}$ ein kreisloser gerichteter Graph. Man kann dann die Knotenpunkte derart numerieren, daß für einen beliebigen Bogen x gilt: Der Anfangspunkt von x hat eine kleinere Nummer als der Endpunkt.*

Der Leser vergleiche dazu 1.5., wo eine Numerierung angegeben wurde.

Hilfssatz 2. *Es seien* (gemäß Hilfssatz 1) *die Knotenpunkte $X_1, X_2, \ldots, X_n$ eines kreislosen Graphen $\boldsymbol{G}$ derartig numeriert, daß für einen beliebigen Bogen (X_i, X_j) stets $i<j$ gilt. Dann besitzt die zu dieser Numerierung gehörige Adjazenzmatrix unterhalb der Hauptdiagonalen* (und wegen der Schlingenlosigkeit auch in der Hauptdiagonalen) *nur Nullen.*

Es sei $\mathfrak{N}$ eine beliebige Numerierung der Knotenpunkte eines Graphen $\boldsymbol{G}$ mit n Knotenpunkten, also eine eineindeutige Abbildung $\mathfrak{N}$ der Knotenpunkte von $\boldsymbol{G}$ in die ersten n natürlichen Zahlen.

Wir setzen

$$\mathfrak{F}_{\mathfrak{N}}=\{(P, Q) : \mathfrak{N}(P) \geqq \mathfrak{N}(Q),\ P, Q \in \mathfrak{X}\},$$

also ist $\mathfrak{F}_{\mathfrak{N}}$ die Menge der entgegengesetzt der Numerierung $\mathfrak{N}$ gerichteten Bögen. Wir wählen eine beliebige Knotennumerierung $\mathfrak{N}$ in $\boldsymbol{G}$ und betrachten die Adjazenzmatrix $\boldsymbol{A}_{\mathfrak{N}}(\boldsymbol{G})$ des Graphen $\boldsymbol{G}$ bezüglich der Numerierung $\mathfrak{N}$. Entfernen wir alle diejenigen Bögen aus $\boldsymbol{G}$, für welche auf (im Fall von Schlingen) oder unterhalb der Hauptdiagonalen von Null verschiedene (natürliche) Zahlen stehen, so ist der entstehende Graph offenbar kreisfrei; diese Bogenmenge ist also eine Menge von Rückkehrbögen, und zwar gerade $\mathfrak{F}_{\mathfrak{N}}$.

Hilfssatz 3. *Es sei $\mathfrak{F}_{\mathfrak{N}}$ eine Rückkehrbogenmenge (eines zusammenhängenden Graphen) mit minimaler Bogenanzahl. Dann ist der nach Entfernen der Bögen aus $\mathfrak{F}_{\mathfrak{N}}$ entstehende Graph zusammenhängend.*

Andernfalls könnten wir aus $\mathfrak{F}_{\mathfrak{N}}$ einen Bogen entfernen (der zwei Komponenten des als nicht zusammenhängend angenommenen Graphen verbindet), ohne daß die Eigenschaft verletzt wird, daß eine Rückkehrbogenmenge vorliegt. Das steht im Widerspruch zur Minimalität.

Definition. Eine Knotennumerierung (d. h. Knotenfunktion) $\mathfrak{N}$ heißt *optimal*, falls $\mathfrak{F}_{\mathfrak{N}}$ eine Rückkehrbogenmenge mit minimaler Bogenanzahl ist.

Hilfssatz 4. *Die Menge der optimalen Knotennumerierungen ist invariant bezüglich der Löschung von Schlingen und Kreisen der Länge* 2.

Anders gesprochen bedeutet das: Eine für den Gesamtgraphen optimale Numerierung liefert auch für den Graphen eine optimale Numerierung, wenn wir Schlingen und Kreise der Länge 2 entfernen.

Der Beweis dieser Aussage ist unmittelbar klar, denn Schlingen liegen in jeder Rückkehrbogenmenge, und von einem Kreis der Länge 2, bestehend etwa aus den Bögen (X, Y) und (Y, X), liegt einer von beiden stets in einer Menge von Rückkehrbögen.

Man kann sich bei der Untersuchung von Rückkehrbogenmengen stets auf den *reduzierten Graphen* beschränken, in welchem also Schlingen und Kreise der Länge 2 entfernt sind. Wir wollen uns deshalb im weiteren nur mit reduzierten Graphen befassen.

Für das weitere benötigen wir den Begriff des *$\mathfrak{N}$-sequentiellen Untergraphen.* Wir denken uns eine Knotennumerierung $\mathfrak{N}$ gegeben, etwa als Permutation $\{i_1, \ldots, i_n\}$. Die durch $\mathfrak{N}$ induzierte Adjazenzmatrix $\boldsymbol{A}_{\mathfrak{N}}(\boldsymbol{G})$ ist dann von der Gestalt, daß in der ersten Zeile alle von X_{i_1} ausgehenden Bögen berücksichtigt sind, in der zweiten Zeile alle von X_{i_2} ausgehenden Bögen, usw.

Definition. Gegeben sei ein Graph mit den Knotenpunkten $X_1, \ldots, X_n$ sowie eine Knotennumerierung $\mathfrak{N} = (i_1, i_2, \ldots, i_n)$. Ein von den Knotenpunkten

$$X_{i_j}, X_{i_{j+1}}, \ldots, X_{i_{j+k}} \quad (1 \leqq j,\ k \leqq 0,\ j+k \leqq n)$$

aufgespannter Untergraph von $\boldsymbol{G}$ heißt *$\mathfrak{N}$-sequentiell.*

Hilfssatz 5. *Es sei $\mathfrak{N}$ eine optimale Knotennumerierung und $\boldsymbol{G}'$ ein $\mathfrak{N}$-sequentieller Untergraph eines Graphen $\boldsymbol{G}$.*

a) *Dann ist die Bogenmenge*

$$\mathfrak{F}'_{\mathfrak{N}} = \{(P, Q) : \mathfrak{N}(P) \geqq \mathfrak{N}(Q);\ P, Q \in \boldsymbol{G}'\}$$

eine Rückkehrbogenmenge mit minimaler Bogenanzahl in $\boldsymbol{G}'$.

b) *Löscht man in* $\boldsymbol{G}$ *alle Bögen von* $\boldsymbol{G}'$ *und zieht alle Knotenpunkte von* $\boldsymbol{G}'$ *zu einem Knotenpunkt zusammen, der die Numerierung eines Knotenpunktes aus* $\boldsymbol{G}'$ *bekommt, so gilt für den entstehenden Graphen* $\boldsymbol{H}$: *Die Bogenmenge*

$$\mathfrak{F}''_{\mathfrak{N}} = \{(P, Q) : \mathfrak{N}(P) \geqq \mathfrak{N}(Q);\ P, Q \in \boldsymbol{H}\}$$

ist eine Rückkehrbogenmenge von $\boldsymbol{H}$ *mit minimaler Bogenanzahl.*

Bevor wir fortfahren, wollen wir an einem Beispiel die eingeführten Begriffe erläutern, so daß dem Leser die bisher angegebenen Hilfssätze zum Beweis überlassen werden können.

Wir betrachten den Graphen der Abb. 9.1. Einer Knotennumerierung

$$\mathfrak{N} = (i_1, i_2, i_3, i_4, i_5, i_6) = (2, 5, 1, 3, 4, 6)$$

entspricht die Adjazenzmatrix

$$\boldsymbol{A}_{\mathfrak{N}}(\boldsymbol{G}) = \begin{array}{c} \\ 2 \\ 5 \\ 1 \\ 3 \\ 4 \\ 6 \end{array} \begin{array}{c} \begin{array}{cccccc} 2 & 5 & 1 & 3 & 4 & 6 \end{array} \\ \begin{bmatrix} 0 & 1 & 0 & 1 & 0 & 0 \\ 0 & 0 & 1 & 0 & 0 & 1 \\ 0 & 0 & 0 & 1 & 1 & 0 \\ 0 & 0 & 0 & 0 & 1 & 1 \\ 1 & 1 & 0 & 0 & 0 & 1 \\ 1 & 0 & 1 & 0 & 0 & 0 \end{bmatrix} \end{array}.$$

Die Rückkehrbogenmenge bezüglich $\mathfrak{N}$ ist

$$\mathfrak{F}_{\mathfrak{N}} = \{x_3, x_5, x_9, x_{10}\}.$$

Wie wir in 9.2. errechnet hatten, ist diese Rückkehrbogenmenge minimal (d. h., keine Teilmenge ist ebenfalls Rückkehrbogenmenge); sie ist darüber hinaus eine Minimummenge von Rückkehrbögen (d. h., unter allen Mengen von Rückkehrbögen hat sie minimale Bogenanzahl). Also ist $\mathfrak{N}$ eine optimale Knotennumerierung.

Entfernen wir aus $\boldsymbol{G}$ die Bögen von $\mathfrak{F}_{\mathfrak{N}}$, so ist (wie der Leser sich leicht überzeugt) in Übereinstimmung mit Hilfssatz 3 der entstehende Graph zusammenhängend.

Für unser vorgegebenes $\mathfrak{N}$ ist z. B. der aus den Knotenpunkten X_5, X_1, X_3 gebildete Graph $\mathfrak{N}$-sequentiell, wohingegen der von den Knotenpunkten X_1, X_2, X_3 aufgespannte Graph nicht $\mathfrak{N}$-sequentiell ist.

Hilfssatz 5a besagt, daß man z. B. für den von den Knotenpunkten X_1, X_3, X_4, X_6 aufgespannten Untergraphen eine Minimummenge von Rückkehrbögen erhält, indem man die diesen vier Knotenpunkten in der Adjazenzmatrix $\boldsymbol{A}_{\mathfrak{N}}(\boldsymbol{G})$ entsprechenden Zeilen und Spalten (mit den Nummern 3, 4, 5, 6) betrachtet und alle von Null verschiedenen Elemente unterhalb der Hauptdiagonalen (in unserem Fall ist das nur eins, nämlich in der sechsten Zeile und dritten Spalte) bestimmt und im Originalgraphen die entsprechenden Bögen aufsucht. Wir erhalten als Minimummenge in $\boldsymbol{G}'$ den Bogen x_{10}.

Zieht man die vier Knotenpunkte X_1, X_3, X_4, X_6 zu einem Knotenpunkt X zusammen und betrachtet den (gemäß Hilfssatz 5b entstehenden) Graphen $\boldsymbol{H}$, so hat die Minimumbogenmenge bezüglich $\mathfrak{R}$ genau drei Elemente, nämlich die ursprünglichen Bögen x_5, x_9, x_3.

Als Folgerung aus Hilfssatz 5a erhalten wir, daß bei optimaler Knotennumerierung $\mathfrak{R}$ in einem reduzierten Graphen (d. h. in einem schlingenlosen Graphen ohne Kreise der Länge 2) direkt unterhalb der Hauptdiagonalen von $\boldsymbol{A}_{\mathfrak{R}}(\boldsymbol{G})$ nur Nullen stehen.

Der Leser überzeuge sich von der Richtigkeit dieser letzten Aussage durch Angabe einer besseren Knotennumerierung, falls in $\boldsymbol{A}_{\mathfrak{R}}(\boldsymbol{G})$ z. B. $a_{k+1,k}>0$ bei reduziertem Graphen $\boldsymbol{G}$ gilt. Im Fall eines noch nicht reduzierten Graphen folgt aus Hilfssatz 5a, daß bei optimaler Numerierung $\mathfrak{R}$ die Adjazenzmatrix $\boldsymbol{A}_{\mathfrak{R}}(\boldsymbol{G})$ die Eigenschaft besitzt, daß $a_{k,k+1}>a_{k+1,k}$ gilt, falls $a_{k+1,k}>0$ ist.

Wir betrachten in einem Graphen $\boldsymbol{G}$ zwei $\mathfrak{R}$-sequentielle Untergraphen $\boldsymbol{G}_1$, $\boldsymbol{G}_2$ bei optimaler Knotennumerierung $\mathfrak{R}$, wobei die Knotenpunkte, die zu $\boldsymbol{G}_1 \cup \boldsymbol{G}_2$ gehören, ebenfalls einen $\mathfrak{R}$-sequentiellen Untergraphen aufspannen, jedoch keinen Knotenpunkt gemein haben sollen, d. h., die Knotenpunkte von $\boldsymbol{G}_1$ und $\boldsymbol{G}_2$ liegen bezüglich $\mathfrak{R}$ hintereinander; im Beispiel könnten wir also mit der Knotennumerierung $\mathfrak{R}=(2, 5, 1, 3, 4, 6)$ etwa $\boldsymbol{G}_1$ von den Knotenpunkten X_5, X_1, X_3 und $\boldsymbol{G}_2$ von den Knotenpunkten X_4, X_6 (oder auch nur X_4) aufgespannt denken.

Hilfssatz 6. *Es seien $\boldsymbol{G}_1$ und $\boldsymbol{G}_2$* zwei *$\mathfrak{R}$-sequentielle Untergraphen von $\boldsymbol{G}$ mit n_1 bzw. n_2 Knotenpunkten bei optimalem $\mathfrak{R}$; der von den Knotenpunkten von $\boldsymbol{G}_1$ und $\boldsymbol{G}_2$ aufgespannte Graph sei ebenfalls $\mathfrak{R}$-sequentiell mit n_1+n_2 Knotenpunkten. Dann gilt für die Anzahlen c_{12}, c_{21} der von $\boldsymbol{G}_1$ nach $\boldsymbol{G}_2$ (bzw. $\boldsymbol{G}_2$ nach $\boldsymbol{G}_1$) führenden Bögen:*

a) $c_{12} \geqq c_{21}$.

b) *Falls $c_{12}=c_{21}$ ist, dann ist auch die aus $\mathfrak{R}$ entstehende Knotennumerierung $\mathfrak{R}'$ optimal, die sich ergibt, wenn man unter Bewahrung der Reihenfolge in $\boldsymbol{G}_1$ und $\boldsymbol{G}_2$ $\boldsymbol{G}_1$ mit $\boldsymbol{G}_2$ „vertauscht".*

Zur Illustration betrachten wir in der Optimalnumerierung $\mathfrak{R}=(2, 5, 1, 3, 4, 6)$ den von dem Knotenpunkt X_5 aufgespannten $\mathfrak{R}$-sequentiellen Graphen $\boldsymbol{G}_1$ und den von den Knotenpunkten X_1, X_3, X_4 aufgespannten $\mathfrak{R}$-sequentiellen Untergraphen $\boldsymbol{G}_2$. Vertauschen wir $\boldsymbol{G}_1$ mit $\boldsymbol{G}_2$, so entsteht die Knotennumerierung $\mathfrak{R}'=(2, 1, 3, 4, 5, 6)$ mit der zugehörigen Adjazenzmatrix

$$\boldsymbol{A}'_{\mathfrak{R}}(\boldsymbol{G}) = \begin{array}{c} \\ 2 \\ 1 \\ 3 \\ 4 \\ 5 \\ 6 \end{array} \begin{array}{c} \begin{array}{cccccc} 2 & 1 & 3 & 4 & 5 & 6 \end{array} \\ \left[\begin{array}{cccccc} 0 & 0 & 1 & 0 & 1 & 0 \\ 0 & 0 & 1 & 1 & 0 & 0 \\ 0 & 0 & 0 & 1 & 0 & 1 \\ 1 & 0 & 0 & 0 & 1 & 1 \\ 0 & 1 & 0 & 0 & 0 & 1 \\ 1 & 1 & 0 & 0 & 0 & 0 \end{array}\right] \end{array}.$$

Wir erhalten wieder (repräsentiert unterhalb der Hauptdiagonalen) eine Minimumrückkehrbogenmenge, bestehend aus den Bögen x_5, x_7, x_9, x_{10}, die ebenfalls bereits in 9.2. gefunden wurde.

Nunmehr sind wir in der Lage, wenn auch nicht unbedingt eine Minimumrückkehrbogenmenge zu konstruieren, so doch eine, die häufig mehr als minimal ist:

(i) Wir gehen von einer minimalen Rückkehrbogenmenge aus (also einer Menge, die keine echte Teilmenge enthält, welche ebenfalls Rückkehrbogenmenge ist). Um eine solche Menge zu finden, kann man wie folgt vorgehen. Wir gehen von einer beliebigen Numerierung $\mathfrak{R}$ aus und betrachten die Menge $\mathfrak{F}_{\mathfrak{R}}$ der Rückkehrbögen (in der Adjazenzmatrix erkennt man diese Bögen unterhalb der Hauptdiagonalen). Entfernen wir aus $\boldsymbol{G}$ die Bögen von $\mathfrak{F}_{\mathfrak{R}}$, so entsteht ein kreisfreier Graph $\boldsymbol{G}'$. Nun fügen wir, falls möglich, einen beliebigen Bogen von $\mathfrak{F}_{\mathfrak{R}}$ zu $\boldsymbol{G}'$ hinzu, ohne daß in dem so entstehenden Graphen ein Kreis existiert. Das machen wir solange, bis bei Hinzufügen eines beliebigen weiteren Bogens wenigstens ein Kreis entsteht. Die verbliebene Bogenmenge von $\mathfrak{F}_{\mathfrak{R}}$ ist minimal.

(ii) Nun versuchen wir unter Anwendung von Hilfssatz 6, die Rückkehrbogenmenge durch Vertauschen $\mathfrak{R}$-sequentieller aufeinanderfolgender Untergraphen $\boldsymbol{G}_1$, $\boldsymbol{G}_2$ zu verringern. Von Hand ist dies relativ leicht durch geeignetes Abdecken der Adjazenzmatrix zu realisieren.

Wir betrachten ein Beispiel. Wir gehen von der Numerierung $\mathfrak{R} = (2, 3, 6, 1, 4, 5)$ des Graphen der Abb. 9.1 aus: Als Adjazenzmatrix $\boldsymbol{A}_{\mathfrak{R}}(\boldsymbol{G})$ erhalten wir

$$\begin{array}{c} \\ 2\\3\\6\\1\\4\\5 \end{array}\begin{array}{c} \begin{array}{cccc|cc} 2&3&6&1&4&5 \end{array}\\ \left[\begin{array}{cccc|cc} 0&1&0&0&0&1\\ 0&0&1&0&1&0\\ 1&0&0&1&0&0\\ 0&1&0&0&1&0\\ \hline 1&0&1&0&0&1\\ 0&0&1&1&0&0 \end{array}\right] \end{array}.$$

Unterhalb der Hauptdiagonalen wird gerade die auf S. 195 ermittelte Minimalmenge $\{x_9, x_{11}, x_5, x_4, x_6, x_7\}$ repräsentiert. Decken wir die Matrix gemäß den gezogenen Linien ab, so sehen wir, daß eine Vertauschung der $\mathfrak{R}$-sequentiellen Graphen $\boldsymbol{G}_1$ (gebildet aus X_2, X_3, X_6, X_1) und $\boldsymbol{G}_2$ (aufgespannt von X_4, X_5) die Bogenzahl einer Rückkehrbogenmenge um 1 verringert.

Wir erhalten die veränderte Numerierung $\mathfrak{R}' = (4, 5, 2, 3, 6, 1)$, und die zugehörige Adjazenzmatrix $\boldsymbol{A}_{\mathfrak{R}'}(\boldsymbol{G})$ lautet

$$\begin{array}{c} \\ 4\\5\\2\\3\\6\\1 \end{array}\begin{array}{c} \begin{array}{cc|cc|cc} 4&5&2&3&6&1 \end{array}\\ \left[\begin{array}{cc|cc|cc} 0&1&1&0&1&0\\ 0&0&0&0&1&1\\ \cline{1-4} 0&1&0&1&0&0\\ 1&0&0&0&1&0\\ \hline 0&0&1&0&0&1\\ 1&0&0&1&0&0 \end{array}\right] \end{array}.$$

Die Menge der Rückkehrbögen besteht nur noch aus fünf Bögen, nämlich aus den Bögen x_2, x_9, x_{11}, x_{12}, x_{13}.

Es ist interessant zu bemerken, daß diese Menge von Rückkehrbögen nicht minimal ist, denn der Bogen x_{12} kann aus ihr entfernt werden, wodurch wir dann eine Minimummenge $\{x_2, x_9, x_{11}, x_{13}\}$ erhalten. Diese Minimummenge kann man auch dadurch erhalten, daß man die zweite und die dritte Zeile und Spalte vertauscht. Decken wir aber (gemäß Hilfssatz 6) wie in der letzten Matrix ab, kommen wir also zu einer Numerierung $\mathfrak{N}'' = (2, 3, 4, 5, 6, 1)$, so erhalten wir die Adjazenzmatrix

$$\boldsymbol{A}_{\mathfrak{N}''}(\boldsymbol{G}) = \begin{array}{c} \\ 2 \\ 3 \\ 4 \\ 5 \\ 6 \\ 1 \end{array} \begin{array}{c} \begin{array}{cccccc} 2 & 3 & 4 & 5 & 6 & 1 \end{array} \\ \begin{bmatrix} 0 & 1 & 0 & 1 & 0 & 0 \\ 0 & 0 & 1 & 0 & 1 & 0 \\ 1 & 0 & 0 & 1 & 1 & 0 \\ 0 & 0 & 0 & 0 & 1 & 1 \\ 1 & 0 & 0 & 0 & 0 & 1 \\ 0 & 1 & 1 & 0 & 0 & 0 \end{bmatrix} \end{array}$$

mit der Minimumrückkehrbogenmenge $\{x_5, x_9, x_{11}, x_{13}\}$.

Wir wollen vermerken, daß bei Vorgabe einer Rückkehrbogenmenge, welche minimal oder auch eine Minimummenge ist, die sie induzierende Knotennumerierung nicht eindeutig bestimmt ist. Der Leser prüft unschwer nach, daß sowohl $\mathfrak{N} = (4, 2, 3, 5, 6, 1)$ als auch $\mathfrak{N}' = (4, 2, 5, 3, 6, 1)$ die Minimummenge $\{x_2, x_9, x_{11}, x_{13}\}$ induziert.

Man könnte nun glauben, daß wiederholte Anwendung der folgenden beiden Operationen a) und b) zwangsläufig zum Auffinden einer Minimummenge von Rückkehrbögen führt, wobei diese Operationen folgendes bedeuten:

a) Man prüfe, ob durch Hinzufügen eines Bogens der aktuellen Rückkehrbogenmenge kein Kreis entsteht.

b) Man prüfe, ob durch Vertauschen $\mathfrak{N}$-sequentieller aufeinanderfolgender Untergraphen die Bogenanzahl von Rückkehrbogenmengen verringert werden kann.

Wie das Beispiel von Abb. 9.2 zeigt, reichen die Operationen a) und b) nicht aus, um das Auffinden einer Minimummenge zu garantieren.

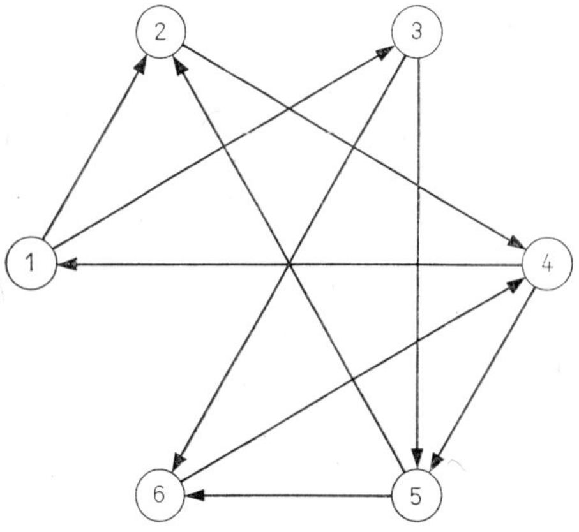

Abb. 9.2

Für die Knotennumerierung $\mathfrak{N}$ des Graphen erhalten wir die Adjazenzmatrix

$$\begin{array}{c|cccccc} & 1 & 2 & 3 & 4 & 5 & 6 \\ \hline 1 & 0 & 1 & 1 & 0 & 0 & 0 \\ 2 & 0 & 0 & 0 & 1 & 0 & 0 \\ 3 & 0 & 0 & 0 & 0 & 1 & 1 \\ 4 & 1 & 0 & 0 & 0 & 1 & 0 \\ 5 & 0 & 1 & 0 & 0 & 0 & 1 \\ 6 & 0 & 0 & 0 & 1 & 0 & 0 \end{array}$$

mit einer Rückkehrbogenmenge $\mathfrak{R} = \{(4, 1), (5, 2), (6, 4)\}$.

Der Leser überzeugt sich leicht selbst davon, daß die Anwendung von a) oder b) nicht zur Auffindung einer kleineren Rückkehrbogenmenge führt, obwohl z. B. die beiden Bögen (4, 1) und (4, 5) alle Kreise fassen. Dennoch wird die Ausführung der Operationen a) und b) im allgemeinen zu einer Rückkehrbogenmenge führen, die nicht allzu weit entfernt von einer Minimummenge liegt.

D. H. YOUNGER schlägt einen Algorithmus zur weiteren Verkleinerung von Rückkehrbogenmengen vor. Der interessierte Leser sei auf die Originalarbeit [4] verwiesen, die keineswegs leicht lesbar ist. Da auch kein Beispiel gerechnet wird, kann nur die Meinung des Autors wiedergegeben werden, daß der Algorithmus auch für eine Rechnung von Hand geeignet sei.

Wir nennen eine Numerierung *zulässig*, falls weder a) noch b) anwendbar ist.

Algorithmus von YOUNGER

(i) Wähle eine zulässige Numerierung $\mathfrak{N}^0 = \mathfrak{N} = (i_1, i_2, \ldots, i_n)$ der n Knotenpunkte. Bestimme die Menge $\mathfrak{F}_{\mathfrak{N}}$ der Rückkehrbögen (repräsentiert durch die von Null verschiedenen Elemente unterhalb der Hauptdiagonalen der Adjazenzmatrix $\boldsymbol{A}_{\mathfrak{N}} = \boldsymbol{A}_{\mathfrak{N}}(\boldsymbol{G})$ des Graphen $\boldsymbol{G}$).

Setze die Bögen von $\mathfrak{F}_{\mathfrak{N}}$ auf das Verzweigungsniveau 1.

Führe eine Zählvariable z ein und setze $z = 0$.

Bezeichne mit $b(\mathfrak{N})$ die Anzahl der Bögen der Rückkehrbogenmenge bezüglich $\mathfrak{N}$, also $b(\mathfrak{N}) = |\mathfrak{F}_{\mathfrak{N}}|$.

(ii) Wähle einen Rückkehrbogen $r = (i_{j+k}, i_j)$ mit $k > 0$ aus $\mathfrak{F}_{\mathfrak{N}}$ und bilde die neue Numerierung $\mathfrak{N}' = (\ldots, i_{j+k}, i_j, \ldots)$ (d. h., der Anfangspunkt des Bogens r wird zum direkten Vorgänger in der Numerierung $\mathfrak{N}'$, alle anderen Positionen von $\mathfrak{N}$ bleiben ungeändert), womit r kein Rückkehrbogen mehr ist, aber eventuell Rückkehrbögen neu entstehen.

Lösche den Bogen r und identifiziere die beiden Knotenpunkte i_{j+k} und i_j.

Lösche eventuell entstehende Kreise der Länge 2 und addiere die Anzahl dieser Kreise zur Zählvariablen z. $\mathfrak{N}''$ entstehe aus $\mathfrak{N}'$, indem $i_{j+k} = i_j$ gesetzt wird (womit $\mathfrak{N}''$ eine Numerierung von $l-1$ Knotenpunkten wird, sofern $\mathfrak{N}'$ eine Numerierung von l Knotenpunkten ist).

(iii) Bilde $b(\mathfrak{N}^0) - z$. Falls $b(\mathfrak{N}^0) - z < 0$ ist, setze fort bei (iv), andernfalls bei (v).

(iv) Verwirf die Knotennumerierung $\mathfrak{N}'$. Gehe nach (ii), wobei der nächste

Rückkehrbogen auszuwählen ist. Bringe z wieder auf die Größe, die z vor der letzten eventuellen Änderung hatte (wurde bei der letzten Abarbeitung von (ii) z erhöht, so machen wir diese Erhöhung rückgängig; wurde z nicht erhöht, dann lassen wir z auf dem Stand). Falls auf dem gegenwärtigen Verzweigungsniveau alle Rückkehrbögen in Betracht gezogen wurden, wähle den nächsten Rückkehrbogen auf dem nächstniedrigen Niveau.

Gibt es auf dem ersten Verzweigungsniveau keinen Bogen mehr zu betrachten, so endet der Algorithmus.

(v) Verändere die Numerierung $\mathfrak{N}''$, bis sie zulässig ist. Diese zulässige Numerierung bezeichnen wir weiterhin mit $\mathfrak{N}''$.

(vi) a) Falls $b(\mathfrak{N}'') < b(\mathfrak{N}^0) - z$ ist, wähle die Numerierung $\mathfrak{N}_0''$ als neue Numerierung $\mathfrak{N}^0 = \mathfrak{N}$ und setze bei (i) fort; dabei geht $\mathfrak{N}_0''$ aus $\mathfrak{N}''$ hervor, indem die jeweils im Schritt (ii) erfolgten Knotenzusammenziehungen rückgängig gemacht werden, wobei zu beachten ist, daß i_{j+k} unmittelbar vor i_j zu stehen hat. Es erweist sich, daß das hier ermittelte $\mathfrak{N}_0''$ weniger Rückkehrbögen besitzt als das ursprünglich im Schritt (i) betrachtete $\mathfrak{N}^0 = \mathfrak{N}$.

b) Falls $b(\mathfrak{N}'') = b(\mathfrak{N}^0) - z$ ist, setze $\mathfrak{N}_0''$ auf die Liste der potentiell optimalen Numerierungen (da die Rückkehrbogenzahl von $\mathfrak{N}_0''$ gleich der der originalen Numerierung $\mathfrak{N}^0$ ist).

c) Falls $b(\mathfrak{N}'') \geqq b(\mathfrak{N}^0) - z$ ist, bestimme die Menge $\mathfrak{F}_{\mathfrak{N}''}$ der Rückkehrbögen bezüglich $\mathfrak{N}''$ (man beachte dabei, daß $\mathfrak{N}''$ keine Numerierung der gesamten n Knotenpunkte ist), setze diese Rückkehrbogenmenge auf ein Verzweigungsniveau, das um 1 höher liegt als dasjenige, aus dem $\mathfrak{N}''$ hervorging, und gehe mit $\mathfrak{N} = \mathfrak{N}''$ (unter Mitnahme des aktuellen z) zurück nach (ii).

Falls alle Rückkehrbögen auf dem Verzweigungsniveau 1 abgearbeitet sind, bilden die Numerierungen, die auf der Liste der potentiell optimalen Numerierungen stehen, Minimumrückkehrbogenmengen, also Optimalnumerierungen.

Zur Erläuterung des keineswegs einfachen Algorithmus wollen wir ein Beispiel angeben.

Wir betrachten die folgende Knotennumerierung $\mathfrak{N}^0 = \mathfrak{N} = (1, 2, 3, 4, 5, 6, 7, 8)$ des Graphen G mit der folgenden Adjazenzmatrix $A_{\mathfrak{N}}(G)$ (leere Felder sind durch Nullen aufzufüllen!):

	1	2	3	4	5	6	7	8
1	0	1				1		1
2		0	1		1			
3			0	1			1	
4		1		0	1			1
5					0	1		
6			1			0	1	
7	1				1		0	1
8		1						0

Man überzeuge sich davon, daß $\mathfrak{N}$ zulässig ist mit der Rückkehrbogenmenge

$$\mathfrak{F}_{\mathfrak{N}} = \{(4, 2), (6, 3), (7, 1), (7, 5), (8, 2)\} .$$

Diese fünf Bögen befinden sich auf dem Verzweigungsniveau 1, wir setzen $z = 0$, es ist $b(\mathfrak{R}^0) = 5$. Nun gehen wir zu (ii).

0. Wir wählen (4, 2) aus. Damit ergibt sich $\mathfrak{R}' = (1, 4, 2, 3, 5, 6, 7, 8)$. Der Übersichtlichkeit wegen schreiben wir zur weiteren Rechnung die Adjazenzmatrix des verkleinerten Graphen auf, also

$$
\boldsymbol{A}_{\mathfrak{R}''}(\boldsymbol{G}) = \begin{array}{r} \\ \\ 1 \\ 4=2 \\ 3 \\ 5 \\ 6 \\ 7 \\ 8 \end{array}
\begin{array}{ccccccc} & 4 & & & & & \\ 1 & 2 & 3 & 5 & 6 & 7 & 8 \end{array}
\hspace{-14em}
\left[\begin{array}{ccccccc}
0 & 1 & & & 1 & & 1 \\
 & 0 & 1^* & 2 & & & 1^* \\
 & 1^* & 0 & & & 1 & \\
 & & & 0 & 1 & & \\
 & & 1 & & 0 & 1 & \\
1 & & & 1 & & 0 & 1 \\
 & 1^* & & & & & 0
\end{array}\right].
$$

Die mit einem Stern versehenen Einsen charakterisieren die entstehenden Kreise der Länge 2, es wird somit $z = 2$. Wir erhalten $\mathfrak{R}'' = (1, 4 = 2, 3, 5, 6, 7, 8)$. Jetzt gehen wir zu (iii). Es ist $b(\mathfrak{R}^0) - z = 5 - 2 = 3 > 0$.

Wir setzen bei (v) fort und machen die Numerierung $\mathfrak{R}''$ zulässig (wobei dieser Vorgang zu verschiedenen zulässigen Numerierungen führen kann). Wir erhalten z. B. folgendes zulässige $\mathfrak{R}'' = (1, 4 = 2, 5, 6, 3, 7, 8)$ mit der Adjazenzmatrix

$$
\begin{array}{r|ccccccc}
 & 1 & \begin{matrix}4\\2\end{matrix} & 5 & 6 & 3 & 7 & 8 \\
\hline
1 & 0 & 1 & & 1 & & & 1 \\
4=2 & & 0 & 2 & & & & \\
5 & & & 0 & 1 & & & \\
6 & & & & 0 & 1 & 1 & \\
3 & & & & & 0 & 1 & \\
7 & 1 & & 1 & & & 0 & 1 \\
8 & & & & & & & 0
\end{array}.
$$

Da $b(\mathfrak{R}'') = 2 < b(\mathfrak{R}^0) - z = 3$ ist, tritt der Fall (vi), a) ein. Damit erhalten wir als verbesserte Knotennumerierung $\mathfrak{R}_0'' = (1, 4, 2, 5, 6, 3, 7, 8)$, und wir setzen bei (i) fort, oder besser: wir fangen neu bei (i) an.

Wir schreiben die Adjazenzmatrix $\boldsymbol{A}_{\mathfrak{R}}(\boldsymbol{G})$ für $\mathfrak{R}^0 = \mathfrak{R}_0''$ auf und setzen $\mathfrak{R}^0 = \mathfrak{R}$:

$$
\begin{array}{r|cccccccc}
 & 1 & 4 & 2 & 5 & 6 & 3 & 7 & 8 \\
\hline
1 & 0 & & 1 & & 1 & & & 1 \\
4 & & 0 & 1 & 1 & & & & 1 \\
2 & & & 0 & 1 & & 1 & & \\
5 & & & & 0 & 1 & & & \\
6 & & & & & 0 & 1 & 1 & \\
3 & & 1 & & & & 0 & 1 & \\
7 & 1 & & & 1 & & & 0 & 1 \\
8 & & & 1 & & & & & 0
\end{array}
$$

Diese Anordnung ist zulässig mit der Menge der Rückkehrbögen

$$\mathfrak{F}_{\mathfrak{R}} = \{(3, 4), (7, 1), (7, 5), (8, 2)\}.$$

Die Bögen von $\mathfrak{F}_{\mathfrak{R}}$ erhalten das Verzweigungsniveau 1, es wird $z=0$ gesetzt, und es ist $b(\mathfrak{R})=4$.

1. Wir wählen (3, 4) gemäß (ii) als Rückkehrbogen und erhalten $\mathfrak{R}' = (1, 3, 4, 2, 5, 6, 7, 8)$. Daraus ergibt sich $\mathfrak{R}'' = (1, 3=4, 2, 5, 6, 7, 8)$ mit der zugehörigen Adjazenzmatrix

$$\begin{array}{r|ccccccc|}
 & 1 & \begin{smallmatrix}3\\4\end{smallmatrix} & 2 & 5 & 6 & 7 & 8 \\ \hline
1 & 0 & & 1 & & 1 & & 1 \\
3=4 & & 0 & 1^* & 1 & & 1 & 1 \\
2 & & 1^* & 0 & 1 & & & \\
5 & & & & 0 & 1 & & \\
6 & & 1 & & & 0 & 1 & \\
7 & 1 & & & 1 & & 0 & 1 \\
8 & & & 1 & & & & 0 \\ \hline
\end{array}.$$

Es entstand ein Kreis der Länge 2, also wird $z=1$.

Gemäß (iii) bilden wir $b(\mathfrak{R}^0) - z = 4 - 1 = 3$. Wir machen $\mathfrak{R}''$ zulässig und erhalten als Adjazenzmatrix des nunmehr zulässigen $\mathfrak{R}''$

$$\begin{array}{r|ccccccc|}
 & 1 & 6 & \begin{smallmatrix}3\\4\end{smallmatrix} & 7 & 8 & 2 & 5 \\ \hline
1 & 0 & 1 & & & 1 & 1 & \\
6 & & 0 & 1 & 1 & & & \\
3=4 & & & 0 & 1 & 1 & & 1 \\
7 & 1 & & & 0 & 1 & & 1 \\
8 & & & & & 0 & 1 & \\
2 & & & & & & 0 & 1 \\
5 & & 1 & & & & & 0 \\ \hline
\end{array}.$$

Mit $b(\mathfrak{R}'')=2$ ergibt sich $b(\mathfrak{R}'') = 2 < b(\mathfrak{R}^0) - z = 4 - 1 = 3$, also tritt der Fall (vi), a) ein.

Wir wählen $\mathfrak{R}^0 = \mathfrak{R} = (1, 6, 3, 4, 7, 8, 2, 5)$ als neue zulässige Anfangsnumerierung und gehen zu (i) zurück (und vergessen alle sonst noch offenen Fälle). Als Adjazenzmatrix bezüglich $\mathfrak{R} = \mathfrak{R}^0$ erhalten wir

$$\begin{array}{r|cccccccc|}
 & 1 & 6 & 3 & 4 & 7 & 8 & 2 & 5 \\ \hline
1 & 0 & 1 & & & & 1 & 1 & \\
6 & & 0 & 1 & & 1 & & & \\
3 & & & 0 & 1 & 1 & & & \\
4 & & & & 0 & & 1 & 1 & 1 \\
7 & 1 & & & & 0 & 1 & & 1 \\
8 & & & & & & 0 & 1 & \\
2 & & & 1 & & & & 0 & 1 \\
5 & & 1 & & & & & & 0 \\ \hline
\end{array}.$$

Es ist $\mathfrak{F}_{\mathfrak{R}} = \{(7, 1), (2, 3), (5, 6)\}$. Diese drei Bögen setzen wir auf das Verzweigungsniveau 1, setzen $z = 0$ und erhalten $b(\mathfrak{R}^0) = 3$.

2. Wir wählen (7, 1) und finden $\mathfrak{R}' = (7, 1, 6, 3, 4, 8, 2, 5)$, $\mathfrak{R}'' = (7 = 1, 6, 3, 4, 8, 2, 5)$. Als Adjazenzmatrix $\boldsymbol{A}_{\mathfrak{R}''}$ erhalten wir

$$\begin{array}{r|ccccccc|}
 & \begin{smallmatrix}7\\1\end{smallmatrix} & 6 & 3 & 4 & 8 & 2 & 5 \\
\hline
7=1 & 0 & 1^* & & & 2 & 1 & 1 \\
6 & 1^* & 0 & 1 & & & & \\
3 & 1 & & 0 & 1 & & & \\
4 & & & & 0 & 1 & 1 & 1 \\
8 & & & & & 0 & 1 & \\
2 & & & 1 & & & 0 & 1 \\
5 & & 1 & & & & & 0
\end{array}\,.$$

Es entsteht ein Kreis der Länge 2, also $z = 1$, und es ist $b(\mathfrak{R}^0) - z = 3 - 1 = 2 > 0$; also setzen wir bei (v) fort.

Ein zulässiges $\mathfrak{R}''$ ergibt sich durch die Adjazenzmatrix

$$\begin{array}{r|ccccccc|}
 & 6 & 3 & \begin{smallmatrix}7\\1\end{smallmatrix} & 4 & 8 & 2 & 5 \\
\hline
6 & 0 & 1 & & & & & \\
3 & & 0 & 1 & 1 & & & \\
7=1 & & & 0 & & 2 & 1 & 1 \\
4 & & & & 0 & 1 & 1 & 1 \\
8 & & & & & 0 & 1 & \\
2 & & 1 & & & & 0 & 1 \\
5 & 1 & & & & & & 0
\end{array}$$

mit $\mathfrak{R}'' = (6, 3, 7 = 1, 4, 8, 2, 5)$. Wir erhalten $b(\mathfrak{R}'') = 2 = b(\mathfrak{R}^0) - z = 3 - 1$, also mit $\mathfrak{R}_0'' = (6, 3, 7, 1, 4, 8, 2, 5)$ und zugehöriger Adjazenzmatrix

$$\boldsymbol{A}_{\mathfrak{R}_0''} = \begin{array}{r|cccccccc|}
 & 6 & 3 & 7 & 1 & 4 & 8 & 2 & 5 \\
\hline
6 & 0 & 1 & 1 & & & & & \\
3 & & 0 & 1 & & 1 & & & \\
7 & & & 0 & 1 & & 1 & & 1 \\
1 & 1 & & & 0 & & 1 & 1 & \\
4 & & & & & 0 & 1 & 1 & 1 \\
8 & & & & & & 0 & 1 & \\
2 & & 1 & & & & & 0 & 1 \\
5 & 1 & & & & & & & 0
\end{array}$$

$b(\mathfrak{R}_0'') = 3 = b(\mathfrak{R}^0)$, d. h. den Fall (vi), b). Damit kommt dieses $\mathfrak{R}_0''$ auf die Liste der potentiell optimalen Numerierungen. Nun setzen wir mit (vi), c) fort und ermitteln $\mathfrak{F}_{\mathfrak{R}''} = \{(2, 3), (5, 6)\}$, setzen diese Bögen auf das Verzweigungsniveau 2 und setzen mit $z = 1$ bei (ii) fort.

2.1. Wir wählen (2, 3), $\mathfrak{R}' = (6, 2, 3, 7 = 1, 4, 8, 5)$, $\mathfrak{R}'' = (6, 2 = 3, 7 = 1, 4, 8, 5)$, die Adjazenzmatrix $\boldsymbol{A}_{\mathfrak{R}''}$ ergibt sich zu

$$\begin{array}{r|cccccc|}
 & & 2 & 7 & & & \\
 & 6 & 3 & 1 & 4 & 8 & 5 \\
\hline
6 & 0 & 1 & & & & \\
2=3 & & 0 & 1^* & 1^* & & 1 \\
7=1 & & 1^* & 0 & & 2 & 1 \\
4 & & 1^* & & 0 & 1 & 1 \\
8 & & 1 & & & 0 & \\
5 & 1 & & & & & 0 \\
\hline
\end{array}.$$

Es entstehen zwei neue Kreise der Länge 2, also wird $z=3$, ferner wird $b(\mathfrak{R}^0)-z=$ $=3-3=0$, also setzen wir bei (v) fort und machen $\mathfrak{R}''$ zulässig. Als Adjazenzmatrix eines zulässigen $\mathfrak{R}''$ ergibt sich z. B.

$$\begin{array}{r|cccccc|}
 & 7 & & & & & 2 \\
 & 1 & 4 & 8 & 5 & 6 & 3 \\
\hline
7=1 & 0 & & 2 & 1 & & \\
4 & & 0 & 1 & 1 & & \\
8 & & & 0 & & & 1 \\
5 & & & & 0 & 1 & \\
6 & & & & & 0 & 1 \\
2=3 & & & & 1 & & 0 \\
\hline
\end{array}.$$

Daraus erhalten wir $b(\mathfrak{R}'')=1>b(\mathfrak{R}^0)-z=0$ und setzen bei (vi), c) fort. Das zu $\mathfrak{R}''$ gehörige $\mathfrak{R}_0''$ hat die Gestalt $\mathfrak{R}_0''=(7,1,4,8,5,6,2,3)$, und man zählt $b(\mathfrak{R}'')=4$. Die Menge der Rückkehrbögen bezüglich des aktuellen $\mathfrak{R}''$ hat die Gestalt $\mathfrak{F}_{\mathfrak{R}''}=$ $=\{(2=3,5)\}$. Wir setzen bei (ii) auf dem Verzweigungsniveau 3 fort. Der aktuelle Stand von z ist 3.

2.1.1. Wir wählen (es gibt freilich nur einen Rückkehrbogen) $(2=3, 5)$, $\mathfrak{R}'=$ $=(7=1, 4, 8, 2=3, 5, 6)$, $\mathfrak{R}''=(7=1, 4, 8, 2=3=5, 6)$; als Adjazenzmatrix zu $\mathfrak{R}''$ ergibt sich

$$\begin{array}{r|ccccc|}
 & & & & 2 & \\
 & 7 & & & 3 & \\
 & 1 & 4 & 8 & 5 & 6 \\
\hline
7=1 & 0 & & 2 & 1 & \\
4 & & 0 & 1 & 1 & \\
8 & & & 0 & 1 & \\
2=3=5 & & & & 0 & 1^* \\
6 & & & & 1^* & 0 \\
\hline
\end{array}.$$

Es entsteht ein neuer Kreis der Länge 2, also $z=4$. Damit wird $b(\mathfrak{R}^0)-z=3-4<0$. Wir haben bei (iv) fortzusetzen, verwerfen also $\mathfrak{R}'$ und reduzieren z auf 3.

Da auf dem Verzweigungsniveau 3 kein Rückkehrbogen mehr zu betrachten ist, gehen wir auf das Verzweigungsniveau 2 zurück und wählen den nächsten Rückkehrbogen.

2.2. Wir wählen $(5, 6)$, $\mathfrak{R}'=(5, 6, 3, 7=1, 4, 8, 2)$, $\mathfrak{R}''=(5=6, 3, 7=1, 4, 8, 2)$; die zugehörige Adjazenzmatrix ist

$$
\begin{array}{r|cccccc|}
 & \begin{smallmatrix}5\\6\end{smallmatrix} & 3 & \begin{smallmatrix}7\\1\end{smallmatrix} & 4 & 8 & 2 \\
\hline
5=6 & 0 & 1 & & & & \\
3 & & 0 & 1 & 1 & & \\
7=1 & 1 & & 0 & & 2 & 1 \\
4 & 1 & & & 0 & 1 & 1 \\
8 & & & & & 0 & 1 \\
2 & 1 & 1 & & & & 0 \\
\hline
\end{array},
$$

Kreise der Länge 2 entstehen nicht, es bleibt $z=1$, $b(\mathfrak{R}^0)-z=3-1=2>0$. Eine zulässige Numerierung wird $\mathfrak{R}''=(3, 7=1, 4, 8, 2, 5=6)$ mit (wie der Leser leicht prüft)

$$b(\mathfrak{R}'')=2=b(\mathfrak{R})-z=3-1, \quad b(\mathfrak{R}_0'')=3=b(\mathfrak{R}^0) .$$

$\mathfrak{R}_0''$ kommt auf die Liste der potentiell optimalen Numerierungen. Damit wird $\mathfrak{R}''$ weiter verzweigt mit

$$\mathfrak{F}_{\mathfrak{R}''}=\{(2, 3), (5=6, 3)\} ,$$

womit wir uns auf dem Verzweigungsniveau 3 befinden. Wir setzen $\mathfrak{R}=\mathfrak{R}''$ und setzen bei (ii) fort.

2.2.1. Wir wählen (2, 3). Der Leser überzeuge sich davon, daß drei neue Kreise der Länge 2 auftreten, also gemäß (iv) die Numerierung $\mathfrak{R}'$ verworfen wird.

2.2.2. Wir wählen $(5=6, 3)$. Man überzeuge sich, daß zwei neue Kreise der Länge 2 entstehen, also $z=3$ wird, und als Adjazenzmatrix eines zulässigen $\mathfrak{R}''=(7=1, 4, 8, 2, 5=6=3)$ ergibt sich

$$
\begin{array}{r|ccccc|}
 & \begin{smallmatrix}7\\1\end{smallmatrix} & 4 & 8 & 2 & \begin{smallmatrix}5\\6\\3\end{smallmatrix} \\
\hline
7=1 & 0 & & 2 & 1 & \\
4 & & 0 & 1 & 1 & \\
8 & & & 0 & 1 & \\
2 & & & & 0 & 2 \\
5=6=3 & & & & & 0 \\
\hline
\end{array}
$$

mit $b(\mathfrak{R}'')=0=b(\mathfrak{R})-z$ und $\mathfrak{R}_0''=(7, 1, 4, 8, 2, 5, 6, 3)$ sowie $b(\mathfrak{R}_0'')=3$, womit $\mathfrak{R}_0''$ auf die Liste der potentiell optimalen Numerierungen kommt.

Damit ist der Fall 2 vollständig abgearbeitet, und wir haben fortzusetzen bei $z=0$, $b(\mathfrak{R}^0)=3$ und

3. Wir wählen (2, 3). Wir behandeln diesen und den Fall 4, daß (5, 6) gewählt wird, ganz analog.

Man sieht bereits, daß bei diesem verhältnismäßig kleinen Beispiel ein beachtlicher Rechenaufwand erforderlich ist.

Der interessierte Leser überzeuge sich davon, daß mittels des angegebenen Algorithmus keine Menge von Rückkehrbögen gefunden werden kann, welche weniger als drei Bögen enthält, aber man findet eine ganz beachtliche Anzahl von Mengen mit genau drei Bögen, jedoch im allgemeinen nicht alle.

D. H. YOUNGER gibt an, daß dieser Algorithmus in jedem Fall auf eine Minimummenge führt, ohne jedoch, wie wir meinen, einen vollständigen Beweis dieser Behauptung anzugeben. Uns erscheint die Beweisführung nicht zwingend, daß in jedem Fall eine Minimummenge von Rückkehrbögen gefunden wird. In den meisten Fällen führt jedoch, wie schon unser Beispiel andeutet, der angegebene Algorithmus weiter als nur bis zur Bestimmung zulässiger Numerierungen.

Insbesondere hegen wir Zweifel an folgendem: Falls wir – wählen wir etwa das letzte Beispiel zur Anschauung – eine zulässige Numerierung mit der Rückkehrbogenmenge

$$\mathfrak{F}_{\mathfrak{R}} = \{(i_1, j_1), (i_2, j_2), \ldots, (i_r, j_r)\}$$

gefunden haben und es im Verlaufe des Algorithmus nicht gelingt, eine bessere Numerierung zu finden, haben alle im Sinne des Algorithmus optimalen Numerierungen, die sich finden lassen, folgende Eigenschaft: Es gibt einen Index t, so daß i_t in dieser optimalen Numerierung unmittelbar vor j_t liegt (obwohl es denkbar wäre, daß zwar i_t vor j_t liegt, aber nicht notwendig unmittelbar; für unser Beispiel heißt dies, daß in jeder gefundenen optimalen Numerierung 7 unmittelbar vor 1 oder 2 unmittelbar vor 3 oder 5 unmittelbar vor 6 liegt). Was geschieht, wenn die Minimumrückkehrbogenmengen zu unserer bisher gefundenen Rückkehrbogenmenge disjunkt sind und wir uns in einem „lokalen Minimum" befinden?

Zwar kann man (und D. H. YOUNGER gibt das auch an) unter Verwendung von Hilfssatz 6b weitere Numerierungen mit gleicher Anzahl von Rückkehrbögen finden wie die im Algorithmus gefundenen mit minimaler Rückkehrbogenanzahl; diese werden aber im Algorithmus nicht weiter betrachtet.

Trotz unserer Bedenken haben wir den letzten Algorithmus ausführlich wiedergegeben, da er doch recht gute Resultate verspricht. Erinnern wir uns noch einmal an den von LEMPEL und CEDERBAUM angegebenen Algorithmus, in welchem nicht schlechthin eine Determinante zu berechnen war (bei n Knotenpunkten vom Umfang n), sondern eine solche, bei der pro Bogen im Graphen eine Variable mitzuziehen war, so erscheint uns der von YOUNGER angegebene Algorithmus dennoch effektiver und insbesondere für eine Maschinenrechnung geeigneter.

9.4. Literatur

[1] LEMPEL, A., und I. CEDERBAUM: On directed circuits and cut-sets of a linear graph, Faculty of Electrical Engineering, Technion – Israel Inst. Technology, Haifa (Israel), Publ. 31. June 1965.

[2] LEMPEL, A., and I. CEDERBAUM: Minimum feedback arc and vertex sets of a directed graph, IEEE Trans. Circuit Theory CT-**13** (1966), 399–403.

[3] WALTHER, H., und H.-J. VOSS: Über Kreise in Graphen, Berlin 1974.

[4] YOUNGER, D. H.: Minimum feedback arc sets for a directed graph, IEEE Trans. Circuit Theory CT-**10** (1963), 238–245.

10. Einbettung planarer Graphen in die Ebene

10.1. Problemstellung

Häufig tritt in der Praxis das Problem auf, Graphen, die etwa in Form von elektrischen Netzwerken oder Ablaufplänen vorliegen, kreuzungsfrei in die Ebene zu zeichnen. Besonders wichtig ist eine solche kreuzungsfreie Einbettung für den Entwurf gedruckter Schaltungen. Läßt man in einem elektrischen Netzwerk sämtliche Bauelemente unberücksichtigt, so bleibt der Graph $\boldsymbol{G}$ des Netzwerkes übrig, dessen Einbettung eine Lösung des Problems liefert.

Man könnte durch Probieren versuchen, eine kreuzungsfreie Darstellung zu finden, was bei Graphen mit wenigen Knotenpunkten eventuell schnell zur Lösung führt. Im Fall vieler Knotenpunkte und Kanten wäre ein solches Vorgehen sehr mühsam, und eine Entscheidung, ob der vorgegebene Graph einbettbar ist oder nicht, könnte kaum getroffen werden.

Wir wollen uns in diesem Kapitel mit einigen Verfahren beschäftigen, die eine Einbettung eines vorgegebenen Graphen in die Ebene liefern, falls sie überhaupt möglich ist.

10.2. Sätze von Kuratowski, MacLane und Whitney

Definition. Ein Graph $\boldsymbol{G}$ heißt *planar*, falls er sich in die Ebene einbetten läßt. Die *Einbettung* von $\boldsymbol{G}$ bezeichnen wir als *ebenen* Graphen $\boldsymbol{G}'$.

Abb. 10.1b zeigt einen ebenen Graphen $\boldsymbol{G}'$ zu dem planaren Graphen $\boldsymbol{G}$ von Abb. 10.1a. Wir werden uns auf ungerichtete schlichte Graphen beschränken, das

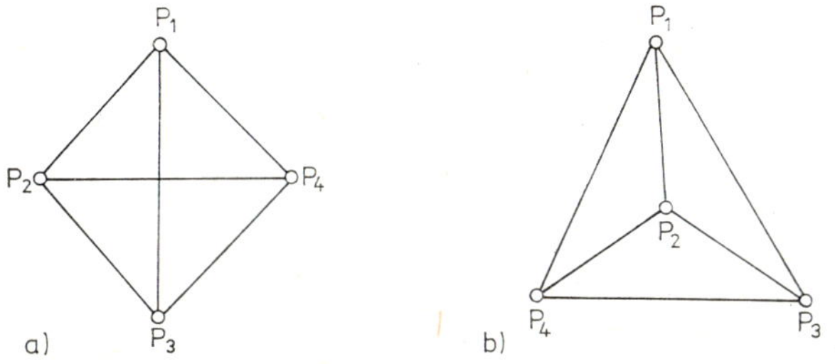

Abb. 10.1

sind Graphen ohne Schlingen und ohne Mehrfachkanten. Ist ein vorgegebener Graph nicht schlicht, so entferne man aus ihm Schlingen, ersetze Mehrfachkanten durch eine einzige und untersuche den so entstandenen Graphen auf Planarität. Ist dieser planar, so ist es auch der Originalgraph; ist er nicht planar, so ist es auch nicht der Originalgraph (Aufgabe!).

Ebenfalls dürfen wir uns auf zusammenhängende Graphen beschränken, denn ist ein Graph nicht zusammenhängend, so betrachte man jede Komponente für sich. Der Graph ist offenbar genau dann planar, falls jede seiner Komponenten planar ist.

Bevor wir uns dem ersten Planaritätskriterium zuwenden, wollen wir noch zeigen, daß es ausreicht, sich auf dreifach zusammenhängende Graphen zu beschränken. Zu diesem Zweck geben wir ohne Beweis einen Satz an, den der Leser bei H. Sachs [21] finden kann.

Satz 10.1.

a) $\boldsymbol{G}$ *sei genau einfach zusammenhängend. Dann besitzt* $\boldsymbol{G}$ *einen Zerfällungsknotenpunkt* P, *und* $\boldsymbol{G}$ *ist Vereinigung zweier zusammenhängender Untergraphen* $\tilde{\boldsymbol{G}}_1$ *und* $\tilde{\boldsymbol{G}}_2$, *welche den Knotenpunkt* P *und nur diesen gemeinsam haben* (vgl. Abb. 10.2). *Es gilt:* $\boldsymbol{G}$ *ist genau dann planar, wenn* $\tilde{\boldsymbol{G}}_1$ *und* $\tilde{\boldsymbol{G}}_2$ *planar sind.*

b) $\boldsymbol{G}$ *sei genau zweifach zusammenhängend. Dann gilt:* $\boldsymbol{G}$ *ist die Vereinigung zweier zusammenhängender Untergraphen* $\boldsymbol{G}_1$ *und* $\boldsymbol{G}_2$, *welche genau zwei Knotenpunkte* P *und* Q *und, sofern* P *und* Q *adjazent sind, außerdem die Kante* (P, Q) *gemeinsam haben. Sind* P *und* Q *nicht adjazent, so fügen wir die Kante* (P, Q) *sowohl zu* $\boldsymbol{G}_1$ *als auch zu* $\boldsymbol{G}_2$ *hinzu, wodurch die Graphen* $\boldsymbol{G}_1'$ *und* $\boldsymbol{G}_2'$ *entstehen mögen; ist* (P, Q) *in* $\boldsymbol{G}$ *und damit in* $\boldsymbol{G}_1$ *und in* $\boldsymbol{G}_2$ *enthalten, so sei*

$$\boldsymbol{G}_1' = \boldsymbol{G}_1, \quad \boldsymbol{G}_2' = \boldsymbol{G}_2 .$$

Dann gilt: $\boldsymbol{G}$ *ist genau dann planar, wenn* $\boldsymbol{G}_1'$ *und* $\boldsymbol{G}_2'$ *planar sind* (vgl. Abb. 10.3).

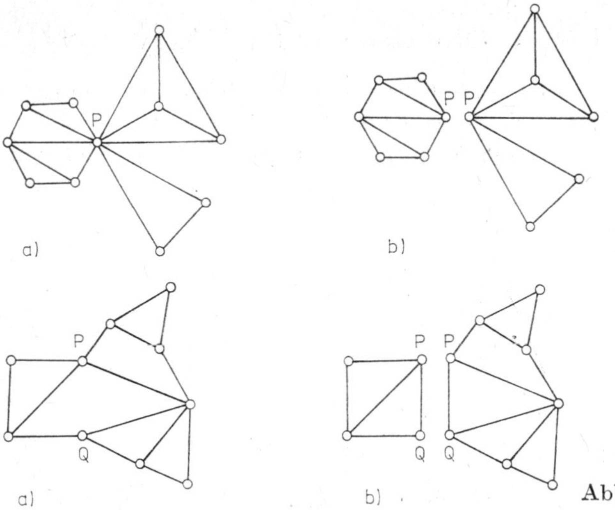

Abb. 10.2.

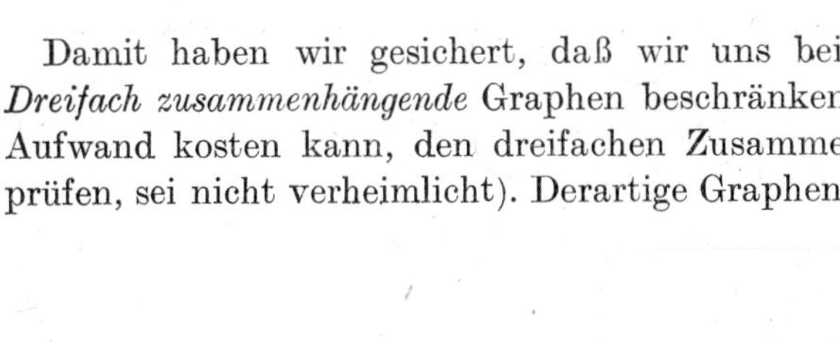

Abb. 10.3

Damit haben wir gesichert, daß wir uns bei *Planaritätsuntersuchungen* auf *Dreifach zusammenhängende* Graphen beschränken können (daß es bereits großen Aufwand kosten kann, den dreifachen Zusammenhang eines Graphen zu überprüfen, sei nicht verheimlicht). Derartige Graphen wollen wir *primitiv* nennen.

Definition. Zwei Mannigfaltigkeiten (topologische Räume) heißen *homöomorph,* falls es eine eineindeutige Abbildung beider Mannigfaltigkeiten aufeinander gibt, die nebst ihrer Umkehrabbildung stetig (umgebungstreu) ist.

Ohne Beweis geben wir einen für die Einbettung wesentlichen Satz an:

Satz 10.2. *Ein primitiver planarer Graph ist bis auf Homöomorphie eindeutig in die Ebene einbettbar.*

Definition. Ein Graph $\boldsymbol{H}$ heißt *Unterteilung* eines Graphen $\boldsymbol{G}$, falls $\boldsymbol{H}$ aus $\boldsymbol{G}$ dadurch entsteht, daß man Knotenpunkte in das Innere von Kanten aus $\boldsymbol{G}$ einfügt.

Es soll vereinbart werden, daß im Fall $\boldsymbol{G}=\boldsymbol{H}$ der Graph $\boldsymbol{H}$ ebenfalls Unterteilung von $\boldsymbol{G}$ sein soll (vgl. Abb. 10.4).

Satz 10.3 (KURATOWSKI [14]). *Ein Graph ist genau dann nicht planar, wenn er eine Unterteilung des vollständigen Graphen* $\boldsymbol{K}_5$ *mit fünf Knotenpunkten oder des vollständigen paaren Graphen* $\boldsymbol{K}_{3,3}$ *mit je drei Knotenpunkten in den beiden Klassen enthält* (vgl. Abb. 10.4 und 10.5).

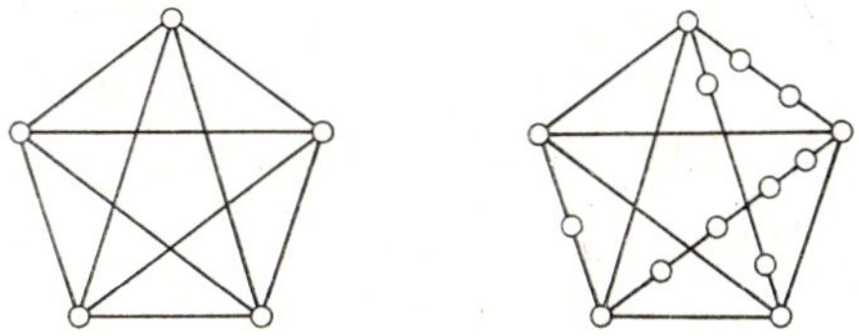
Abb. 10.4

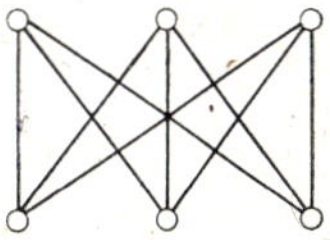
Abb. 10.5

Die Anwendung des Satzes von KURATOWSKI bei praktischen Planaritätsuntersuchungen birgt natürlich die Schwierigkeit in sich, daß es nicht immer leicht sein wird, in einem Graphen Unterteilungen des $\boldsymbol{K}_{3,3}$ oder des $\boldsymbol{K}_5$ zu erkennen, so daß dieses Planaritätskriterium für praktische Zwecke kaum zu empfehlen ist. Dagegen wird bei theoretischen Betrachtungen das Kuratowskische Kriterium oft benutzt.

Es sei $\boldsymbol{G}$ ein mindestens zweifach zusammenhängender Graph. Ein Graph $\boldsymbol{DG}$ heißt zu $\boldsymbol{G}$ *dual,* sofern es eine eineindeutige Abbildung der Kanten von $\boldsymbol{G}$ auf $\boldsymbol{DG}$ gibt, die folgender Bedingung genügt: Eine Menge von Kanten von $\boldsymbol{G}$ bildet genau dann einen *Schnitt* (vgl. 1.4.; bei beliebiger Orientierung der Kanten von $\boldsymbol{G}$ geht ein *Schnitt* in einen *elementaren Cozyklus* über), falls die ihr in $\boldsymbol{DG}$ entsprechende Kantenmenge einen Kreis bildet.

Satz 10.4 (WHITNEY [27, 28]). *Ein Graph* $\boldsymbol{G}$ *ist genau dann planar, falls es einen zu ihm dualen Graphen* $\boldsymbol{DG}$ *gibt.*

Es erweist sich, daß der zu einem planaren Graphen $\boldsymbol{G}$ duale Graph ebenfalls planar ist.

Einen zu einem planaren Graphen dualen kann man auf folgende Weise erhalten (vgl. Abb. 10.6):

Es sei $\boldsymbol{G}$ wenigstens zweifach zusammenhängend und in die Ebene eingebettet. Durch die Einbettung wird die Ebene in mehrere *Gebiete* zerlegt, von denen jedes durch einen *Kreis* begrenzt wird. Die Knotenmenge von $\boldsymbol{DG}$ erhält man, indem man in das *Innere* eines jeden Gebietes von $\boldsymbol{G}$ einen *Knotenpunkt* (der zu $\boldsymbol{DG}$ gehört) legt. Zwei Knotenpunkte von $\boldsymbol{DG}$ werden genau dann durch eine Kante (von $\boldsymbol{DG}$) verbunden, falls die ihnen in $\boldsymbol{G}$ entsprechenden Gebiete *benachbart* sind (haben zwei Gebiete genau k Kanten gemeinsam, werden die ihnen in $\boldsymbol{DG}$ entsprechenden Knotenpunkte durch k Kanten verbunden).

Man lese dazu bei H. WHITNEY [27] nach.

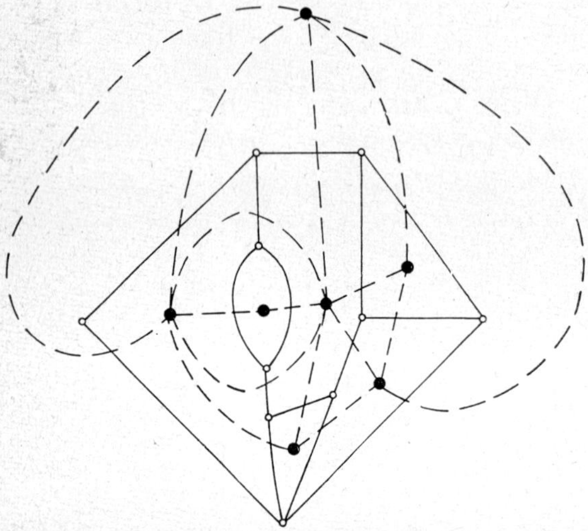

Abb. 10.6

Wir kommen noch zu einem dritten Planaritätskriterium:

Es sei $\boldsymbol{C}_i$ ein Kreis eines Graphen $\boldsymbol{G}$. Wir ordnen $\boldsymbol{C}_i$ einen *Vektor* mit m Komponenten zu, sofern $\boldsymbol{G}$ genau m Kanten enthält (vgl. Definition des einem *Zyklus* zugeordneten Vektors in Kapitel 1). Die j-te Komponente des $\boldsymbol{C}_i$ zugeordneten Vektors $\mathbf{c}_i = (c_i^1, c_i^2, \ldots, c_i^m)$ ist 1, falls die j-te Kante (bei beliebig fester Numerierung der Kanten von $\boldsymbol{G}$) von $\boldsymbol{G}$ in $\boldsymbol{C}_i$ liegt; falls die j-te Kante nicht in $\boldsymbol{C}_i$ liegt, setzen wir $c_i^j = 0$.

Definition. Wir sagen, k *Kreise* $\boldsymbol{C}_1, \boldsymbol{C}_2, \ldots, \boldsymbol{C}_k$ bilden ein *vollständiges System von Kreisen* in $\boldsymbol{G}$, falls sich ein beliebiger Kreis $\boldsymbol{C}$ von $\boldsymbol{G}$ *eindeutig* in der Form

$$\mathbf{c} = (c_1, \ldots, c_m) = \sum \mathbf{c}_{i_j} \pmod 2$$

darstellen läßt, wobei die i_j aus der Menge $\{1, \ldots, k\}$ genommen sind.

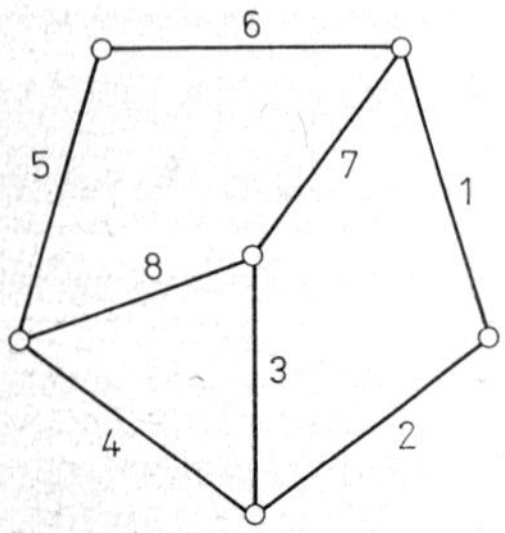

Abb. 10.7

Jeder Graph enthält mindestens ein vollständiges System von k Kreisen, wobei

$$k = \textit{Kantenanzahl} - \textit{Knotenpunktanzahl} + \textit{Komponentenanzahl}$$

gilt.

Wir betrachten dazu den Graphen der Abb. 10.7. Die drei Kreise

$$\begin{aligned} \boldsymbol{C}_1 &= (1, 2, 3, 7), & \boldsymbol{c}_1 &= (1, 1, 1, 0, 0, 0, 1, 0),\\ \boldsymbol{C}_2 &= (1, 2, 4, 8, 7), & \boldsymbol{c}_2 &= (1, 1, 0, 1, 0, 0, 1, 1),\\ \boldsymbol{C}_3 &= (5, 6, 7, 8), & \boldsymbol{c}_3 &= (0, 0, 0, 0, 1, 1, 1, 1) \end{aligned}$$

bilden offenbar ein vollständiges System, denn für die verbleibenden vier Kreise gilt

$$\begin{aligned} \boldsymbol{C}_4 &= (1, 2, 3, 8, 5, 6), & \boldsymbol{c}_4 &\equiv \boldsymbol{c}_1 + \boldsymbol{c}_3 \pmod 2,\\ \boldsymbol{C}_5 &= (1, 2, 4, 5, 6), & \boldsymbol{c}_5 &\equiv \boldsymbol{c}_2 + \boldsymbol{c}_3,\\ \boldsymbol{C}_6 &= (3, 4, 8), & \boldsymbol{c}_6 &\equiv \boldsymbol{c}_1 + \boldsymbol{c}_2,\\ \boldsymbol{C}_7 &= (3, 4, 5, 6, 7), & \boldsymbol{c}_7 &\equiv \boldsymbol{c}_1 + \boldsymbol{c}_2 + \boldsymbol{c}_3 . \end{aligned}$$

Satz 10.5 (MACLANE [17]). *Ein Graph ist genau dann planar, wenn er ein vollständiges System von Kreisen besitzt, so daß keine Kante in mehr als zwei von diesen Kreisen liegt.*

10.3. Der Planaritätsalgorithmus von Dambitis

Es sei $\boldsymbol{G}'$ ein *primitiver* Graph mit n Knotenpunkten und m Kanten, und $\boldsymbol{L}'$ sei ein *Gerüst* von $\boldsymbol{G}'$. Die *nicht* in $\boldsymbol{L}'$ liegenden Kanten (genannt *Sehnen*) numerieren wir von 1 bis $m-n+1$, die Kanten von $\boldsymbol{L}'$ von $m-n+2$ bis m. Es sei $\boldsymbol{R}'$ die *Inzidenzmatrix* von $\boldsymbol{G}'$, wobei wir $\boldsymbol{R}'$ so organisieren, daß die letzten $n-1$ Spalten den Gerüstkanten von $\boldsymbol{L}$ entsprechen. Wir teilen $\boldsymbol{R}'$ wie folgt auf:

$$\begin{array}{cc} & \begin{array}{cc} \text{Sehnen} & \text{Gerüstkanten} \end{array} \\ \boldsymbol{R}' = & \left[\begin{array}{c|c} \boldsymbol{A}_{11} & \boldsymbol{A}_{12} \\ \hline \boldsymbol{A}_{21} & \boldsymbol{A}_{22} \end{array}\right] \begin{array}{l} 1\\ 2\\ \vdots\\ n-2\\ n-1\\ n \end{array} \quad \text{Knotenpunkte} \\ & \begin{array}{cc} 1\ 2 \ldots m-n+1 & m-n+2 \ldots m \end{array} \end{array}$$

Ausgehend von $\boldsymbol{R}'$ berechnen wir eine Matrix $\boldsymbol{B}'$, die $m-n+1$ *linear unabhängige Kreise* repräsentiert (linear unabhängig in dem Sinne, wie ein vollständiges Kreissystem erklärt wurde):

$$\boldsymbol{B}' = [\boldsymbol{E}_{m-n+1}, \boldsymbol{A}_{11}^T (\boldsymbol{A}_{12}^{-1})^T];$$

dabei bedeutet $\boldsymbol{E}_i$ eine $(i \times i)$-*Einheitsmatrix*. Bei den Produktbildungen und Summierungen wird stets modulo 2 gerechnet. Die Zuordnung der Kanten des Graphen zu den Spalten von $\boldsymbol{B}'$ erfolgt wie bei $\boldsymbol{R}'$.

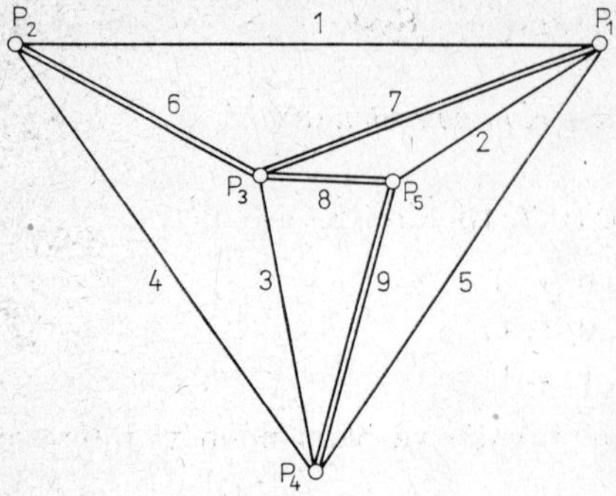

Abb. 10.8

Wir betrachten ein Beispiel zur Illustration. Durch die Konstruktion in Abb. 10.8 wird dafür gesorgt, daß jeder in $\boldsymbol{B}'$ auftretende Kreis aus *genau einer Sehne* und *einem Weg als Teil von* $\boldsymbol{L}'$ besteht, der die Endpunkte der Sehne miteinander verbindet. Man kann diese Sehne als *repräsentierende* Kante des Kreises (bei fest vorgegebenem Gerüst $\boldsymbol{L}'$) bezeichnen (vgl. den Begriff der *Zyklenbasis* in Kapitel 1). Die repräsentierenden Kanten lassen sich sofort aus der in $\boldsymbol{B}'$ enthaltenen Einheitsmatrix ablesen. In unserem Beispiel der Abb. 10.8 erhalten wir

$$\boldsymbol{R}' = \left[\begin{array}{ccccc|cccc} 1 & 1 & 0 & 0 & 1 & 0 & 1 & 0 & 0 \\ 1 & 0 & 0 & 1 & 0 & 1 & 0 & 0 & 0 \\ 0 & 0 & 1 & 0 & 0 & 1 & 1 & 1 & 0 \\ 0 & 0 & 1 & 1 & 1 & 0 & 0 & 0 & 1 \\ \hline 0 & 1 & 0 & 0 & 0 & 0 & 0 & 1 & 1 \end{array}\right],$$

$$\boldsymbol{B}' = \left[\begin{array}{ccccc|cccc} 1 & 0 & 0 & 0 & 0 & 1 & 1 & 0 & 0 \\ 0 & 1 & 0 & 0 & 0 & 0 & 1 & 1 & 0 \\ 0 & 0 & 1 & 0 & 0 & 0 & 0 & 1 & 1 \\ 0 & 0 & 0 & 1 & 0 & 1 & 0 & 1 & 1 \\ \hline 0 & 0 & 0 & 0 & 1 & 0 & 1 & 1 & 1 \end{array}\right].$$

Wir nehmen an, wir hätten einen planaren Graphen $\boldsymbol{G}'$ vorliegen; $\boldsymbol{G}'$ sei *primitiv*. Dann besitzt $\boldsymbol{G}'$ einen dualen Graphen $\boldsymbol{G}$.

Einem Kreis von $\boldsymbol{G}'$ *entspricht ein Schnitt von* $\boldsymbol{G}$ *und umgekehrt.*

Wir setzen $\underset{\sim}{\boldsymbol{Q}} = \boldsymbol{B}'$ und nennen $\underset{\sim}{\boldsymbol{Q}}$ die *Schnittmatrix* von $\boldsymbol{G}$.

J. J. Dambitis gibt nun einen Algorithmus an, wonach aus $\underset{\sim}{\boldsymbol{Q}}$ die *Inzidenzmatrix* $\boldsymbol{R}$ von $\boldsymbol{G}$ berechnet werden kann.

Es erweist sich, daß $\boldsymbol{G}'$ genau dann planar ist, wenn der folgende Algorithmus bis zu Ende ausgeführt werden kann und wir die Matrix $\boldsymbol{R}$ erhalten. Dieser Algorithmus nutzt also das *Whitneysche Planaritätskriterium* aus.

Bevor wir jedoch zum Algorithmus übergehen, wollen wir noch einige Zusammenhänge und Begriffe klären:

Repräsentierende Kante: Bei der Dualisierung geht eine *Gerüstkante* von $\boldsymbol{G}'$ in eine *Sehne* von $\boldsymbol{G}$ über und umgekehrt. Damit bilden die Kanten mit den Nummern $1, 2, \ldots, m-n+1$ in $\boldsymbol{G}$ ein *Gerüst*. Eine Kante, die in $\boldsymbol{G}'$ einen *Kreis* repräsentiert (dort also eine Sehne ist), geht bei der Dualisierung in eine *Schnittkante* über, die in dem in $\boldsymbol{G}$ durch $\boldsymbol{L}'$ induzierten Gerüst liegt; sie ist also eine den *Schnitt repräsentierende Kante* (diese Begriffe wurden bereits in Kapitel 1 ausführlich diskutiert, so entspricht der Menge der *Sehnen*, bei beliebiger Orientierung der Kanten, ein *Cogerüst*). Repräsentiert die Kante i den Schnitt $\underset{\sim}{Q}_i$ in $\boldsymbol{G}$, so zerfällt das Gerüst $\boldsymbol{L}$ nach Entfernen von i in zwei Bäume $\boldsymbol{L}_1$ und $\boldsymbol{L}_2$. Der Schnitt $\underset{\sim}{Q}_i$ enthält außer der Kante i alle Sehnen in $\boldsymbol{G}$, deren einer Endpunkt in $\boldsymbol{L}_1$ und deren anderer in $\boldsymbol{L}_2$ liegt.

Hängende Zeile: Eine Zeile q_i der Schnittmatrix $\underset{\sim}{Q}$ heißt *hängend*, falls die repräsentierende Kante i eine *Endkante* des Gerüstes $\boldsymbol{L}$ ist (also mit einem Knotenpunkt der Valenz 1 in $\boldsymbol{L}$ inzidiert). Es sei P der Endknotenpunkt von einer hängenden Kante (d. h. Endkante) von $\boldsymbol{L}$. Dann bilden die mit P inzidenten Kanten von $\boldsymbol{G}$ gerade den Schnitt $\underset{\sim}{Q}_i$.

Aus der Matrix $\underset{\sim}{Q}$ bestimmen wir die hängenden Zeilen wie folgt:

Wir wollen etwa untersuchen, ob die i-te Zeile q_i von $\underset{\sim}{Q}$ hängend ist. Dazu streichen wir alle die Spalten von $\underset{\sim}{Q}$, in der q_i eine 1 hat, anschließend streichen wir noch die Zeile q_i. Die so entstandene Matrix bezeichnen wir mit $\underset{\sim}{Q}^i$. Bei Vernachlässigung der in $\underset{\sim}{Q}^i$ enthaltenen Einheitsmatrix stellt $\underset{\sim}{Q}^i$ ein *Sehnensystem* dar.

Wir nennen zwei Zeilen von $\underset{\sim}{Q}^i$ *zusammenhängend*, falls es eine Spalte gibt, in der beide Zeilen eine 1 stehen haben.

Nun versuchen wir, die Zeilen von $\underset{\sim}{Q}^i$ nach einer gewissen Vorschrift zusammenzufassen: Es seien v und w zwei zusammenhängende Zeilen von $\underset{\sim}{Q}^i$. Dann addieren wir diese beiden unter Verwendung der Regeln

$$1+1=1, \quad 1+0=1, \quad 0+1=1, \quad 0+0=0$$

und schreiben die resultierende Zeile an die Stelle einer der beiden Zeilen v oder w, die andere Zeile streichen wir. Diese Zeilenaddition führen wir so lange wie möglich durch. Erweist es sich, daß alle Zeilen von $\underset{\sim}{Q}^i$ zu einer Zeile zusammengefaßt werden können, so ist die Zeile q_i hängend. Wenn das nicht möglich ist, so erhalten wir mehrere zusammenhängende Sehnensysteme $\boldsymbol{H}_{i1}, \ldots, \boldsymbol{H}_{ik}$ mit $1 < k < m-n+1$, in die der Graph $\boldsymbol{G}$ nach Entfernen des Schnittes $\underset{\sim}{Q}_i$ zerfällt. Ein solches zusammenhängendes Sehnensystem wird durch die *maximale* Menge zusammenfaßbarer Zeilen charakterisiert.

Wir betrachten das Beispiel der Abb. 10.8, wobei wir die Einheitsmatrix $\boldsymbol{E}_{m-n+1}$ nicht aufzuschreiben brauchen, da dieser Teil der Matrix für die Zeilenzusammenfassung ohne Interesse ist:

Ist die Zeile q_1 in $\underset{\sim}{Q} = \boldsymbol{B}'$ hängend?

$$\underset{\sim}{Q}^1 = \begin{bmatrix} 1 & 0 \\ 1 & 1 \\ 1 & 1 \\ 1 & 1 \end{bmatrix} \quad \left.\begin{matrix} 2. \\ 3. \\ 4. \\ 5. \end{matrix}\right\} \text{ Zeile bezüglich } \underset{\sim}{Q}$$

Offenbar ist q_1 hängend.

Ist q_4 hängend?

$$\boldsymbol{Q}^4 = \begin{bmatrix} 1 \\ 1 \\ 0 \\ 1 \end{bmatrix} \quad \left.\begin{matrix} 1. \\ 2. \\ 3. \\ 5. \end{matrix}\right\} \text{ Zeile bezüglich } \boldsymbol{Q}$$

Man sieht, daß die Zeilen 1, 2, 5 zusammenhängend sind. Die Zeile 3 ist mit keiner Zeile aus $\boldsymbol{Q}^4$ zusammenhängend.

Da nicht alle Zeilen zusammengefaßt werden können, ist die Zeile q_4 nicht hängend; es ergeben sich folgende zusammenhängende Sehnensysteme:

$$\boldsymbol{H}_{41} = (1, 2, 5), \quad \boldsymbol{H}_{42} = (3) .$$

Die Überprüfung aller Zeilen ergibt:

q_1, q_2, q_3 hängend,

q_4 nicht hängend mit $\boldsymbol{H}_{41} = (1, 2, 5)$, $\boldsymbol{H}_{42} = (3)$,

q_5 nicht hängend mit $\boldsymbol{H}_{51} = (1, 4)$, $\boldsymbol{H}_{52} = (2)$, $\boldsymbol{H}_{53} = (3)$.

Damit können wir jede Zeile von $\boldsymbol{Q}$ als „hängend" oder „nicht hängend + entsprechende Sehnensysteme" kennzeichnen.

Abbruchbedingung: Da jedes Gerüst mit mindestens drei Knotenpunkten wenigstens zwei Endkanten besitzt, muß es in $\boldsymbol{Q}$ mindestens zwei hängende Zeilen geben, sonst liegt ein Widerspruch vor, so daß die Annahme der Planarität von $\boldsymbol{G}'$ falsch sein muß, d. h., dann ist $\boldsymbol{G}'$ nicht planar.

Gibt es in $\boldsymbol{Q}$ eine Spalte, in der drei oder mehr hängende Zeilen eine 1 haben, so ist das ein Widerspruch dazu, daß eine Kante mit genau zwei verschiedenen Knotenpunkten inzidiert. Auch dann schließen wir, daß $\boldsymbol{G}'$ nicht planar ist.

Diese beiden Testbedingungen bringen den Algorithmus zum Stehen und zeigen die Nichtplanarität von $\boldsymbol{G}'$ an.

Wir kommen nun zur Konstruktion der Inzidenzmatrix $\boldsymbol{R}$. Wir wollen zur Beschreibung des Planaritätsalgorithmus von J. J. Dambitis die von Ljapunow eingeführte Form der Beschreibung eines Algorithmus verwenden, wobei wir jedoch der Einfachheit halber die einzelnen Schritte untereinander schreiben. Es bedeuten dabei die Buchstaben A jeweils eine Anweisung, P einen Test.

Auf Einzelheiten der Begründung, daß der angegebene Algorithmus stets die Entscheidung erlaubt, ob ein vorgelegter Graph planar ist oder nicht, gehen wir nicht ein. Der interessierte Leser sei auf [4] verwiesen.

Algorithmus

(A 1) Berechne die Matrix $\boldsymbol{Q} = \boldsymbol{B}'$ (die Kreismatrix von $\boldsymbol{G}'$).

(A 2) Bestimme alle hängenden Zeilen von $\boldsymbol{Q}$ und bilde aus ihnen die Matrix $\boldsymbol{R}^0$ (die bereits ein Teil der zu bestimmenden Inzidenzmatrix $\boldsymbol{R}$ von $\boldsymbol{G}$ ist).

(P 3) Prüfe, ob $\boldsymbol{R}^0$ aus weniger als zwei Zeilen besteht.

Wenn ja, dann ist der Graph $\boldsymbol{G}'$ nicht planar,
gehe zum Ende.

Wenn nein,

(P 4) Prüfe, ob es in $\boldsymbol{R}^0$ eine Spalte gibt, die mehr als zwei Einsen enthält.
Wenn ja, dann ist $\boldsymbol{G}'$ nicht planar,
gehe zum Ende.
Wenn nein,

(P 5) Prüfe, ob es in keiner Spalte von $\boldsymbol{Q}$ mehr als zwei Einsen gibt.
Wenn ja, dann bilde die Matrix $\boldsymbol{R}=\begin{bmatrix}\boldsymbol{Q}\\ \boldsymbol{T}\end{bmatrix}$, wobei sich $\boldsymbol{T}$ als eine Zeile ergibt, nämlich gerade als Summe modulo 2 aller Zeilen von $\boldsymbol{Q}$. $\boldsymbol{R}$ ist die gesuchte Inzidenzmatrix von $\boldsymbol{G}$.
Gehe zum Ende.
Wenn nein,

(A 6) Bilde zu jeder nichthängenden Zeile q_i von $\boldsymbol{Q}$ die zusammenhängenden Sehnensysteme $\mathfrak{S}_i=\{\boldsymbol{H}_{i1}, \boldsymbol{H}_{i2}, \ldots, \boldsymbol{H}_{ip_i}\}$ sowie die Menge $\mathfrak{N}=\{q_i\colon\ q_i$ nicht hängend$\}$.

(A 7) Setze die Matrix $\boldsymbol{Q}$ auf eine Warteliste.

(P 8) Prüfe, ob die Warteliste leer ist.
Wenn ja, dann ist $\boldsymbol{R}=\boldsymbol{R}^0$ die gesuchte Inzidenzmatrix von $\boldsymbol{G}$.
Wenn nein,

(A 9) Wähle eine Matrix von der Warteliste (z. B. in der Reihenfolge des Einlaufens) und bezeichne sie mit $\boldsymbol{Q}$.

(P 10) Prüfe, ob in $\boldsymbol{Q}$ eine nichthängende Zeile q_i existiert mit $p_i=2$ (also $|\mathfrak{S}_i|=$ $=2$).
Wenn ja, dann gehe zu (A 16).
Wenn nein,

(A 11) Bilde für jedes $q_k\in\mathfrak{N}$ die Anzahl z_k derjenigen zusammenhängenden Sehnensysteme aus $\mathfrak{S}_k$, welche Bezeichnungen nichthängender Zeilen von $\boldsymbol{Q}$ enthalten.

(A 12) Bilde $z:=\min\limits_{q_k\in\mathfrak{N}} z_k$.

(A 13) Bilde $\mathfrak{N}'=\{q_r\colon q_r\in\mathfrak{N}$ und $z_r=z\}$.

(A 14) Suche ein $q_i\in\mathfrak{N}'$ mit $|\mathfrak{S}_i|\leqq|\mathfrak{S}_r|$ für alle $q_r\in\mathfrak{N}'$ (d. h., unter allen nichthängenden Zeilen, die zu $\mathfrak{N}'$ gehören, suchen wir eine solche, nämlich q_i, für die die Anzahl der zusammenhängenden Sehnensysteme minimal ist).

(P 15) Prüfe, ob eine Zerlegung von $\mathfrak{S}_i$ in zwei nichtleere disjunkte Klassen $\mathfrak{S}_i^1$, $\mathfrak{S}_i^2$ in folgender Weise möglich ist: Bilde aus q_i und den Zeilen mit Bezeichnungen aus $\mathfrak{S}_i^1$ (und $\mathfrak{S}_i^2$) eine Matrix $\boldsymbol{Q}_1$ (bzw. $\boldsymbol{Q}_2$) derart, daß in keiner der Teilmatrizen $\boldsymbol{Q}_1'\subseteqq\boldsymbol{Q}_1$ und $\boldsymbol{Q}_2'\subseteqq\boldsymbol{Q}_2$ (jeweils gebildet aus q_i und den hängenden Zeilen von $\boldsymbol{Q}_1$ bzw. $\boldsymbol{Q}_2$) mehr als zwei Einsen in beliebiger Spalte auftreten.
Wenn ja, dann gehe nach (A 17).
Wenn nein, dann ist $\boldsymbol{G}'$ nicht planar,
gehe zum Ende.

(A 16) Bilde aus q_i und den Zeilen mit Bezeichnungen aus $\boldsymbol{H}_{i1}$ (und $\boldsymbol{H}_{i2}$) die Matrix $\boldsymbol{Q}_1$ (bzw. $\boldsymbol{Q}_2$).

(A 17) Kennzeichne sowohl in $\mathbf{Q}_1$ als auch in $\mathbf{Q}_2$ die Zeile q_i als hängend.

(A 18) Falls q_k eine Zeile aus $\mathbf{Q}_1$ (bzw. aus $\mathbf{Q}_2$) ist und falls q_k hängend ist in $\mathbf{Q}$, kennzeichne q_k ebenfalls als hängend in $\mathbf{Q}_1$ (bzw. $\mathbf{Q}_2$).

(P 19) Prüfe, ob in der aus den hängenden Zeilen von $\mathbf{Q}_1$ gebildeten Teilmatrix eine Spalte mehr als zwei Einsen enthält.
Wenn ja, dann ist $\mathbf{G}'$ nicht planar,
gehe zum Ende.
Wenn nein,

(P 20) Prüfe, ob in der aus den hängenden Zeilen von $\mathbf{Q}_2$ gebildeten Teilmatrix eine Spalte mehr als zwei Einsen enthält.
Wenn ja, dann ist $\mathbf{G}'$ nicht planar,
gehe zum Ende.
Wenn nein,

(A 21) Falls q_k Zeile aus $\mathbf{Q}_1$ (bzw. $\mathbf{Q}_2$) und in $\mathbf{Q}$ nicht hängend ist, kennzeichne q_k auch in $\mathbf{Q}_1$ (bzw. $\mathbf{Q}_2$) als nicht hängend (für $q_k \neq q_i$).
Bilde für jede der Matrizen $\mathbf{Q}_1$, $\mathbf{Q}_2$ die Menge $\mathfrak{N} = \{q_k\colon q_k \text{ nicht hängend}\}$.

(A 22) Übernimm von $\mathbf{Q}$ die zusammenhängenden Sehnensysteme für nichthängende Zeilen (also nicht mehr für q_i) nach $\mathbf{Q}_1$ und $\mathbf{Q}_2$ (je nachdem, in welcher Matrix eine solche Zeile nach der Aufspaltung von $\mathbf{Q}$ in $\mathbf{Q}_1$ und $\mathbf{Q}_2$ liegt) und streiche in den zusammenhängenden Sehnensystemen nichthängender Zeilen von $\mathbf{Q}_1$ und $\mathbf{Q}_2$ alle Bezeichnungen k, falls die Zeile q_k nicht in $\mathbf{Q}_1$ bzw. $\mathbf{Q}_2$ liegt.

(P 23) Prüfe, ob in $\mathbf{Q}_1$ alle Zeilen hängend sind.
Wenn ja, dann bilde eine Zeile $r = \sum_{q_k \in \mathbf{Q}_1} q_k \pmod 2$ und vergrößere $\mathbf{R}^0$ um die Zeile r. Dann gehe nach (P 24).
Wenn nein, so setze $\mathbf{Q}_1$ auf die Warteliste und setze fort mit

(P 24) Prüfe, ob in $\mathbf{Q}_2$ alle Zeilen hängend sind.
Wenn ja, dann bilde eine Zeile $r = \sum_{q_k \in \mathbf{Q}_2} q_k \pmod 2$ und vergrößere $\mathbf{R}^0$ um die Zeile r. Dann gehe nach (P 8).
Wenn nein, so setze $\mathbf{Q}_2$ auf die Warteliste und setze fort mit (P 8).

Ende: Abbruch des Algorithmus.

Zum Verständnis des Algorithmus wollen wir ein Beispiel rechnen. Wir betrachten den Graphen der Abb. 10.9. Zu dem hier doppelt gezeichneten Gerüst

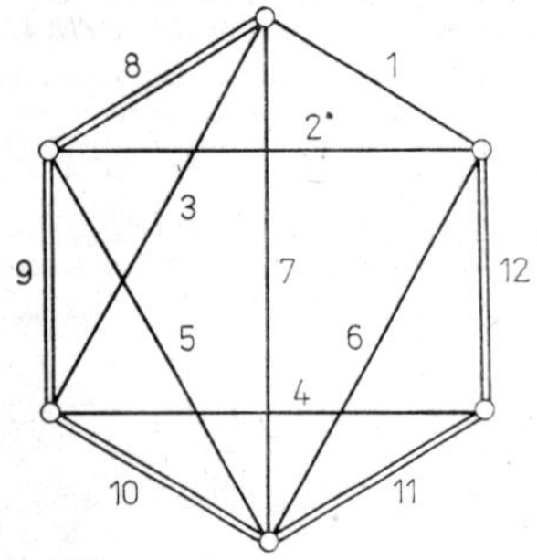

Abb. 10.9

ergibt sich die Matrix $\boldsymbol{Q} = \boldsymbol{B}'$ (Kreismatrix) in der Gestalt (leere Felder sind durch 0 zu ersetzen)

$\boldsymbol{B}' =$

	1	2	3	4	5	6	7	8	9	10	11	12	
1	1							1	1	1	1	1	(2) (3) (4) (5) (6) (7)
2		1							1	1	1	1	(1, 3, 7) (4) (5) (6)
3			1					1	1				hängend
4				1						1	1		hängend
5					1				1	1			hängend
6						1					1	1	hängend
7							1	1	1	1			(1, 2, 4, 6) (3) (5)

Die Reihenfolge der Befehlsabarbeitung geben wir an:

1. (A 1) $\boldsymbol{B}'$ ist oben angegeben.
2. (A 2) Die hängenden Zeilen sind an $\boldsymbol{B}'$ angegeben, und $\boldsymbol{R}^0$ besteht aus den vier hängenden Zeilen.
3. (P 3) Nein.
4. (P 4) Nein.
5. (P 5) Nein.
6. (A 6) $\mathfrak{S}_i$ sind an $\boldsymbol{B}'$ angegeben (Verwechslungen sind wohl nicht möglich in der Bezeichnung), die Menge $\mathfrak{N}$ ist ebenfalls ablesbar.
7. (A 7) $\boldsymbol{Q} = \boldsymbol{B}'$ kommt auf die Warteliste.
8. (P 8) Nein, denn $\boldsymbol{B}'$ steht auf der Warteliste.
9. (A 9) $\boldsymbol{B}'$ wird zur Matrix $\boldsymbol{Q}$.
10. (P 10) Nein.
11. (A 11) $z_1 = 2$, $z_2 = 1$, $z_7 = 1$.
12. (A 12) $z = 1$.
13. (A 13) $\mathfrak{N}' = \{q_2, q_7\}$.
14. (A 14) $q_i = q_7$.
15. (P 15) Ja, wir können nämlich in $\boldsymbol{Q}_1$ die Zeilen $q_7, q_1, q_2, q_4, q_6, q_3$ und in $\boldsymbol{Q}_2$ die Zeilen q_7, q_5 schreiben (die folgende Darstellung dürfte verständlich sein:).

$\boldsymbol{Q}_1 =$

	8	9	10	11	12	
7	1	1	1			hängend
1	1	1	1	1	1	(2) (3) (4) (6) (7)
2		1	1	1	1	(1, 3, 7) (4) (6)
4			1	1		hängend
6				1	1	hängend
3	1	1				hängend

$\boldsymbol{Q}_2 =$

	8	9	10	11	12	
7	1	1	1			hängend
5		1	1			hängend

16. (A 17) Erfolgte an obigen Matrizen $\boldsymbol{Q}_1$, $\boldsymbol{Q}_2$.
17. (A 18) Erfolgte an obigen Matrizen.

18. (P 19) Nein.
19. (P 20) Nein.
20. (A 21) Erfolgte an obigen Matrizen.
21. (A 22) erfolgte an obigen Matrizen.
22. (P 23) Nein, $\boldsymbol{Q}_1$ kommt auf die Warteliste.
23. (P 24) Ja, wir fügen zu $\boldsymbol{R}^0$ die neue Zeile $r = q_7 + q_5$ hinzu; diese hat also in den Spalten mit den Nummern 5, 7, 8 eine Eins, sonst überall Null.
24. (P 8) Nein.
25. (A 9) Die Matrix $\boldsymbol{Q}_1$, gebildet aus den Zeilen $q_7, q_1, q_2, q_4, q_6, q_3$, wird zur Matrix $\boldsymbol{Q}$.
26. (P 10) Nein.
27. (A 11) $z_1 = z_2 = 1$.
28. (A 12) $z = 1$.
29. (A 13) $\mathfrak{N}' = \{q_1, q_2\}$.
30. (A 14) $q_i = q_2$.
31. (P 15) Nein, denn wie wir auch die zusammenhängenden Sehnensysteme von q_i aufteilen, eine der beiden Matrizen, etwa $\boldsymbol{Q}_1$, müßte neben q_2 wenigstens noch q_1, q_3, q_7 enthalten, also

	8	9	10	11	12	
2		1	1	1	1	
1	1	1	1	1	1	nichthängend
3	1	1				hängend
7	1	1	1			hängend

In der zur Kante 9 gehörigen Spalte steht in der Zeile 2 sowie den beiden hängenden Zeilen eine 1, also ist $\boldsymbol{G}'$ nicht planar.

Damit endet der Algorithmus.

Nach dem Satz von Kuratowski müßte $\boldsymbol{G}'$ eine Unterteilung des $\boldsymbol{K}_5$ oder $\boldsymbol{K}_{3,3}$ enthalten. Das ist auch der Fall. Streicht man etwa die Kante 11, so erhält man eine Unterteilung des $\boldsymbol{K}_5$. Streicht man die Kanten 6, 8, 10, so erhält man auch den $\boldsymbol{K}_{3,3}$.

Nun geben wir noch in Kurzfassung ein Beispiel eines Graphen, der sich als planar erweisen wird und dessen Einbettung wir noch realisieren.

Gegeben sei die folgende Kreismatrix:

	1	2	3	4	5	6	7	8	9	10	11	
1	1						1	1	1	1	1	(2) (3) (4) (5) (6)
2		1					1	1	1			hängend
3			1					1	1	1	1	(1, 2, 4) (5) (6)
4				1			1	1	1	1		(1, 3) (2) (5) (6)
5					1			1	1	1		(1, 2, 3, 4) (6)
6						1			1	1		hängend

Die Anweisungen und Tests bis (A 9) gehen glatt, bei (P 10) registrieren wir „ja“, setzen bei (A 16) fort und erhalten mit $q_i = q_5$ die Matrizen $\boldsymbol{Q}_1$, $\boldsymbol{Q}_2$:

$$\boldsymbol{Q}_1 = \begin{array}{c} \\ 1 \\ 2 \\ 3 \\ 4 \\ 5 \end{array} \begin{array}{c} \begin{array}{ccccccccccc} 1 & 2 & 3 & 4 & 5 & 6 & 7 & 8 & 9 & 10 & 11 \end{array} \\ \left[\begin{array}{ccccccccccc} 1 & & & & & & 1 & 1 & 1 & 1 & 1 \\ & 1 & & & & & 1 & 1 & 1 & & \\ & & 1 & & & & & 1 & 1 & 1 & 1 \\ & & & 1 & & & 1 & 1 & 1 & 1 & \\ & & & & 1 & & & 1 & 1 & 1 & \end{array}\right] \end{array} \begin{array}{l} \\ (2)\ (3)\ (4)\ (5) \\ \text{hängend} \\ (1, 2, 4)\ (5) \\ (1, 3)\ (2)\ (5) \\ \text{hängend} \end{array}$$

$$\boldsymbol{Q}_2 = \begin{array}{c} 5 \\ 6 \end{array} \left[\begin{array}{ccccccccccc} & & & & 1 & & & 1 & 1 & 1 & \\ & & & & & 1 & & & 1 & 1 & \end{array}\right] \begin{array}{l} \text{hängend} \\ \text{hängend} \end{array}$$

Aus $\boldsymbol{Q}_2$ (da alle Zeilen hängend sind) ermitteln wir eine Zeile der Matrix $\boldsymbol{R}^0$:

$$r = q_5 + q_6 .$$

Als nächste Zeile wird q_3 ermittelt mit der Aufspaltung von $\boldsymbol{Q}_1$ in

$$\boldsymbol{Q}_1 = \begin{array}{c} \\ 1 \\ 2 \\ 3 \\ 4 \end{array} \begin{array}{c} \begin{array}{ccccccccccc} 1 & 2 & 3 & 4 & 5 & 6 & 7 & 8 & 9 & 10 & 11 \end{array} \\ \left[\begin{array}{ccccccccccc} 1 & & & & & & 1 & 1 & 1 & 1 & 1 \\ & 1 & & & & & 1 & 1 & 1 & & \\ & & 1 & & & & & 1 & 1 & 1 & 1 \\ & & & 1 & & & 1 & 1 & 1 & 1 & \end{array}\right] \end{array} \begin{array}{l} \\ (2)\ (3)\ (4) \\ \text{hängend} \\ \text{hängend} \\ (1, 3)\ (2) \end{array}$$

$$\boldsymbol{Q}_2 = \begin{array}{c} 3 \\ 5 \end{array} \left[\begin{array}{ccccccccccc} & & 1 & & & & & 1 & 1 & 1 & 1 \\ & & & & 1 & & & 1 & 1 & 1 & \end{array}\right] \begin{array}{l} \text{hängend} \\ \text{hängend} \end{array}$$

$\boldsymbol{Q}_2$ ist nicht weiter zerlegbar und liefert eine Zeile von $\boldsymbol{R}^0$, nämlich

$$r = q_3 + q_5 .$$

Der Leser überzeugt sich leicht davon, daß die weitere Zerlegung der auf der Warteliste einlaufenden Matrizen möglich ist und wir für $\boldsymbol{R}^0$ noch die folgenden fehlenden Zeilen erhalten:

$$\begin{aligned} r &= q_2 + q_4, \\ &= q_1 + q_3, \\ &= q_1 + q_4 . \end{aligned}$$

Damit finden wir als Inzidenzmatrix $\boldsymbol{R}$ des zu $\boldsymbol{G}'$ dualen Graphen $\boldsymbol{G}$ die folgende Matrix, wobei wir beachten wollen, daß allein die Existenz der Inzidenzmatrix $\boldsymbol{R}$ von $\boldsymbol{G}$ bereits (wegen des Satzes von WHITNEY) die Planarität von $\boldsymbol{G}'$ sichert:

$$\boldsymbol{R} = \begin{array}{c} \\ 1 \\ 2 \\ 3 \\ 4 \\ 5 \\ 6 \\ 7 \end{array} \begin{array}{c} \begin{array}{ccccccccccc} 1 & 2 & 3 & 4 & 5 & 6 & 7 & 8 & 9 & 10 & 11 \end{array} \\ \left[\begin{array}{ccccccccccc} & 1 & & & & & 1 & 1 & 1 & & \\ & & & & & 1 & & & 1 & 1 & \\ & & & & 1 & 1 & & 1 & & & \\ & & 1 & & 1 & & & & & & 1 \\ & 1 & & 1 & & & & & & 1 & \\ 1 & & 1 & & & & 1 & & & & \\ 1 & & & 1 & & & & & & & 1 \end{array}\right] \end{array}$$

Wir kommen nun zu einem Algorithmus, der es gestattet, aus der Kenntnis der Matrix $\boldsymbol{R}$ eine Einbettung von $\boldsymbol{G}'$ zu gewinnen.

Wir wollen zunächst bedenken, daß jeder Kante von $\boldsymbol{G}'$ genau eine in $\boldsymbol{G}$ entspricht und umgekehrt und daß jedem Knotenpunkt in $\boldsymbol{G}'$ genau eine Elementarfläche entspricht (dabei ist auch die Fläche zu berücksichtigen, die nicht endlich ist, weshalb die Zeilenzahl in $\boldsymbol{R}$ um 1 größer als in $\boldsymbol{B}'$ ist) und umgekehrt. Ist also $\boldsymbol{R}'$ die Inzidenzmatrix von $\boldsymbol{G}'$, so können wir diese auch als Matrix von Kreisen (gerade aller der Kreise, die Elementarflächen beranden) von $\boldsymbol{G}$ auffassen.

Wir betrachten einen beliebigen Knotenpunkt P_i' in $\boldsymbol{G}'$ der Valenz $v(P_i')=v_i'$. Es sei $\mathfrak{K}_i'=\{k_{i_j}': j=1, \ldots, v_i'\}$ die Menge der mit P_i' inzidenten Kanten von $\boldsymbol{G}'$. Das nun zu behandelnde Einbettungsverfahren nutzt konsequent die in Kapitel 1 beschriebene Dualität von $\boldsymbol{G}$ und $\boldsymbol{G}'$ aus.

Einbettungsalgorithmus

(i) Man wähle eine beliebige Zeile q_i' in $\boldsymbol{R}'$ aus (die Einsen dieser Zeile entsprechen den Kanten k_{i_j}', die mit dem Knotenpunkt P_i' in $\boldsymbol{G}'$ inzident sind). Die Kantenmenge $\mathfrak{K}_i$, die der Kantenmenge $\mathfrak{K}_i'$ von $\boldsymbol{G}'$ bei der Dualisierung entspricht, bildet einen Kreis $\boldsymbol{C}_i$ in $\boldsymbol{G}$. Aus der Inzidenzmatrix $\boldsymbol{R}$ von $\boldsymbol{G}$ kann man die Menge der Knotenpunkte bestimmen, die mit den Kanten von $\boldsymbol{C}_i$ inzident sind. Man bette $\boldsymbol{C}_i$ in die Ebene ein und orientiere alle Kanten von $\boldsymbol{C}_i$ derart, daß $\boldsymbol{C}_i$ im mathematisch positiven Sinne durchlaufen wird (im gerichteten Graphen also ein Kreis entsteht). Nun bette man den bei der Dualisierung dem Kreis $\boldsymbol{C}_i$ entsprechenden Knotenpunkt P_i' mitsamt den Kanten aus $\mathfrak{K}_i'$ (in der Reihenfolge, wie die entsprechenden Kanten von $\boldsymbol{C}_i$ durchlaufen werden) in die Ebene (aber getrennt von der Einbettung von $\boldsymbol{G}$) ein.

(ii) Man wähle eine beliebige von q_i' verschiedene Zeile q_j' in $\boldsymbol{R}'$, die mit q_i' in mindestens einer Spalte eine Eins gemein hat. Man orientiere in der bisher erfolgten Einbettung von $\boldsymbol{G}$ alle diejenigen (gemeinsamen) Kanten um, die den Spalten von $\boldsymbol{R}'$ entsprechen, in denen q_i' und q_j' je eine Eins besitzen. Nun bette man den der Zeile q_j' in $\boldsymbol{G}$ entsprechenden Elementarkreis $\boldsymbol{C}_j$ ein, so daß der der Zeile $q_i'+q_j'$ in $\boldsymbol{G}$ entsprechende Kreis im mathematisch positiven Sinne durchlaufen wird.

Man streiche q_i' und q_j' in $\boldsymbol{R}'$, füge als neue Zeile $q_i'+q_j'$ (mod 2) in $\boldsymbol{R}'$ ein und bezeichne diese mit q_i'.

Aus der Reihenfolge der Kanten von $\boldsymbol{C}_j$ findet man eine Einbettung des Knotenpunktes P_j' von $\boldsymbol{G}'$ mitsamt allen mit P_j' inzidenten Kanten, wiederum unter Beachtung der Reihenfolge der Kanten. Nun kehre man zurück zu (ii).

Falls $\boldsymbol{R}'$ nur noch eine einzige Zeile enthält, brechen wir ab und haben sowohl $\boldsymbol{G}$ als auch $\boldsymbol{G}'$ eingebettet.

Wir erläutern den Einbettungsalgorithmus anhand eines Beispiels.

Im vorigen Beispiel hatten wir die Inzidenzmatrix $\boldsymbol{R}$ eines zu einem planaren Graphen G' dualen Graphen $\boldsymbol{G}$ aufgesucht. Wendet man den Algorithmus von DAMBITIS nochmals an, bezeichnet also $\boldsymbol{R}$ im weiteren mit $\boldsymbol{R}'$, bildet die Matrix $\boldsymbol{B}'$

und bestimmt dann $\boldsymbol{R}$ (Aufgabe!), so erhält man die Inzidenzmatrix des ursprünglichen Graphen $\boldsymbol{G}'$:

$$\begin{array}{c} \\ \boldsymbol{R}' = \end{array} \begin{array}{c} \\ 1 \\ 2 \\ 3 \\ 4 \\ 5 \\ 6 \end{array} \begin{array}{c} \begin{array}{ccccccccccc} 1 & 2 & 3 & 4 & 5 & 6 & 7 & 8 & 9 & 10 & 11 \end{array} \\ \left[\begin{array}{ccccccccccc} 1 & 1 & & 1 & & & 1 & & & & \\ & & 1 & & 1 & & 1 & 1 & & & \\ & & & & & 1 & & 1 & 1 & & \\ & 1 & & & & & & & 1 & 1 & \\ & & & 1 & 1 & 1 & & & & 1 & 1 \\ 1 & & 1 & & & & & & & & 1 \end{array}\right] \end{array}$$

Um sofort möglichst viele Knotenpunkte einbetten zu können, wähle man eine solche Zeile als q_i', in der möglichst viele Einsen stehen, etwa $q_i' = q_5'$. Aus der Inzidenzmatrix $\boldsymbol{R}$ ermittelt man, daß die Kantenreihenfolge in $\boldsymbol{C}_5$ gleich 4, 11, 5, 6, 10

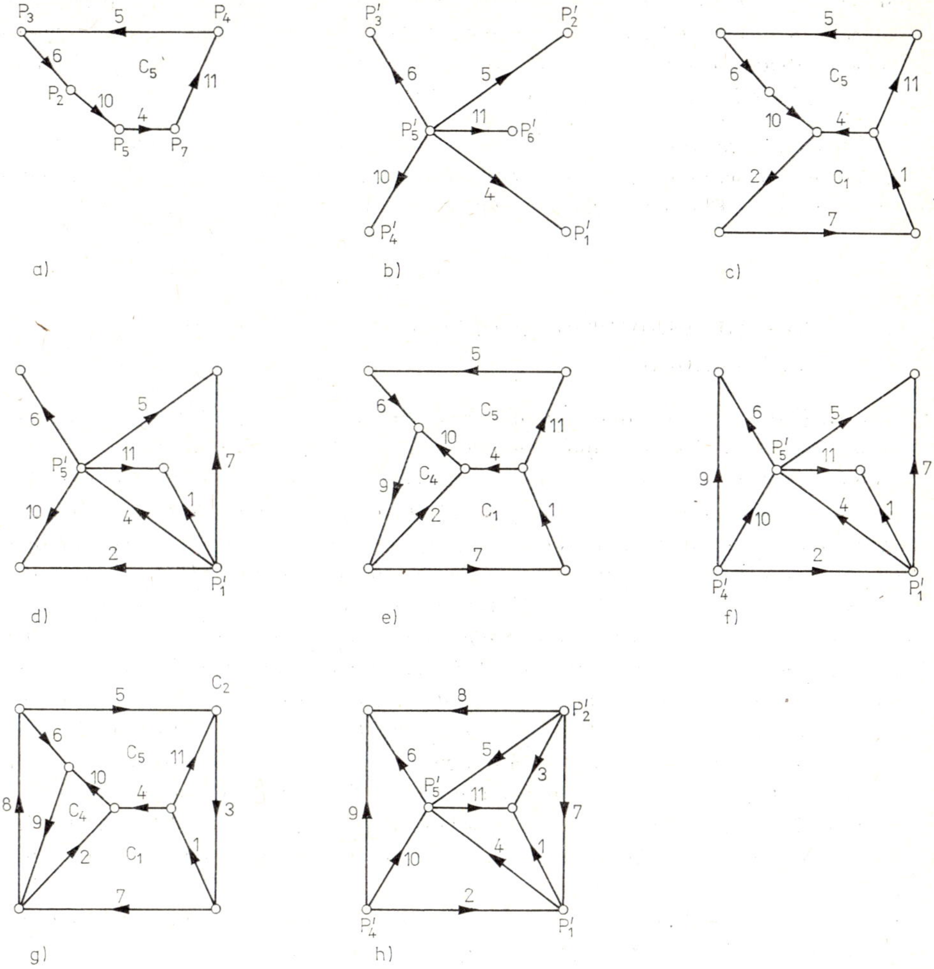

Abb. 10.10

ist. Die Einbettung von C_5 ist in Abb. 10.10a, die des Knotenpunktes P_5' in Abb. 10.10b angegeben. Als nächste Zeile wähle man z. B. q_1'. Das Einbettungsresultat zeigt Abb. 10.10c bzw. 10.10d. Nun bilde man modulo 2 die Summe der Zeilen q_5' und q_1', also

$$(1, 1, 0, 0, 1, 1, 1, 0, 0, 1, 1)\,.$$

Dem entspricht in $\boldsymbol{G}$ offenbar der *Außenkreis* der Abb. 10.10c. Nun wähle man etwa als q_i' die Zeile q_4'. Abb. 10.10e bzw. 10.10f zeigt das Resultat der Einbettung. Wählt man als nächste Zeile q_2', so ergibt sich in Abb. 10.10g, h bereits die vollständige Einbettung von $\boldsymbol{G}$ bzw. $\boldsymbol{G}'$, die wir ja ursprünglich gesucht hatten. Obwohl wir noch nicht alle Zeilen von $\boldsymbol{R}'$ verwendet haben, sind bereits alle Kanten von $\boldsymbol{G}'$ eingebettet; wir dürfen also aufhören.

Der von Dambitis gefundene Algorithmus erfordert für seine Realisierung offenbar ausschließlich Matrizenoperationen; es werden also keinerlei topologische Betrachtungen angestellt. Das Verfahren hat damit einige Vorteile für die rechentechnische Realisierung. Natürlich bereiten größere Matrizen Schwierigkeiten in bezug auf Überschreiten der Speicherkapazität.

Die bisherigen Erfahrungen haben gezeigt, daß Nichtplanarität der betrachteten Graphen relativ schnell signalisiert wird, wohingegen das Ermitteln der Inzidenzmatrix von $\boldsymbol{G}$ bei Planarität relativ lange dauert.

10.4. Planaritätsuntersuchungen mittels Zerlegung von Graphen

Es sei $\boldsymbol{G}(\mathfrak{X}, \mathfrak{U})$ ein zusammenhängender schlichter Graph und $\boldsymbol{C}$ ein beliebiger Untergraph von $\boldsymbol{G}$. Es sei l eine beliebige, nicht zu $\boldsymbol{C}$ gehörige Kante von $\boldsymbol{G}$. Wir betrachten die Menge aller l enthaltenden Wege von $\boldsymbol{G}$ mit der Bedingung, daß kein innerer Knotenpunkt eines Weges zu $\boldsymbol{C}$ gehört. Es bezeichne $\boldsymbol{H}(\boldsymbol{C}, l)$ den von allen diesen Wegen aufgespannten Untergraphen (vgl. Abb. 10.11a). Wir nennen $\boldsymbol{H}(\boldsymbol{C}, l)$ ein *Spinngewebe* (oder auch *Gespinst*) von $\boldsymbol{G}$ bezüglich $\boldsymbol{H}$. In Abb. 10.11a existieren (wenn man für $\boldsymbol{C}$ den Untergraphen wählt, dessen Kanten doppelt gezeichnet sind) genau vier Spinngewebe. Man kann die Spinngewebe wie folgt erzeugen: Man betrachte die Menge aller nicht zu $\boldsymbol{C}$ gehörigen Kanten, die mit mindestens einem Knotenpunkt von $\boldsymbol{C}$ inzident sind. Es sei k eine derartige Kante mit den Endpunkten P und Q, von denen P zu $\boldsymbol{C}$ gehört (falls Q ebenfalls zu $\boldsymbol{C}$ gehört, bildet k für sich bereits ein Spinngewebe) und Q nicht. Man trenne k von P ab und schließe sie durch einen Knotenpunkt P' ab (P' hat also die Valenz 1). Falls Q ebenfalls auf $\boldsymbol{C}$ liegt, führe man diese Operation auch bei Q durch (Abb. 10.11b). Jede so entstehende, nicht zu $\boldsymbol{C}$ gehörige Komponente repräsentiert ein Spinngewebe.

Man sieht unmittelbar, daß eine Kante k, die in einem von der Kante l erzeugten Spinngewebe $\boldsymbol{H}(\boldsymbol{C}, l)$ liegt, bezüglich $\boldsymbol{C}$ ebenfalls das Spinngewebe $\boldsymbol{H}(\boldsymbol{C}, l) = \boldsymbol{H}(\boldsymbol{C}, k)$ erzeugt.

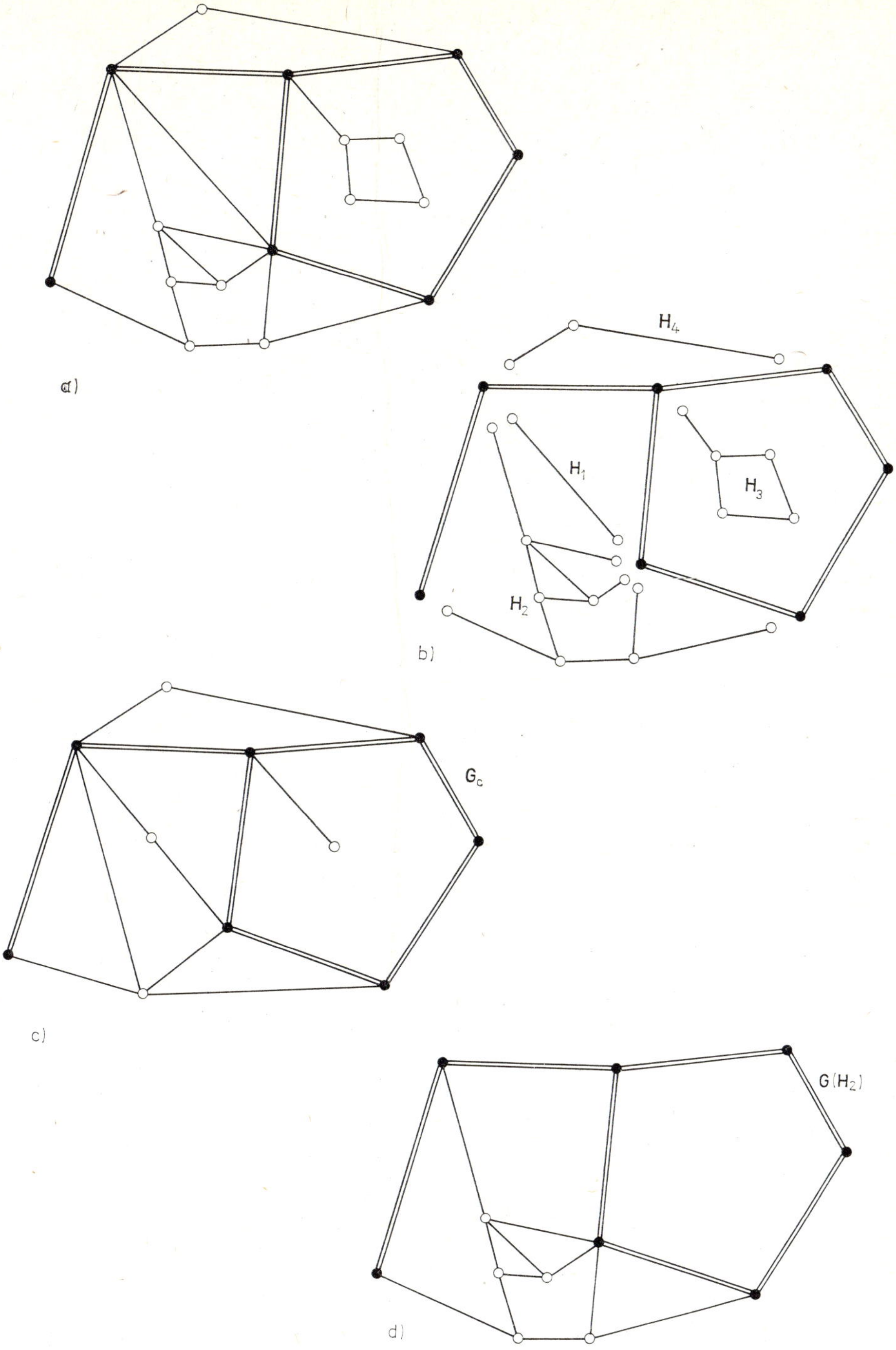

Abb. 10.11

Wir sagen deshalb im weiteren, daß $\boldsymbol{C}$ in $\boldsymbol{G}$ die Spinngewebe $\boldsymbol{H}_1, \ldots, \boldsymbol{H}_r$ erzeugt, und verzichten auf die Angabe einer erzeugenden Kante (vgl. dazu [20]).

Knotenpunkte eines Spinngewebes, die auch zu $\boldsymbol{C}$ gehören, heißen *Randpunkte* desselben, alle anderen Knotenpunkte (sofern vorhanden) eines Spinngewebes heißen *innere Punkte* desselben.

Wir wollen nun einige Graphen definieren: Es sei $\boldsymbol{G}$ ein Graph, $\boldsymbol{C}$ ein Untergraph und $\{\boldsymbol{H}_1, \ldots, \boldsymbol{H}_r\}$ die Menge der Spinngewebe von $\boldsymbol{G}$ bezüglich $\boldsymbol{C}$ (also die von $\boldsymbol{C}$ in $\boldsymbol{G}$ erzeugten Spinngewebe). Der Graph $\boldsymbol{G}_c$ entstehe dadurch, daß wir $\boldsymbol{C}$ nehmen, jedem der $\boldsymbol{H}_i$ einen Knotenpunkt P_i von $\boldsymbol{G}_c$ zuordnen und P_i in $\boldsymbol{G}_c$ mit jedem der Randpunkte von $\boldsymbol{H}_i$ in $\boldsymbol{G}_c$ durch eine Kante verbinden (vgl. Abb. 10.11c für den Graphen der Abb. 10.11a).

Der Graph $\boldsymbol{G}(\boldsymbol{H}_i)$ entstehe dadurch, daß man alle zu $\boldsymbol{C}$ und $\boldsymbol{H}_i$ gehörigen Kanten und Knotenpunkte zu einem Graphen zusammenfaßt (vgl. Abb. 10.11d).

Es gilt nun der folgende von W. Bader, G. J. Fischer, O. Wing, L. Auslander und S. V. Parter bewiesene Satz.

Satz 10.6 ([1], [2], [6]). *Ein Graph $\boldsymbol{G}$ ist genau dann planar, wenn die folgenden Bedingungen erfüllt sind:*

a) *Der Graph $\boldsymbol{G}_c$ ist planar.*

b) *Jeder der Graphen $\boldsymbol{G}(\boldsymbol{H}_i)$ ist planar.*

Dabei ist $\boldsymbol{C}$ ein beliebiger Kreis von $\boldsymbol{G}$, und $\boldsymbol{H}_i$ $(i=1, \ldots, r)$ sind die von $\boldsymbol{C}$ in $\boldsymbol{G}$ erzeugten Spinngewebe.

Beweis. Die Notwendigkeit der Bedingungen ist unmittelbar einzusehen.

Es seien umgekehrt die Bedingungen a) und b) erfüllt. Wir betten zunächst $\boldsymbol{G}_c$ in die Ebene ein, was ja nach Voraussetzung möglich ist. Anschließend wird jeder der Knotenpunkte P_i zu dem Spinngewebe $\boldsymbol{H}_i$ „aufgeblasen", aus dem er ursprünglich entstanden ist. Damit erhalten wir eine Einbettung des gesamten Graphen $\boldsymbol{G}$ in die Ebene.

Der Grundgedanke des im folgenden zu behandelnden Verfahrens ist der, daß auf der Grundlage des vorangehenden Satzes der auf Planarität zu untersuchende Graph in Teile zerlegt wird, von denen jeder einzeln auf Planarität getestet wird. Aus der eventuellen Planarität der kleineren Graphen kann dann auf die des größeren geschlossen werden.

Zunächst wollen wir voraussetzen, daß der gegebene Graph $\boldsymbol{G}$ einen Hamiltonkreis besitzt, also einen Kreis, der alle Knotenpunkte von $\boldsymbol{G}$ enthält. (Es sind eine Reihe von Graphen auch mit zum Teil einschränkenden Bedingungen bekannt, die keinen Hamiltonkreis besitzen, so daß eine solche Voraussetzung sehr einschneidend ist. Ist vom vorliegenden Graphen bekannt, daß er einen Hamiltonkreis besitzt, so ist die Bestimmung eines solchen keineswegs einfach.)

Es sei $\boldsymbol{C}$ ein Hamiltonkreis von $\boldsymbol{G}$. Die von $\boldsymbol{C}$ in $\boldsymbol{G}$ erzeugten Spinngewebe sind dann sämtlich Kanten. Wir betrachten zwei Kanten $l_1=(P_1, Q_1)$ und $l_2=(P_2, Q_2)$, die nicht zu $\boldsymbol{C}$ gehören (also Spinngewebe sind). Wir sagen, l_1 und l_2 sind miteinander *unverträglich*, falls die Knotenpunkte P_1, P_2, Q_1, Q_2 paarweise voneinander verschieden sind (also die Kanten nicht adjazent sind) und sie auf $\boldsymbol{C}$ in der Reihenfolge $P_1 \ldots P_2 \ldots Q_1 \ldots Q_2 \ldots$ oder $P_1 \ldots Q_2 \ldots Q_1 \ldots P_2 \ldots$ liegen (vgl. Abb. 10.12).

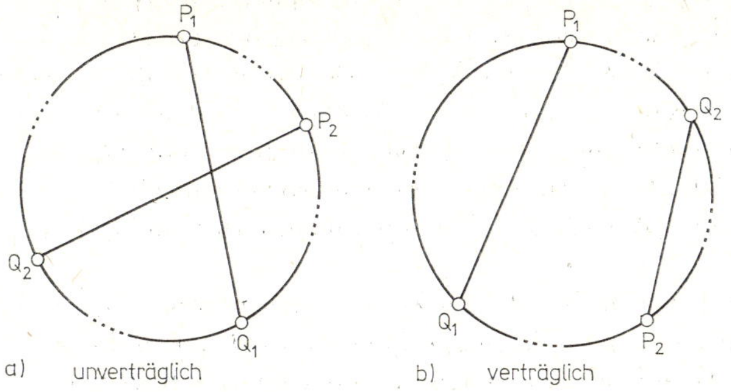

Abb. 10.12

Hat man den Hamiltonkreis $\boldsymbol{C}$ in die Ebene eingebettet, so zerlegt dieser die Ebene in ein inneres (endliches) und ein äußeres (unendliches) Gebiet. Um nun zwei unverträgliche Kanten l_1, l_2 mit $\boldsymbol{C}$ zusammen einzubetten, muß die eine Kante im Innengebiet, die andere im Außengebiet eingebettet werden, da sonst die Planarität nicht gewährleistet ist.

Wir konstruieren nun einen Hilfsgraphen $\boldsymbol{F}$. Wir ordnen jedem Spinngewebe (d. h. jeder Kante, die nicht zu $\boldsymbol{C}$ gehört) einen Knotenpunkt aus $\boldsymbol{F}$ zu und verbinden zwei Knotenpunkte in $\boldsymbol{F}$, falls die ihnen in $\boldsymbol{G}$ entsprechenden Kanten unverträglich sind. Ist der so entstandene Graph $\boldsymbol{F}$ paar, d. h., lassen sich die Knotenpunkte von $\boldsymbol{F}$ derart in zwei Klassen einteilen, daß Knotenpunkte gleicher Klassen nicht verbunden sind, so ist der Ausgangsgraph $\boldsymbol{G}$ planar; wir müssen nur die den Knotenpunkten der einen Klasse entsprechenden Kanten in das Innengebiet und die den Knotenpunkten der anderen Klasse entsprechenden Knotenpunkte in das Außengebiet von $\boldsymbol{C}$ einbetten.

Falls der Hilfsgraph $\boldsymbol{F}$ nicht paar ist, wird es bei jedem Einbettungsversuch in wenigstens einem der Gebiete zwei einzubettende Kanten geben, die nicht verträglich sind. Dann aber ist $\boldsymbol{G}$ nicht planar.

Zum Nachprüfen der Paarigkeit von $\boldsymbol{F}$ kann man etwa wie folgt vorgehen: Wir suchen zunächst in $\boldsymbol{F}$ ein Gerüst; dieses ist paar (falls $\boldsymbol{F}$ nicht zusammenhängend ist, suchen wir in jeder Komponente von $\boldsymbol{F}$ ein Gerüst). Wir können jedem der Knotenpunkte von $\boldsymbol{F}$ längs des Gerüsts eine Markierung zuordnen, z. B. „+“ oder „−“, so daß im Gerüst niemals Knotenpunkte gleicher Marke verbunden sind. Nun versuchen wir, nacheinander alle fehlenden Kanten von $\boldsymbol{F}$ hinzuzufügen, ohne daß es erforderlich wäre, Knotenpunkte gleicher Marke zu verbinden. Ist das möglich, so ist $\boldsymbol{F}$ paar, also $\boldsymbol{G}$ planar; können die Kanten in $\boldsymbol{F}$ nicht dergestalt eingefügt werden, so ist $\boldsymbol{G}$ nicht planar.

Wir kommen nun zu dem Fall, daß $\boldsymbol{G}$ keinen Hamiltonkreis besitzt oder daß es schwierig ist, einen solchen zu gewinnen.

Wir wählen in $\boldsymbol{G}$ einen beliebigen Kreis $\boldsymbol{C}_1$ (falls in $\boldsymbol{G}$ kein Kreis existiert, ist $\boldsymbol{G}$ ein Wald, d. h. eine Vereinigung von Bäumen und damit planar). Q_1 und Q_2 seien zwei auf C_1 liegende und aufeinanderfolgende Knotenpunkte. Falls es einen Q_1 und Q_2 verbindenden Weg W gibt, der mit C_1 keinen Knotenpunkt außer Q_1 und Q_2 gemein hat, löschen wir die Kante (Q_1, Q_2) und fügen den Weg W ein; es entsteht offenbar ein Kreis, der länger ist als C_1 (ein solcher Weg W existiert genau dann, wenn es ein Spinngewebe von G bezüglich C_1 gibt, das Q_1, Q_2 und wenigstens noch einen weiteren Knotenpunkt enthält). Der so entstandene Kreis sei C_2. Diese Vergrößerung der Kreise führen wir so lange fort, bis eine weitere derartige Vergrößerung nicht mehr möglich ist. Den schließlich entstandenen Kreis bezeichnen wir mit C. Falls C ein Hamiltonkreis ist, so setzen wir bei dem eben geschilderten Verfahren fort. Wir dürfen also annehmen, daß C kein Hamiltonkreis ist.

Wir betrachten die Menge der Gespinste H_i von G bezüglich C sowie den Graphen G_c, der dadurch entsteht, daß man jedem Spinngewebe H_i einen Knotenpunkt P_i zuordnet und P_i in G_c mit allen den Knotenpunkten von C verbindet, mit denen Knotenpunkte aus H_i adjazent waren, also mit allen Randknoten von H_i (vgl. Abb. 10.11). Offenbar entspricht jedem Spinngewebe H_i von G genau ein Spinngewebe E_i in G_c (wobei E_i aus einem Knotenpunkt P_i und allen Kanten (P_i, X) besteht, wobei X Randpunkt von H_i in G bezüglich C ist) und umgekehrt.

Wir bezeichnen in Analogie zum Unverträglichkeitsbegriff für Kanten bezüglich eines Hamiltonkreises zwei Spinngewebe E_i und E_j von G_c bezüglich C als unverträglich, falls bei einer (planaren) beliebigen Einbettung von C und E_i und E_j die beiden Spinngewebe E_i und E_j in verschiedenen Gebieten eingebettet sind (also E_i im Innengebiet von C und E_j im Außengebiet oder umgekehrt). Man erkennt bereits in G unschwer die Verträglichkeit oder Unverträglichkeit zweier Gespinste E_i und E_j, und zwar: Es seien $X_1, X_2, \ldots, X_s$ die Randpunkte von H_i in zyklischer Folge längs C und W_k der X_k mit X_{k+1} verbindende Weg auf C (dabei sei $X_{s+1} = X_1$ und $k = 1, \ldots, s$). Falls es einen Index k gibt, so daß alle Randpunkte von H_j zu W_k gehören, heißen E_i und E_j in G_c *verträglich*, andernfalls *unverträglich*. Wir wollen im ersten Fall auch H_i und H_j in G als verträglich bezeichnen (unabhängig davon, ob H_i und H_j für sich planar sind oder nicht). Zu G_c konstruieren wir nun ebenfalls einen Hilfsgraphen F_c, indem wir jedem Spinngewebe E_i einen Knotenpunkt R_i zuordnen und in F_c zwei Knotenpunkte R_j und R_k genau dann durch eine Kante verbinden, falls E_j und E_k unverträglich sind. Auch jetzt können wir auf Planarität von G_c schließen, falls F_c ein paarer Graph ist, andernfalls nicht.

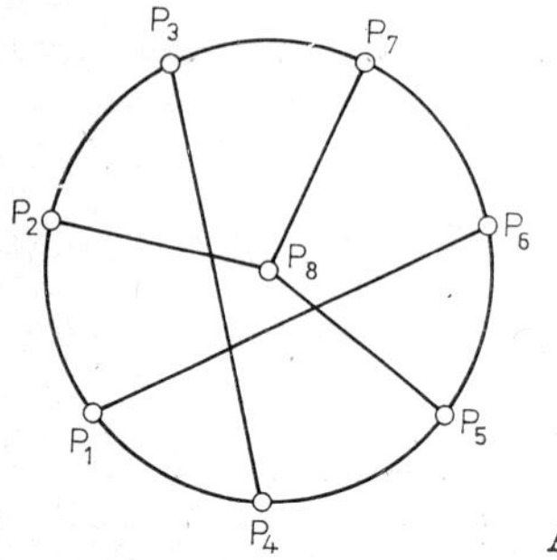

Abb. 10.13

Um nun die Planarität von G zu untersuchen, müssen wir jedes Spinngewebe H_i für sich auf Planarität untersuchen, genauer die Planarität des Graphen $G(H_i)$ für jedes i.

Wir betrachten ein kleines Beispiel. Gegeben sei der Graph G durch seine Adjazenzmatrix

	1	2	3	4	5	6	7	8
1		1		1		1		
2	1		1					1
3		1		1			1	
4	1		1		1			
5				1		1		1
6	1				1		1	
7			1			1		1
8		1			1		1	

(vgl. Abb. 10.13). Wir suchen einen Kreis, etwa

$$C_1 = (2, 3, 7, 6, 5, 4, 1, 2) .$$

Eine Vergrößerung des Kreises in der oben angegebenen Weise ist offenbar nicht möglich. Wir setzen also $C = C_1$ und betrachten alle Spinngewebe. Es gibt deren drei, nämlich

$$H_1 = \{(P_3, P_4)\},$$
$$H_2 = \{(P_1, P_6)\},$$
$$H_3 = \{(P_8, P_2), (P_8, P_5), (P_8, P_7)\} .$$

Man erkennt unschwer, daß diese drei Spinngewebe paarweise unverträglich sind, der Hilfsgraph F also gleich dem K_3 ist, dem vollständigen Graphen mit drei Knotenpunkten. Dieser ist aber nicht paar; also ist der angegebene Graph nicht planar.

Man sieht unmittelbar, daß im Fall der Nichtexistenz eines Hamiltonkreises (oder bei Nichtbestimmung eines solchen bei eventueller Existenz) der Algorithmus nur sinnvoll wird, wenn der gesuchte Kreis C wenigstens zwei Spinngewebe erzeugt. Das wird durch die sukzessive Verlängerung des die Spinngewebe erzeugenden Kreises C erreicht, sofern der Ausgangsgraph dreifach zusammenhängend ist (Beweis dieser Aussage als Aufgabe!).

Wie in [6] nachgewiesen wurde, lassen sich alle im Verlauf des Algorithmus erforderlichen Operationen als Matrizenoperationen realisieren.

10.5. Der Einbettungsalgorithmus von Demoucron, Malgrange und Pertuiset

Die Idee dieses Einbettungsalgorithmus ist die folgende: Es sei G ein schlichter und mindestens zweifach zusammenhängender Graph. G wird schrittweise in die Ebene eingebettet, beginnend mit einem Kreis $G_1 \subseteq G$ und einem sukzessive hinzugefügtem Weg, der eine Elementarfläche in zwei Teile zerlegt.

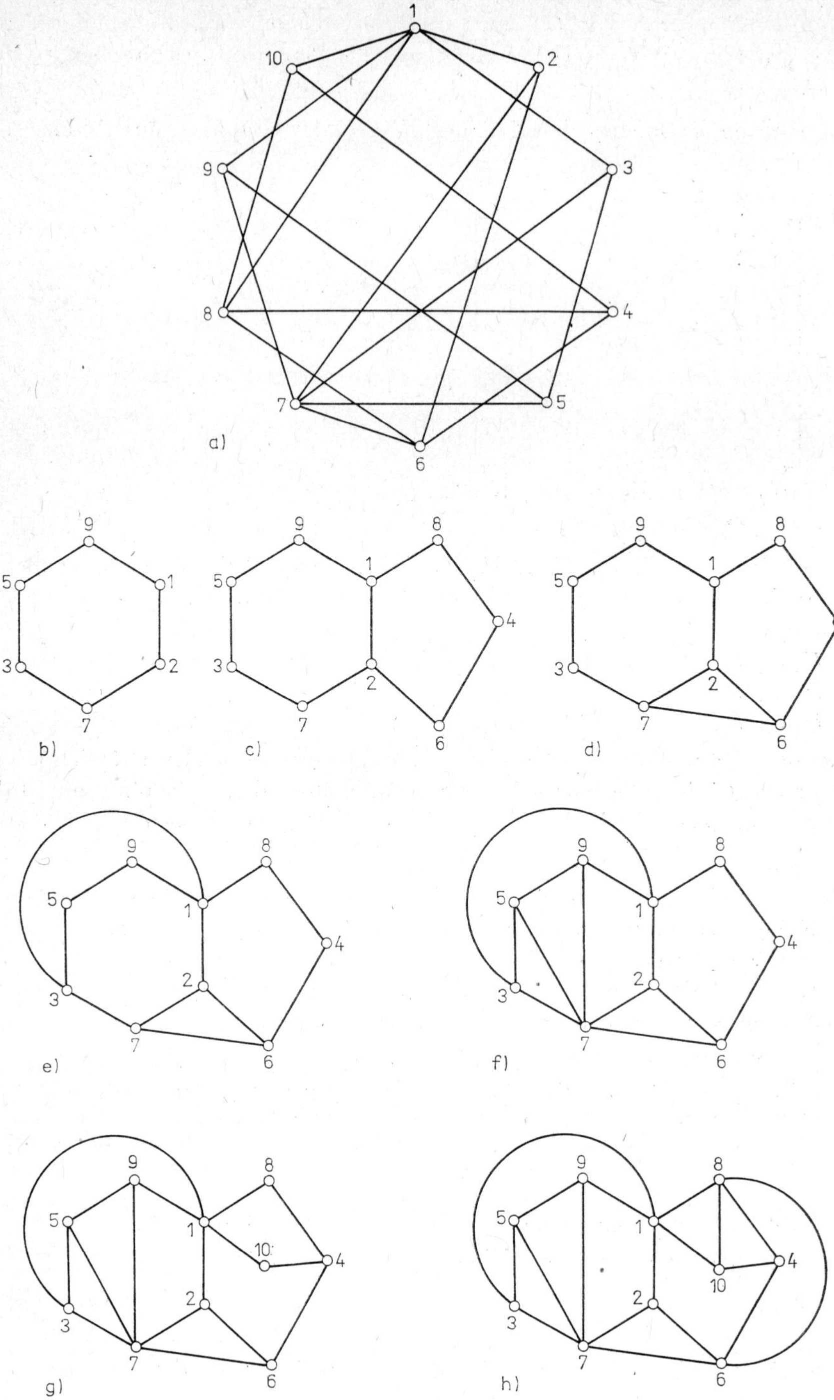
1
10
2
9
3
8
4
7
5
6
a)
9
5
1
3
2
7
b)
9
8
5
1
4
3
2
7
6
c)
9
8
5
1
4
3
2
7
6
d)
9
8
5
1
4
3
2
7
6
e)
9
8
5
1
4
3
2
7
6
f)
9
8
5
1
10
4
3
2
7
6
g)
9
8
5
1
4
10
3
2
7
6
h)

Abb. 10.14

Algorithmus

(i) C_0 sei ein Kreis von G. Wir setzen $G_1 = C_0$ und suchen eine Einbettung G_1' von G_1 in die Ebene.

(ii) G_k' sei eine Einbettung von G_k und H ein beliebiges Spinngewebe von G bezüglich G_k, welches nur in eine einzige Elementarfläche von G_k' eingebettet werden kann. Dann wählen wir in H einen Weg W, dessen Endpunkte (und nur diese) zu G_k gehören (und voneinander verschieden sind, was wegen des zweifachen Zusammenhanges gesichert werden kann), betten diesen in die oben gefundene Elementarfläche ein und bezeichnen mit G_{k+1} die Vereinigung von G_k und W.

(iii) Falls (ii) nicht durchführbar ist, suchen wir ein Spinngewebe H in G_k, welches in zwei Elementarflächen von G_k' einbettbar ist, und betten einen Weg von H (der außer den Endpunkten mit G_k keinen Knotenpunkt gemein hat) in eines der beiden Gebiete ein; auch hier setzen wir $G_{k+1} = G_k \cup W$. Falls weder (ii) noch (iii) anwendbar ist endet der Algorithmus.

Es gilt der folgende Satz.

Satz 10.7. *G sei ein schlichter zweifach zusammenhängender Graph mit m Kanten und n Knotenpunkten. G ist genau dann planar, wenn der Algorithmus nach Konstruktion von G_{m-n+1} abbricht.*

Da nach Konstruktion der Folge der Graphen G_i der Graph G_k genau $k+1$ Elementarflächen besitzt, nach der Eulerschen Polyederformel in G aber genau $m-n+2$ Elementarflächen existieren, bricht (im Fall der Planarität) der Algorithmus nach Konstruktion von G_{m-n+1} ab.

Der Beweis, daß im Fall eines planaren Graphen stets G_{m+1-n} konstruierbar ist (und zwar mittels des angegebenen Algorithmus), soll hier nicht geführt werden. Der interessierte Leser sei auf die Originalliteratur verwiesen.

Das Beispiel in Abb. 10.14 möge die Einbettung eines gegebenen Graphen verdeutlichen. Ein von G. HOTZ [12] angegebener Algorithmus verläuft ganz ähnlich wie der soeben geschilderte. HOTZ verwendet jedoch überhaupt nicht den Begriff des Spinngewebes, sondern sucht nur nach Wegen (als Teilen von Spinngeweben).

Die Untersuchung aller Spinngewebe bei relativ großen Graphen ist recht aufwendig, worin auch die Hauptschwierigkeiten des soeben beschriebenen Verfahrens liegen.

Der von G. HOTZ angegebene Einbettungsalgorithmus ist anschaulich unmittelbar einleuchtend und wird von H. SACHS [21] ausführlich beschrieben.

10.6. Der Planaritätsalgorithmus von Tutte

Die wohl originellste Idee zur Lösung des Einbettungsproblems, die von W. T. TUTTE stammt, wollen wir in diesem Abschnitt behandeln.

Es sei G ein primitiver (also dreifach zusammenhängender) planarer Graph mit wenigstens drei Knotenpunkten.

Wir nennen einen Kreis $\boldsymbol{C}$ von $\boldsymbol{G}$ *peripher*, falls $\boldsymbol{C}$ in $\boldsymbol{G}$ genau ein Spinngewebe erzeugt.

Es seien $P_1, \ldots, P_r$ die Knotenpunkte auf $\boldsymbol{C}$ in der Reihenfolge des Durchlaufens von $\boldsymbol{C}$, die verbleibenden Knotenpunkte von $\boldsymbol{G}$ seien $P_{r+1}, \ldots, P_n$. Wir denken uns den Graphen $\boldsymbol{G}(\mathfrak{X}, \mathfrak{U})$ in die Ebene eingebettet, dabei habe P_i die kartesischen Koordinaten (x_i, y_i).

Die Idee des Planaritätsalgorithmus von Tutte ist die folgende: Wir betten den peripheren Kreis $\boldsymbol{C}$ in die Ebene ein, so daß die Punkte $P_1, \ldots, P_r$ ein konvexes Polygon aufspannen (wobei keine drei Punkte auf einer Geraden liegen dürfen). Diese Knotenpunkte mögen bei der Einbettung die Koordinaten (x_i, y_i) $(i=1, \ldots, r)$ erhalten. Die verbleibenden $n-r$ Knotenpunkte P_j $(j=r+1, \ldots, n)$ erhalten als Koordinaten (x_j, y_j) derartige Werte, daß P_j gerade im Massenmittelpunkt seiner Nachbarn liegt (also derjenigen Knotenpunkte, mit denen P_j adjazent ist).

Wie stellt sich also der Algorithmus dar? Es sei $\boldsymbol{A}$ die Admittanzmatrix des Graphen $\boldsymbol{G}$, also

$$a_{ij}=\begin{cases}-1, & \text{falls } P_i \text{ und } P_j \text{ adjazent sind,}\\ v(P_i), & \text{falls } i=j \text{ ist,}\\ 0 & \text{sonst.}\end{cases}$$

Es bedeutet dabei $v(P_i)$ die Valenz des Knotenpunktes P_i, also die Anzahl der zu P_i benachbarten Knotenpunkte. Die Koordinaten (x_i, y_i) von P_i $(i=r+1, \ldots, n)$ ergeben sich dann als Lösungen der beiden Gleichungssysteme

$$\sum_{j=1}^{n} a_{ij}x_j=0\,, \quad \sum_{j=1}^{n} a_{ij}y_j=0 \quad (i=r+1, \ldots, n)\,.$$

Die Koordinaten (x_i, y_i) der Knotenpunkte P_i $(i=1, \ldots, r)$ des peripheren Kreises $\boldsymbol{C}$ sind dabei als bekannt anzunehmen, nämlich gerade als Koordinaten des konvexen r-Ecks. Es sind also die beiden Gleichungssysteme

$$\boldsymbol{Bx}=\boldsymbol{p}, \quad \boldsymbol{By}=\boldsymbol{q}$$

zu lösen, wobei $\boldsymbol{x}, \boldsymbol{y}, \boldsymbol{p}, \boldsymbol{q}$ Spaltenvektoren der Dimension $n-r$ sind und $\boldsymbol{B}$ eine quadratische Matrix mit $n-r$ Zeilen ist, die aus der Admittanzmatrix $\boldsymbol{A}$ dadurch entsteht, daß man die ersten r Zeilen und r Spalten streicht.

Daß die Matrix $\boldsymbol{B}$ regulär ist (demzufolge also die beiden Gleichungssysteme eine eindeutige Lösung bei Vorgabe von $\boldsymbol{p}$ und $\boldsymbol{q}$ besitzen), kann man wie folgt sehen: Wir definieren als Admittanzmatrix $\boldsymbol{A}=(a_{ij})$ eines (zusammenhängenden) nicht notwendig mehrfachkantenfreien Graphen $\boldsymbol{G}$ die folgende (dabei sei für $i\neq j$ gerade r_{ij} die Anzahl der P_i und P_j verbindenden Kanten):

$$a_{ij}=\begin{cases}v(P_i) & \text{für } i=j,\\ -r_{ij} & \text{für } i\neq j\,.\end{cases}$$

Streichen wir im Graphen $\boldsymbol{G}$ alle Kanten des peripheren Kreises $\boldsymbol{C}$ und ziehen die Knotenpunkte von $\boldsymbol{C}$ zu einem Punkt P zusammen, so entstehe der Graph $\boldsymbol{S}$. Die Admittanzmatrix von $\boldsymbol{S}$ sei $\boldsymbol{A}_s$; dabei denken wir uns in der ersten Zeile und

Spalte die Adjazenzverhältnisse von P wiedergegeben. Da $\boldsymbol{S}$ zusammenhängend ist, besitzt $\boldsymbol{S}$ ein Gerüst (oder auch mehrere). Nach dem Matrix-Gerüstsatz von Kirchhoff-Trent (vgl. [20]) ist die Anzahl der Gerüste von $\boldsymbol{S}$ gleich der Determinante der Untermatrix von $\boldsymbol{A}_s$, die durch Streichen einer beliebigen (etwa der ersten) Zeile und Spalte entsteht. Diese Untermatrix von $\boldsymbol{A}_s$ ist aber offenbar gleich $\boldsymbol{B}$. Da die Gerüstanzahl von $\boldsymbol{S}$ positiv ist, ist auch die Determinante von $\boldsymbol{B}$ positiv; also ist $\boldsymbol{B}$ regulär.

Um den Algorithmus (Lösung der beiden Gleichungssysteme) anwenden zu können, benötigen wir einen peripheren Kreis. Wir denken uns einen primitiven Graphen (und nur solche haben wir im Auge), der in die Ebene eingebettet ist. Dann ist jeder eine Elementarfläche berandende Kreis peripher, denn das Vorhandensein von mehr als einem Spinngewebe an einen solchen Kreis widerspräche dem dreifachen Zusammenhang eines primitiven Graphen (Aufgabe!). Damit wissen wir, daß jede Kante eines primitiven Graphen in wenigstens (und, wie man leicht sieht, auch höchstens) zwei peripheren Kreisen liegt, nämlich gerade in den beiden Kreisen, die die Elementarflächen beranden, mit denen die Kante inzidiert. Damit haben wir aber noch keine Möglichkeit, einen peripheren Kreis zu finden. Mittels der in 10.3. angestellten Betrachtungen (Planaritätsalgorithmus von Dambitis) können wir aber die Aufgabe lösen, denn wir hatten gesehen, daß im Fall eines planaren Graphen jede Kreisbasis mindestens zwei Kreise besitzt, die eine Elementarfläche beranden. Wir hatten sie dadurch gewonnen, daß wir in der Kreismatrix hängende Zeilen suchten. Die Kreise, die den hängenden Kanten entsprechen, sind gerade peripher.

Nun können wir den Satz von Tutte formulieren.

Satz 10.8. *Es sei* $\boldsymbol{G}$ *ein planarer und dreifach zusammenhängender Graph,* $\boldsymbol{C}$ *sei ein peripherer Kreis von* $\boldsymbol{G}$ *mit* $r \geqq 3$ *Knotenpunkten* $P_1, \ldots, P_r$. *Fixieren wir diese r Punkte als Eckpunkte eines konvexen r-Ecks, dann gilt: Legt man jeden der verbleibenden Knotenpunkte in den Massenschwerpunkt seiner Nachbarpunkte (Nachbarschaft = Adjazenz), so kann man durch geradliniges Verbinden adjazenter Knotenpunkte eine Einbettung von* $\boldsymbol{G}$ *gewinnen* [22].

Auch diesen Satz wollen wir nicht beweisen, sondern verweisen auf die Originalliteratur.

Was geschieht nun, wenn der Ausgangsgraph nicht planar ist? Das angegebene Gleichungssystem ist dann bei dreifachem Zusammenhang des Graphen ebenfalls eindeutig lösbar. Geradliniges Verbinden adjazenter Knotenpunkte bringt entweder Kantenüberschneidung, oder es fallen Knotenpunkte zusammen (wenn sie gleiche Nachbarn besitzen).

Dieser zuletzt genannte Einbettungsalgorithmus ist leicht zu überblicken. Nach Auffinden eines peripheren Kreises ist nur noch ein Gleichungssystem (bei zwei verschiedenen rechten Seiten) zu lösen. Er eignet sich sehr gut für eine maschinelle Anwendung. Läßt sich an den Automaten noch ein x,y-Schreiber anschließen, so kann der planare (oder der nichtplanare) Graph sogar aufgezeichnet werden.

Wer einen tieferen Einblick in die Theorie der planaren Graphen im allgemeinen und die Einbettung derselben in die Ebene im besonderen zu erhalten wünscht, möge sich der folgenden Literatur widmen: [9–11, 13, 15, 16, 18, 23–26].

10.7. Literatur

[1] Auslander, L., and S. V. Parter: On imbedding graphs in the sphere, J. Math. Mech. **10** (1961), 517–523.

[2] Bader, W.: Das topologische Problem der gedruckten Schaltung und seine Lösung, Arch. Elektrotechnik **49** (1964), 2–12.

[3] Berge, C., und A. Ghouila-Houri: Programme, Spiele, Transportnetze, 2. Aufl., Leipzig 1969 (Übersetzung aus dem Französischen).

[4] Dambitis, J. J.: Methode zur Konstruktion ebener Graphen [russ.], Latv. matem. ežegodnik **6** (1969), 41–63.

[5] Demoucron, G., Y. Malgrange et R. Pertuiset: Graphes planaires: Reconnaissance et construction de représentations planaires topologiques, Rev. Franç. Recherche Opérat. **8**, Nr. 30 (1964), 33–47.

[6] Fischer, G. J., and O. Wing: An algorithm for testing planar graphs from the incidence matrix, in: Proc. 7th Midwest Symp. on Circuit Theory, Ann Arbor, Mich., May 1964.

[7] Fischer, G. J., and O. Wing: On correspondence between a class of planar graphs and bipartite graphs, IEEE Trans. Circuit Theory CT-**12** (1965), 266–267.

[8] Guillemin, E. A.: How to grow your trees from given cut-set or tie-set matrices, IRE Trans. Circuit Theory CT-**6**, Spec. Suppl. (1959), 110–126.

[9] Halin, R.: Bemerkungen über ebene Graphen, Math. Ann. **153** (1964), 38–46.

[10] Halin, R.: Über simpliziale Zerfällung n beliebiger (endlicher oder unendlicher) Graphen, Math. Ann. **156** (1964), 216–225.

[11] Harary, F., and W. T. Tutte: A dual form of Kuratowski's theorem, Canad. Math. Bull. **8** (1965), 17–20.

[12] Hotz, G.: Einbettung von Streckenkomplexen in die Ebene, Math. Ann. **167** (1966), 214–223.

[13] Jung, H. A.: Eine Verallgemeinerung des n-fachen Zusammenhanges für Graphen, Math. Ann. **187** (1970), 95–103.

[14] Kuratowski, C.: Sur le problème des courves gauches en Topologie, Fund. Math. **15** (1930), 271–283.

[15] Lempel, A., S. Even and I. Cederbaum: An algorithm for planarity testing of graphs, in: Théorie des Graphes, Paris/New York 1967, p. 215–232.

[16] Lin, P. M.: On methods of detecting planar graphs, in: Proc. 8th Midwest Symp. on Circuit Theory, Colorado State Univ., June 1965, p. 14–15.

[17] MacLane, S.: A structural characterisation of planar combinatorial graphs, Duke Math. J. **3** (1937). 340–472.

[18] MacLane, S.: A combinatorial condition for planar graphs, Fund. Math. **28** (1937), 22–32.

[19] Mayeda, W.: Necessary and sufficient conditions for realizability of cut-set matrices, IRE Trans. CT-**7** (1960), 79–81.

[20] Sachs, H.: Einführung in die Theorie der endlichen Graphen, Teil I, Leipzig 1970.

[21] Sachs, H.: Einführung in die Theorie der endlichen Graphen, Teil II, Leipzig 1972.

[22] Tutte, W. T.: How to draw a graph, Proc. London Math. Soc. **13** (1963), 743–767.

[23] Tutte, W. T.: A theorem on planar graphs, Trans. Amer. Math. Soc. **82** (1956), 99–116.

[24] Tutte, W. T.: Separation of vertices by a circuit, Department of Combinatorics and Optimization, Research Report CORR 74–18, University of Waterloo, Ontario, 1974.

[25] WAGNER, K.: Über eine Eigenschaft der ebenen Komplexe, Math. Ann. **114** (1937), 570–590.

[26] WAGNER, K.: Eine Klasse minimaler nichtplättbarer Graphen, Math. Ann. **187** (1970), 104–113.

[27] WHITNEY, H.: Non-separable and planar graphs, Trans. Amer. Math. Soc. **34** (1932), 339–362.

[28] WHITNEY, H.: Planar graphs, Fund. Math. **21** (1933), 73–84.

Namen- und Sachverzeichnis